图形化半导体材料特性手册

季振国　编著

科学出版社

北京

内 容 简 介

本书收集了27种半导体材料的特性数据，内容涉及半导体材料的基本参数，如能带结构、载流子输运特性、热学性能、电学性能、光学性能、热电效应、磁场效应、压电效应等。

本书共有图表数据九百余幅，其他独立数据数千个，可供材料科学等相关领域的科研工作者和研究生参考。

图书在版编目（CIP）数据

图形化半导体材料特性手册/季振国编著．—北京：科学出版社，2013
ISBN 978-7-03-039010-3

Ⅰ.①图…　Ⅱ.①季…　Ⅲ.①半导体材料—特性—手册　Ⅳ.①TN304-62

中国版本图书馆CIP数据核字（2013）第257070号

责任编辑：张海娜　姚庆爽 / 责任校对：张怡君
责任印制：张　倩 / 封面设计：蓝正设计

科学出版社 出版
北京东黄城根北街16号
邮政编码：100717
http://www.sciencep.com
北京凌奇印刷有限责任公司 印刷
科学出版社发行　各地新华书店经销

*

2013年11月第　一　版　开本：B5（720×1000）
2013年11月第一次印刷　印张：24 1/2
字数：490 000

POD定价：　118.00元
（如有印装质量问题，我社负责调换）

前　言

众所周知，手册的基本要求是数据的权威性和可靠性。但是，由于半导体材料的性能与制备工艺、杂质与缺陷的种类与密度密切相关，加上不同研究人员使用的测试方法或仪器的精度不同，因此数据的分散性相比其他材料而言要大得多。实际上，在撰写本书的过程中我们发现不同研究人员给出的性能参数很多数值相差很大，不同测试方法给出的数据也有很大的差别。因此，很难确定究竟该采用哪组数据。在很多情况下，我们必须把不同研究人员获得的数据同时列出。另外，本书的数据大部分是通过对已经发表的文献中的图表扫描后再进行数字化获得。因此，书中数据的误差来源很多，如文献中原始图片的质量不高、扫描过程中图片的畸变、数字化过程中数据点选取不当等。最后，由于数据来源的时间跨度很大，不同文献提供的数据单位也可能完全不同，例如，压强的单位就有 GPa、dyn/cm^2、kbar、kg/m^2、g/cm^2 等。为了避免单位转换时发生差错，本书没有对同一物理量的单位进行统一。

本书收集了 27 种半导体材料，共有数据图表九百余幅，其他独立数据数千个，内容涉及半导体材料的基本参数，如能带结构、载流子输运特性、热学性能、电学性能、光学性能、热电效应、磁场效应、压电效应等。书中给出了不少参数随温度或电场强度变化的曲线，非常适合科研工作者参考。本书绝大部分曲线已数字化，读者如需要某种特定材料的某些数据，可以通过电子邮件（jizg@hdu.edu.cn）向本书作者索要相关的数字文档。

席俊华、张峻、李红霞、孔哲、黄延伟、张尔攀、李阳阳等参与了部分章节的编写工作，在此表示感谢。

目　　录

图 表 目 录

第 1 章　数据结构说明

为了方便读者查阅数据，本书按半导体材料的种类进行排列。每种半导体材料为独立的一章，每章包括结构特性、热学特性、力学性能、能带结构、光学性能、载流子输运特性、压电性能、磁学特性、热电特性及其他性能等内容。具体章节结构如下：

1. 结构特性

1.1　晶体结构
1.2　空间群
1.3　晶格常数
1.4　解理面和解理能
1.5　结构相变
1.6　相图
1.7　密度

2. 热学性能

2.1　熔点
2.2　定容比热容
2.3　定压比热容
2.4　德拜温度
2.5　热膨胀系数
2.6　热导率
2.7　热扩散系数

3. 力学性能

3.1　弹性常数
3.2　杨氏模量
3.3　体模量
3.4　切变模量
3.5　显微硬度

4. 晶格动力学性质

4.1　声子色散关系
4.2　声子态密度
4.3　声子频率
4.4　红外光谱
4.5　拉曼光谱
4.6　声速
4.7　Grüneisen 参数

5. 能带结构

5.1　能带图
5.2　状态密度
5.3　禁带宽度
5.4　电子亲和势
5.5　杂质与缺陷
5.6　电子有效质量
5.7　空穴有效质量
5.8　激子束缚能

6. 光学特性

6.1　介电常数
6.2　吸收光谱
6.3　透射光谱
6.4　反射光谱
6.5　折射率和消光系数

7. 载流子的输运特性

7.1　电子迁移率
7.2　电子漂移速率
7.3　空穴迁移率
7.4　空穴漂移速率
7.5　本征载流子浓度
7.6　本征电导率
7.7　压阻特性

7.8　击穿场强

8. 压电性能

9. 磁学特性

9.1　霍尔系数
9.2　磁阻系数

10. 热电特性

10.1　塞贝克系数
10.2　能斯特系数

第 2 章　金刚石(C)

1. 结构特性

1.1　晶体结构

金刚石结构。

1.2　空间群

Fd3m(O_h)。

1.3　晶格常数

a=0.3567nm。

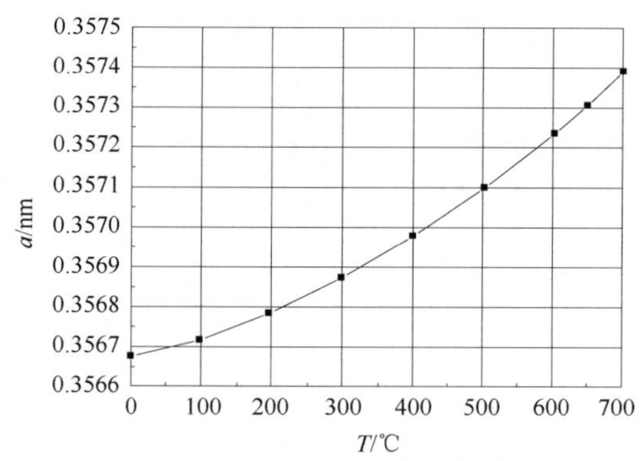

图表 1　金刚石的晶格常数随温度的变化

1.4　解理面和解理能

解理面：(111)。

解理能：5.3J/m^2。

1.5　结构相变

1.6　相图

1.7　密度

d=3.515g/cm^3。

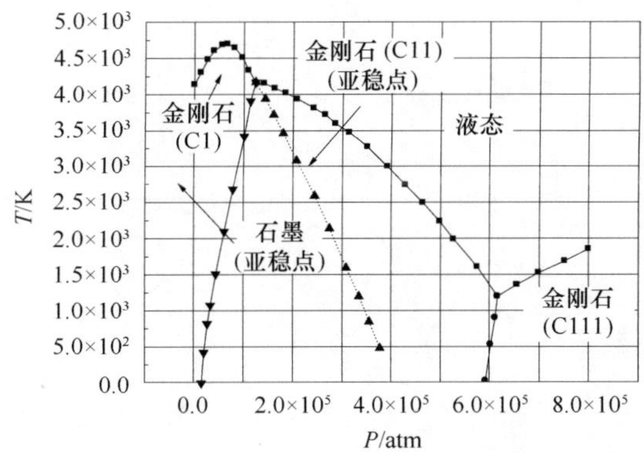

图表 2　金刚石的 P-T 相图

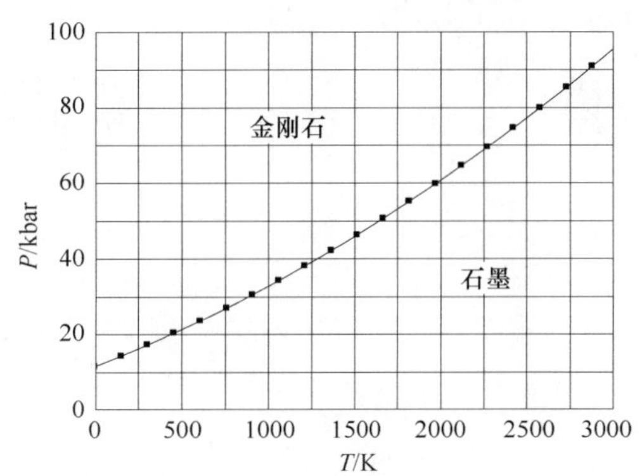

图表 3　金刚石-石墨的 P-T 相图

2. 热学性能

2.1　熔点

T_m = 4100K。

2.2　定容比热容

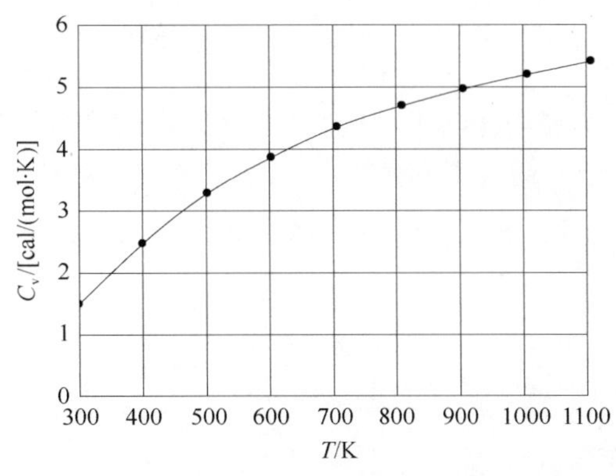

图表 4　金刚石的定容比热容随温度的变化

2.3 定压比热容

$C_p = 1.476 \text{cal/(mol·K)}$。

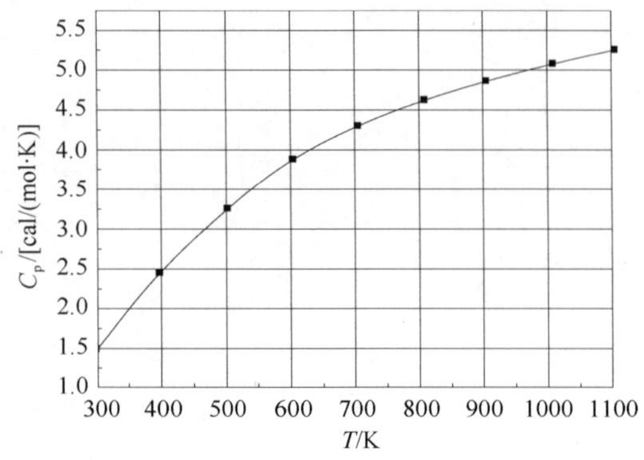

图表 5　金刚石的定压比热容随温度的变化

2.4 德拜温度

$\Theta_D = 1870\text{K}$。

2.5 热膨胀系数

$\alpha = 1.05 \times 10^{-6} \text{K}^{-1}$。

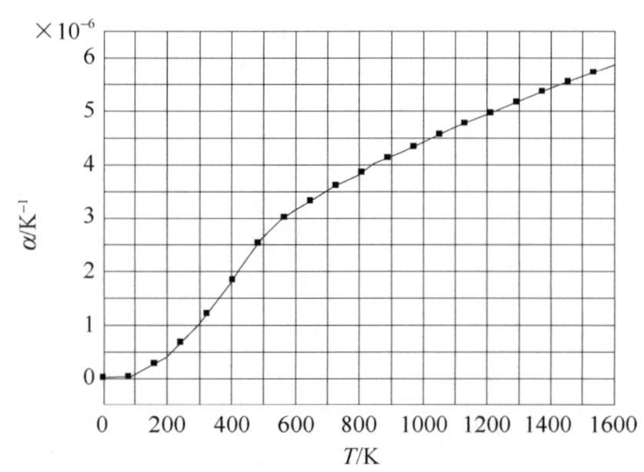

图表 6　金刚石的热膨胀系数随温度的变化

2.6 热导率

$\chi = 2200 \text{W/(m·K)}$。

2.7 热扩散系数

CVD 生长的单晶金刚石膜：$10 \sim 12 \text{cm}^2/\text{s}$。

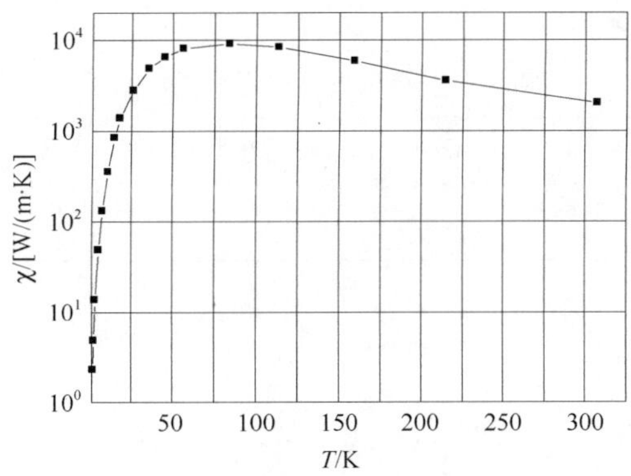

图表 7　金刚石的热导率随温度的变化(Ib 型)

3. 力学性能

3.1　弹性常数

图表 8　金刚石的弹性常数（单位：10^{11} dyn/cm^2）

C_{11}	C_{12}	C_{44}
107.9	12.4	57.8

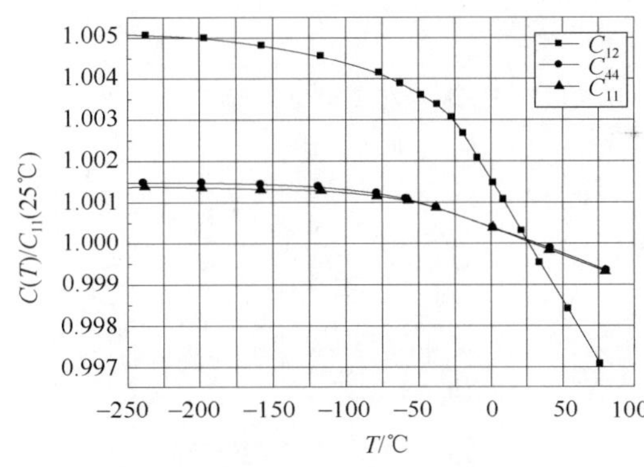

图表 9　金刚石的归一化弹性模量随温度的变化

3.2　杨氏模量

图表 10　金刚石的杨氏模量

晶面	(100)		(110)		(111)
晶相	[001]	[011]	[001]	[111]	
杨氏模量/(10^{12} dyn/cm^2)	10.53	11.65	10.53	12.08	11.65

3.3　体模量

图表 11　金刚石体模量相关参数

体模量 B_u/ (10^{11}dyn/cm^2)	切变模量 C_s/ (10^{11}dyn/cm^2)	各向同性系数 A	线性压缩系数 C_0/ (10^{13}dyn/cm^2)	柯西比 C_a	波恩比 B_0
44.2	47.8	0.826	0.754	0.215	0.669

3.4　切变模量

C_s=478GPa。

3.5　显微硬度

努氏硬度：$H=5.71\times10^3\sim11.73\times10^3$ kg/mm^2。

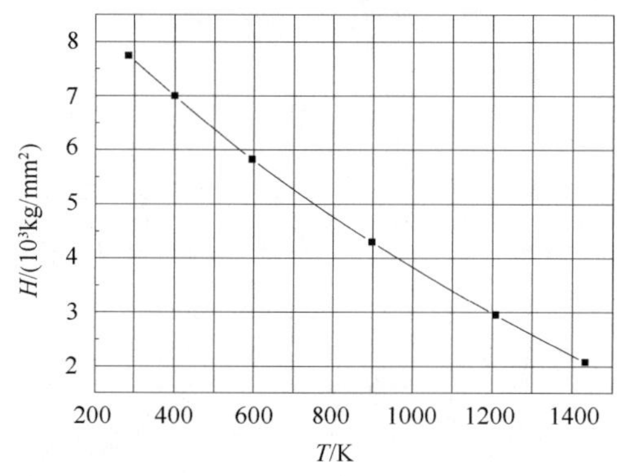

图表 12　金刚石努氏硬度随温度的变化-Ⅰ

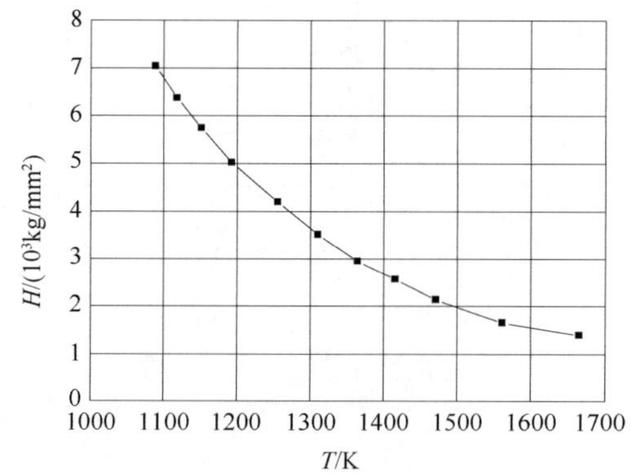

图表 13　金刚石努氏硬度随温度的变化-Ⅱ

4. 晶格动力学性质

4.1　声子色散关系

4.2　声子态密度

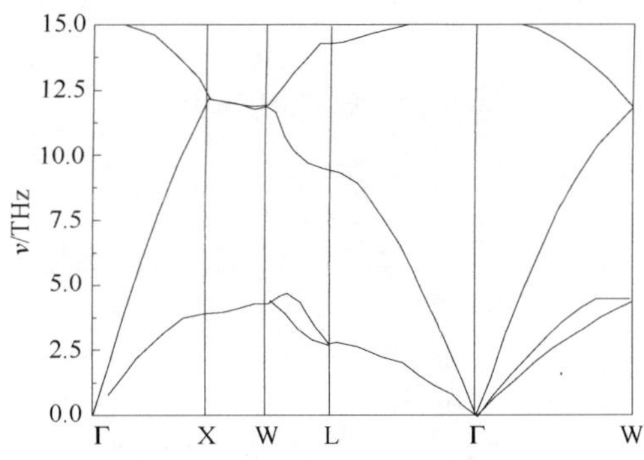

图表 14　金刚石的声子色散关系

4.3　声子频率

图表 15　金刚石晶体的振动模式

LO			TO		
THz	meV	cm^{-1}	THz	meV	cm^{-1}
39.93	165.2	1332	39.93	165.2	1332

4.4　红外光谱

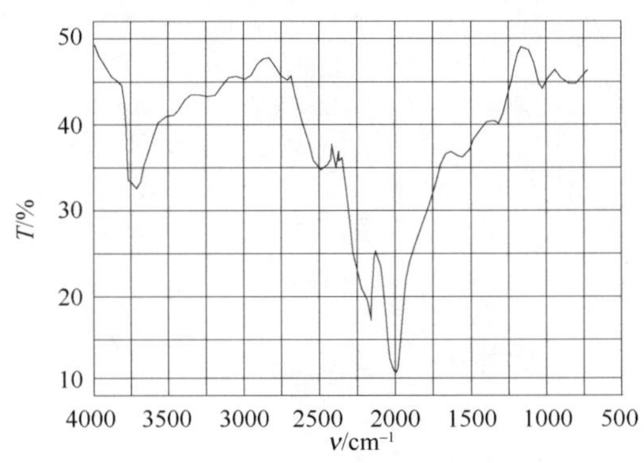

图表 16　金刚石的红外透射光谱

4.5　拉曼光谱

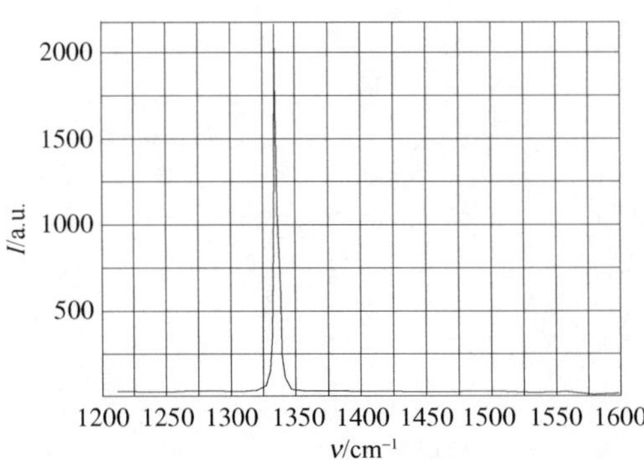

图表 17　金刚石的拉曼光谱

4.6 声速

图表 18 金刚石的声速

方向	模式	速度/(10^3m/s)
[100]	v_L	17.52
	v_T	12.82
[110]	v_l	18.32
	$v_{t\parallel}$	12.82
	$v_{t\perp}$	11.66
[111]	$v_{l'}$	18.58
	$v_{t'}$	12.06

4.7 Grüneisen 参数

5. 能带结构

5.1 能带图

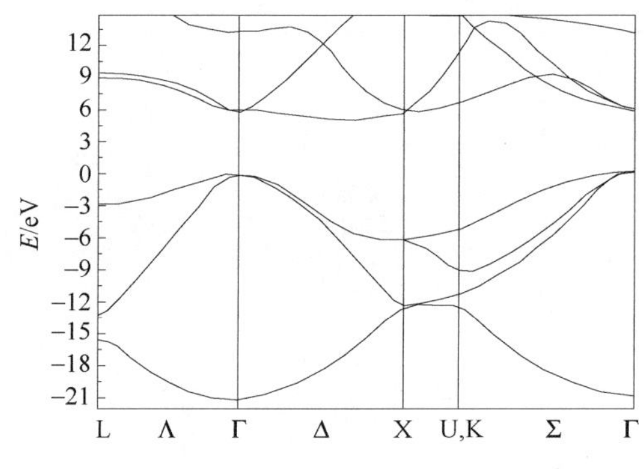

图表 19 金刚石的能带图

5.2 状态密度

有效导带状态密度：N_C为 10^{20} cm^{-3}数量级。

有效价带状态密度：N_V为 10^{19} cm^{-3}数量级。

5.3 禁带宽度

E_g=5.5eV。

5.4 电子亲和势

c=−2.2～0.8eV。

清洁表面：0.6eV。

H 钝化表面：−1.1eV。

5.5 杂质与缺陷

替位氮：导带以下 1.7eV。

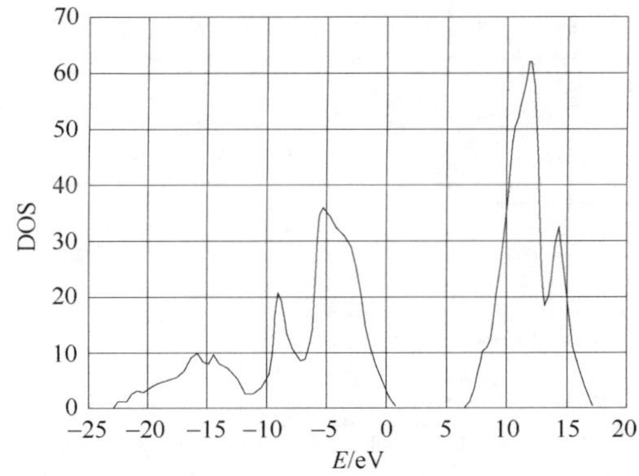

图表 20　金刚石的状态密度

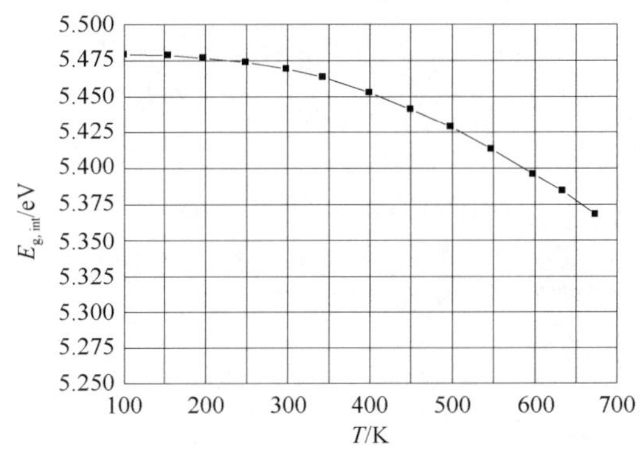

图表 21　金刚石的禁带宽度随温度的变化

替位磷：导带以下 0.59eV，0.84～1.16eV。

替位硼：价带以上 0.37～0.54eV。

5.6　电子有效质量

电导率有效质量：m_{nc}＝0.48。

图表 22　金刚石晶体中的电子有效质量

方向	有效质量
横向有效质量 m_t/m_0	0.36
纵向有效质量 m_l/m_0	1.40

5.7　空穴有效质量

图表 23　金刚石晶体中的空穴有效质量-I

方向	有效质量
重空穴有效质量 m_h/m_0	2.12
轻空穴有效质量 m_l/m_0	0.7
自旋分裂带有效质量 m_{so}/m_0	1.06

图表 24　金刚石晶体中的空穴有效质量-Ⅱ

重空穴		轻空穴	
[001]	[111]	[001]	[111]
0.38	1.22	0.17	0.13

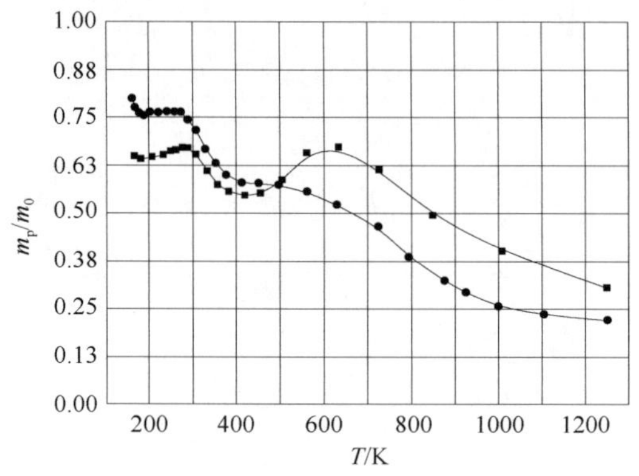

图表 25　金刚石的空穴有效质量随温度的变化

（两条曲线源自不同形态的自然金刚石样品）

5.8　激子束缚能

E_{ex}=0.08eV。

6. 光学特性

6.1　介电常数

静态：ε_r=5.7。

6.2　吸收光谱

6.3　透射光谱

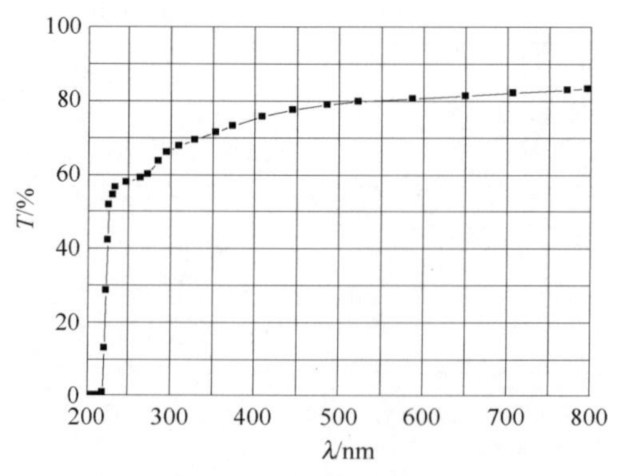

图表 26　金刚石的紫外光-可见光透射光谱

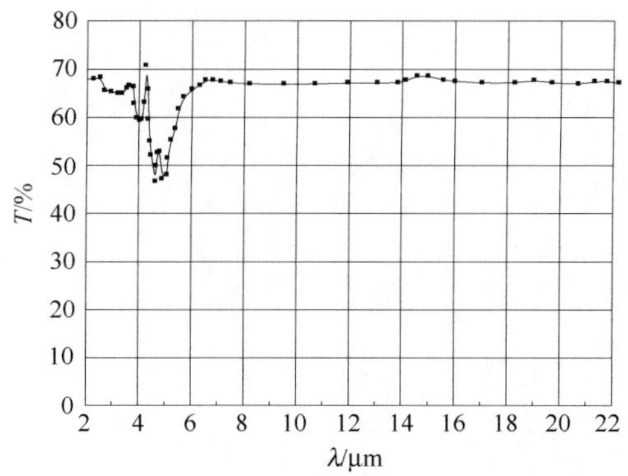

图表 27　金刚石红外波段的透过率(光学级)随波长的变化

6.4　反射光谱

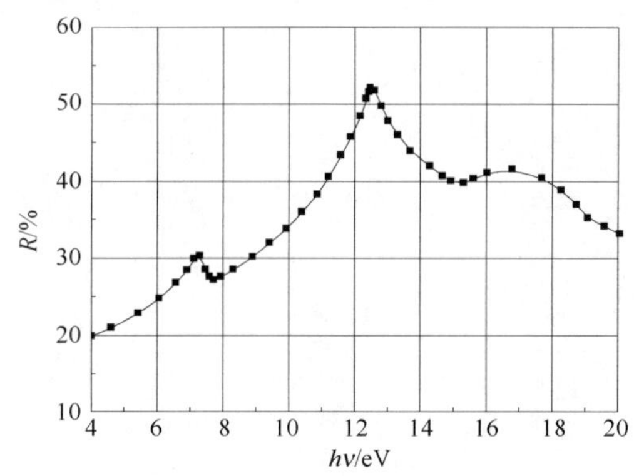

图表 28　金刚石的反射光谱

6.5　折射率

$n=2.417$。

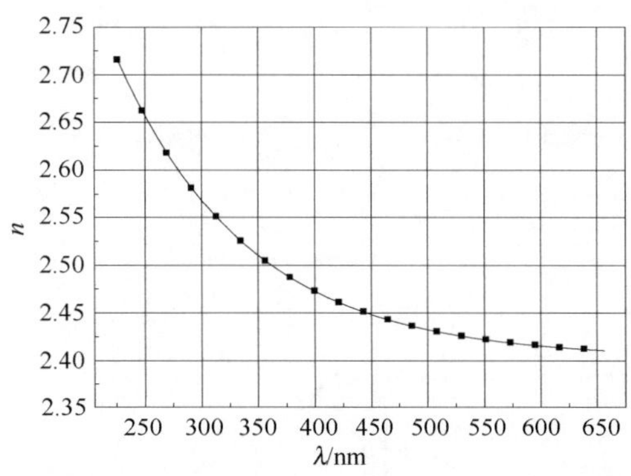

图表 29　金刚石的折射率随波长的变化

7. 载流子的输运特性

7.1 电子迁移率

300K，μ_n=2800cm^2/(V·s)。

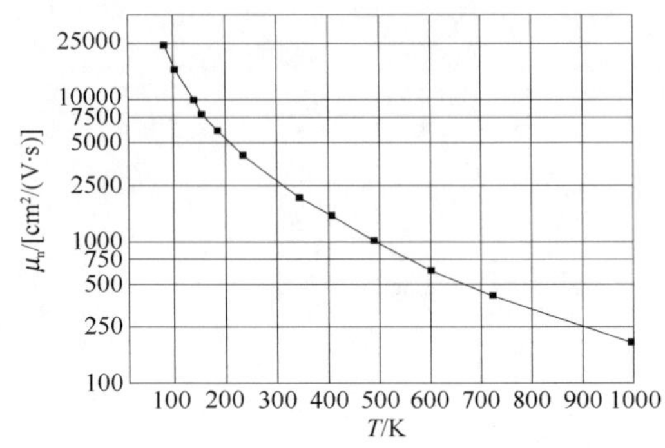

图表 30　金刚石的电子迁移率随温度的变化

7.2 电子漂移速率

7.3 空穴迁移率

300K，μ_p=1300～2010cm^2/(V·s)。

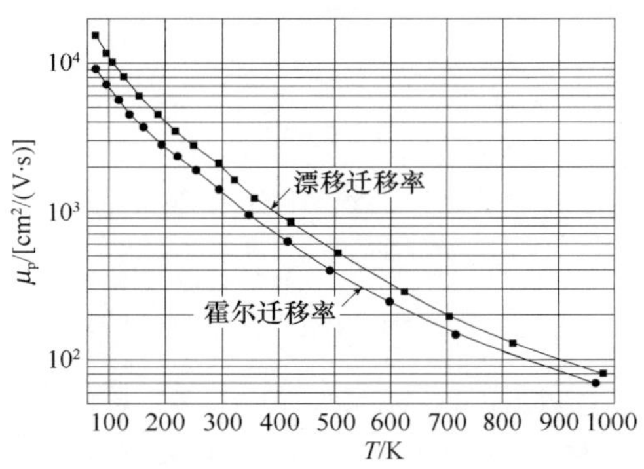

图表 31　金刚石的空穴迁移率随温度的变化

7.4 空穴漂移速率

7.5 本征载流子浓度

n_i为 10^{-27} cm^{-3}数量级。

7.6 本征电导率

7.7 压阻特性

7.8　击穿场强

$E_{BR}=20MV/cm$。

8. 压电特性

9. 磁学性能

10. 热电特性

11. 电光常数

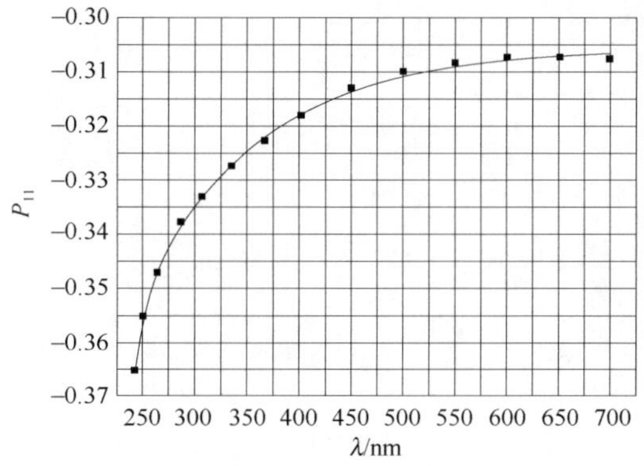

图表 32　金刚石的电光常数 P_{11} 随波长的变化

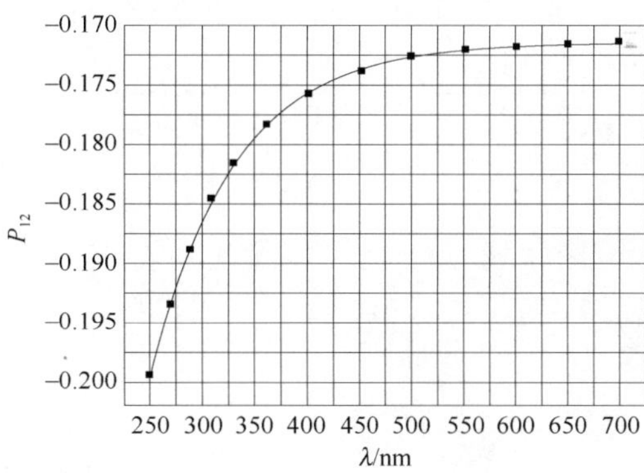

图表 33　金刚石的电光常数 P_{12} 随波长的变化

第3章　锗(Ge)

1. 结构特性

1.1　晶体结构

金刚石。

1.2　空间群

Fd3m(O_h)。

1.3　晶格常数

a=0.565791nm。

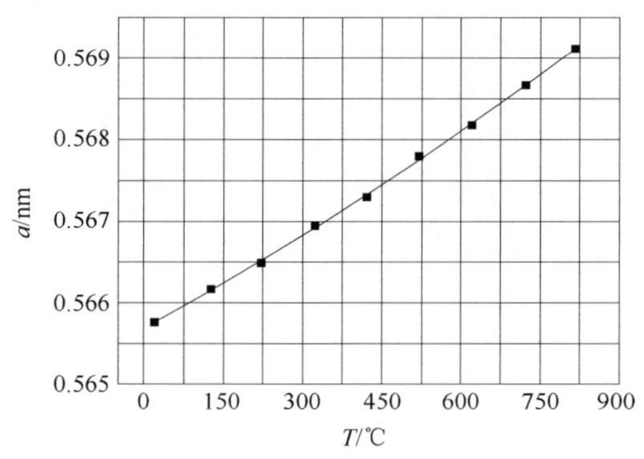

图表34　锗的晶格常数随温度的变化

1.4　解理面和解理能

解理面：(111)。

解理能：0.88～1.00J/m^2。

1.5　结构相变

一级相变压强：P_T=12GPa。

1.6　相图

1.7　密度

d=5.35g/cm^3。

2. 热学性能

2.1　熔点

937.25℃。

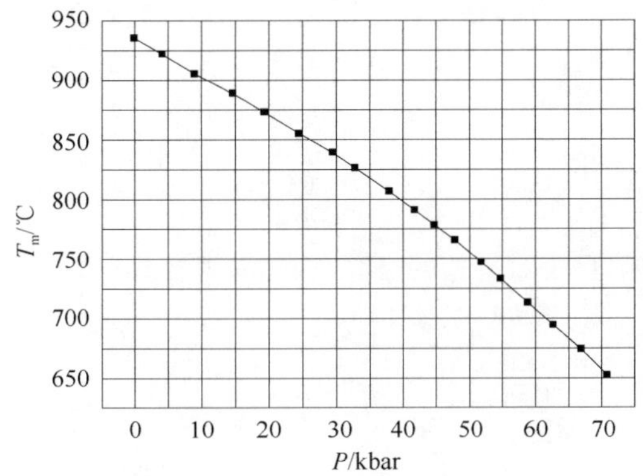

图表 35　锗的熔点随压强的变化

2.2　定容比热容

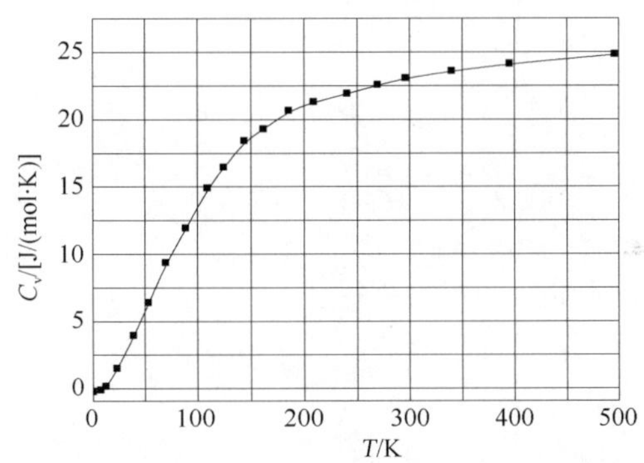

图表 36　锗的定容比热容随温度的变化

2.3　定压比热容

C_p=0.3295J/(g·K)。

2.4　德拜温度

Θ_D=348K。

2.5　热膨胀系数

$\alpha=5.75\times10^{-6}K^{-1}$。

2.6　热导率

χ=0.6W/(cm·K)。

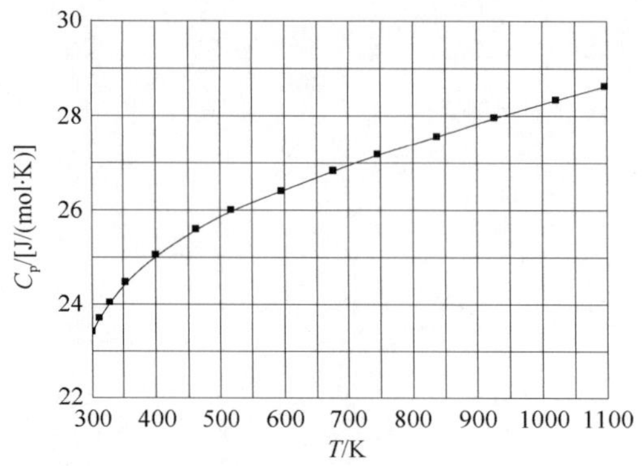

图表 37　锗的定压比热容随温度的变化

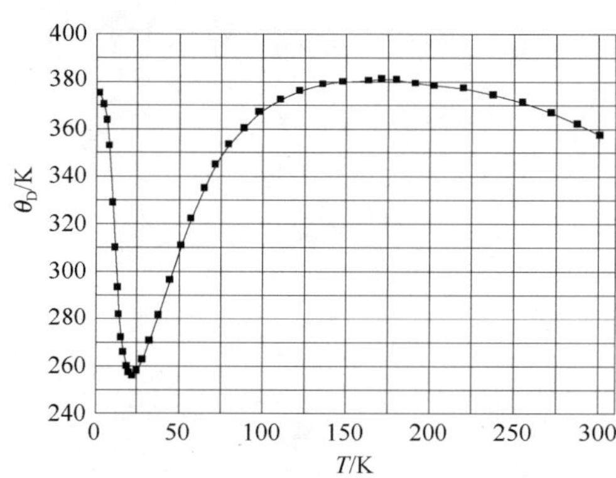

图表 38　锗的德拜温度随温度的变化

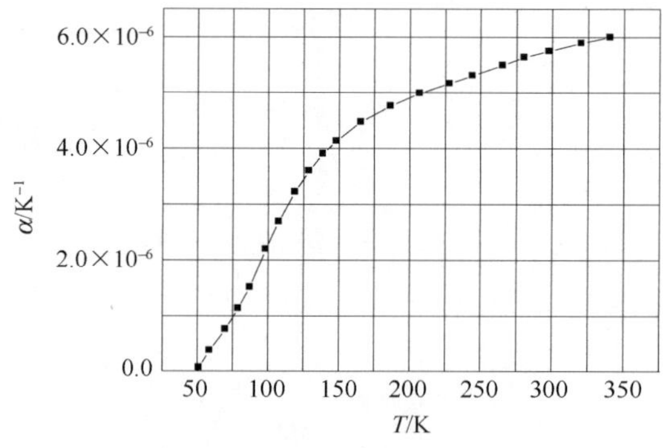

图表 39　锗的热膨胀系数随温度的变化

2.7　热扩散系数

$D=0.36\text{cm}^2/\text{s}$。

3. 力学性能

3.1　弹性常数

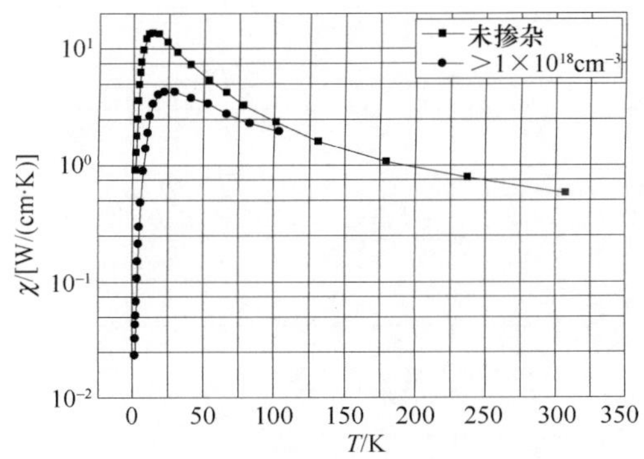

图表 40　锗的热导率随温度的变化

图表 41　锗晶体的弹性常数（单位：10^{11} dyn/cm^2）

C_{11}	C_{12}	C_{44}
12.870	4.770	6.670

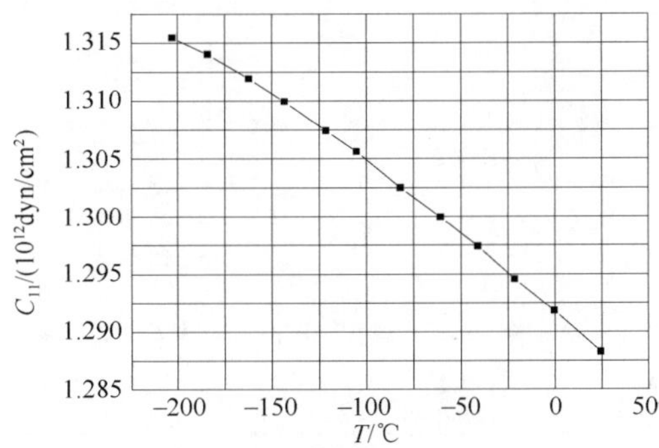

图表 42　锗的弹性常数 C_{11} 随温度的变化

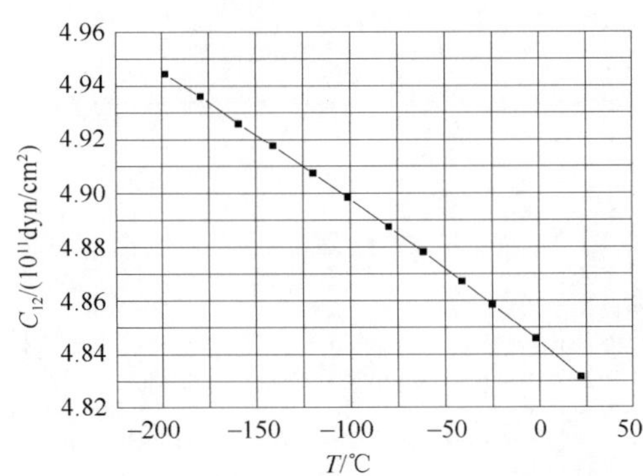

图表 43　锗的弹性常数 C_{12} 随温度的变化

3.2　杨氏模量

Y＝100GPa。

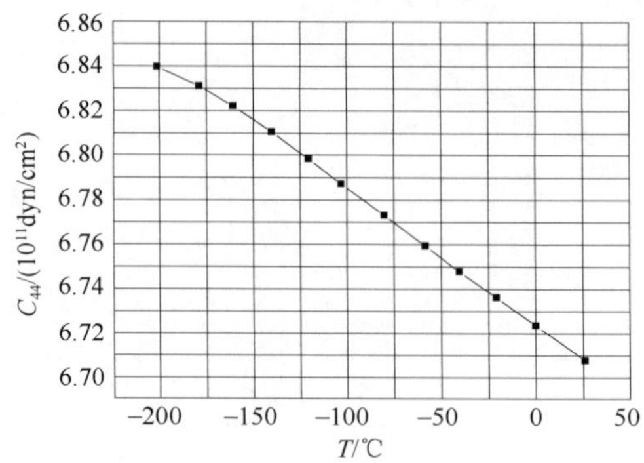

图表 44　锗的弹性常数 C_{44} 随温度的变化

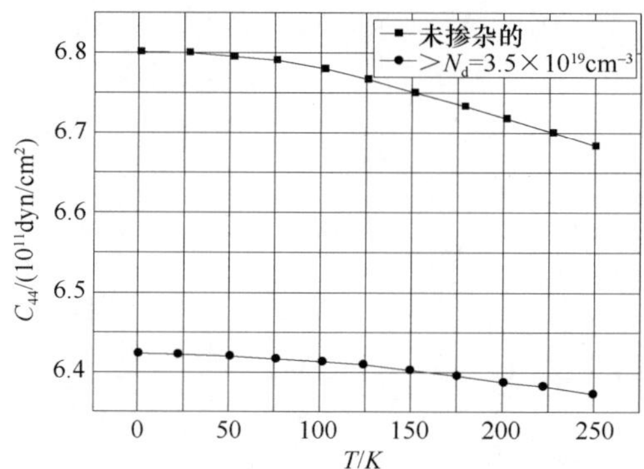

图表 45　锗的施主浓度对弹性常数 C_{44} 的影响

图表 46　锗晶体的杨氏模量（单位：10^{12} dyn/cm^2）

(100)		(110)		(111)
[001]	[011]	[001]	[111]	
1.029	1.371	1.029	1.542	1.371

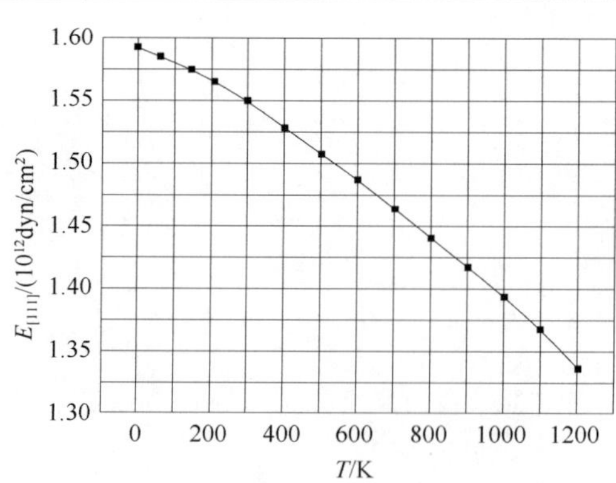

图表 47　锗的杨氏模量 $E_{[111]}$ 随温度的变化

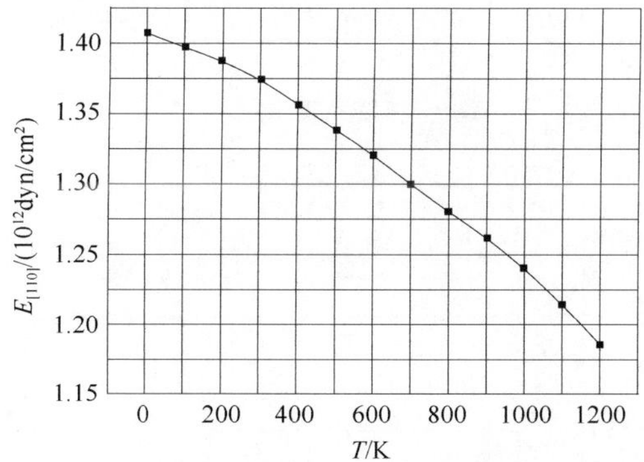

图表 48 锗的杨氏模量 $E_{[110]}$ 随温度的变化

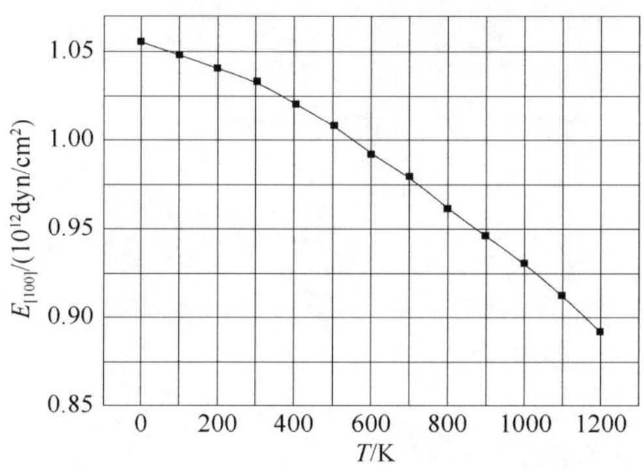

图表 49 锗的杨氏模量 $E_{[100]}$ 随温度的变化

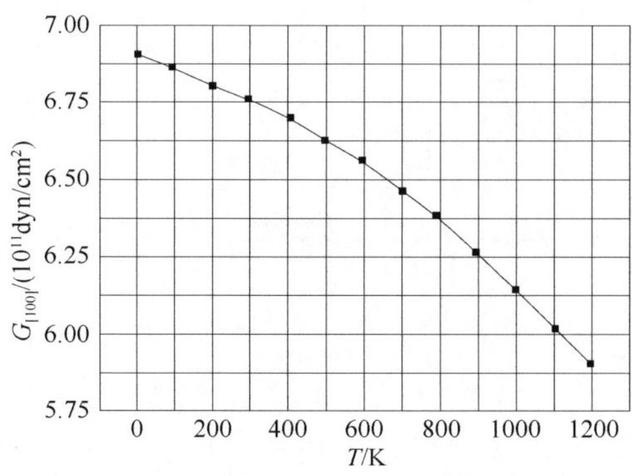

图表 50 锗的杨氏模量 $G_{[100]}$ 随温度的变化

3.3 体模量

B_u=74.7GPa。

3.4 切变模量

C_s=40.5GPa。

3.5　显微硬度

莫氏硬度：6.0。

努氏硬度：1.01×10^3 kg/mm^2。

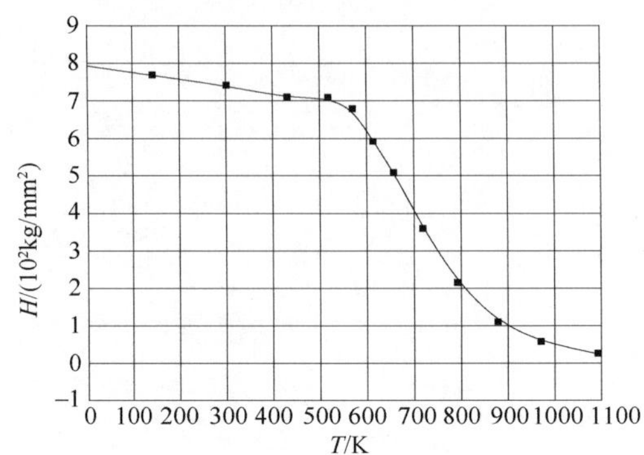

图表 51　锗的努氏硬度随温度的变化

4. 晶格动力学性质

4.1　声子色散关系

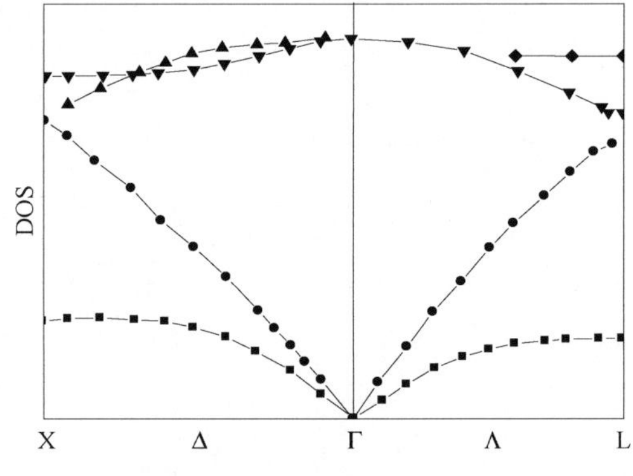

图表 52　锗的声子色散关系

4.2　声子态密度

4.3　声子频率

4.4　红外光谱

4.5　拉曼光谱

4.6　声速

计算值：5400m/s。

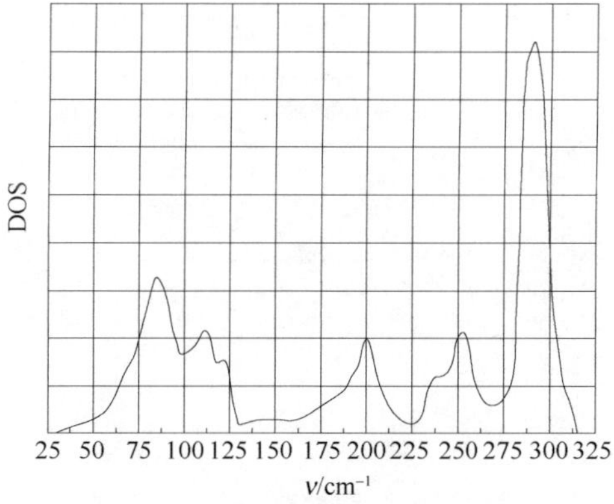

图表 53　锗的声子态密度

(由 CASTEP 计算得到)

图表 54　锗晶体的振动模式

LO			TO		
THz	meV	cm^{-1}	THz	meV	cm^{-1}
9.02	37.3	301	9.02	37.3	301

图表 55　锗的声子频率

振动模式	理论值/cm^{-1}	实验值/cm^{-1}
Γ_{TO}	319	304
Γ_{LO}	319	304
L_{TA}	48	63
L_{LA}	246	222
L_{TO}	261	245
L_{LO}	295	290
X_{TA}	77	80
X_{LA}	248	241
X_{TO}	284	276

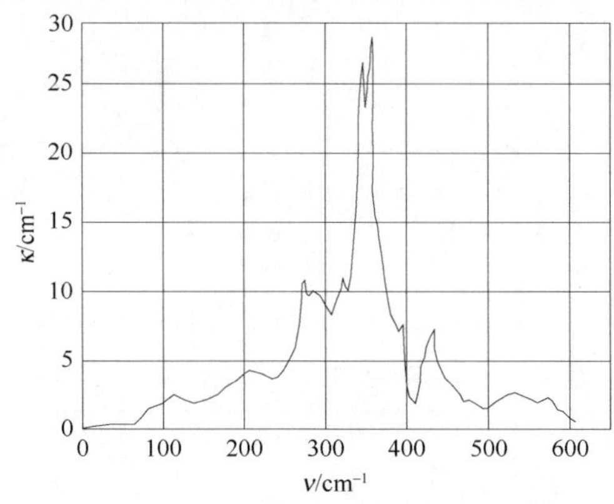

图表 56　锗在室温下的红外吸收光谱

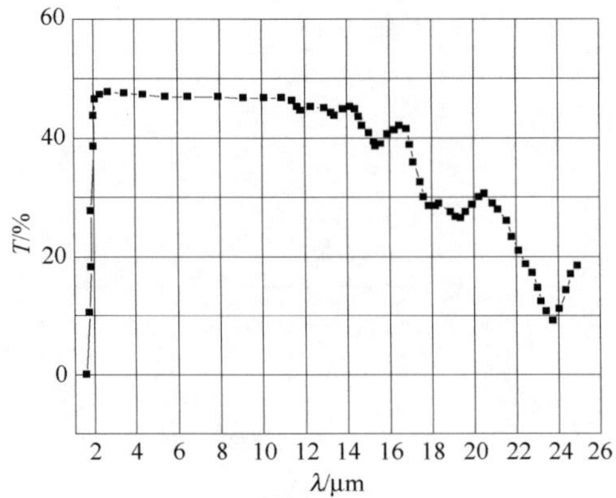

图表 57　锗的透射光谱

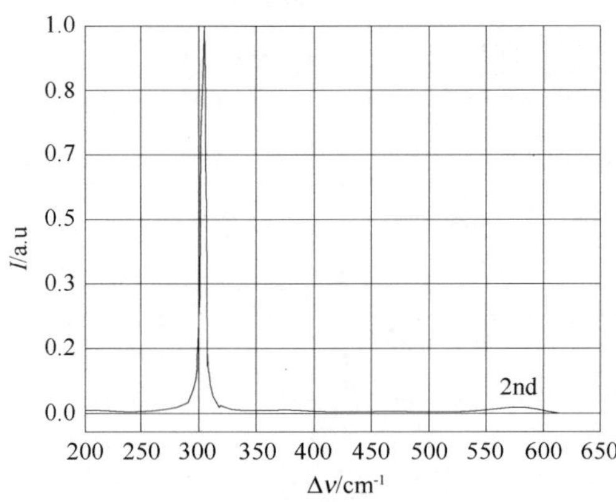

图表 58　锗的拉曼光谱

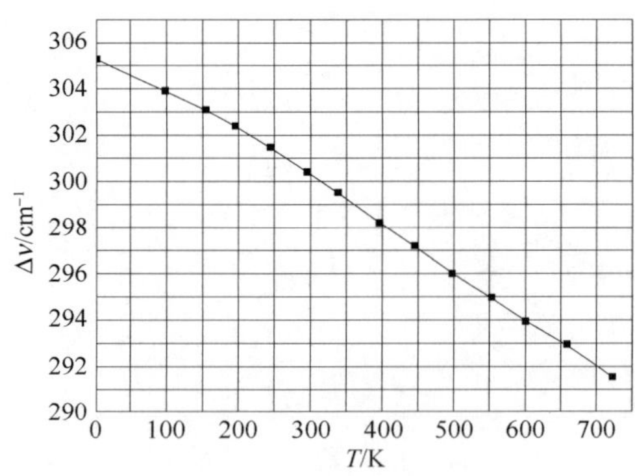

图表 59　锗的拉曼位移随温度的变化

图表 60　锗晶体的声速（单位：10^3 m/s）

[100]		[110]			[111]	
LA	TA1，TA2	LA	TA1	TA2	LA	TA1，TA2
4.92	3.54	5.39	2.76	3.54	5.54	3.04

4.7　Grüneisen 参数

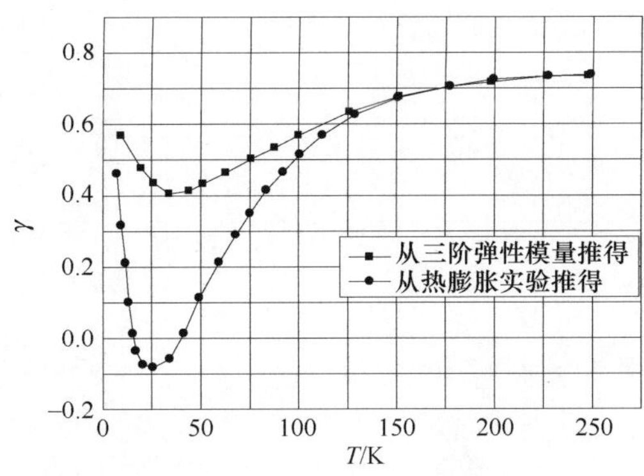

图表 61　锗的 Grüneisen 参数随温度的变化

5. 能带结构

5.1　能带图

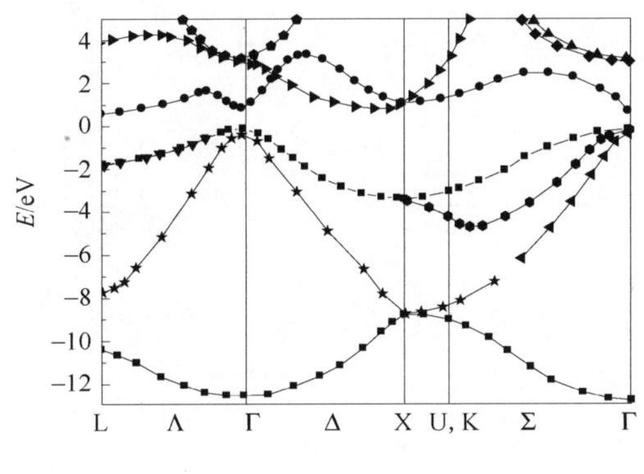

图表 62　锗的能带图

5.2　状态密度

有效导带状态密度：$N_C = 1.0\times10^{19}\text{cm}^{-3}$。

有效价带状态密度：$N_V = 5.0\times10^{18}\text{cm}^{-3}$。

5.3　禁带宽度

$E_g = 0.6657\text{eV}$。

5.4　电子亲和势

$\chi = 4.0\text{eV}$。

5.5　杂质与缺陷

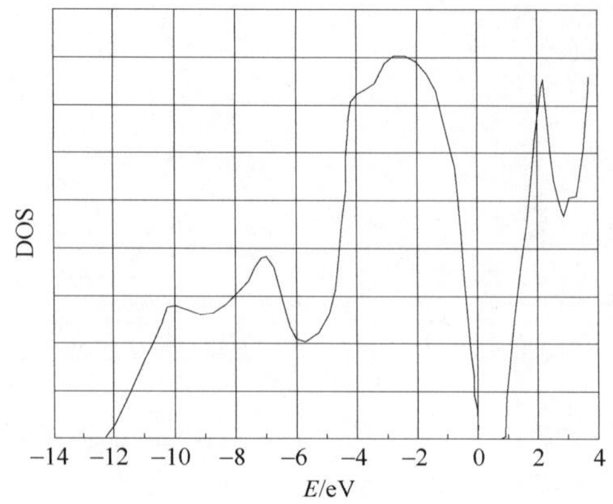

图表 63 锗的状态密度

（$E<0$ 部分为实验数据，$E>0$ 部分为理论计算结果）

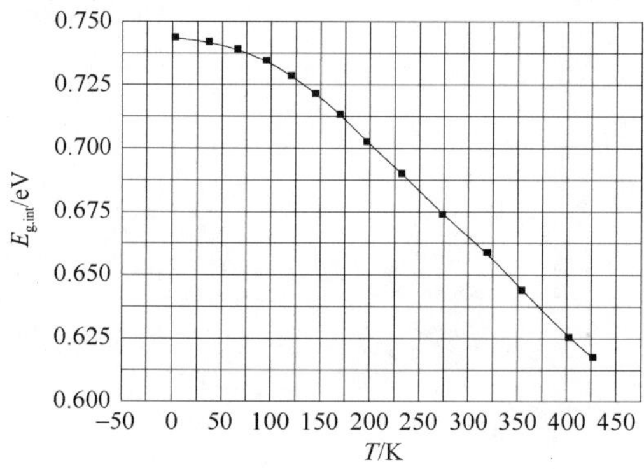

图表 64 锗的间接带隙随温度的变化

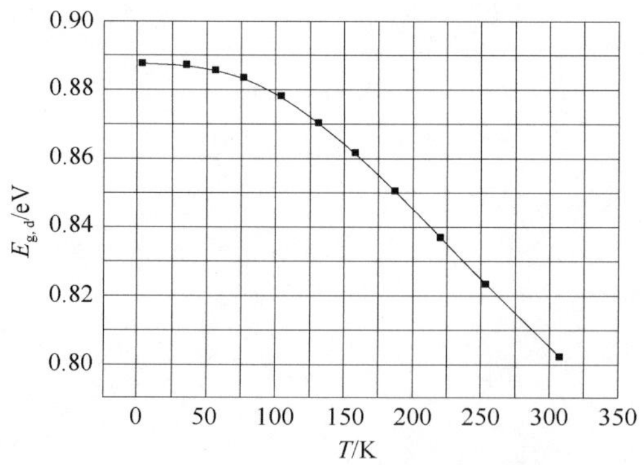

图表 65 锗的最小直接带隙随温度的变化

图表 66 锗中浅施主杂质的电离能（单位：eV）

施主	As	P	Sb	Bi	Li
电离能	0.014	0.013	0.010	0.013	0.093

图表 67　锗中浅受主杂质的电离能（单位：eV）

施主	Al	B	Ga	In	Tl
电离能	0.011	0.011	0.011	0.012	0.013

5.6　电子有效质量

电子有效质量：$m_n = 0.081$。

电导率有效质量：$m_n = 0.119$。

图表 68　锗的电子有效质量

方向	有效质量
横向有效质量 m_l/m_0	1.64
纵向有效质量 m_t/m_0	0.082

5.7　空穴有效质量

图表 69　锗的空穴有效质量-Ⅰ

方向	有效质量
轻空穴有效质量 m_t/m_0	0.044
重空穴有效质量 m_l/m_0	0.28
自旋分裂带有效质量 m_{so}/m_0	0.084

图表 70　锗的空穴有效质量-Ⅱ

重空穴		轻空穴	
[001]	[111]	[001]	[111]
0.204	0.500	0.046	0.040

5.8　激子束缚能

$E_{ex} = 4.12\text{meV}$。

6. 光学特性

6.1　介电常数

静态：$\varepsilon = 16.0$。

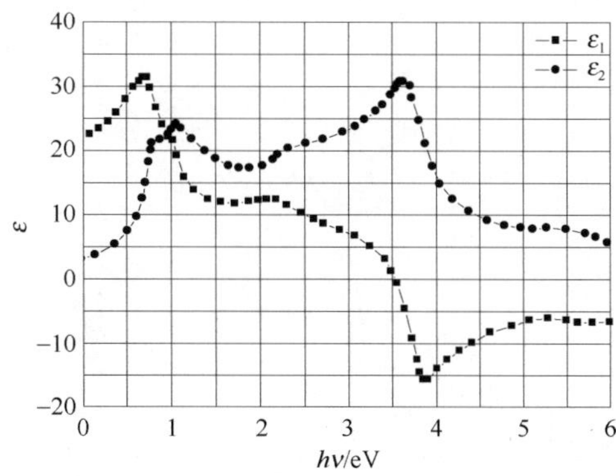

图表 71　锗的介电常数随光子能量的变化

6.2 吸收光谱

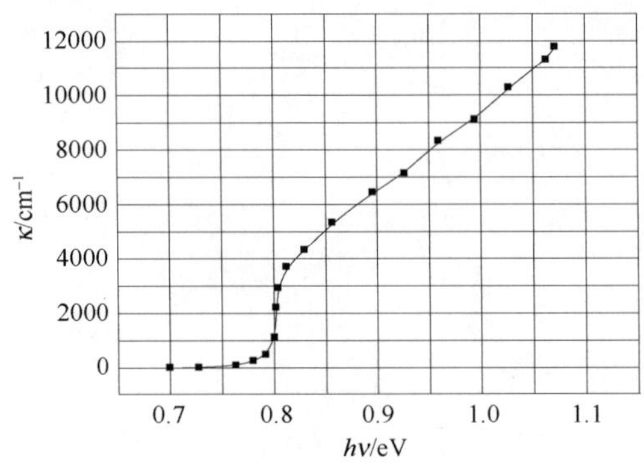

图表 72 锗的禁带宽度附近的吸收系数随光子能量的变化

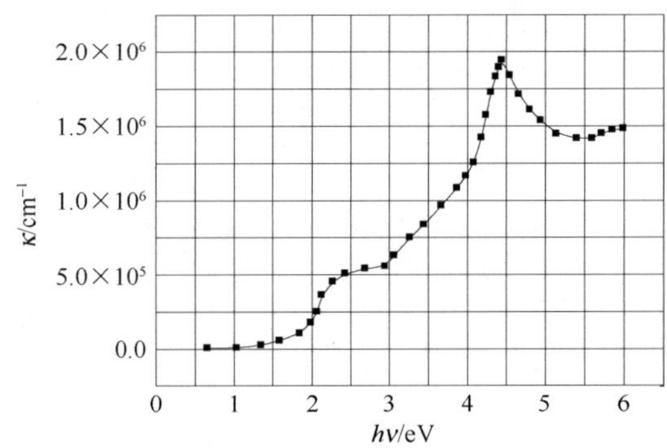

图表 73 锗较大能量范围内的吸收系数随光子能量的变化

6.3 透射光谱

6.4 反射光谱

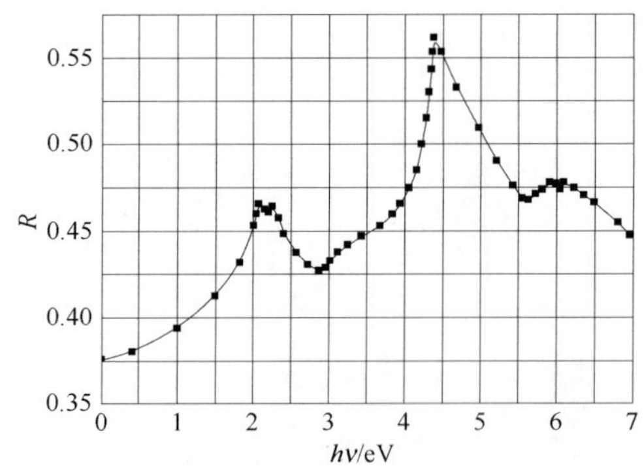

图表 74 锗的反射率随光子能量的变化

6.5 折射率与消光系数

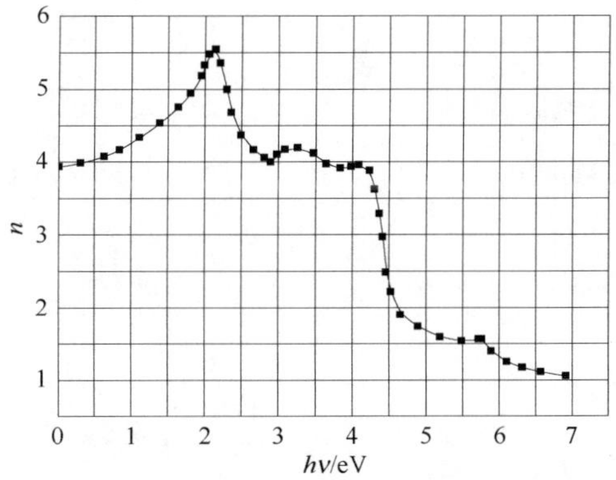

图表75　锗的折射率随光子能量的变化

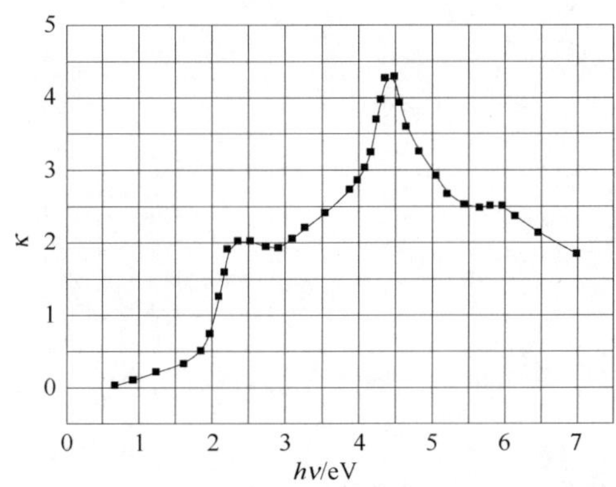

图表76　锗的消光系数随光子能量的变化

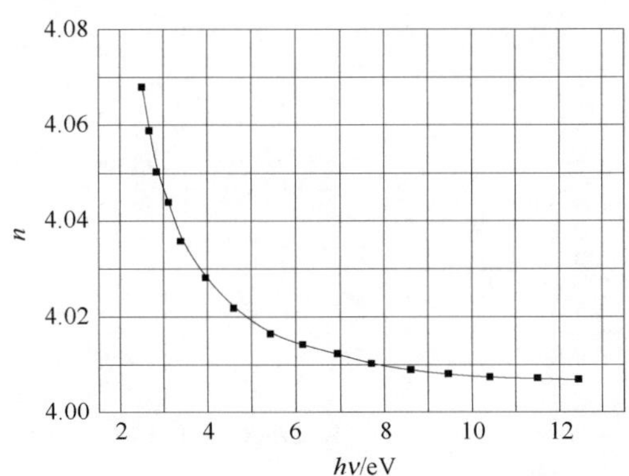

图表77　锗在红外波段的折射率随光子能量的变化

7. 载流子的输运特性

7.1　电子迁移率

300K，$n=1.0\times10^{15}\mathrm{cm}^{-3}$，$\mu_n=3900\mathrm{cm}^2/(\mathrm{V\cdot s})$。

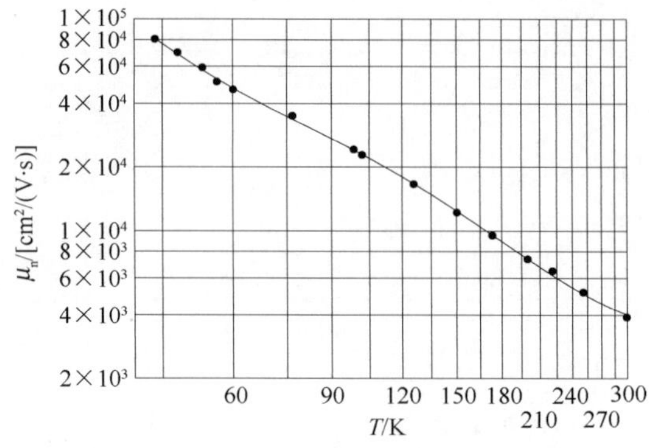

图表 78　锗的电子迁移率随温度的变化

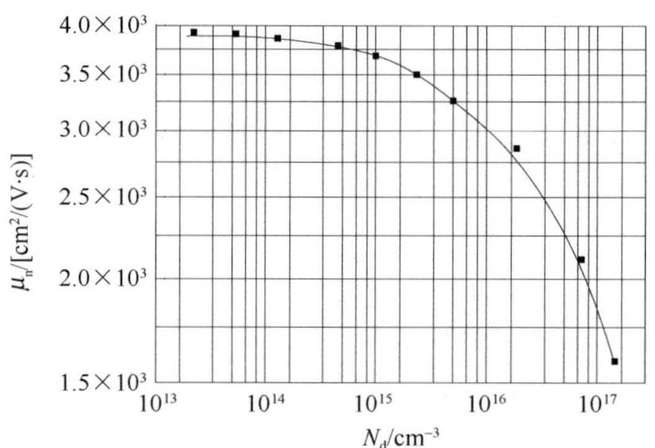

图表 79　锗的电子迁移率随施主浓度的变化

7.2　电子漂移速率

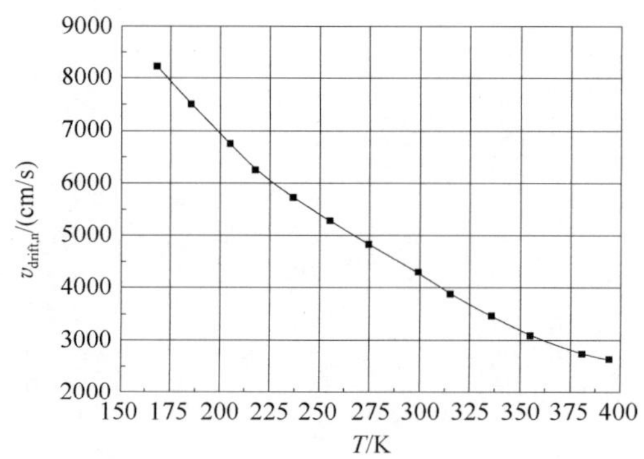

图表 80　锗的电子漂移速率随温度的变化

7.3　空穴迁移率

300K，掺杂浓度 $p=1.0\times10^{15}\mathrm{cm}^{-3}$，$M_p=1900\mathrm{cm}^2/(\mathrm{V}\cdot\mathrm{s})$。

7.4　空穴漂移速率

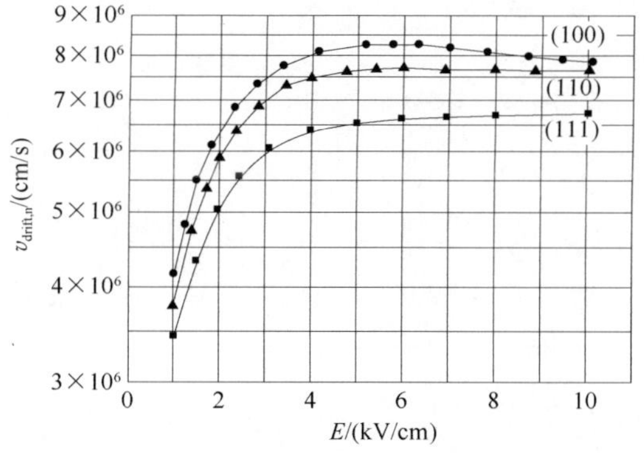

图表 81　锗的电子速率随电场强度的变化

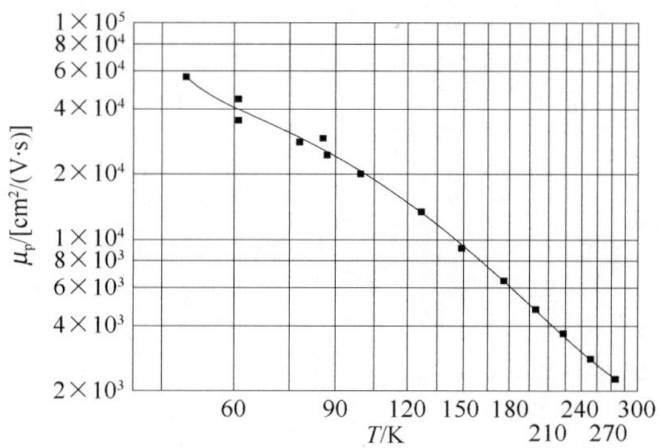

图表 82　锗的空穴迁移率随温度的变化

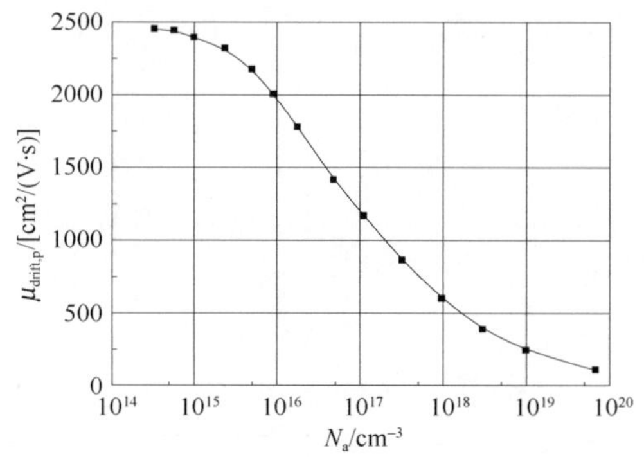

图表 83　锗的空穴迁移率随受主浓度的变化

7.5　本征载流子浓度

$n_i=2.4\times10^{13}\mathrm{cm}^{-3}$。

7.6　本征电导率

7.7　压阻特性

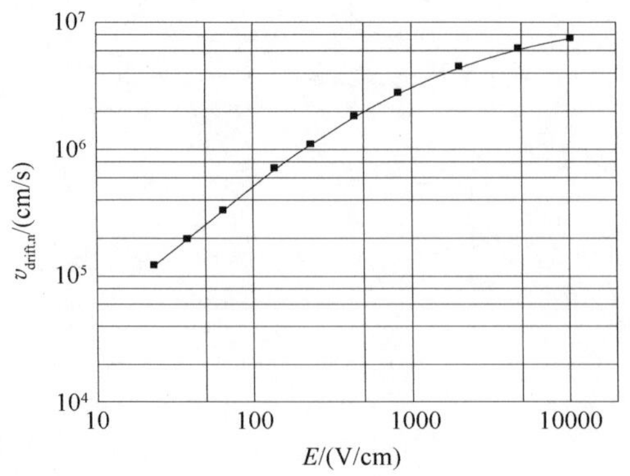

图表 84 锗的空穴漂移速率随电场强度的变化（220K）

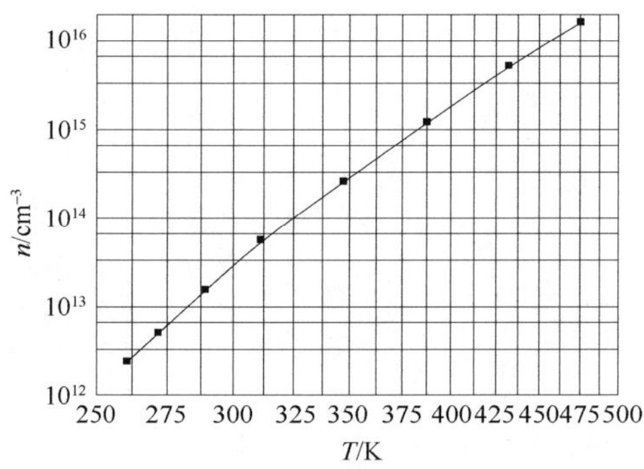

图表 85 锗的本征载流子浓度随温度的变化

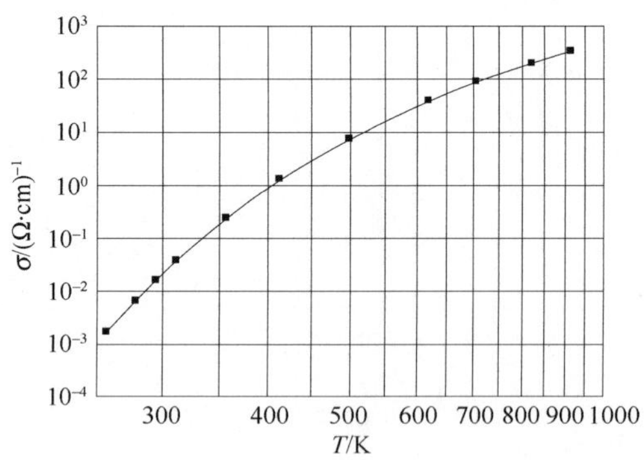

图表 86 锗的本征电导率随温度的变化

7.8 击穿场强

E_{BR}＝100kV/cm。

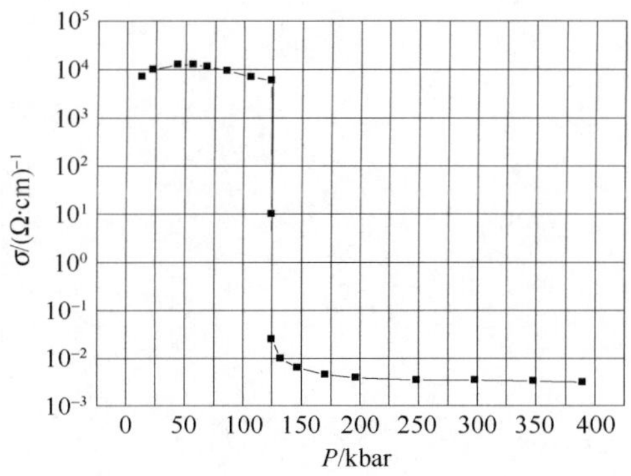

图表 87　锗的压阻特性

8. 压电性能

9. 磁学性能

9.1　霍尔系数

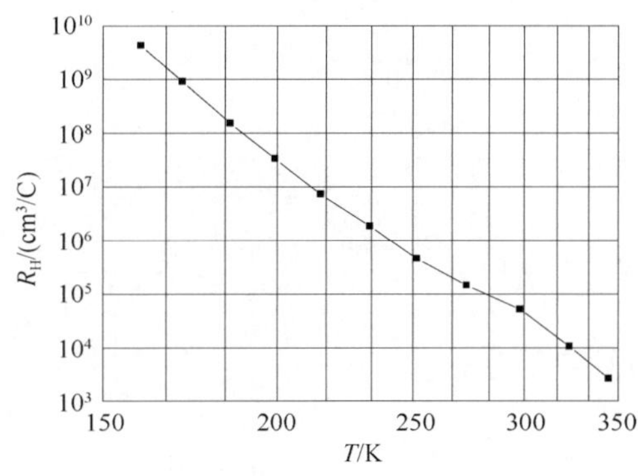

图表 88　锗的霍尔系数随温度的变化

9.2　磁感应系数

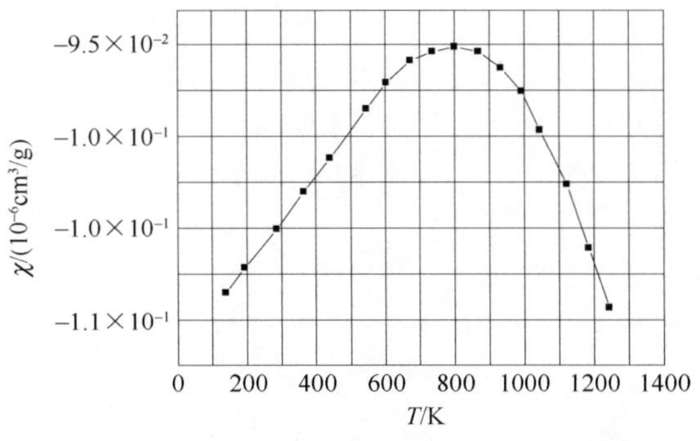

图表 89　锗的磁感应系数随温度的变化

10. 热电性能

10.1　塞贝克系数

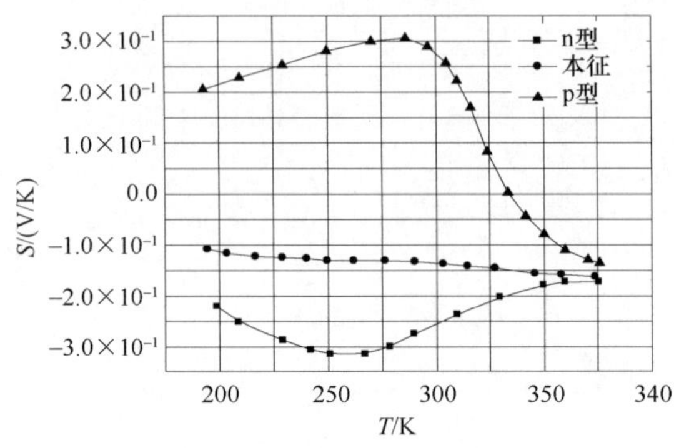

图表 90　锗的塞贝克系数随温度的变化

第4章　硅(Si)

1. 结构特性

1.1　晶体结构

金刚石结构。

1.2　空间群

Fd3m(O_h)。

1.3　晶格常数

a=5.4307nm。

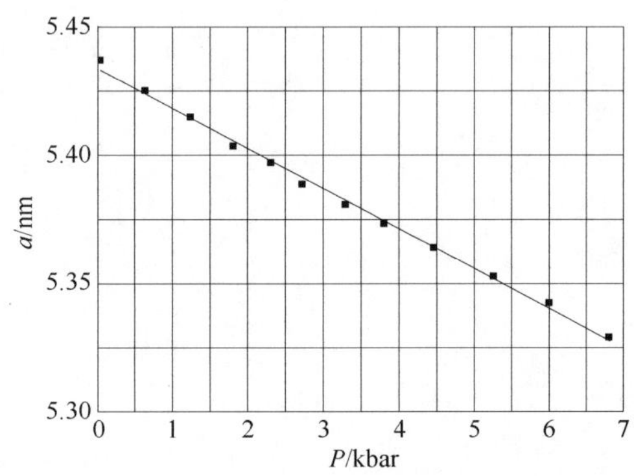

图表91　硅的晶格常数随压强的变化

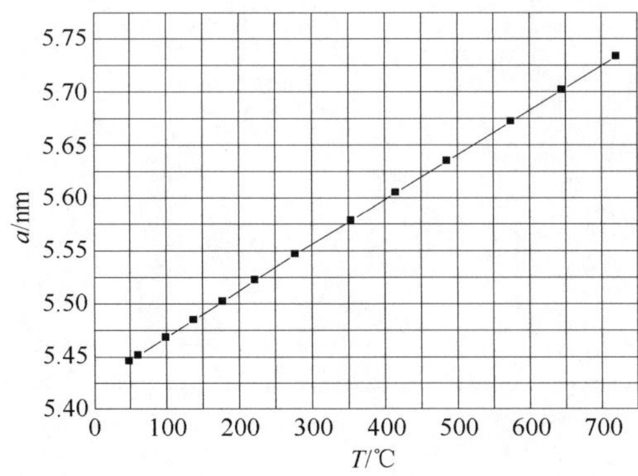

图表92　硅的晶格常数随温度的变化

1.4　解理面和解理能

解理面：(111)。

解理能：1.15J/m^2。

1.5　结构相变

一级相变转变压强：P_T=12GPa。

1.6　相图

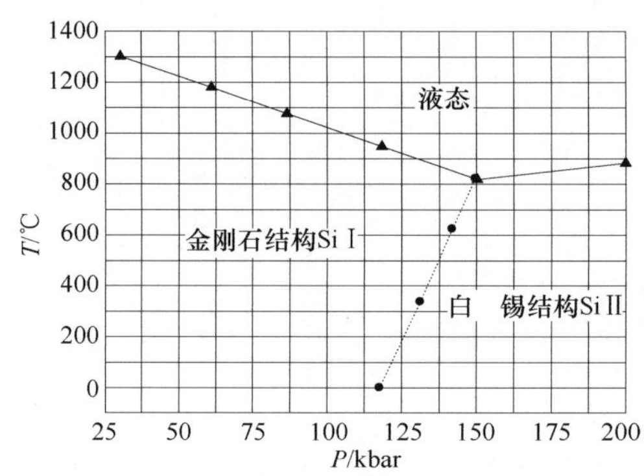

图表 93　硅的 P-T 相图

1.7　密度

d=2.33g/cm^3。

2. 热学性能

2.1　熔点

T_m=1414℃。

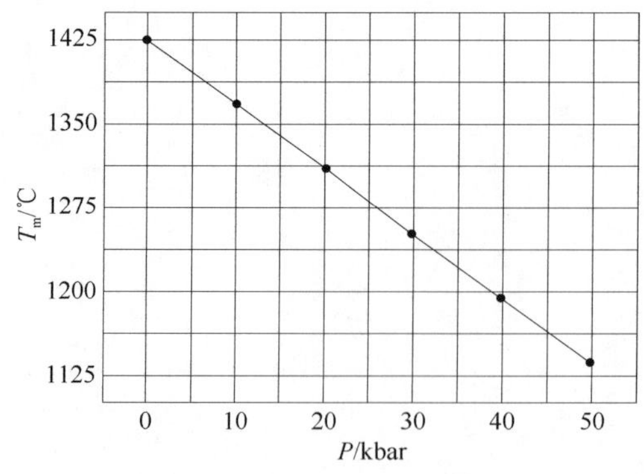

图表 94　硅的熔点随压强的变化

2.2　定容比热容

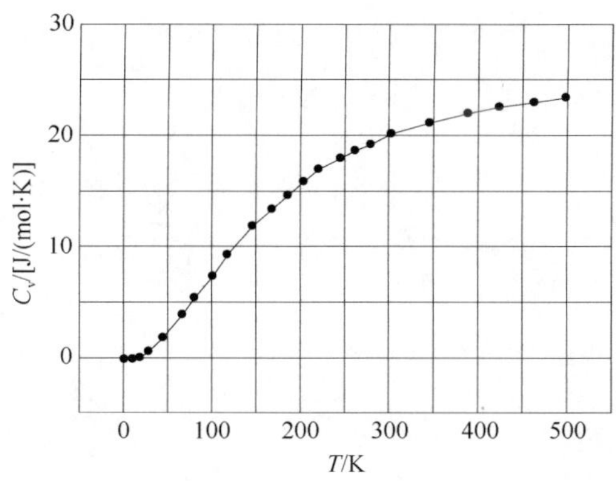

图表 95　硅的定容比热容随温度的变化

2.3　定压比热容

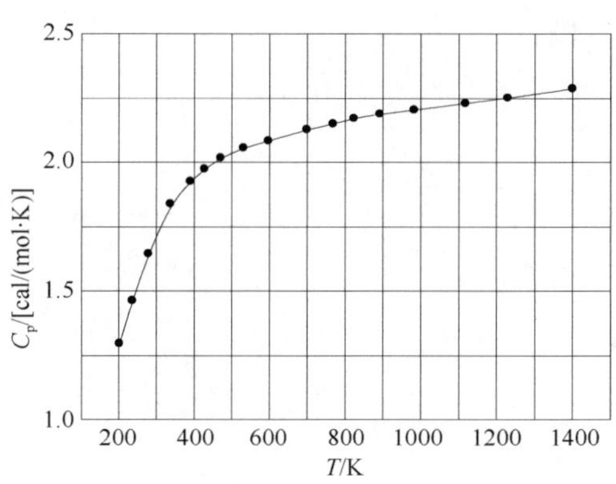

图表 96　硅的定压比热容随温度的变化

2.4　德拜温度

Θ_D＝645K。

2.5　热膨胀系数

2.6　热导率

χ＝1.48W/(cm·K)。

2.7　热扩散系数

D＝0.9cm^2/s。

2.8　饱和蒸汽压

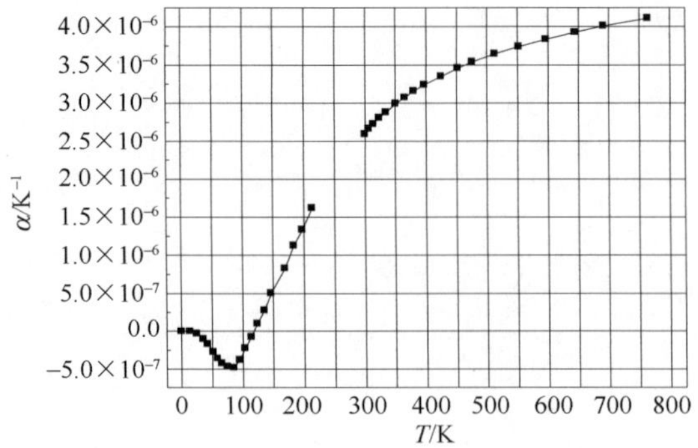

图表 97　硅的热膨胀系数随温度的变化

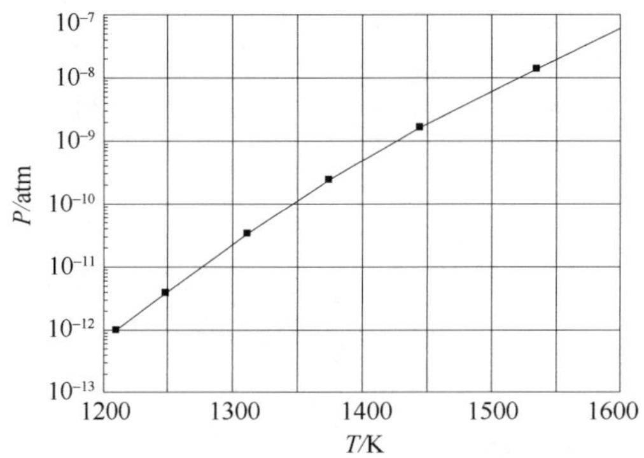

图表 98　硅的饱和蒸汽压随温度的变化

3. 力学性能

3.1　弹性常数

图表 99　硅晶体的弹性常数（单位：10^{11} dyn/cm^2）

C_{11}	C_{12}	C_{44}
16.564	6.394	7.951

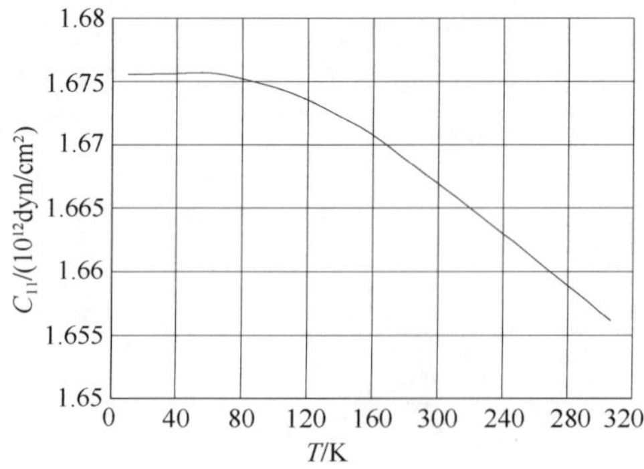

图表 100　硅的弹性常数 C_{11} 随温度的变化

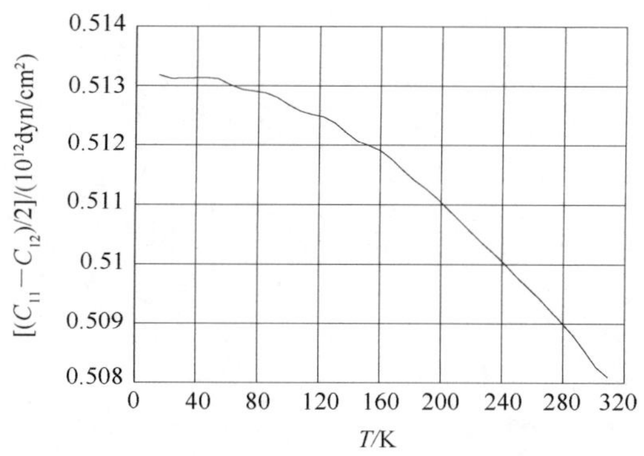

图表 101　硅的弹性常数$(C_{11}-C_{12})/2$随温度的变化

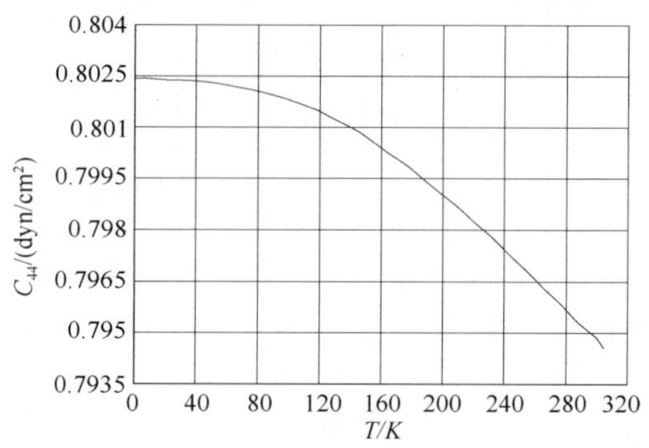

图表 102　硅的弹性常数C_{44}随温度的变化

3.2　杨氏模量

图表 103　硅晶体的杨氏模量（单位：10^{12} dyn/cm²）

(100)		(110)		(111)
[001]	[011]	[011]	[111]	
1.300	1.690	1.300	1.877	1.690

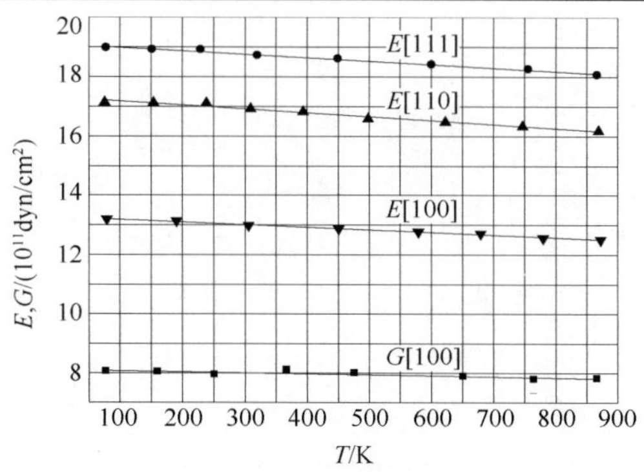

图表 104　硅的杨氏模量随温度的变化

3.3　体模量

$B_u = 9.784 \times 10^{11}$ dyn/cm²。

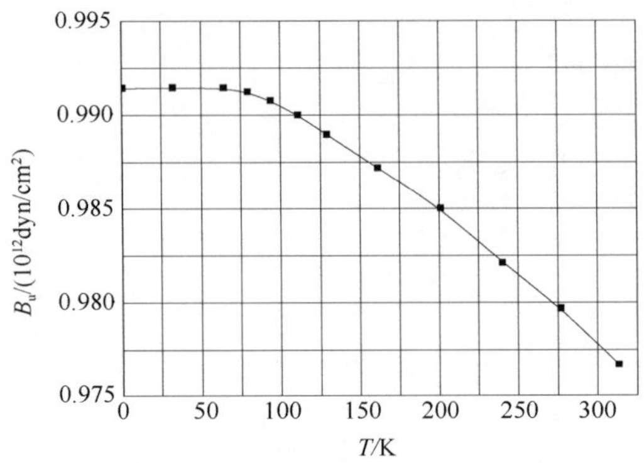

图表 105　硅的体模量随温度的变化

3.4　切变模量

$C_s = 5.085 \times 10^{11}$ dyn/cm²。

3.5　显微硬度

莫氏硬度：7。

努氏硬度：1150kg/mm²。

4. 晶格动力学性质

4.1　声子色散关系

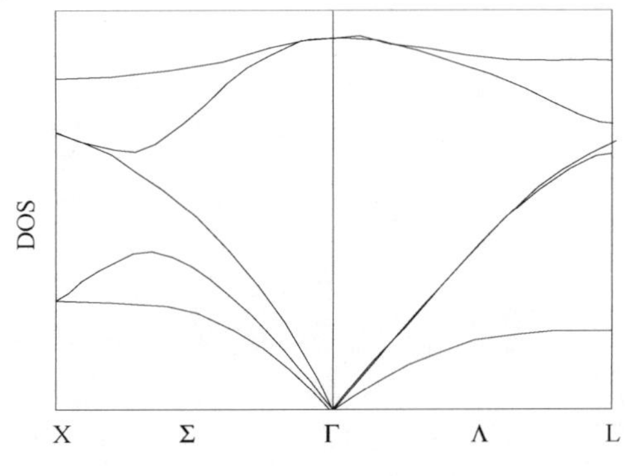

图表 106　硅的声子色散关系

4.2　声子态密度

4.3　声子频率

光学声子能量：0.063eV。

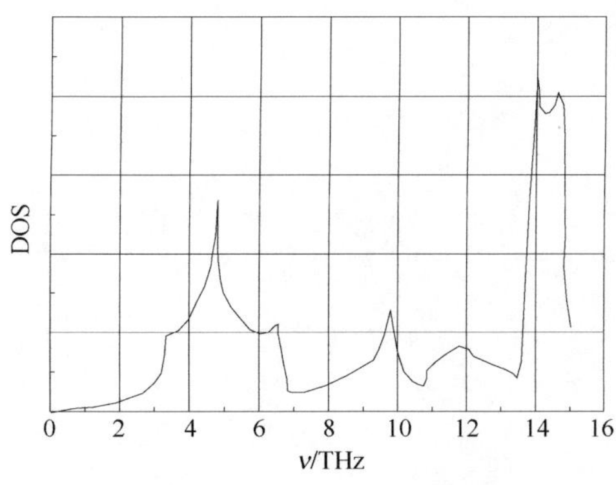

图表 107　硅的单声子密度

图表 108　硅的振动模式

LO			TO		
THz	meV	cm^{-1}	THz	meV	cm^{-1}
15.57	64.38	519.2	15.57	64.38	519.2

图表 109　硅的声子振动频率

振动模式	频率/Hz
$\nu_{LTO}(\Gamma_{25'})$	15.5×10^{12}
$\nu_{TA}(X_3)$	4.5×10^{12}
$\nu_{LAO}(X_1)$	12.3×10^{12}
$\nu_{TO}(X_4)$	13.9×10^{12}
$\nu_{TA}(L_3)$	3.45×10^{12}
$\nu_{LA}(L_{2'})$	11.3×10^{12}
$\nu_{LO}(L_1)$	12.6×10^{12}
$\nu_{TO}(L_{3'})$	14.7×10^{12}

4.4　红外光谱

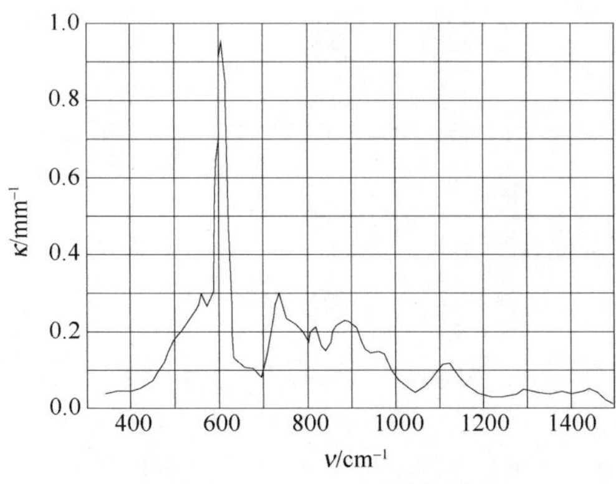

图表 110　硅的红外吸收光谱

4.5 拉曼光谱

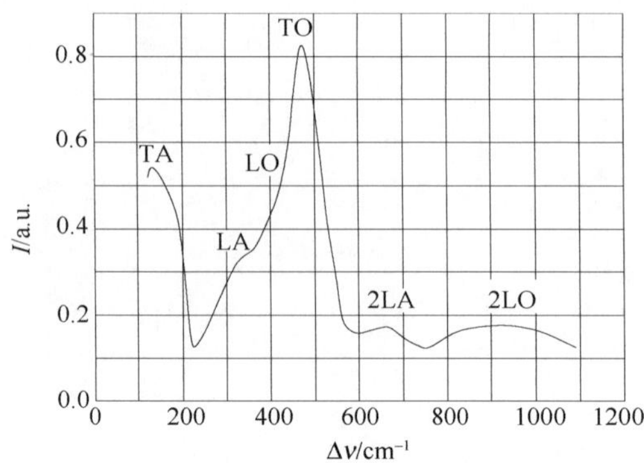

图表 111 硅的拉曼光谱

4.6 声速

图表 112 硅晶体的声速（单位：10^3 m/s）

(100)		(110)			(111)	
LA	TA1，TA2	LA	TA1	TA2	LA	TA，TA2
8.43	5.84	9.13	4.67	5.84	9.36	5.09

图表 113 硅中声学波的速度

传播方向	声学波	表达式	速度/(10^5 cm/s)
[100]	v_L	$(C_{11}/\rho)^{1/2}$	8.43
	v_T	$(C_{44}/\rho)^{1/2}$	5.84
[100]	v_l	$((C_{11}+C_{12}+2C_{44})/2\rho)^{1/2}$	9.13
	$v_{t\parallel}$	$V_{t\parallel}=V_T=(C_{44}/\rho)^{1/2}$	5.84
	$v_{t\perp}$	$((C_{11}-C_{12})/2\rho)^{1/2}$	4.67
[111]	$v_{l'}$	$((C_{11}+2C_{12}+4C_{44})/3\rho)^{1/2}$	9.36
	$v_{t'}$	$((C_{11}-C_{12}+C_{44})/3\rho)^{1/2}$	5.10

4.7 Grüneisen 参数

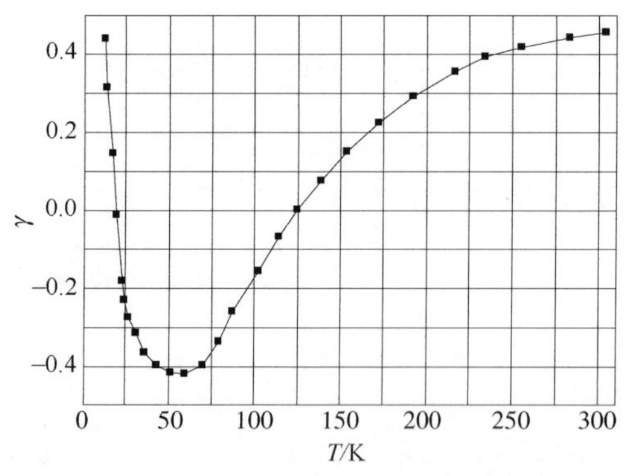

图表 114 硅的 Grüneisen 参数随温度的变化

（通过热膨胀实验数据获得）

5. 能带结构

5.1　能带图

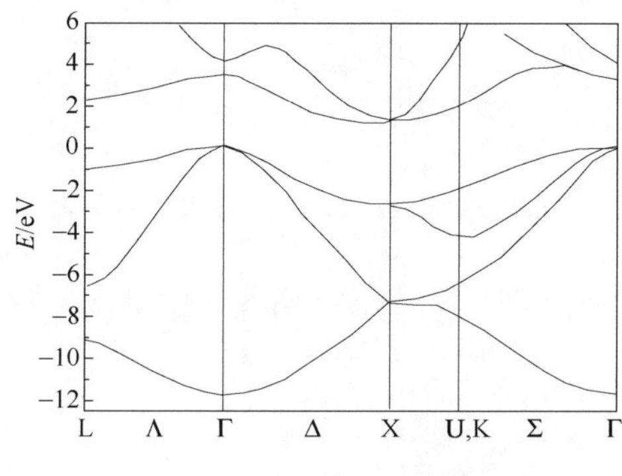

图表 115　硅的能带图

5.2　状态密度

有效导带状态密度：3.2×10^{19} cm^{-3}。

有效导带状态密度：1.8×10^{19} cm^{-3}。

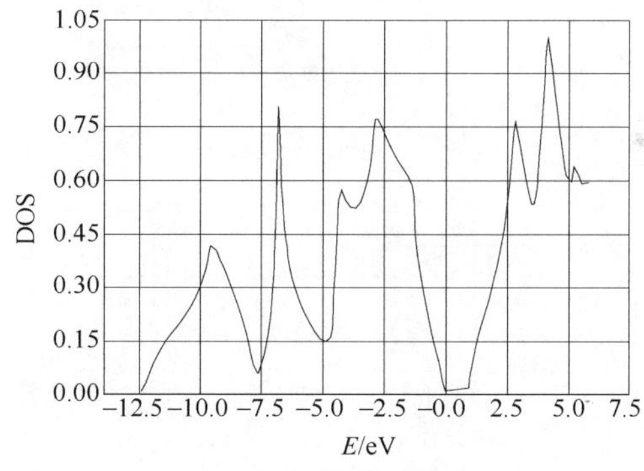

图表 116　硅的状态密度

5.3　禁带宽度

E_g=1.12eV(300K)。

5.4　电子亲和势

χ=4.05eV。

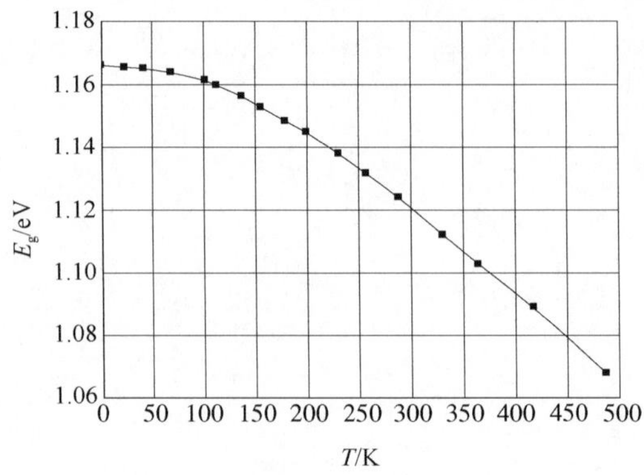

图表 117　硅的禁带宽度随温度的变化

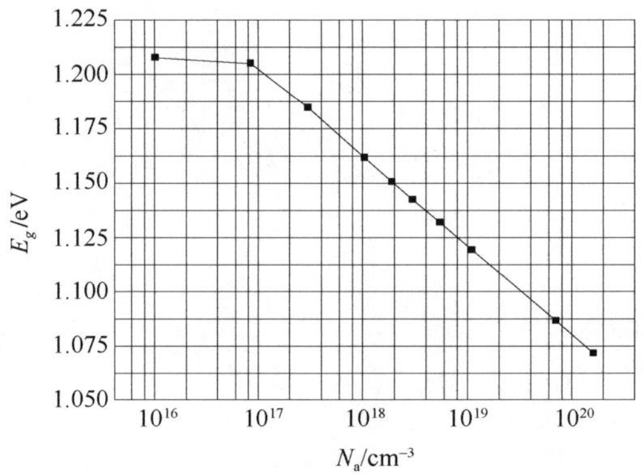

图表 118　硅的禁带宽度随受主浓度的变化

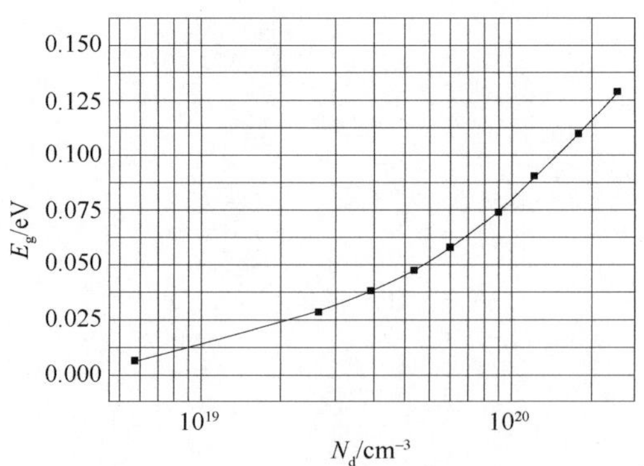

图表 119　硅的禁带宽度随施主浓度的变化

5.5　杂质与缺陷

5.6　电子有效质量

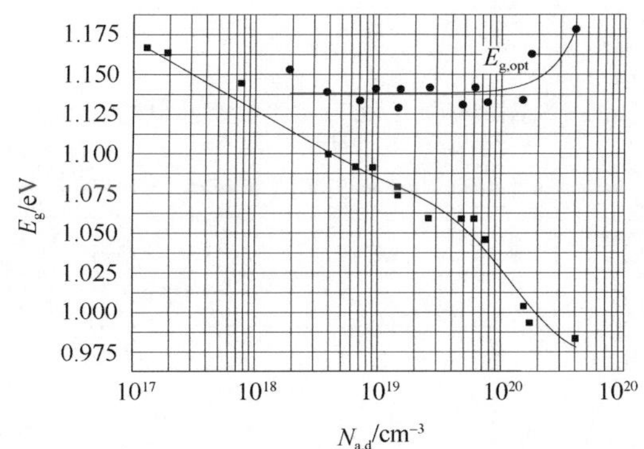

图表 120　硅的禁带宽度随施主浓度和受主浓度的变化

图表 121　硅中浅施主的电离能（单位：eV）

As	P	Sb
0.054	0.045	0.043

图表 122　硅中浅受主的电离能（单位：eV）

Al	B	Ga	In
0.072	0.045	0.074	0.157

图表 123　硅中其他重要杂质

杂质	类型	位置
Au	施主	$E_V+0.35$eV
	受主	$E_C-0.55$eV
Cu	施主	$E_V+0.24$eV
	受主	$E_V+0.37$eV
	受主	$E_V+0.52$eV
Fe	施主	$E_V+0.39$eV
Ni	受主	$E_C-0.35$eV
	受主	$E_V+0.23$eV
Pt	施主	$E_V+0.32$eV
	受主	$E_V+0.36$eV
	受主	$E_C-0.25$eV
Zn	受主	$E_V+0.32$eV
	受主	$E_C-0.5$eV

图表 124　硅的电子有效质量

方向	有效质量
纵向 m_l/m_0	0.98
横向 m_t/m_0	0.19
有效状态密度质量 m_c/m_0	0.36

5.7　空穴有效质量

图表 125　硅的空穴有效质量

方向	有效质量
重空穴 m_h/m_0	0.49
轻空穴 m_l/m_0	0.16
自旋分裂带 m_{so}/m_0	0.24
有效状态密度质量 m_c/m_0	0.81

5.8　激子束缚能

E_{ex}＝5.7meV。

6. 光学特性

6.1　介电常数

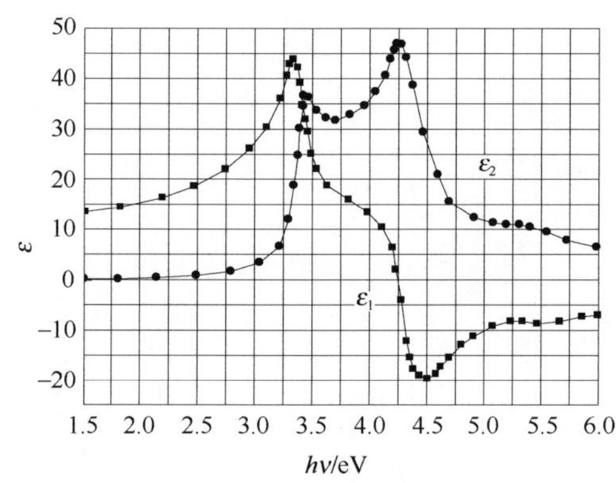

图表 126　硅的介电常数随光子能量的变化

6.2　吸收光谱

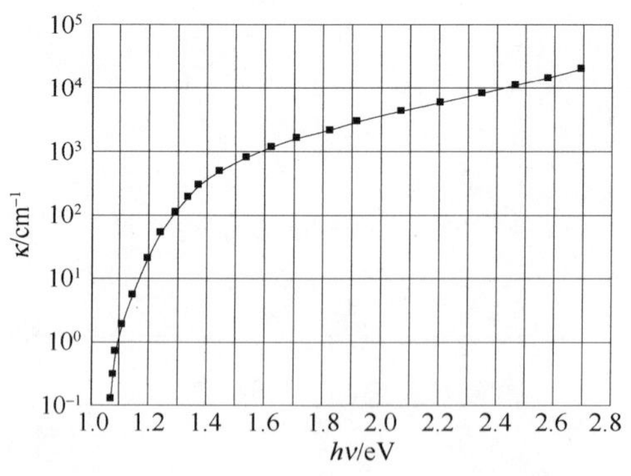

图表 127　硅的吸收系数随光子能量的变化-I

6.3　透射光谱

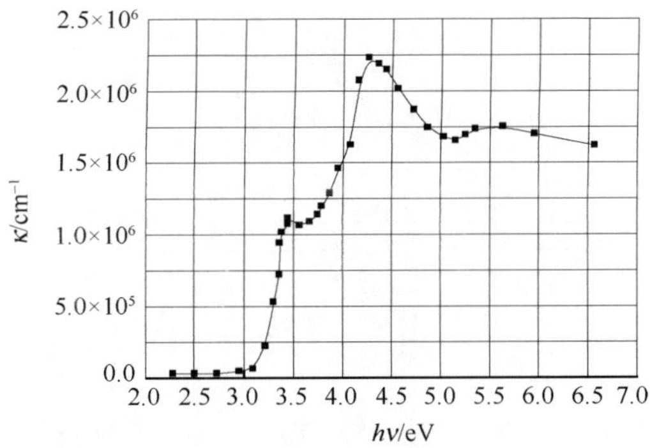

图表 128　硅的吸收系数随光子能量的变化-Ⅱ

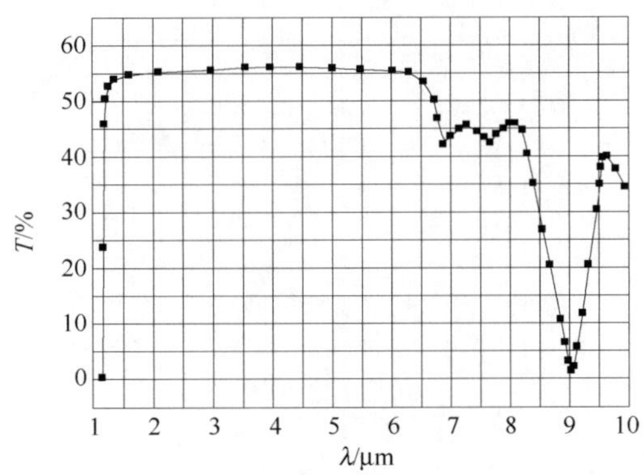

图表 129　硅的透射光谱

6.4　反射光谱

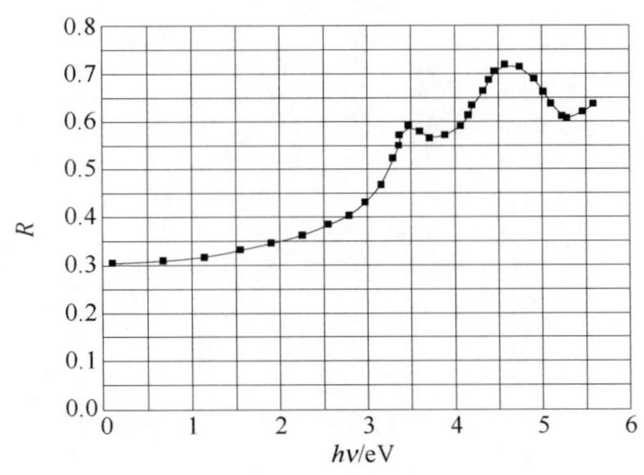

图表 130　硅的反射率随光子能量的变化

6.5　折射率和消光系数

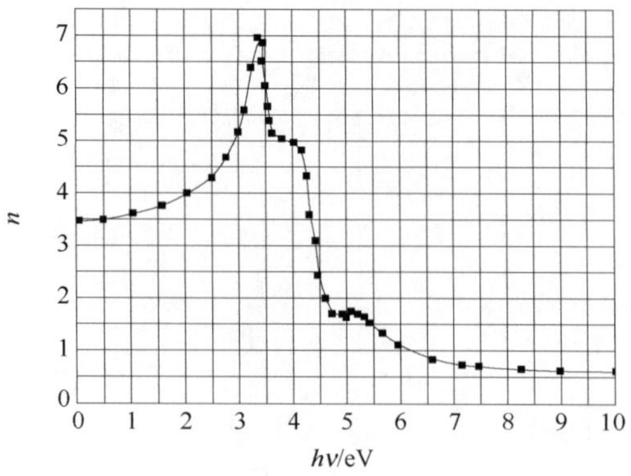

图表 131　硅的折射率随光子能量的变化

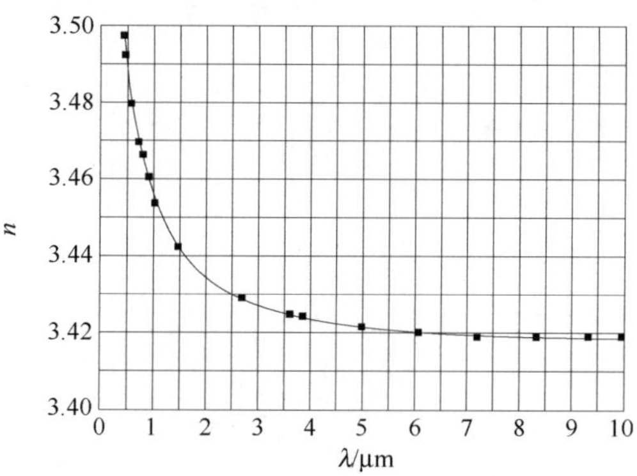

图表 132　硅红外波段的折射率随波长的变化

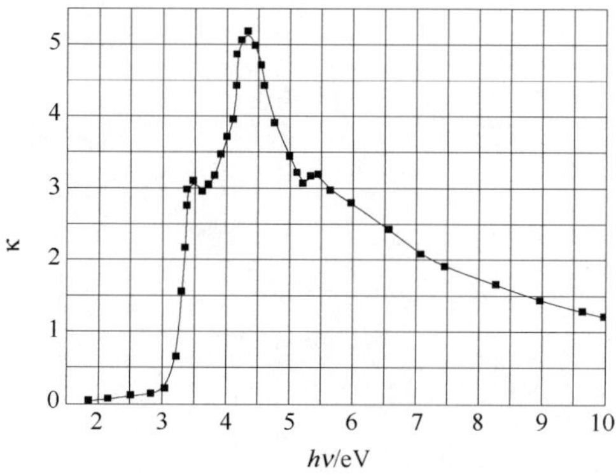

图表 133　硅的消光系数随光子能量的变化

7. 载流子的输运特性

7.1　电子迁移率

$\mu_{nH}=1600cm^2/(V \cdot s)$，$n=1.0\times 10^{14}cm^{-3}$。

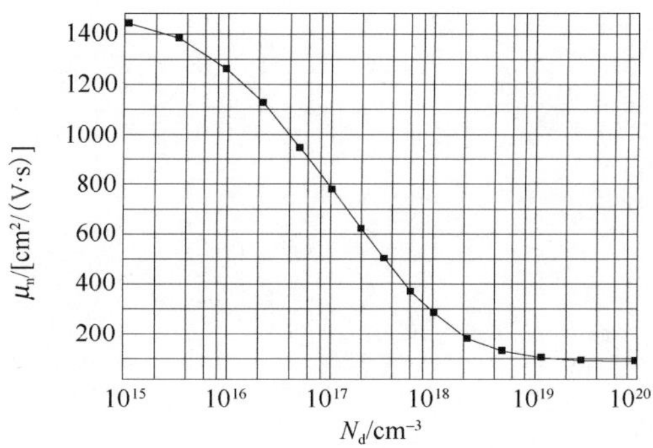

图表 134 硅的电子迁移率随施主浓度的变化

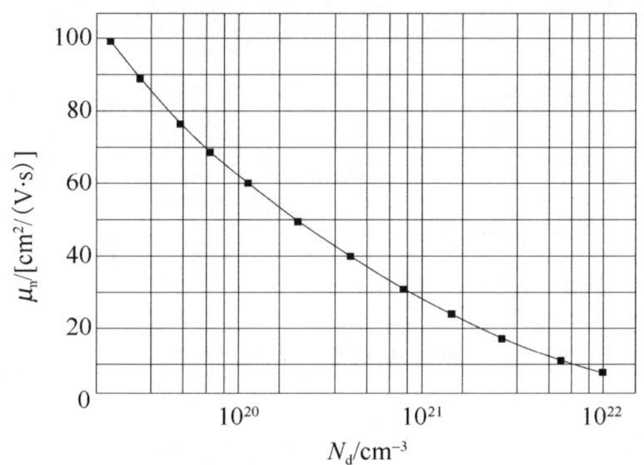

图表 135 硅的电子迁移率随施主浓度的变化

(n 型重掺)

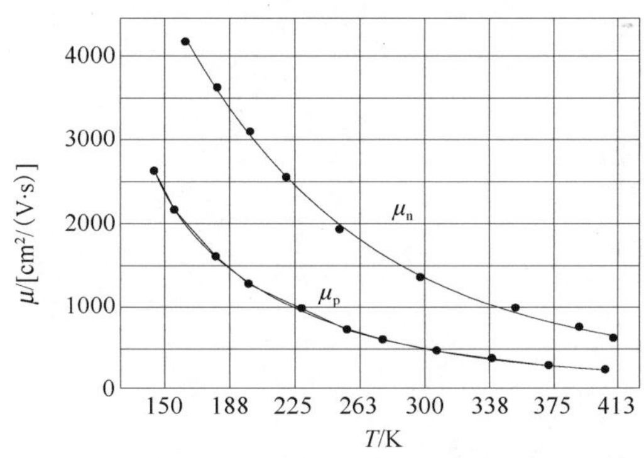

图表 136 硅的迁移率随温度的变化

7.2 电子漂移速率

7.3 空穴迁移率

$\mu_{pH}=430cm^2/(V\cdot s)$，$p=1.0\times10^{14}cm^{-3}$。

7.4 空穴漂移速率

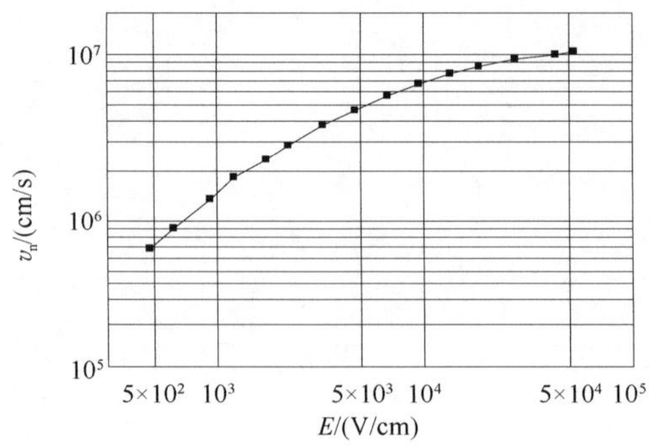

图表 137　硅的电子漂移速率随电场强度的变化

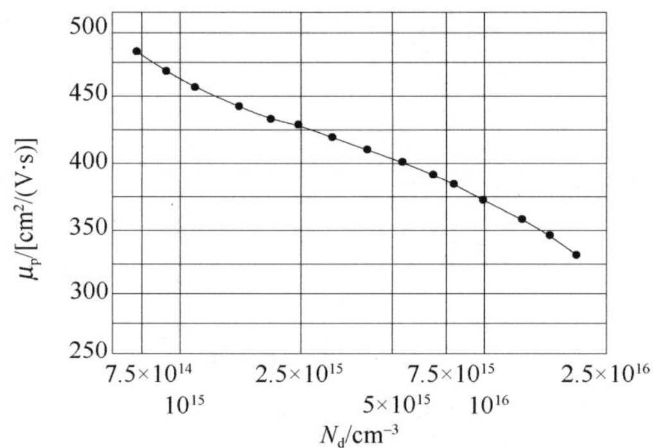

图表 138　硅的空穴迁移率随施主浓度的变化

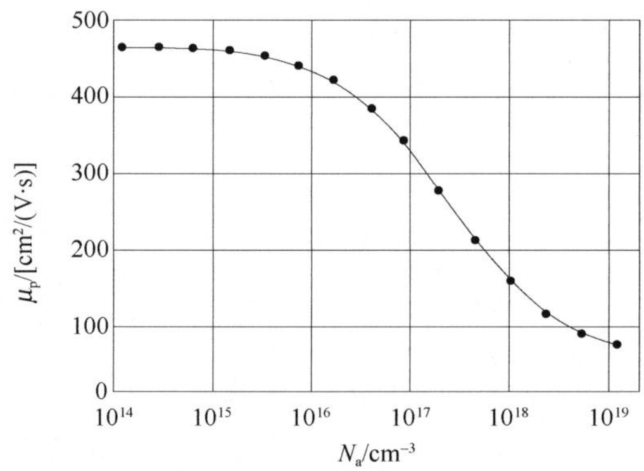

图表 139　硅的空穴迁移率随受主浓度的变化

7.5　本征载流子浓度

$n_i = 1 \times 10^{10}\,\mathrm{cm}^{-3}$。

7.6　本征电导率

$\sigma_i = 3.2 \times 10^5\,(\Omega \cdot \mathrm{cm})^{-1}$。

7.7　压阻特性

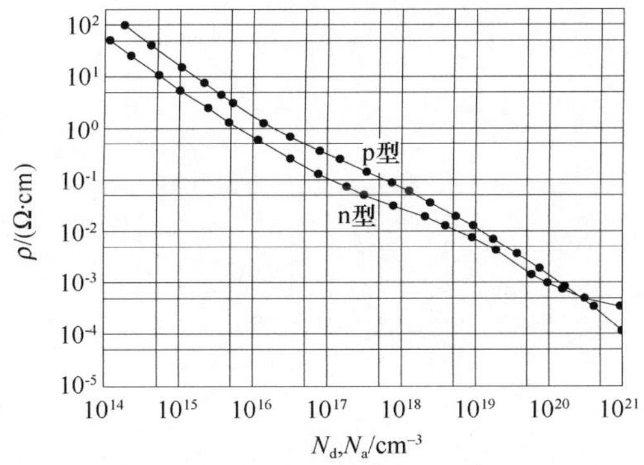

图表 140 硅的电阻率随掺杂浓度的变化

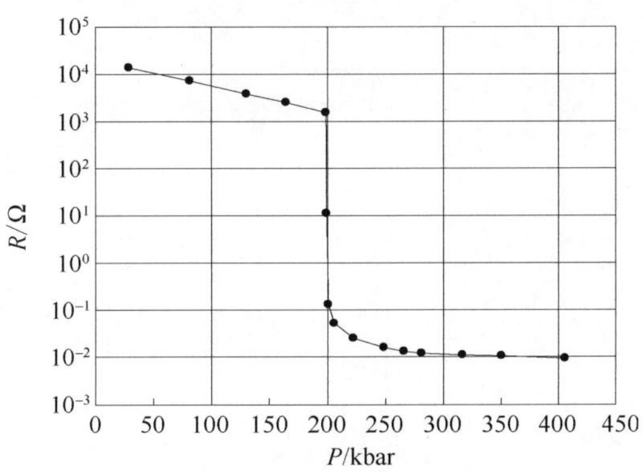

图表 141 硅的压阻特性

7.8 击穿场强

$E_{BR}=300kV/cm$。

7.9 电子扩散系数

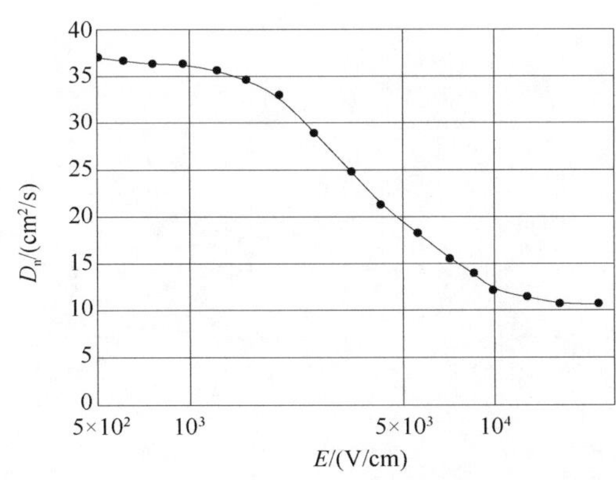

图表 142 硅的电子扩散系数随电场强度的变化

8. 压电特性

9. 磁学性能

9.1　霍尔系数

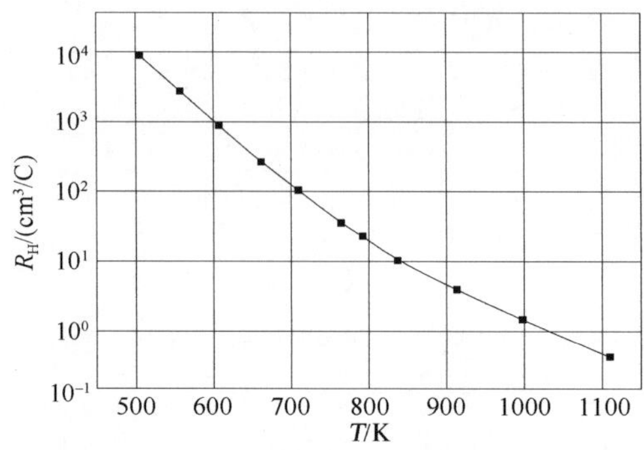

图表 143　硅的霍尔系数随温度的变化

9.2　磁阻系数

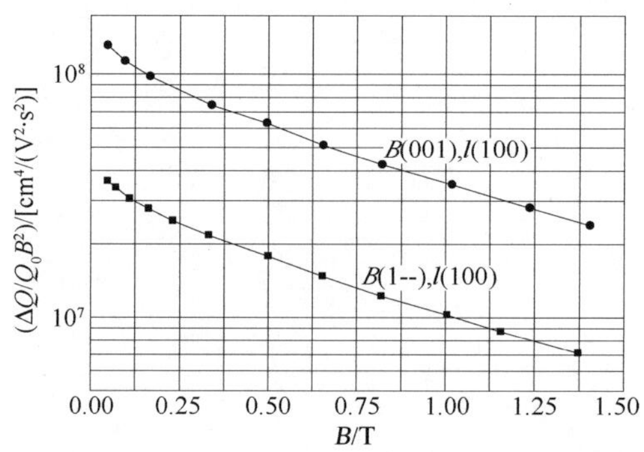

图表 144　硅的磁阻系数随磁场强度的变化

10. 热电效应

10.1　塞贝克系数

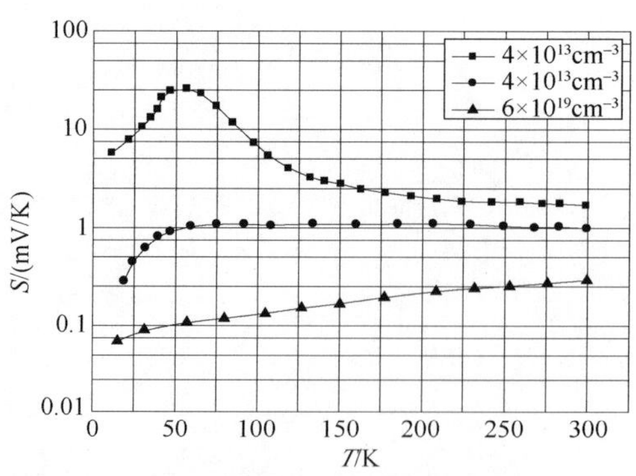

图表 145　硅的塞贝克系数随温度的变化

（不同电阻率的 n 型材料）

10.2　能斯特系数

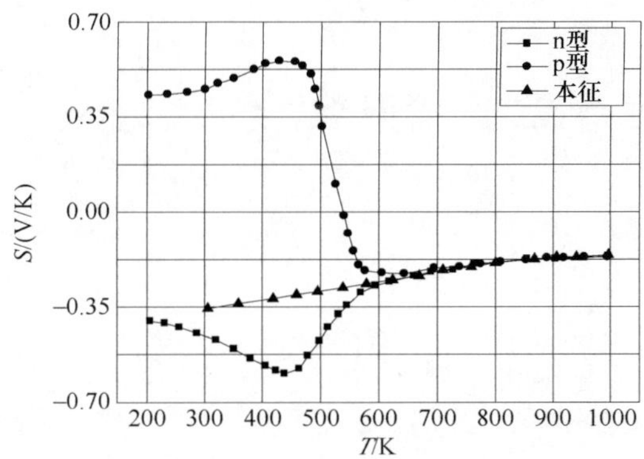

图表 146　硅的热电系数随温度的变化

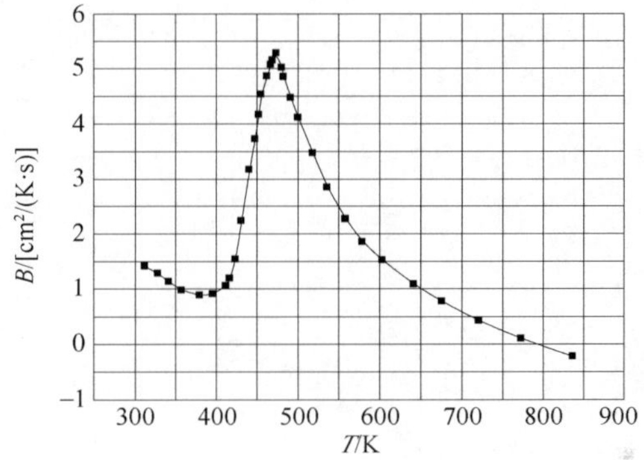

图表 147　硅的能斯特系数随温度的变化-Ⅰ
（高阻 p 型，81Ω·cm）

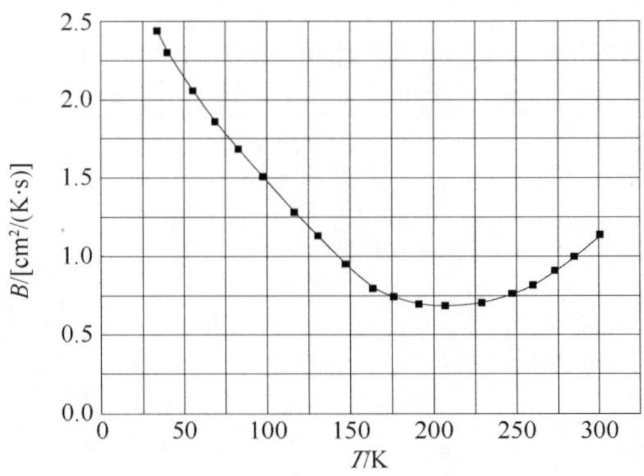

图表 148　硅的能斯特系数随温度的变化-Ⅱ
（近本征 n 型，$3\times10^{13}\mathrm{cm}^{-3}$）

第 5 章　锗硅合金($Si_{1-x}Ge_x$)

1. 结构特性

1.1　晶体结构

金刚石(锗、硅原子随机排列)。

1.2　空间群

Fd3m(O_h^7)。

1.3　晶格常数

$a=(5.431+0.20x+0.027x^2)$(nm)。

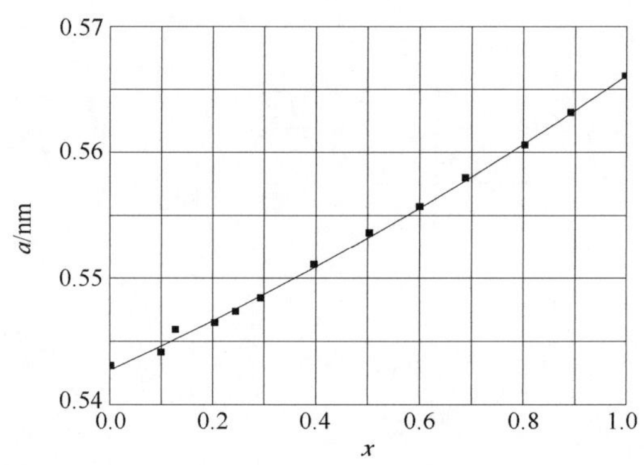

图表 149　Si_xGe_{1-x}的晶格常数随组分 x 的变化

1.4　解理面和解理能

1.5　结构相变

1.6　相图

1.7　密度

$Si_{1-x}Ge_x$：$d=(2.329+3.493x-0.499x^2)(g/cm^3)$。

2. 热学性能

2.1　熔点

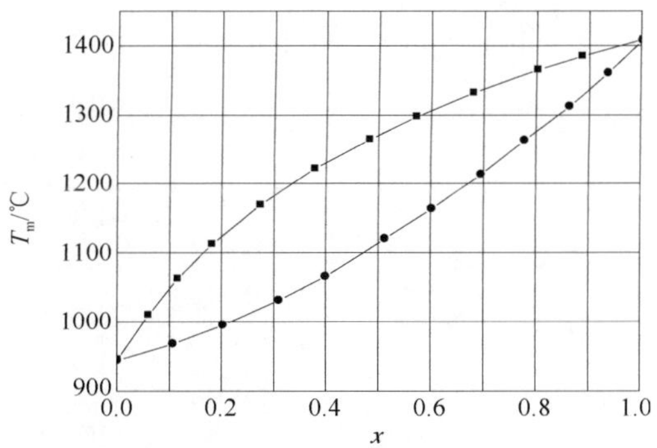

图表 150　$Si_{1-x}Ge_x$的组分-温度相图

图表 151　$Si_{1-x}Ge_x$的熔点随组分 x 的变化

$Si_{1-x}Ge_x$	$T_s \approx (1412-738x+263x^2)$℃	固态
	$T_l \approx (1412-80x-395x^2)$℃	液态

2.2　定容比热容

$C_v=(19.6+2.9x)[J/(mol \cdot K)]$。

2.3　定压比热容

2.4　德拜温度

$\Theta_D=(640-266x)(K)$。

2.5　热膨胀系数

图表 152　$Si_{1-x}Ge_x$的线性热膨胀系数随组分 x 的变化

$Si_{1-x}Ge_x$	$(2.6+2.55x)\times10^{-6}$ (K^{-1})	$x<0.85$，300K
	$(-0.89+7.53x)\times10^{-6}$ (K^{-1})	$x>0.85$，300K

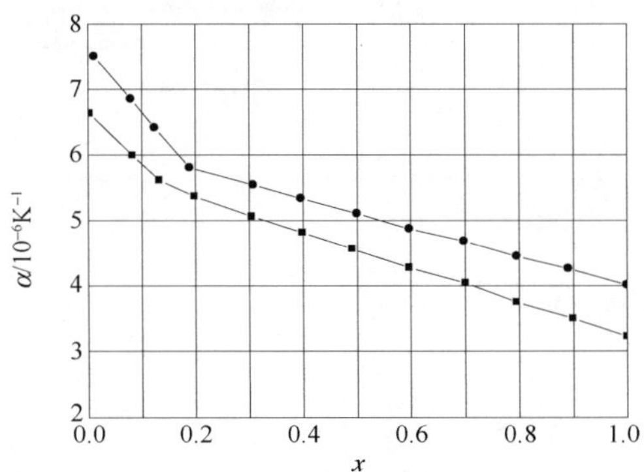

图表 153　$Si_{1-x}Ge_x$的热膨胀系数随组分 x 的变化

2.6　热导率

$\chi=H(0.046+0.084x)$[W/(cm·K)]($0.2<x<0.85$，300K)。

2.7 热扩散系数

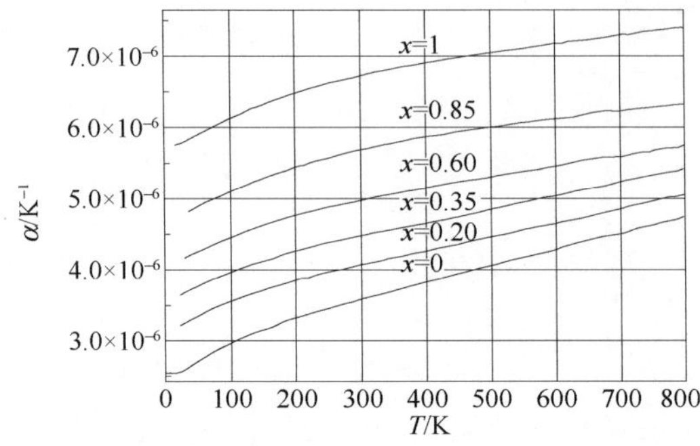

图表 154　$Si_{1-x}Ge_x$的热膨胀系数随组分 x 和温度 T 的变化

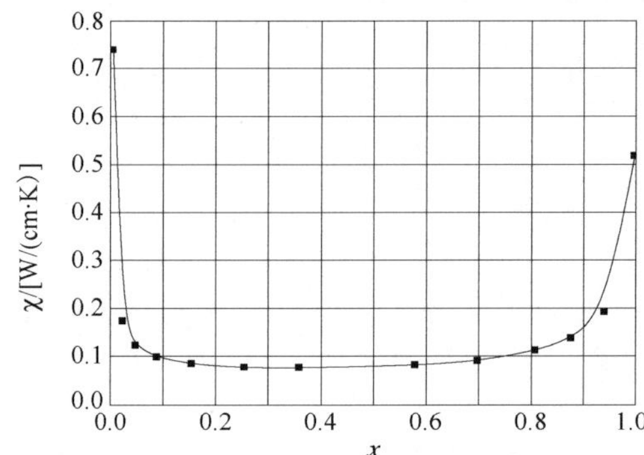

图表 155　$Si_{1-x}Ge_x$的热导率随组分 x 的变化

3. 力学性能

3.1 弹性常数

图表 156　$Si_{1-x}Ge_x$的弹性常数（单位：GPa）

C_{11}	$165.8-37.3x$
C_{12}	$63.9-15.6x$
C_{44}	$79.6-12.8x$

3.2 杨氏模量

$Y=(130.2-28.1x)$(GPa)。

3.3 体模量

$B_u=(97.9-22.8x)$(GPa)。

3.4 切变模量

$C_s=(51.0-10.85x)$(GPa)。

3.5　显微硬度

努氏硬度：$H=(1150-350x)(kg/mm^2)$。

4. 晶格动力学性质

4.1　声子色散关系

4.2　声子态密度

4.3　声子频率

图表 157　$Si_{1-x}Ge_x$的声子能量（单位：meV）

振动模式	能量
Si-Si	63－8.7x
Ge-Ge	35＋2.0x

4.4　红外光谱

4.5　拉曼光谱

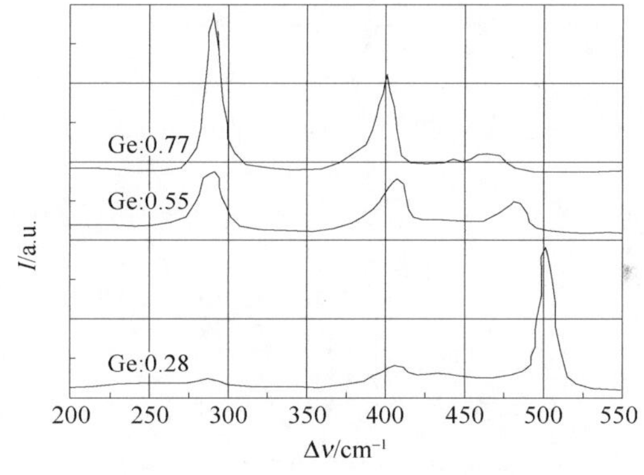

图表 158　$Si_{1-x}Ge_x$的拉曼光谱

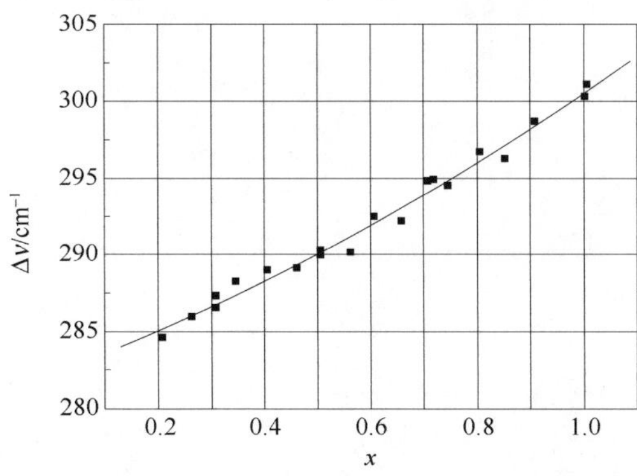

图表 159　$Si_{1-x}Ge_x$中的 Ge-Ge 位移随组分 x 的变化

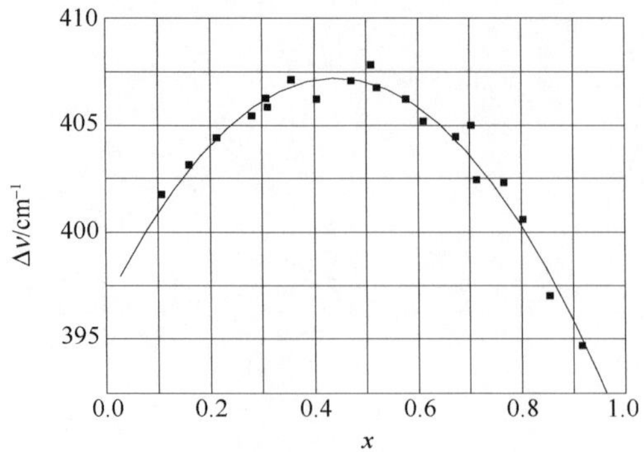

图表 160　$Si_{1-x}Ge_x$中的 Si-Ge 位移随组分 x 的变化

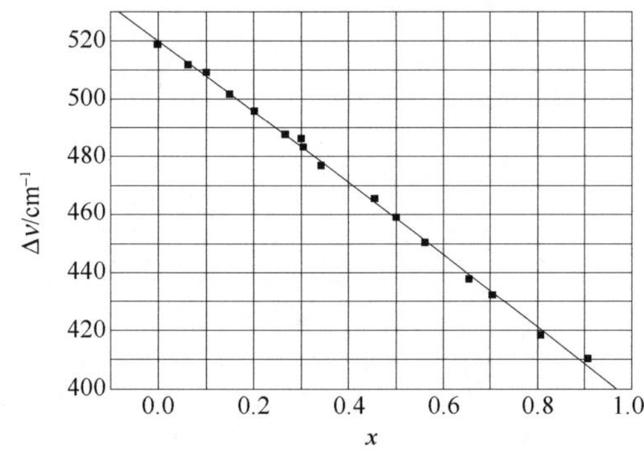

图表 161　$Si_{1-x}Ge_x$中的 Si-Si 位移随组分 x 的变化

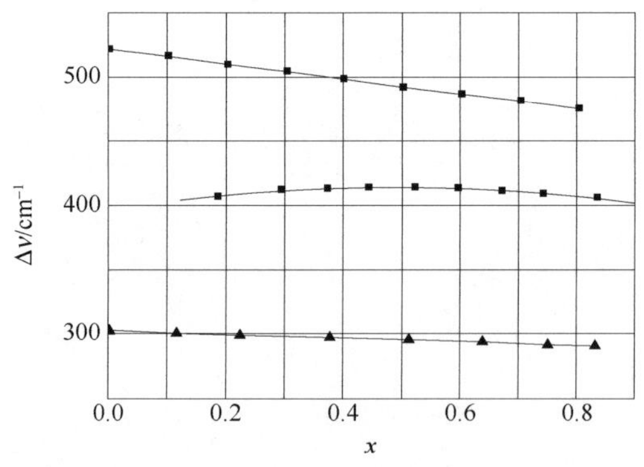

图表 162　$Si_{1-x}Ge_x$中的拉曼位移随组分 x 的变化

5. 能带结构

5.1　能带图

参见硅和锗的能带图。

5.2　状态密度

图表 163　$Si_{1-x}Ge_x$的导带有效状态密度

$2.8\times10^{19}cm^{-3}$数量级	$x<0.85$
$1.0\times10^{19}cm^{-3}$数量级	$x>0.85$

5.3　禁带宽度

图表 164　$Si_{1-x}Ge_x$的禁带宽度随组分 x 的变化

x	E_g/eV
$x<0.85$	$1.12-0.41x+0.008x^2$
$x>0.85$	$1.86-1.2x$

E_{so}(eV) 随 Ge 组分 x 的变化：$0.044+0.246x$(ev)。

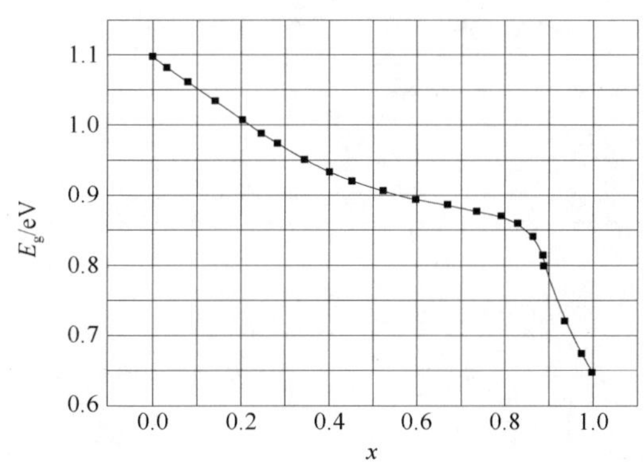

图表 165　$Si_{1-x}Ge_x$禁带宽度随组分 x 的变化

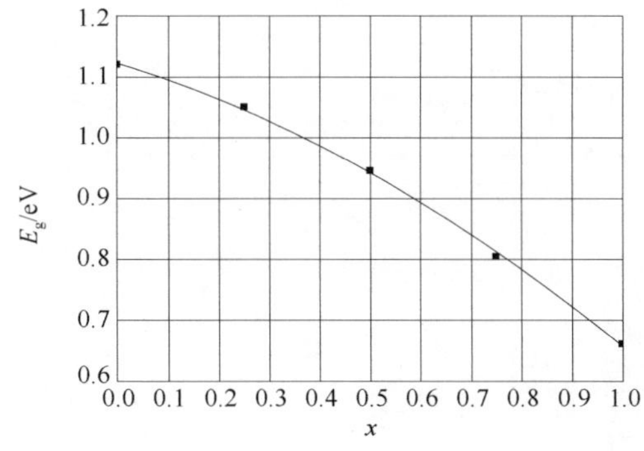

图表 166　$Si_{1-x}Ge_x$禁带宽度随组分 x 的变化

5.4　电子亲和势

5.5　杂质与缺陷

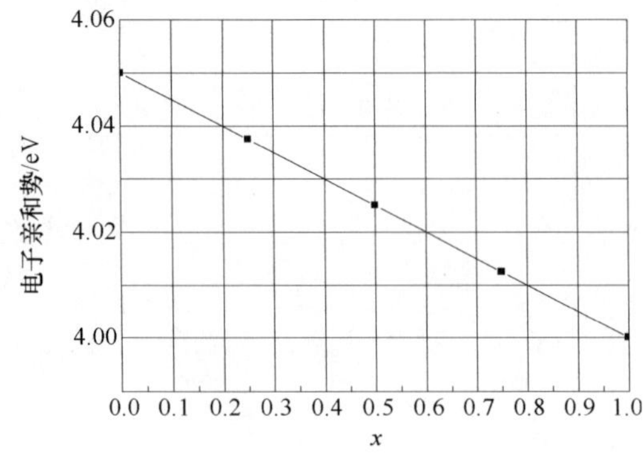

图表 167 Si_xGe_{1-x}电子亲和势随组分 x 的变化

5.6 电子有效质量($Si_{1-x}Ge_x$)

图表 168 $Si_{1-x}Ge_x$的电子有效质量

m_l/m_0	m_t/m_0	m_{ds}/m_0	m_{cc}/m_0	x
0.92	0.19	1.06	0.26	$x<0.85$
	0.159	0.08	0.21	$x>0.85$

5.7 空穴有效质量

$m_{so}=0.23-0.135x$。

5.8 激子束缚能

6. 光学特性

6.1 介电常数

$Si_{1-x}Ge_x$：静态：$11.7+4.5x$。

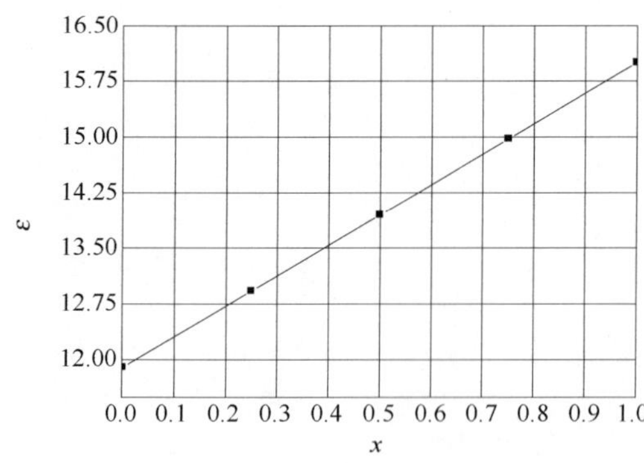

图表 169 $Si_{1-x}Ge_x$的介电常数随组分 x 的变化

6.2　吸收光谱

6.3　透射光谱

6.4　反射光谱

6.5　折射率

$Si_{1-x}Ge_x$（红外）：$n \approx 3.42+0.37x+0.22x^2$。

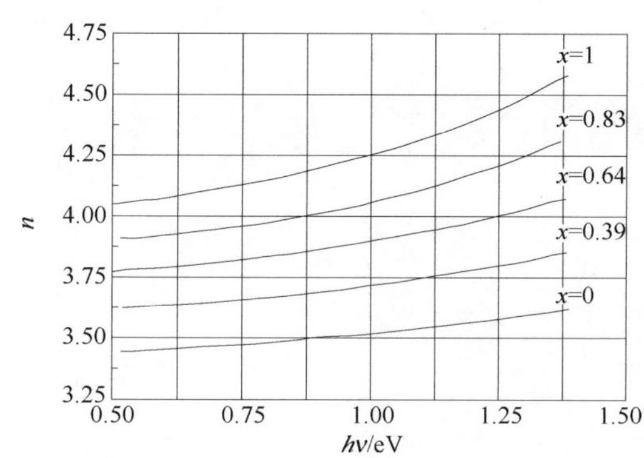

图表 170　$Si_{1-x}Ge_x$的折射率随组分 x 和光子能量的变化

7. 载流子的输运特性

7.1　电子迁移率

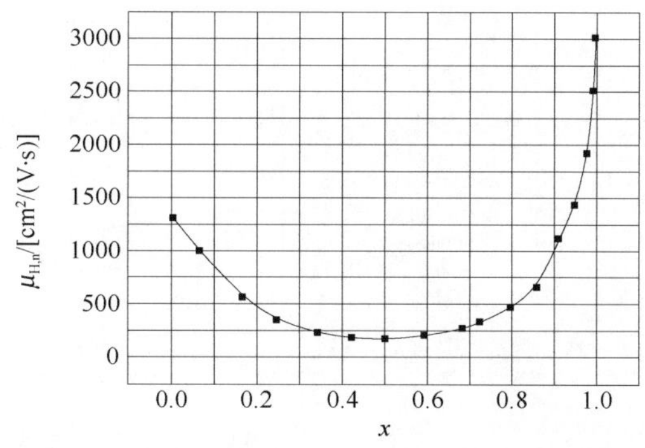

图表 171　$Si_{1-x}Ge_x$的电子霍尔迁移率随组分 x 的变化

7.2　电子漂移速率

7.3　空穴迁移率

7.4　空穴漂移速率

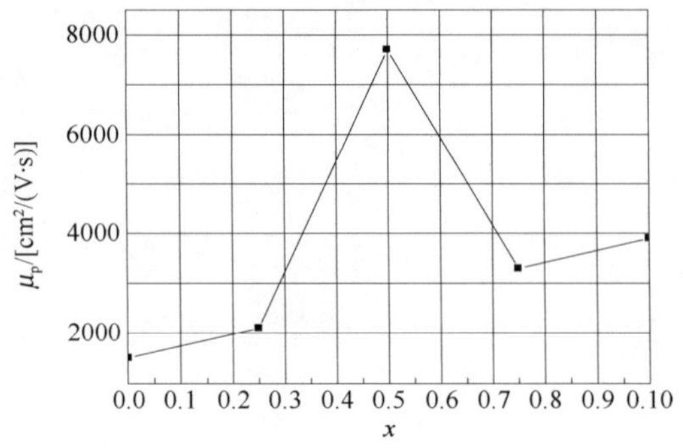

图表 172 $Si_{1-x}Ge_x$的空穴迁移率随组分 x 的变化-Ⅰ

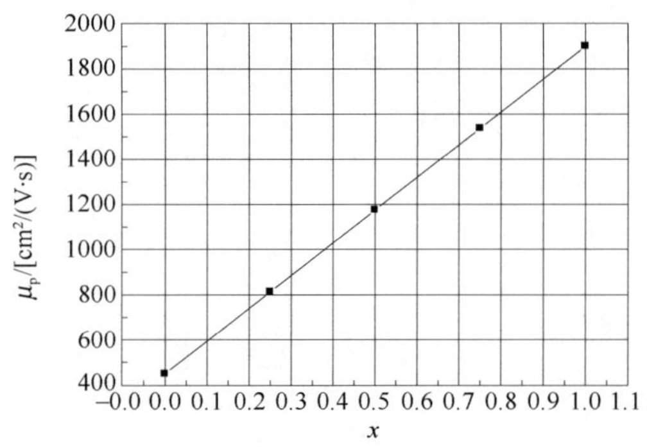

图表 173 $Si_{1-x}Ge_x$的空穴迁移率随组分 x 的变化-Ⅱ

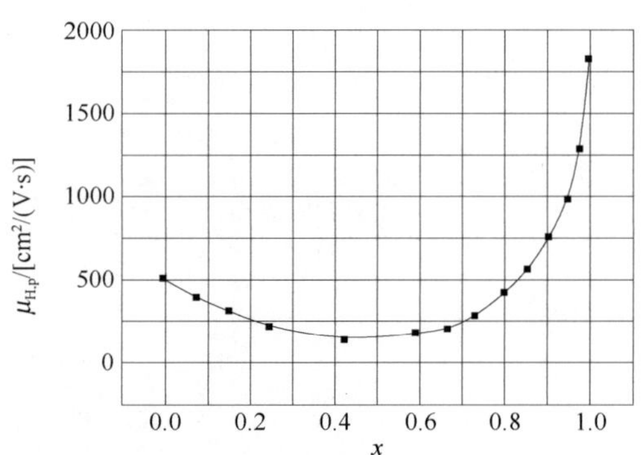

图表 174 $Si_{1-x}Ge_x$的空穴霍尔迁移率随组分 x 的变化

7.5 本征载流子浓度

7.6 本征电导率

7.7 压阻特性

7.8 击穿场强

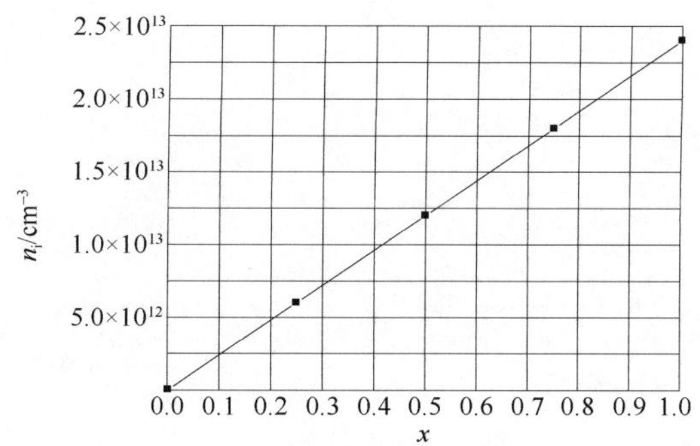

图表 175　Si_xGe_{1-x}的本征载流子浓度随组分 x 的变化

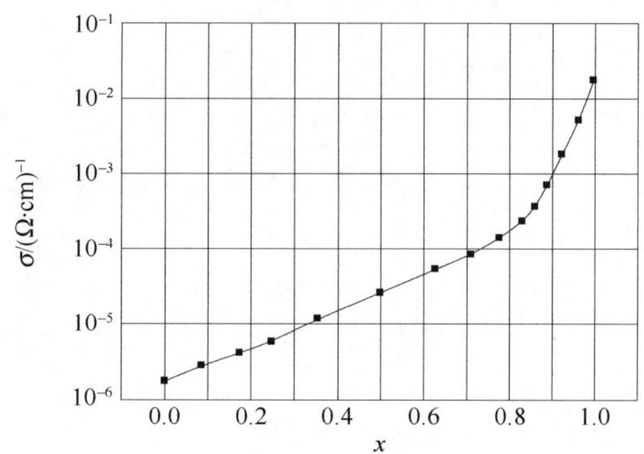

图表 176　$Si_{1-x}Ge_x$的本征电导率随组分 x 的变化

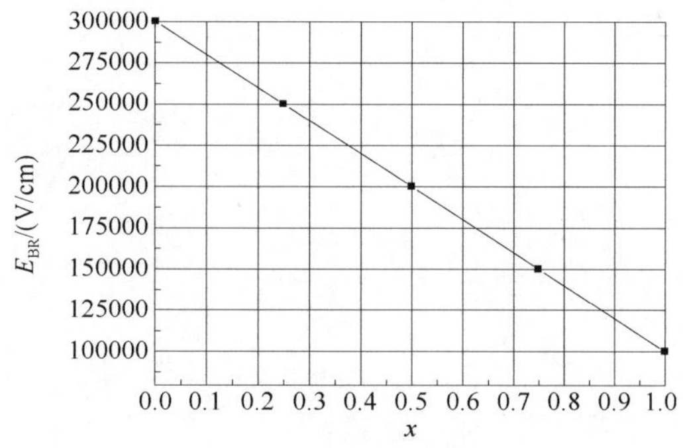

图表 177　$Si_{1-x}Ge_x$的击穿场强随组分 x 的变化

8. 压电性能

9. 磁学特性

10. 热电性能

10.1 塞见克系数

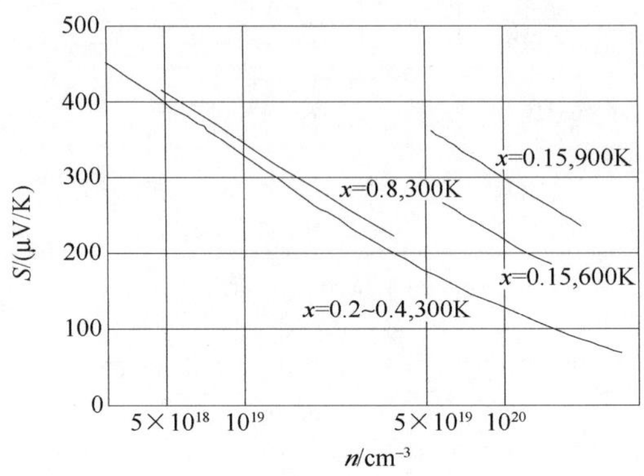

图表 178 $Si_{1-x}Ge_x$的塞贝克系数随载流子浓度的变化

第 6 章　碳化硅(SiC)

1. 结构特性

1.1　晶体结构

闪锌矿：F43m(3C)。

纤锌矿：P63mc(6H)。

菱方：R3m(15R)。

1.2　空间群

闪锌矿：F43m。

纤锌矿：P63mc。

1.3　晶格常数

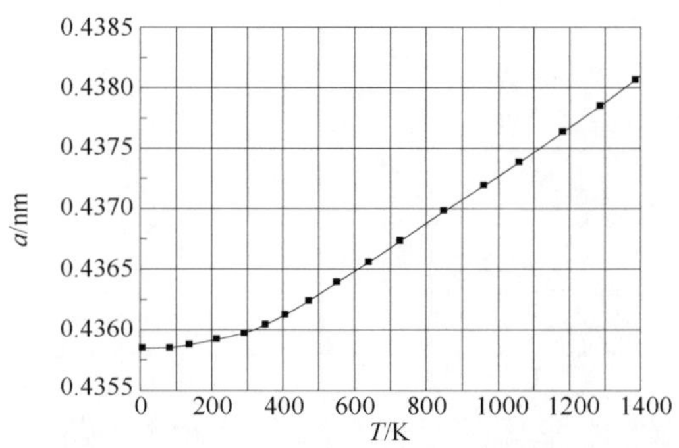

图表 179　3C-SiC 的晶格常数随温度的变化

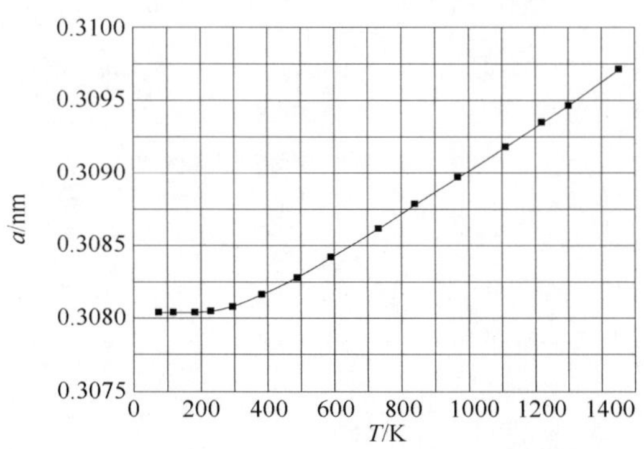

图表 180　6H-SiC 的晶格常数 a 随温度的变化

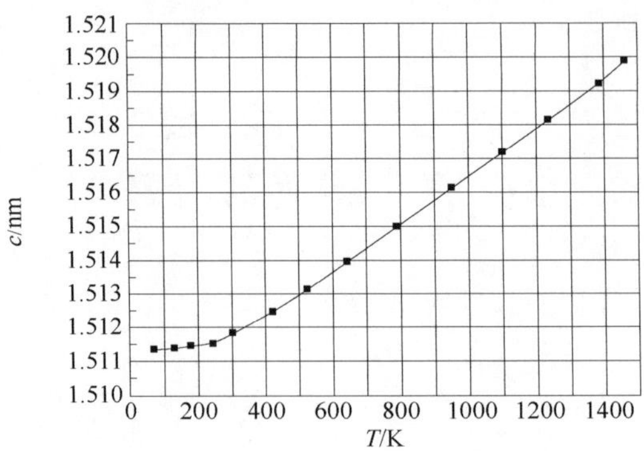

图表 181　6H-SiC 的晶格常数 c 随温度的变化

1.4　解理面和解理能

解理面（3C-SiC）：$(\bar{1}\bar{1}\bar{1})$。

解理能（3C-SiC）：0.7148J/m^2。

1.5　结构相变

1.6　相图

1.7　密度

d=3.166g/cm^3(T=293K)。

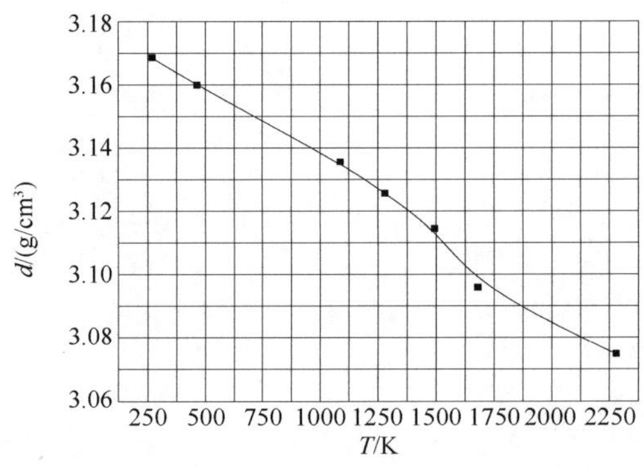

图表 182　SiC 的密度随温度的变化

2. 热学性能

2.1　熔点

T_m=2810K。

2.2　定容比热容

2.3　定压比热容

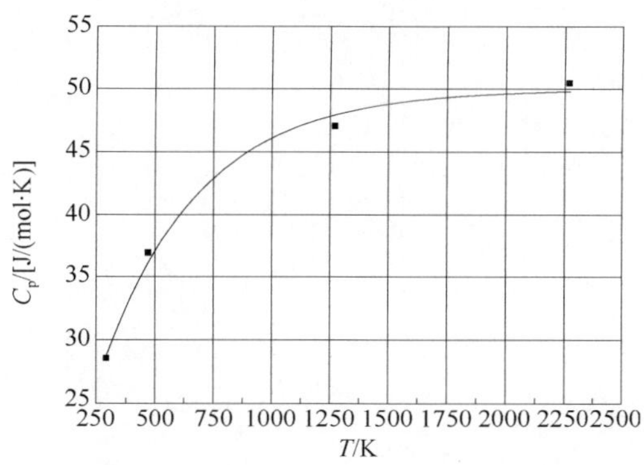

图表 183　3C-SiC 的定压比热容随温度的变化

2.4　德拜温度

3C-SiC：$\Theta_D=1122K$。

6H-SiC：$\Theta_D=1126K$。

2.5　热膨胀系数

3C-SiC：$\alpha=2.27\times10^{-6}$。

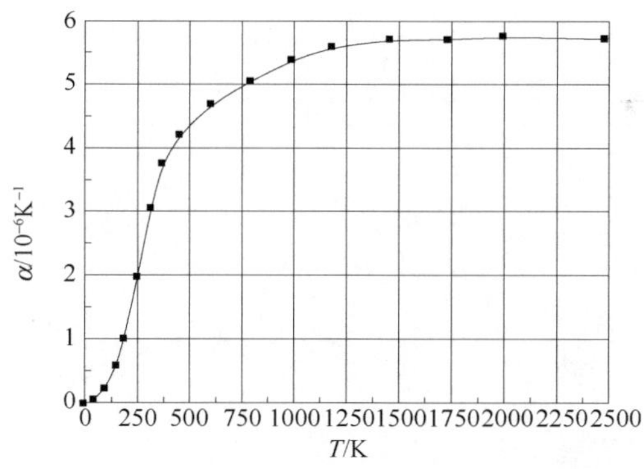

图表 184　3C-SiC 的热膨胀系数随温度的变化

2.6　热导率

3C-SiC：$\chi=3.4W/(cm\cdot K)$。

2.7　扩散系数

3C-SiC：$D=1.6cm^2/s$。

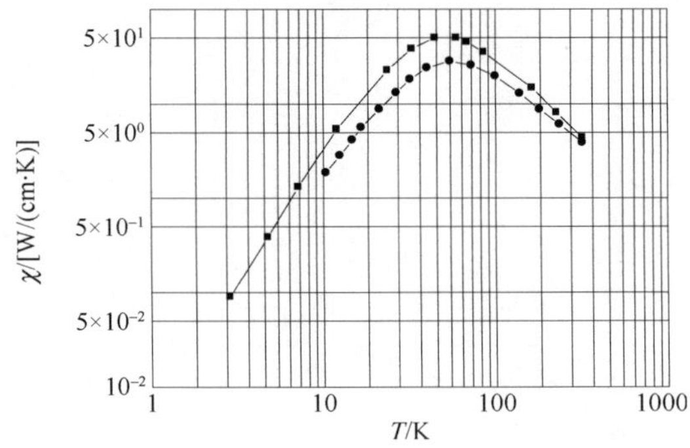

图表 185 SiC 的热导率随温度的变化

3. 力学性能

3.1 弹性模量

图表 186 SiC 的弹性模量（单位：10^{12} dyn/cm^2）

C_{11}	C_{12}	C_{33}	C_{44}
5.0	0.92	5.64	1.68

图表 187 3C-SiC 的弹性模量（单位：10^{12} dyn/cm^2）

C_{11}	C_{12}	C_{44}
3.9	1.42	2.56

3.2 杨氏模量

图表 188 3C-SiC 的杨氏模量（单位：10^{12} dyn/cm^2）

(100)		(110)		(111)
[001]	[011]	[001]	[111]	
3.14	4.63	3.14	5.50	4.63

3.3 体模量

$B_u=9.7\times10^{11}$ dyn/cm^2。

3C-SiC：$B_u=2.2\times10^{12}$ dyn/cm^2，248GPa。

3.4 切变模量

3C-SiC：$C_s=1.24\times10^{12}$ dyn/cm^2。

3.5 显微硬度

莫氏硬度：$H_m=9.25$(3C)。

努氏硬度：$H_k=3300$(3C)，26.7～28.15GPa。

$H_k=2917$(6H)。

4. 晶格动力学性质

4.1　声子色散关系

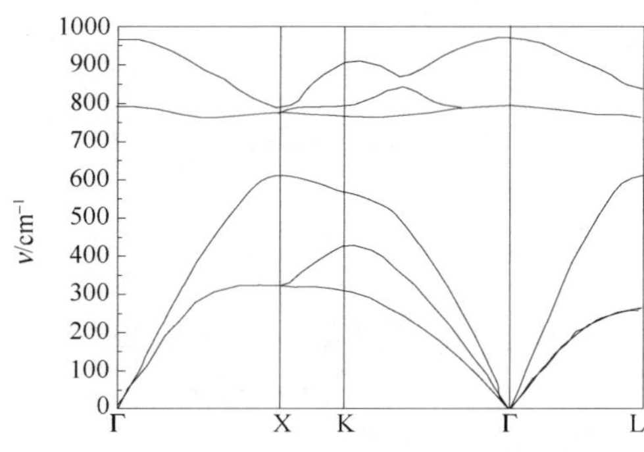

图表 189　3C-SiC 的声子色散关系

4.2　声子态密度

4.3　声子频率

图表 190　SiC 不同振动模式的频率（单位：10^{12} THz）

模式	ν_{TA}	ν_{LA}	ν_{TO}	ν_{LO}	ν_{TA1}	ν_{TA2}	ν_{LA}	ν_{TO1}	ν_{TO2}	ν_{LO}
频率	11.2	19.2	22.8	24.9	12.7	15.0	15.0	22.1	25.0	24.2

图表 191　3C-SiC 不同振动模式的波数（单位：cm^{-1}）

模式	ν_{TA}	ν_{LA}	ν_{TO}	ν_{LO}	ν_{TA1}	ν_{TA2}	ν_{LA}	ν_{TO1}	ν_{TO2}	ν_{LO}	ν_{LO}
波数	266	610	796.2	972.7	373	372.6	640	766	761	838	829

图表 192　4H-SiC 的振动能量（单位：meV）

模式	TA	LA	LA	LA	TO	LO	LO
能量	46.3	51.9	69.2	78.2	95.7	103.7	106.9

图表 193　6H-SiC 的振动能量（单位：meV）

模式	TA	TA1	TA2	LA		TO1	TO2	LO	
能量	36.3	46.3	53.5	53.3	77.0	94.7	95.6	104.2	104.7

图表 194　3C-SiC 晶体的振动模式

LO			TO		
THz	meV	cm^{-1}	THz	meV	cm^{-1}
29.1	121	972	23.9	98.7	796

4.4　红外光谱

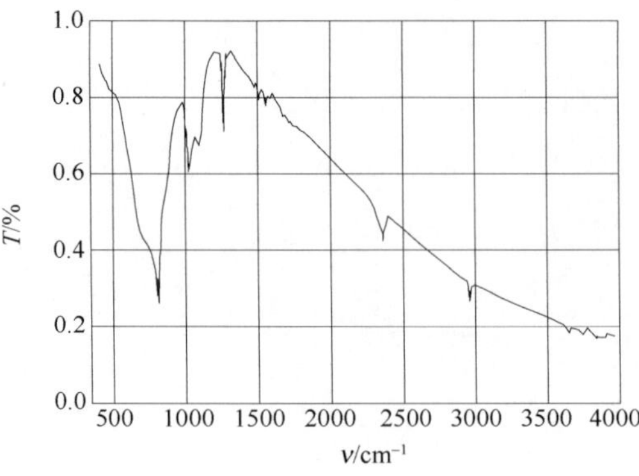

图表 195　SiC 薄膜的 FTIR 谱

（沉积在 KBr 衬底上的 SiC 薄膜）

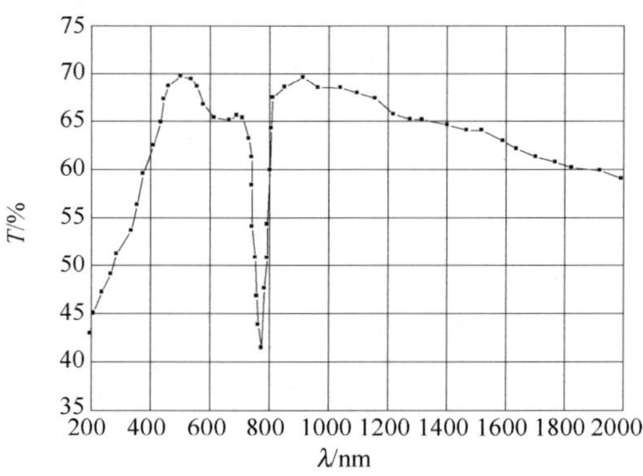

图表 196　20nm 厚 SiC 薄膜的 FTIR 谱

4.5　拉曼光谱

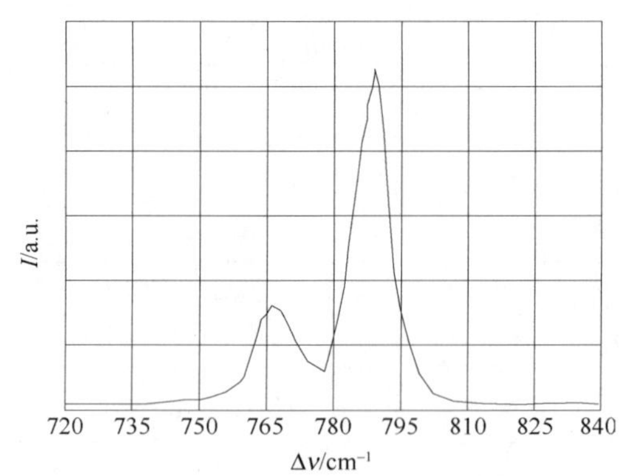

图表 197　6H-SiC 的拉曼光谱-Ⅰ

4.6　声速

3C-SiC 多晶：12600m/s(实验值)，13300m/s。

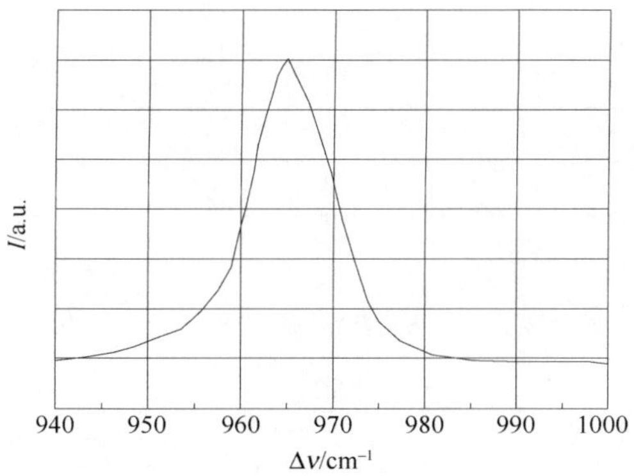

图表 198　6H-SiC 的拉曼光谱-Ⅱ

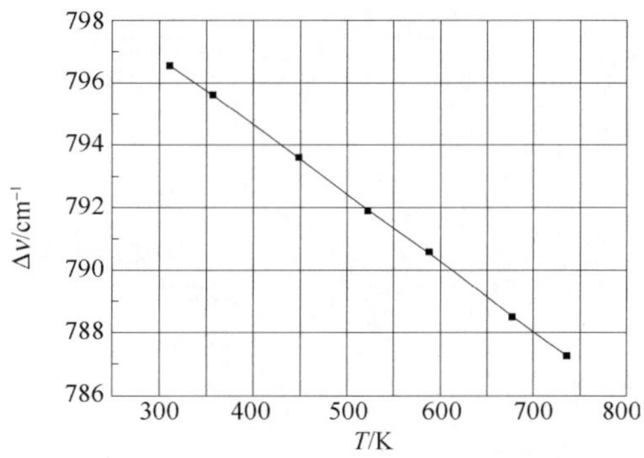

图表 199　SiC 的 TO 振动拉曼位移随温度的变化

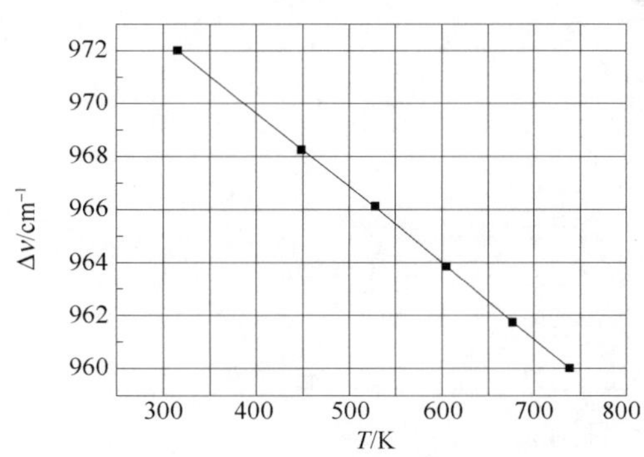

图表 200　SiC 的 LO 振动拉曼位移随温度的变化

图表 201　6H-SiC 拉曼位移与掺杂元素的关系（单位：cm^{-1}）

样品	ν_{TA}	ν_{LA}	ν_{TO}	ν_{TO}	ν_{LOPC}
未掺杂	150	504	766	787	964
N 掺杂	150.731	505.976	766.612	789.352	965.106

续表

样品	ν_{TA}	ν_{LA}	ν_{TO}	ν_{TO}	ν_{LOPC}
Al掺杂	150.982	506.477	766.109	789.352	964.973
B掺杂	150.355	505.579	766.335	789.352	967.405
V掺杂	148.516	501.463	765.132	785.682	963.769

图表202　3C-SiC的声速（单位：10^3m/s）

[100]		[110]			[111]	
LA	TA1，TA2	LA	TA1	TA2	LA	TA1，TA2
11.0	8.92	12.7	6.21	8.92	13.3	7.23

5. 能带结构

5.1　能带图

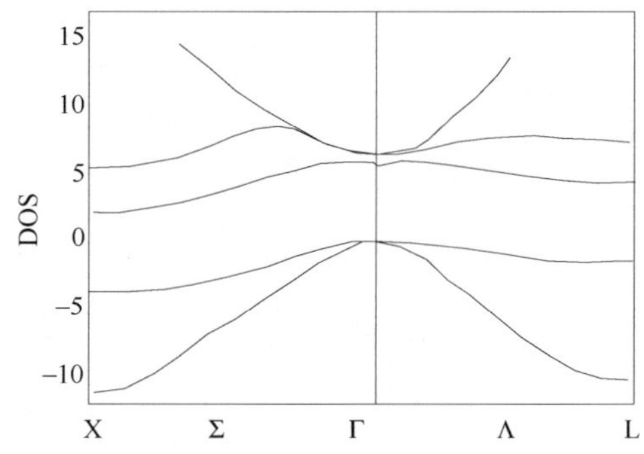

图表203　3C-SiC的能带图

5.2　状态密度

3C-SiC：有效导带密度：$1.5\times10^{19}cm^{-3}$。

有效价带密度：$1.2\times10^{19}cm^{-3}$。

4H-SiC：有效导带密度：$1.7\times10^{19}cm^{-3}$。

有效价带密度：$2.5\times10^{19}cm^{-3}$。

6H-SiC：有效导带密度：$8.9\times10^{19}cm^{-3}$。

有效价带密度：$2.5\times10^{19}cm^{-3}$。

5.3　禁带宽度

3C：E_g=2.2eV(300K)。

6H：E_g=2.86eV(300K)。

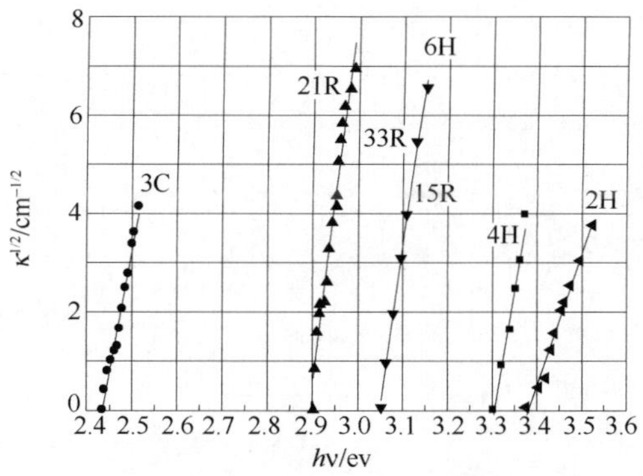

图表 204　不同类型 SiC 的吸收光谱

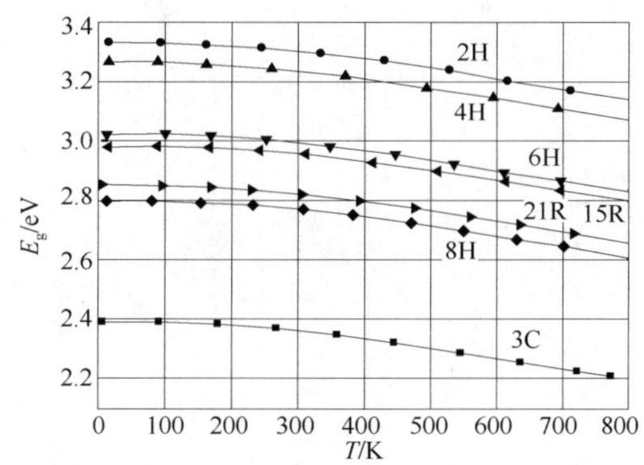

图表 205　不同类型 SiC 的禁带宽度随温度的变化

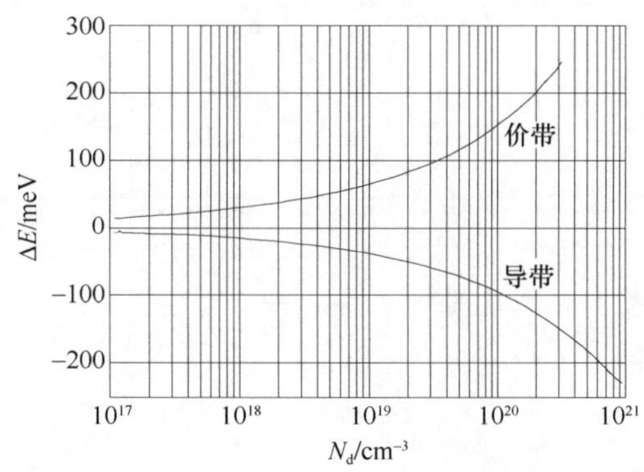

图表 206　n 型 3C-SiC 的禁带宽度随掺杂浓度的变化

5.4　电子亲和势

5.5　杂质与缺陷

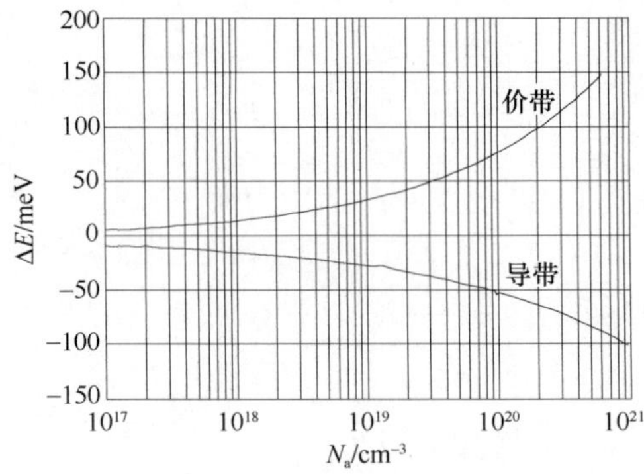

图表 207 p 型 3C-SiC 的禁带宽度随掺杂浓度的变化

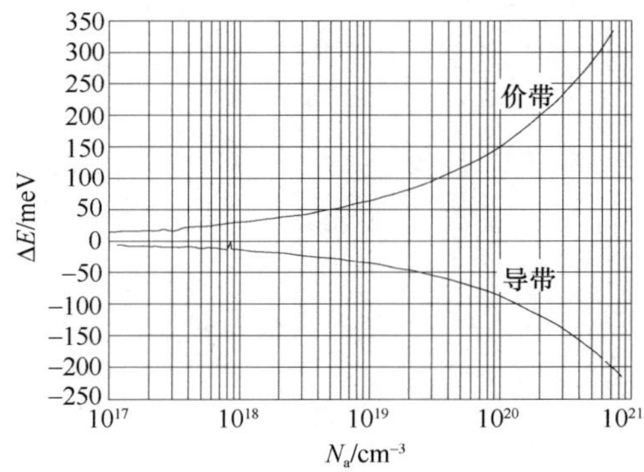

图表 208 n 型 4H-SiC 的禁带宽度随掺杂浓度的变化

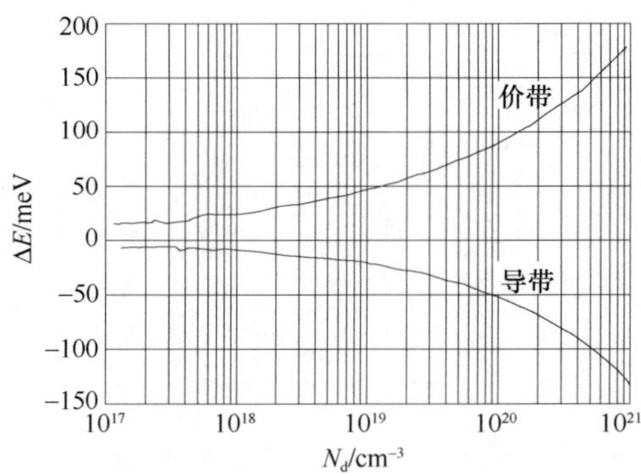

图表 209 n 型 6H-SiC 的禁带宽度随掺杂浓度的变化

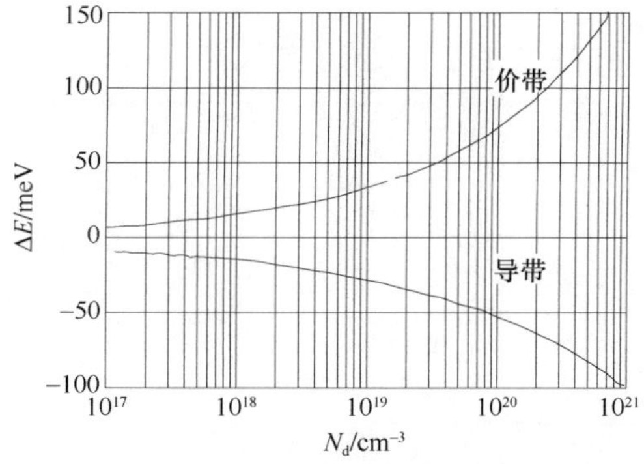

图表 210　p 型 4H-SiC 的禁带宽度随掺杂浓度的变化

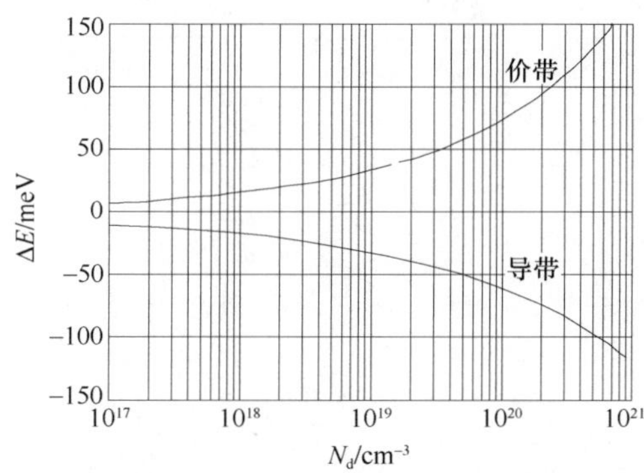

图表 211　p 型 6H-SiC 的禁带宽度随掺杂浓度的变化

图表 212　SiC 中几种常见杂质的固溶度

杂质	固溶度/cm^{-3}	生长条件
N	2.6×10^{20}	2450℃生长，35atm-N_2 气氛
Be	7.0×10^{17}	1800℃，扩散实验
Be	5.0×10^{19}	2300℃，扩散实验
B	$2.0\times10^{19}\sim4.0\times10^{19}$	1800℃外延生长，(0001)面
B	1.5×10^{20}	2300℃外延生长，(0001)面
B	$2.5\times10^{20}\sim11.0\times10^{20}$	2300℃外延生长，(0001)面
Al	7.0×10^{20}	2300℃外延生长，(0001)面
Ga	$0.8\times10^{19}\sim1.2\times10^{19}$	1800℃外延生长，(0001)面
Ga	$0.07\times10^{20}\sim1.2\times10^{20}$	2300℃外延生长，(0001)面

图表 213　SiC 中几种常见施主杂质的电离能

类型	杂质	电离能/eV
3C-SiC	N	0.06～0.1，0.0536，0.0565

续表

类型	杂质	电离能/eV
4H-SiC	N	0.059～0.102，0.066，0.124，0.055
	Ti	0.13，0.17
	Cr	0.15～0.18，0.74
6H-SiC	N	0.085～0.125，0.095，0.100，0.155
	P	0.085，0.135
15R-SiC	N	0.052，0.064，0.112

图表 214　SiC 中几种常见受主杂质的电离能

类型	杂质	电离能/eV
3C-SiC	Al	0.26，0.216，0.260，0.254
	Ga	0.344，0.343
	B	0.735
4H-SiC	Al	0.19
	Ga	0.267
	B	0.647
6H-SiC	Al	0.239. 0.249，0.280，0.315，0.220
	Ga	0.317，0.333
	Be	0.320，0.420，0.600
	B	0.27，0.31～0.38，0.698，0.723
15R-SiC	Al	0.206，0.221，0.230，0.236
	B	0.666，0.700
	Ga	0.282，0.300，0.311，0.320

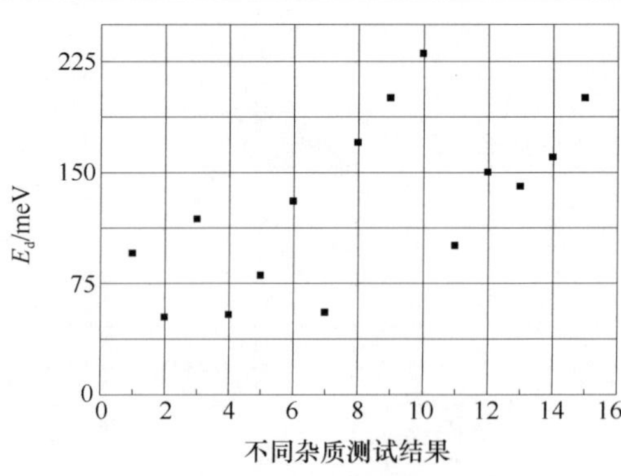

图表 215　SiC 中的施主电离能

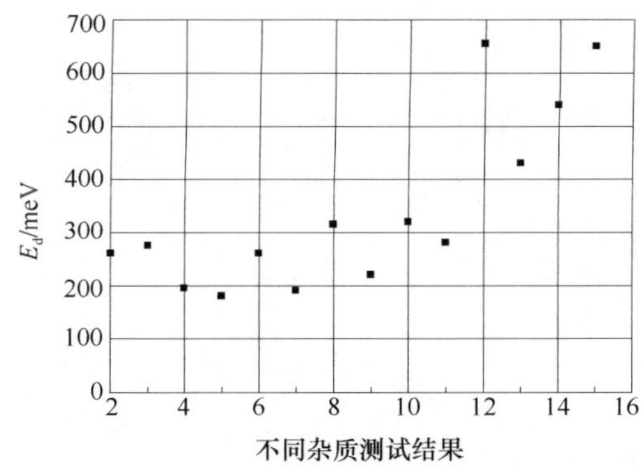

图表 216　SiC 中的受主电离能

5.6　电子有效质量

3C-SiC：$m_{n\perp}=0.25$，$m_{n\perp}=0.68$，状态密度有效质量：0.72。

4H-SiC：$m_{n\perp}=0.29$，$m_{n\perp}=0.42$，状态密度有效质量：0.77。

6H-SiC：$m_{n\perp}=0.20$，$m_{n\perp}=0.42$，状态密度有效质量：2.34。

15R-SiC：$m_{n\perp}=0.28$，$m_{n\perp}=0.53$。

5.7　空穴有效质量

3C-SiC：0.6。

4H-SiC：$m_p=1.0$。

6H-SiC：$m_{ds}=1.0$。

5.8　激子束缚能

$E_{ex}=27$meV。

6. 光学特性

6.1　介电常数

$\varepsilon(0)=9.72$，$\varepsilon(\infty)=6.52$，300K，3C-SiC。

$\varepsilon_{\perp}(0)=9.66$，$\varepsilon_{\perp}(\infty)=6.52$，300K，6H-SiC。

$\varepsilon_{\perp//}(0)=10.03$，$\varepsilon_{\perp}(\infty)=6.70$，300K，6H-SiC。

6.2　吸收光谱

6.3　透射光谱

6.4　反射光谱

6.5　折射率和消光系数

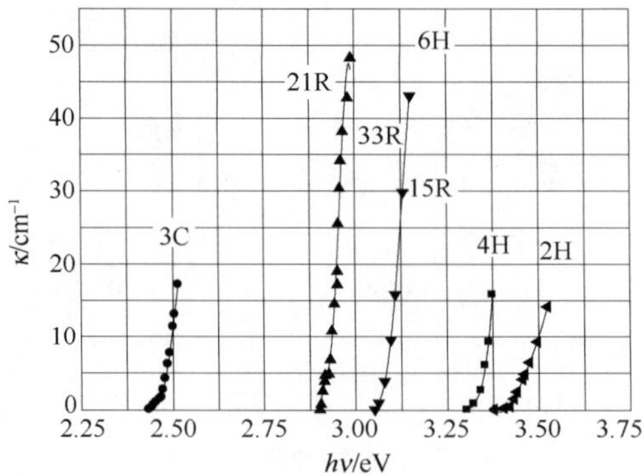

图表 217　不同类型 SiC 的吸收光谱

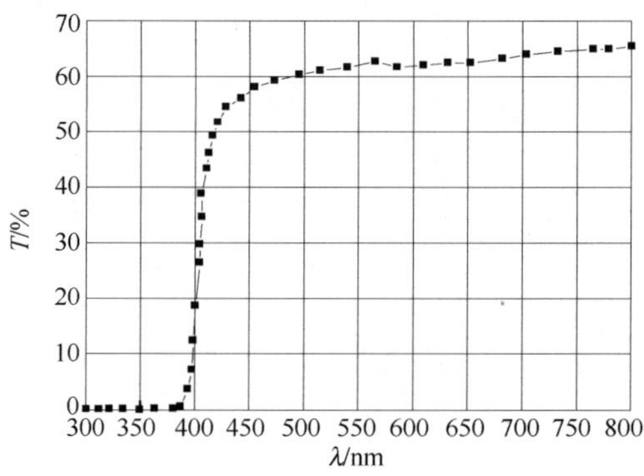

图表 218　6H-SiC 的透射光谱

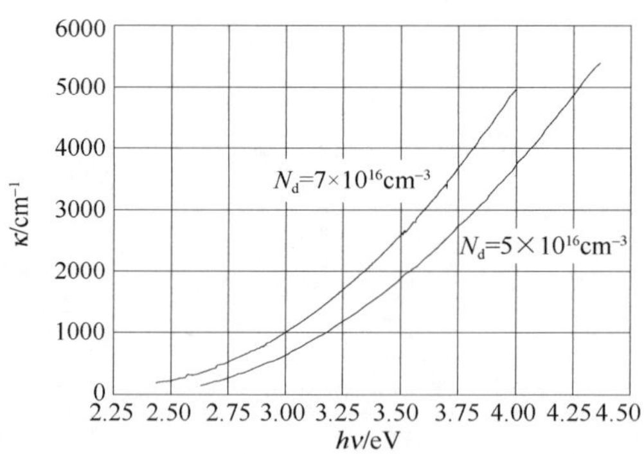

图表 219　3C-SiC 的吸收系数随光子能量的变化

7. 载流子的输运特性

7.1　电子迁移率

电子迁移率-Ⅰ：

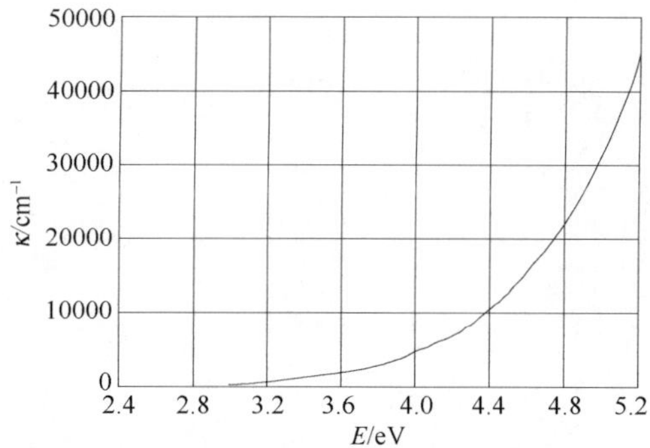

图表 220 6H-SiC 的吸收系数随能量的变化

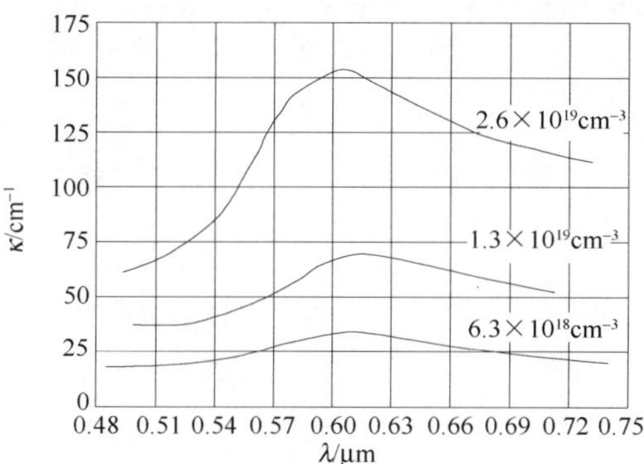

图表 221 6H-SiC 的吸收系数随波长的变化

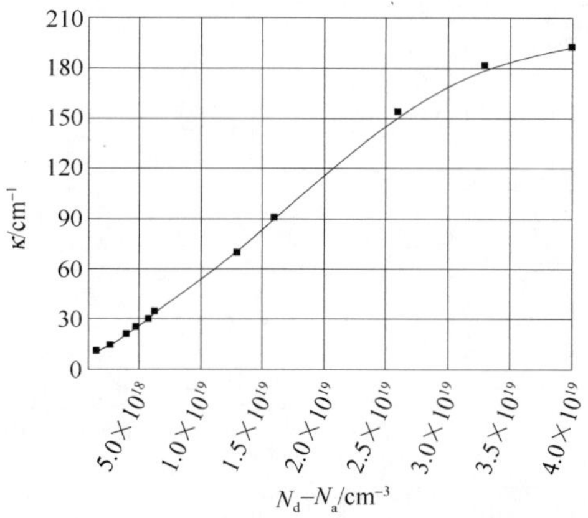

图表 222 6H-SiC 的吸收系数随掺杂浓度的变化

3C：$\mu_n = 900 cm^2/(V \cdot s)$，300K，$n = 10^{16} cm^{-3}$。

4H：$\mu_n = 500 cm^2/(V \cdot s)$，300K，$n = 10^{16} cm^{-3}$。

6H：$\mu_n = 260 cm^2/(V \cdot s)$，300K，$n = 10^{16} cm^{-3}$。

15R：$\mu_n = 380 cm^2/(V \cdot s)$，300K，$n = 10^{16} cm^{-3}$。

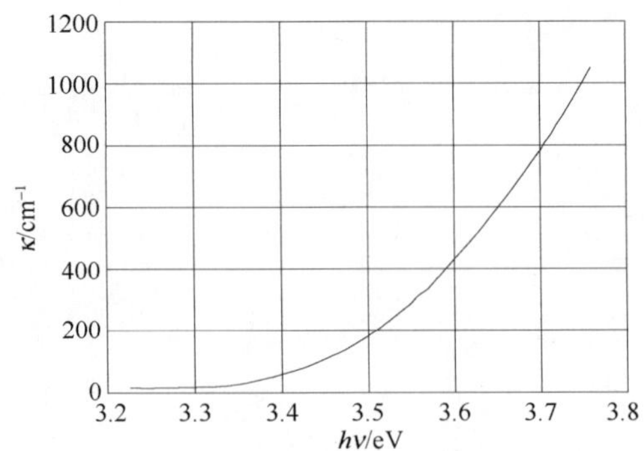

图表 223　4C-SiC 的吸收系数随光子能量的变化

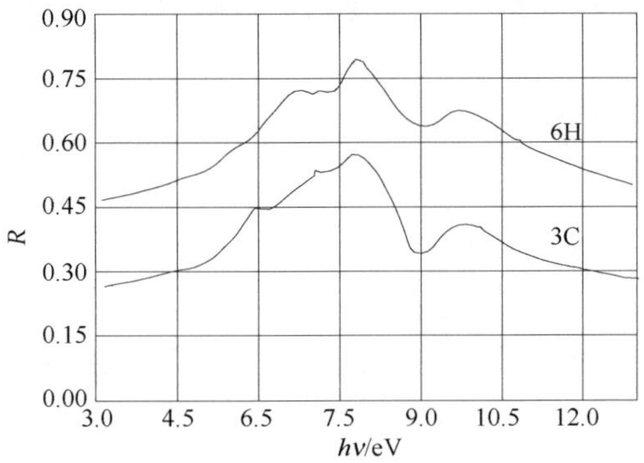

图表 224　SiC 的反射光谱

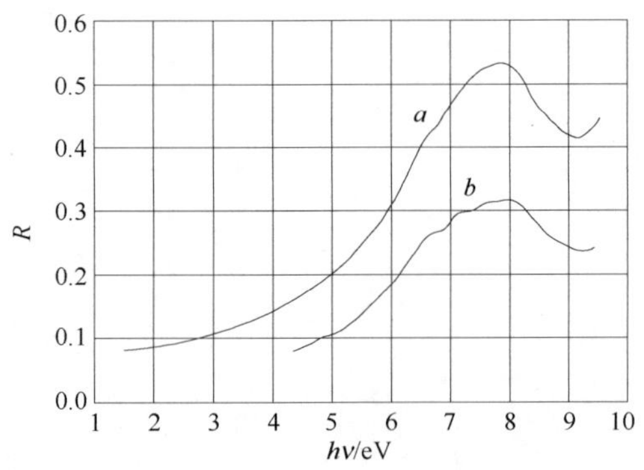

图表 225　6H-SiC 的反射光谱-Ⅰ

（a、b 为不同文献的数据）

电子迁移率-Ⅱ：

3C-SiC：≤800cm^2/(V·s)，300K。

4H-SiC：≤900cm^2/(V·s)，300K。

6H-SiC：≤400cm^2/(V·s)，300K。

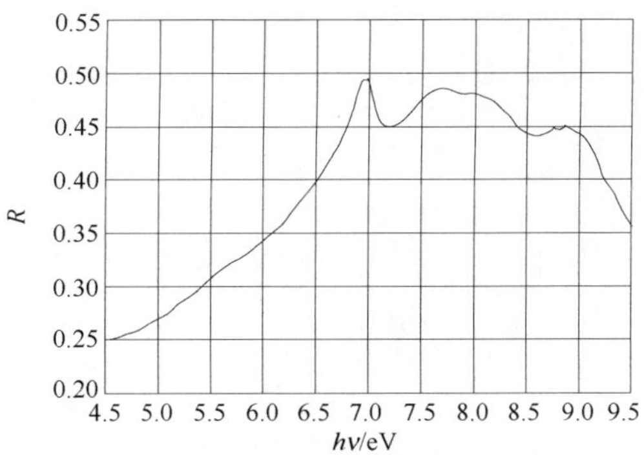

图表 226 6H-SiC 的反射光谱-Ⅱ

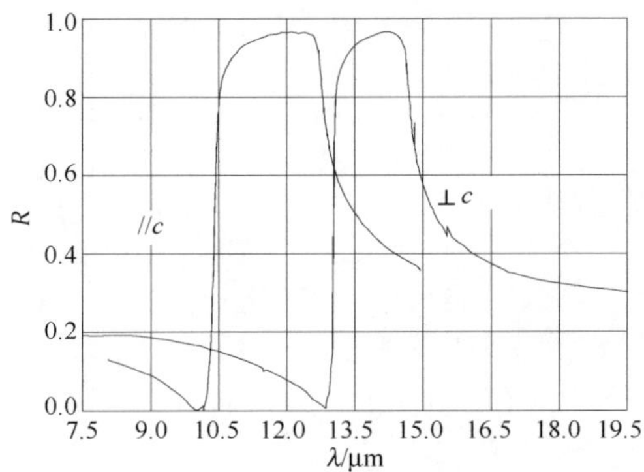

图表 227 6H-SiC 红外波段的反射光谱

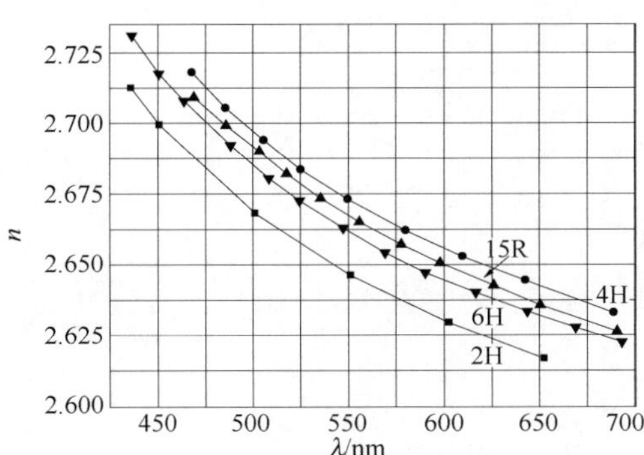

图表 228 SiC 的折射率 n 随波长的变化

7.2 电子漂移速度

7.3 空穴迁移率

6H：$\mu_p=50\text{cm}^2/(\text{V}\cdot\text{s})$，300K，$p=10^{17}\text{cm}^{-3}$。

3C-SiC：$\leqslant 320\text{cm}^2/(\text{V}\cdot\text{s})$，300K。

4H-SiC：$\leqslant 120\text{cm}^2/(\text{V}\cdot\text{s})$，300K。

6H-SiC：$\leqslant 90\text{cm}^2/(\text{V}\cdot\text{s})$，300K。

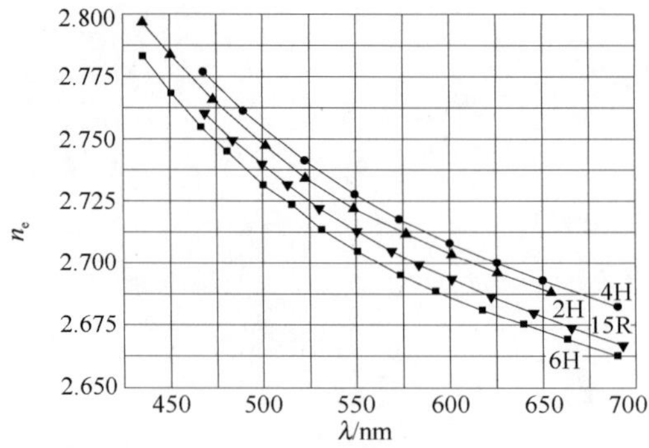

图表 229　SiC 的折射率 n_e 随波长的变化

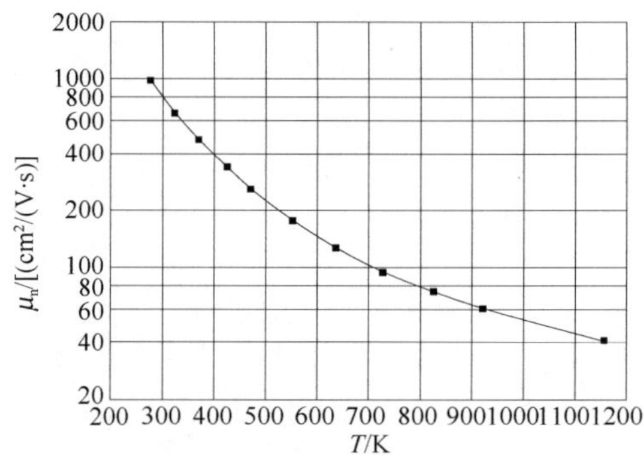

图表 230　SiC 的电子迁移率随温度的变化-Ⅰ

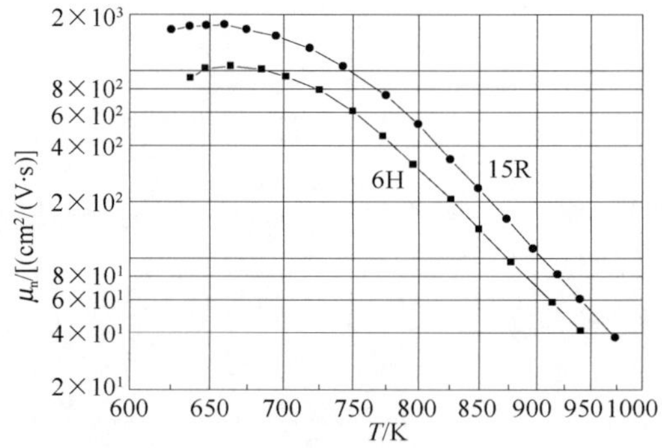

图表 231　SiC 的电子迁移率随温度的变化-Ⅱ
（不同晶型）

7.4　空穴漂移速率

7.5　本征载流子浓度

7.6　本征电导率

7.7　压阻性能

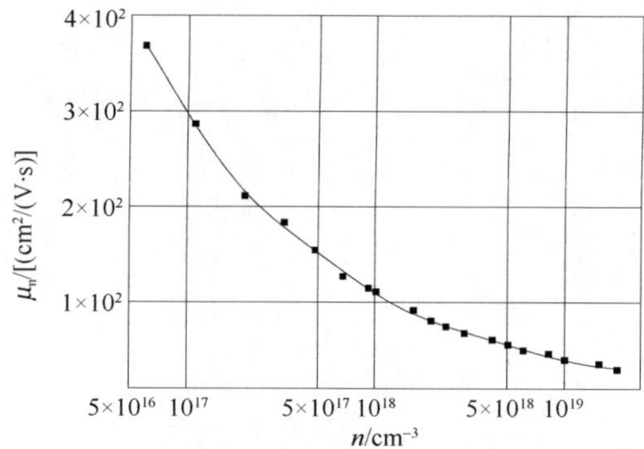

图表 232　SiC 的电子迁移率随载流子浓度的变化

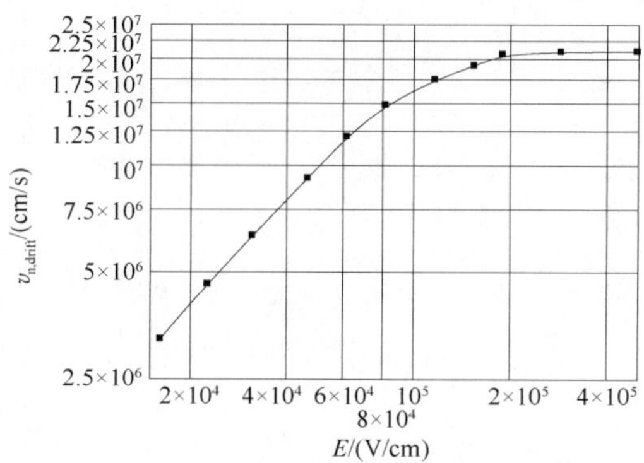

图表 233　SiC 的电子漂移速率随电场强度的变化

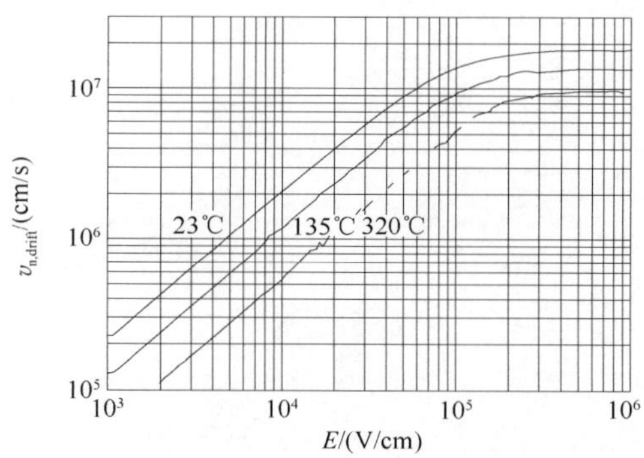

图表 234　6H-SiC 的电子漂移速率随电场强度和温度的变化

7.8　击穿场强

3C-SiC：E_{BR}＝1.2～4.0MV/cm。

4H-SiC：E_{BR}＝3.0～5.0MV/cm。

6H-SiC：E_{BR}＝1.2～4.0MV/cm。

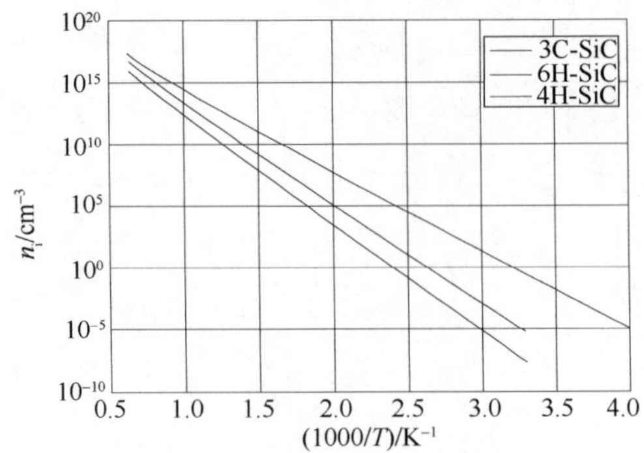

图表 235　SiC 的本征载流子浓度随温度的变化

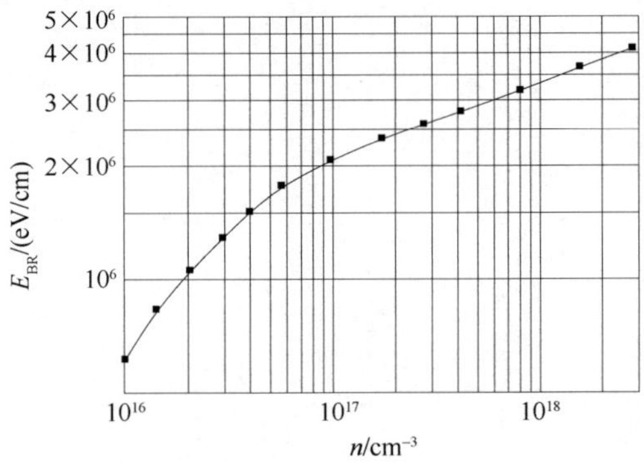

图表 236　SiC 的击穿场强随掺杂浓度的变化

第 7 章　灰锡(α-Sn)

1. 结构特性

1.1　晶体结构

金刚石。

1.2　空间群

Fd3m(O_h^7)。

1.3　晶格常数

a=0.64892nm。

1.4　解理面和解理能

解理面：(111)。

解理能：0.662J/m^2。

1.5　结构相变

1.6　相图

转变温度 13.2℃、32℃(纯锡相变迴线)、70℃(外延膜)。

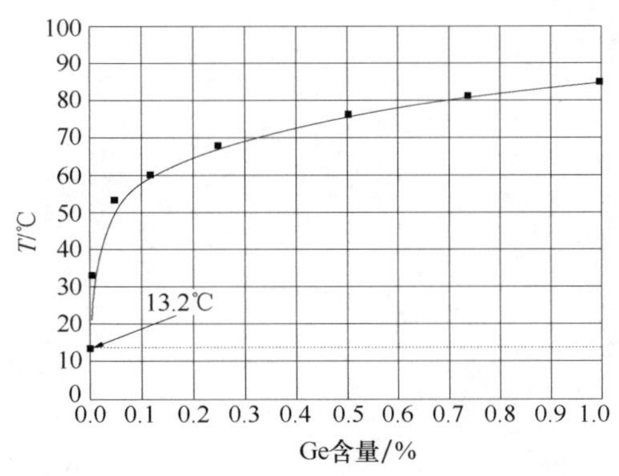

图表 237　α-Sn 的 α-β 转变温度随 Ge 含量的变化

(Ge-Sn 共溶)

1.7　密度

白锡：7.858g/cm^3。

灰锡：5.769g/cm^3。

2. 热学性能

2.1 熔点

T_m=505.08K。

2.2 定容比热容

C_v=4.65cal/(K · g-atom)，T=100K。

2.3 定压比热容

C_p=4.56cal/(K · g-atom)，T=100K。

2.4 德拜温度

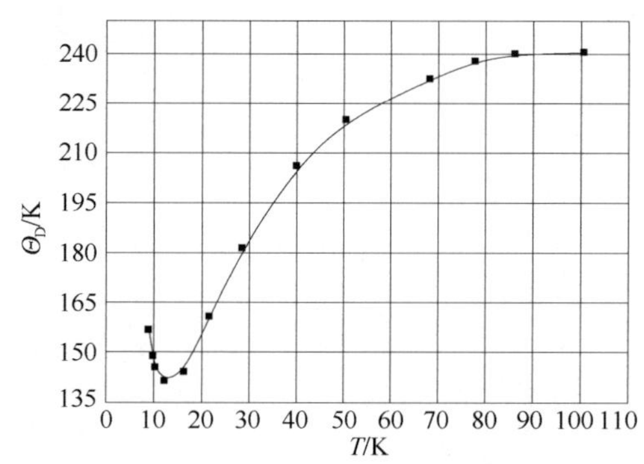

图表 238　α-Sn 的德拜温度随温度的变化

2.5 热膨胀系数

$\alpha=4.7\times10^{-6}\text{K}^{-1}$，200K。

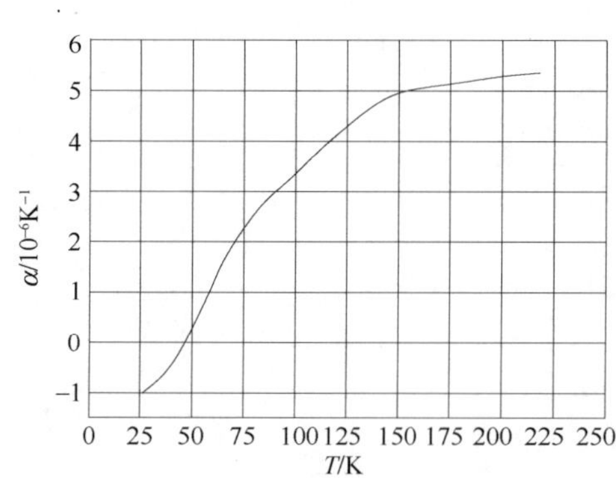

图表 239　α-Sn 的热膨胀系数随温度的变化

2.6 热导率

χ=66.8W/(m · K)。

2.7　热扩散系数

3. 力学性能

3.1　弹性常数

$C_{11}=0.690\times10^{12}\mathrm{dyn/cm^2}$。

$C_{12}=0.293\times10^{12}\mathrm{dyn/cm^2}$。

$C_{44}=0.362\times10^{12}\mathrm{dyn/cm^2}$。

3.2　杨氏模量

$Y=50\mathrm{GPa}$。

3.3　体模量

$B_u=7.285\times10^{11}\mathrm{dyn/cm^2}$。

$B_u=58\mathrm{GPa}$。

3.4　切变模量

$C_s=18\mathrm{GPa}$。

3.5　显微硬度

莫氏硬度：1.5。

努氏硬度：350MPa。

4. 晶格动力学性质

4.1　声子色散关系

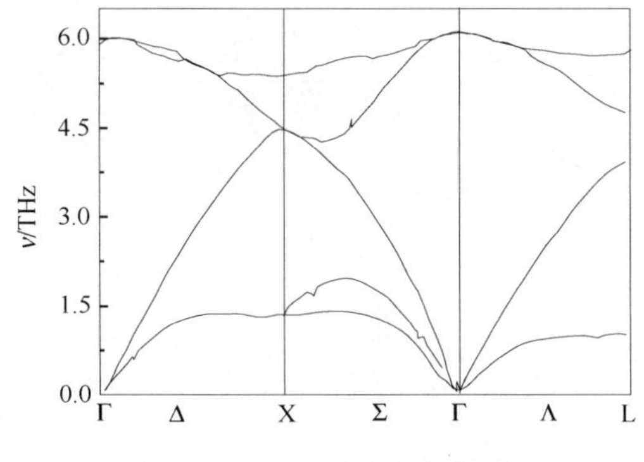

图表 240　α-Sn的声子色散关系

4.2　声子态密度

4.3　声子频率

图表 241 α-Sn 的声子频率（单位：THz）

TO/LO			TA	LA	LO	TO	TA	LA	TO
5.973	5.897	6.000	1.000	4.15	4.89	5.74	1.25	4.67	5.51

4.4 红外光谱

4.5 拉曼光谱

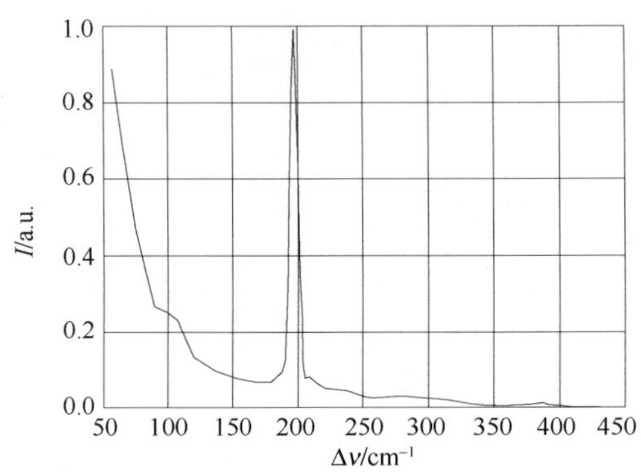

图表 242 α-Sn 的拉曼光谱

4.6 声速

2730m/s。

5. 能带结构

5.1 能带图

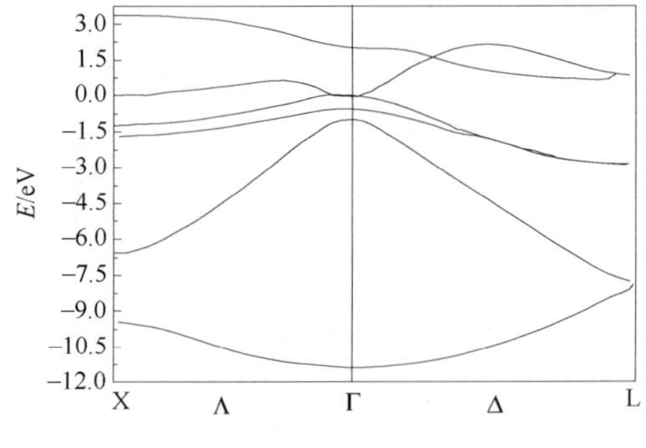

图表 243 α-Sn 的能带图

5.2 状态密度

5.3 禁带宽度

E_g=0.094eV。

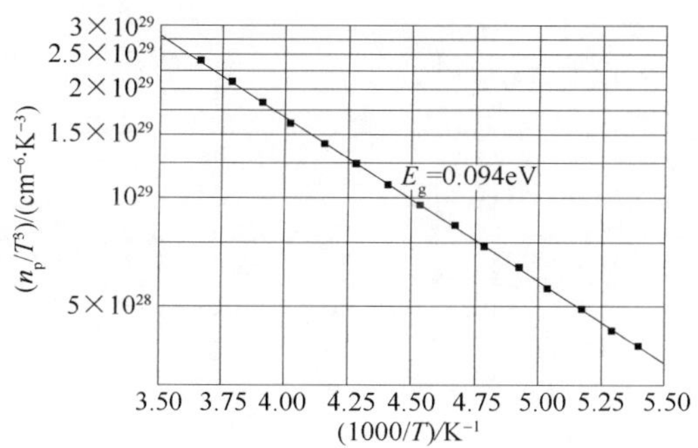

图表 244　由 n_i-T 确定的 α-Sn 的禁带宽度

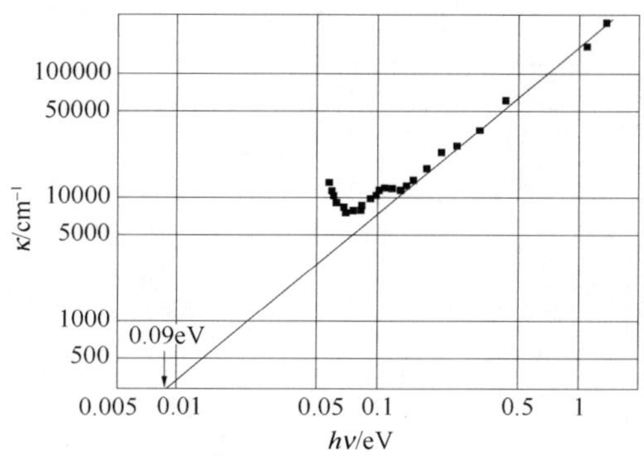

图表 245　由吸收光谱确定的 α-Sn 的禁带宽度

5.4　电子亲和势

5.5　杂质与缺陷

5.6　电子有效质量

轻电子：$m_l=0.026$。

重电子：$m_h=0.13$。

5.7　空穴有效质量

轻电子：$m_l=0.026$。

重电子：$m_h=0.13$。

5.8　激子束缚能

6. 光学特性

6.1　介电常数

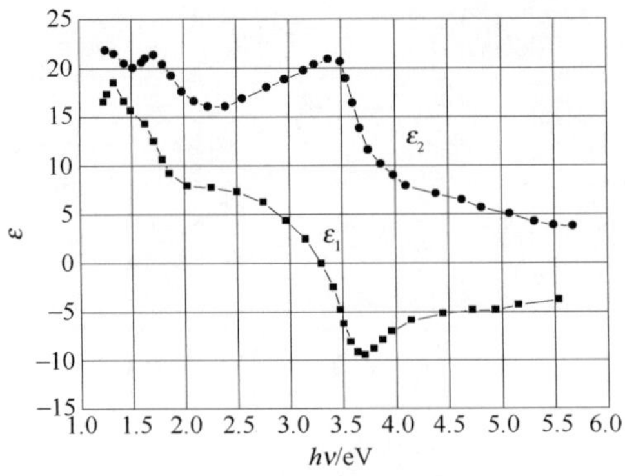

图表 246　α-Sn 的介电常数随光子能量的变化

6.2　吸收光谱

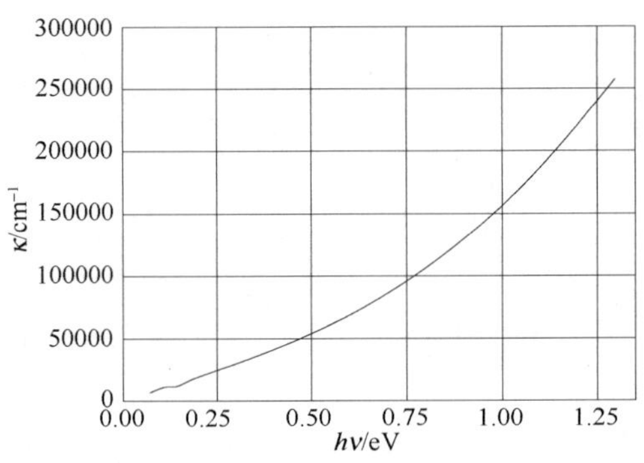

图表 247　α-Sn 的吸收系数随光子能量的变化-Ⅰ

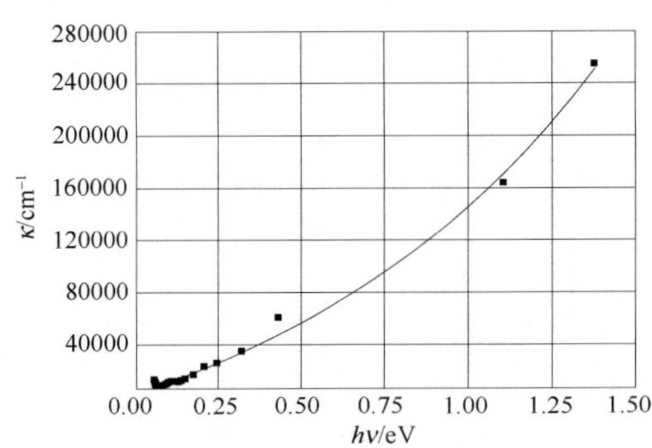

图表 248　α-Sn 的吸收系数随光子能量的变化-Ⅱ

6.3　透射光谱

6.4　反射光谱

6.5　折射率和消光系数

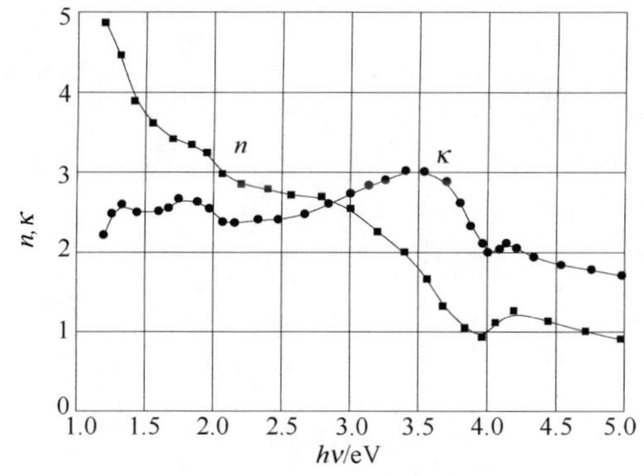

图表 249　α-Sn 的折射率和消光系数随光子能量的变化

7. 载流子的输运特性

7.1　电子迁移率

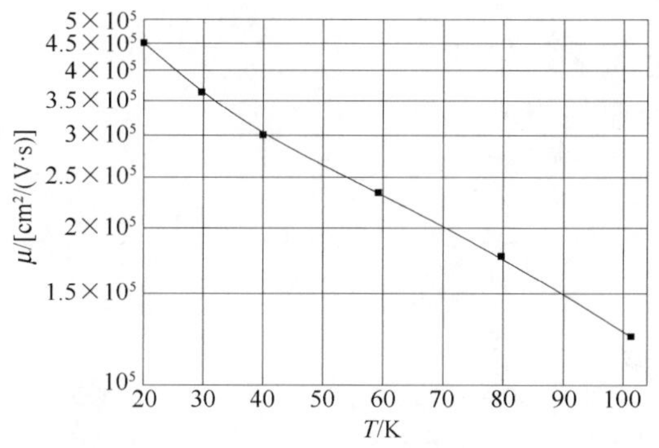

图表 250　α-Sn 的电子迁移率随温度的变化

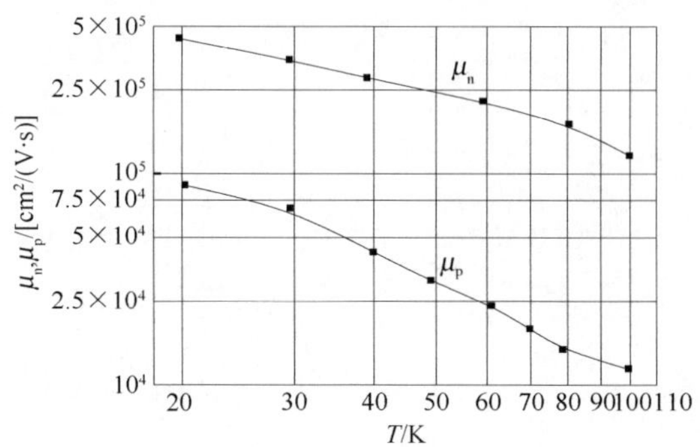

图表 251　纯 α-Sn 的霍尔迁移率随温度的变化

7.2　电子漂移速率

7.3　空穴迁移率

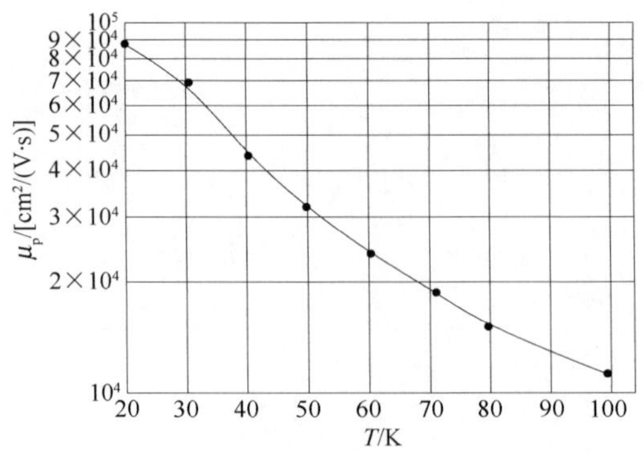

图表 252　α-Sn 的空穴迁移率随温度的变化

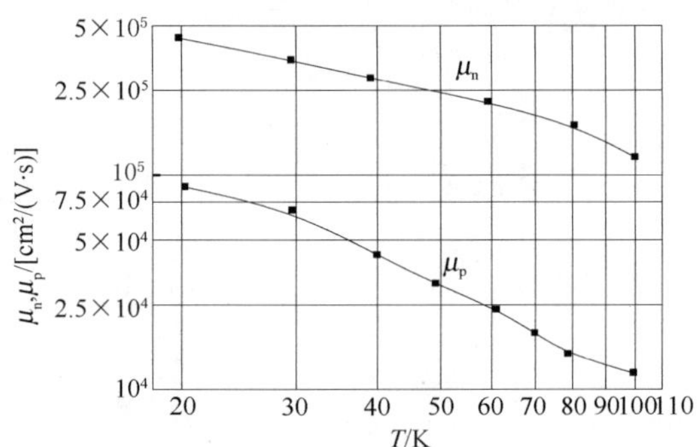

图表 253　纯 α-Sn 的霍尔迁移率随温度的变化

7.4　空穴漂移速率

7.5　本征载流子浓度

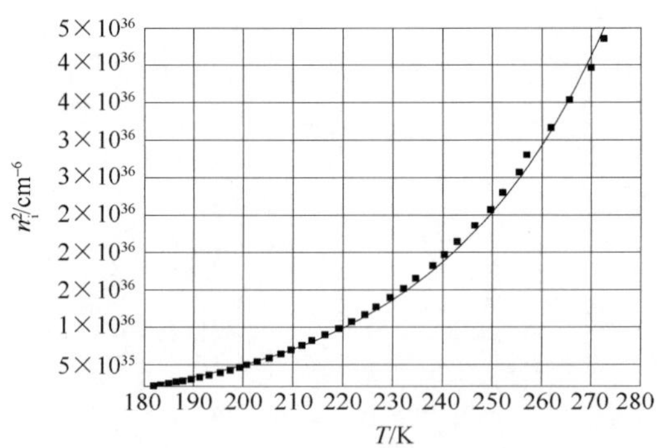

图表 254　α-Sn 的本征载流子浓度随温度的变化

7.6　本征电导率

7.7　压阻特性

7.8　击穿场强

8. 压电性能

9. 磁学性能

9.1　霍尔系数

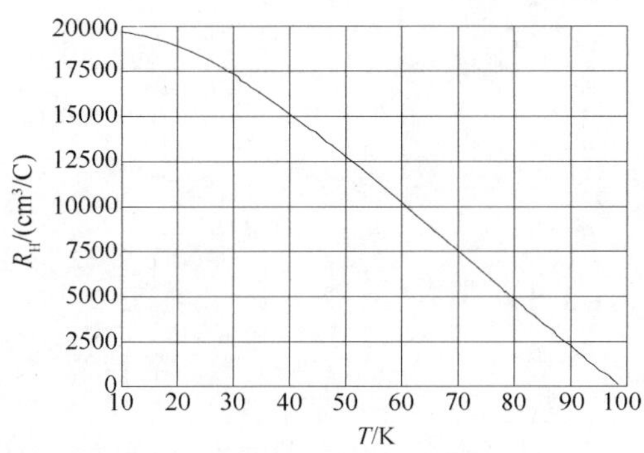

图表 255　纯 α-Sn 的霍尔系数随温度的变化-Ⅰ

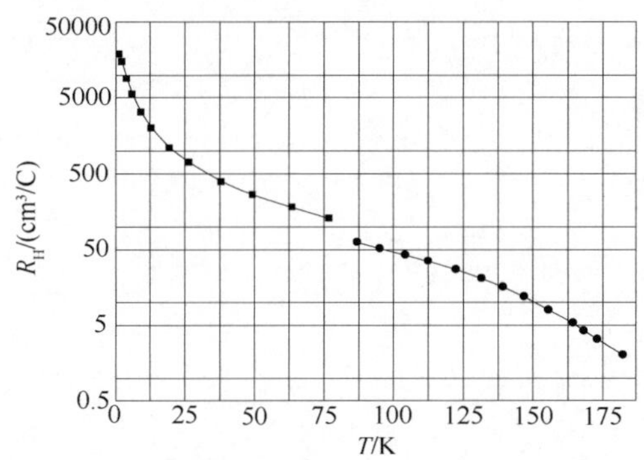

图表 256　纯 α-Sn 的霍尔系数随温度的变化-Ⅱ
（图中数据来自不同的参考文献）

9.2　磁阻系数

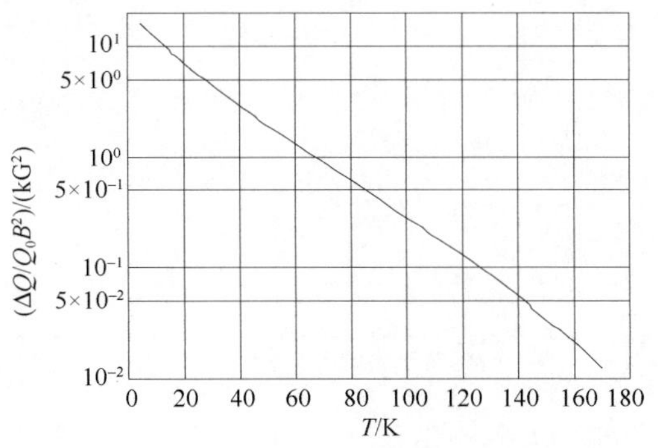

图表 257　纯 α-Sn 的磁阻系数随温度的变化

10. 热电性能

10.1 塞贝克系数

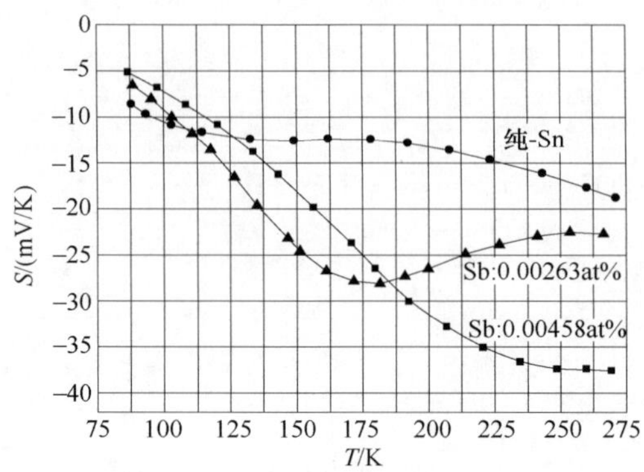

图表 258 三个 α-Sn 样品的热电系数随温度的变化

第 8 章　硫化镉(CdS)

1. 结构特性

1.1　晶体结构

闪锌矿，纤锌矿。

1.2　空间群

闪锌矿：$F\bar{4}3m(T_d)$。

纤锌矿：$P63mc(C_{6v})$。

1.3　晶格常数

闪锌矿：0.582nm。

纤锌矿：a=0.4135nm，c=0.6749nm。

1.4　解理面和解理能

闪锌矿：(110)。

纤锌矿：$(11\bar{2}0)$，$(10\bar{1}0)$。

1.5　结构相变

一级相变转变压强：1.75～3GPa。

1.6　相图

1.7　密度

闪锌矿：$d=4.87\text{g/cm}^3$。

纤锌矿：$d=4.82\text{g/cm}^3$。

2. 热学性能

2.1　熔点

$T_m=1748\text{K}$。

2.2　定容比热容

2.3　定压比热容

$C_p=0.3280\text{J/(g·K)}$。

2.4 德拜温度

$\Theta_D = 310K$。

2.5 热膨胀系数

纤锌矿：$\alpha_a = 4.3 \times 10^{-6} K^{-1}$，$\alpha_a = 2.27 \times 10^{-6} K^{-1}$。

2.6 热导率

纤锌矿：$\chi = 0.20 W/(cm \cdot K)$。

2.7 热扩散系数

3. 力学性能

3.1 弹性常数

图表 259 闪锌矿结构 CdS 的弹性常数（单位：$10^{11} dyn/cm^2$）

C_{11}	C_{12}	C_{44}
7.70	5.39	2.36

图表 260 纤锌矿结构 CdS 的弹性常数（单位：$10^{11} dyn/cm^2$）

C_{11}	C_{12}	C_{13}	C_{33}	C_{44}	C_{66}
8.65	5.40	4.73	9.44	1.50	1.63

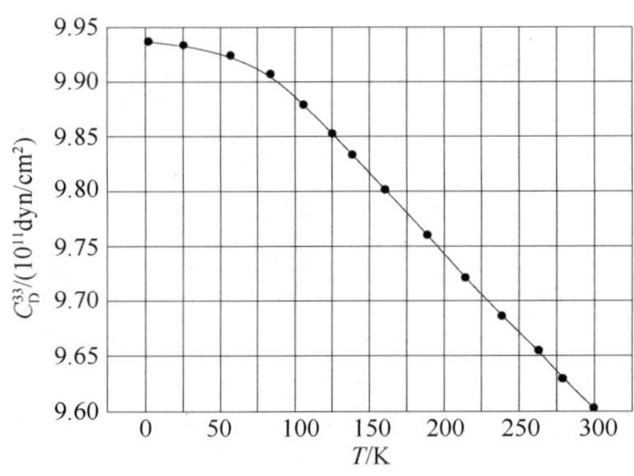

图表 261 CdS 的弹性常数 C_D^{33} 随温度的变化

3.2 杨氏模量

3.3 体模量

闪锌矿：$B_u = 6.16 \times 10^{11} dyn/cm^2$。

纤锌矿：$B_u = 6.26 \times 10^{11} dyn/cm^2$。

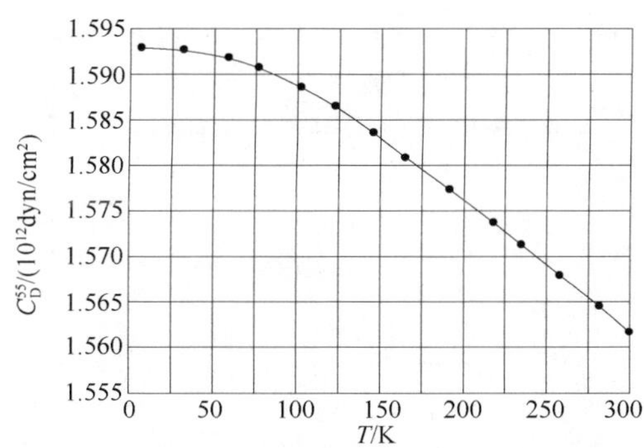

图表 262　CdS 的弹性常数 C_D^{55} 随温度的变化

图表 263　闪锌矿结构 CdS 的杨氏模量（单位：10^{12} dyn/cm²）

(100)		(110)		(111)
[001]	[011]	[001]	[111]	
0.326	0.509	0.326	0.626	0.509

图表 264　纤锌矿结构 CdS 的杨氏模量（单位：10^{12} dyn/cm²）

(100)		(110)		(111)
$m=[010]$	$m=[011]$	$m=[001]$	$m=[1\bar{1}1]$	
$n=[001]$	$n=[0\bar{1}1]$	$n=[1\bar{1}0]$	$n=[1\bar{1}\bar{2}]$	
0.410	0.079	0.410	0.328	0.454

3.4　切变模量

$C_s=1.54\times10^{12}$ dyn/cm²。

3.5　显微硬度

纤锌矿：1.21～2.3GPa。

4. 晶格动力学性质

4.1　声子色散关系

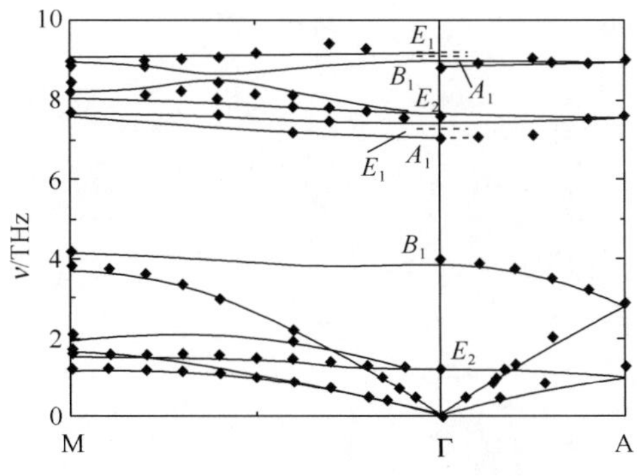

图表 265　纤锌矿 CdS 的声子色散关系-Ⅰ

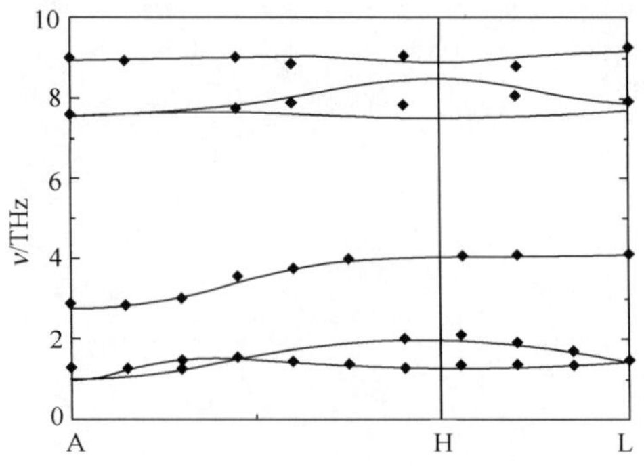

图表 266　纤锌矿 CdS 的声子色散关系-Ⅱ

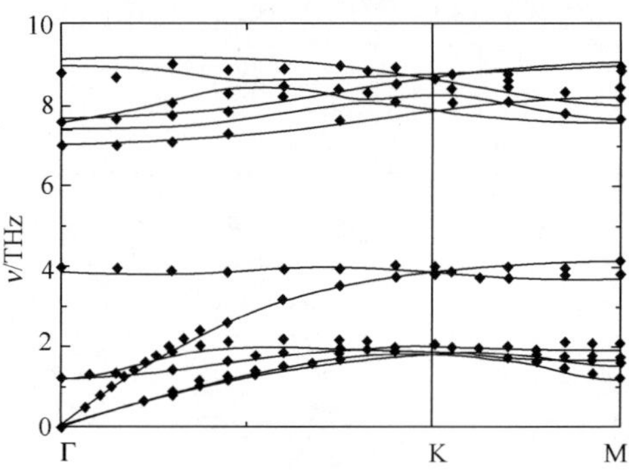

图表 267　纤锌矿 CdS 的声子色散关系-Ⅲ

4.2　声子态密度

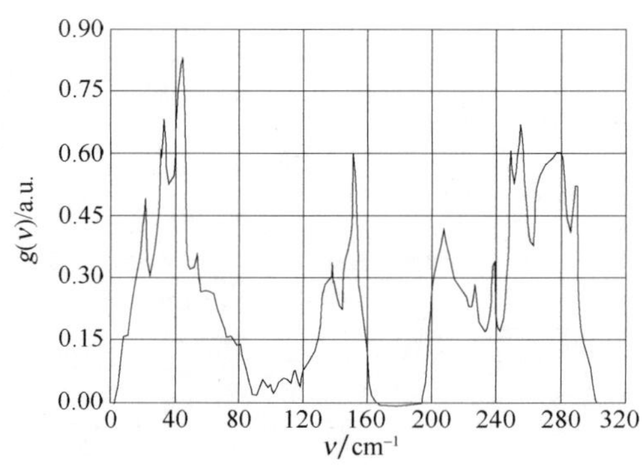

图表 268　纤锌矿 CdS 的声子态密度-Ⅰ

4.3　声子频率

4.4　红外光谱

4.5　拉曼光谱

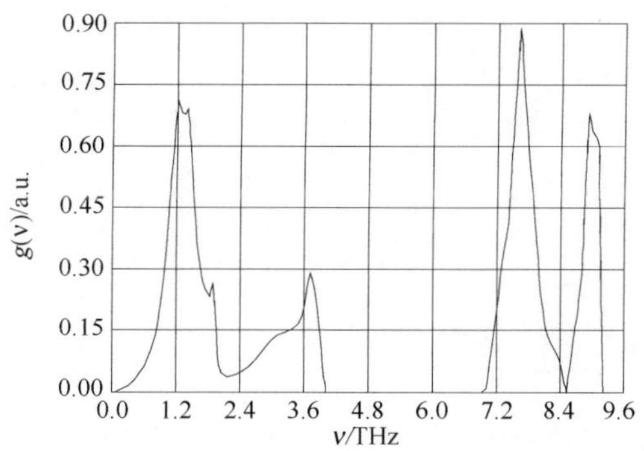

图表 269　纤锌矿 CdS 的声子态密度-Ⅱ

图表 270　闪锌矿 CdS 的振动模式

LO			TO		
THz	meV	cm^{-1}	THz	meV	cm^{-1}
9.08	37.6	303	7.11	29.4	237

图表 271　纤锌矿 CdS 的声子频率（单位：cm^{-1}）

E_2(low)	A_1(TO)	E_1(TO)	E_2(high)	A_1(TO)	E_1(TO)
41	233	239	255	301	304

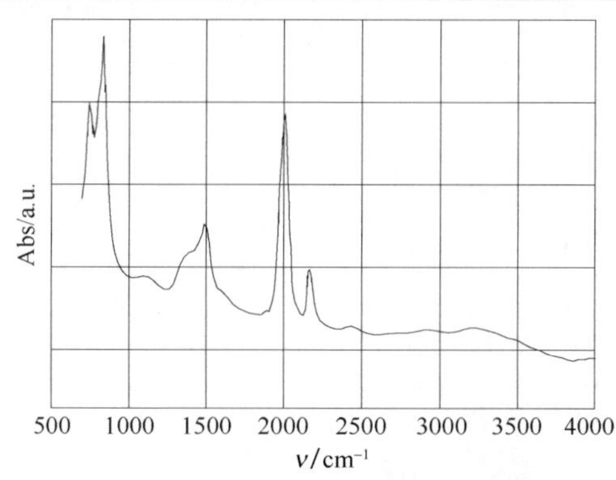

图表 272　沉积在 Ge 衬底上 CdS 薄膜的红外光谱

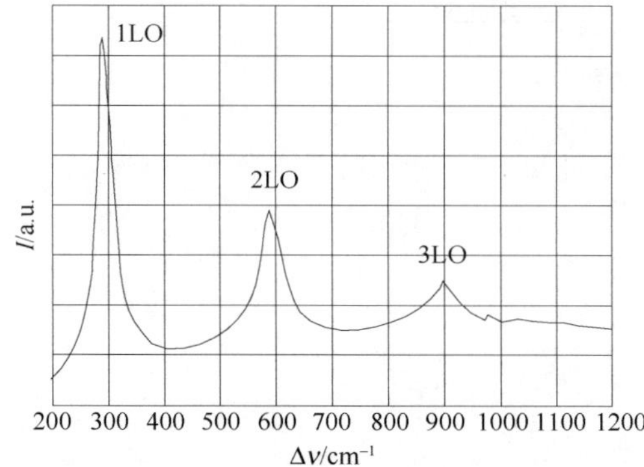

图表 273　PLD 沉积 CdS 薄膜的共振拉曼光谱

4.6 声速

图表 274 锌矿矿 CdS 的声速（单位：10^3 m/s）

[100]		[110]			[111]	
LA	TA1，TA2	LA	TA1	TA2	LA	TA1，TA2
3.98	2.2	4.28	1.54	2.2	4.38	1.79

图表 275 闪锌矿 CdS 的声速（单位：10^3 m/s）

$a/\!/c$		$a\perp c$		
LA	TA1，TA2	LA	TA1	TA2
4.43	1.76	4.24	1.84	1.67

4.7 Grüneisen 参数

5. 能带结构

5.1 能带图

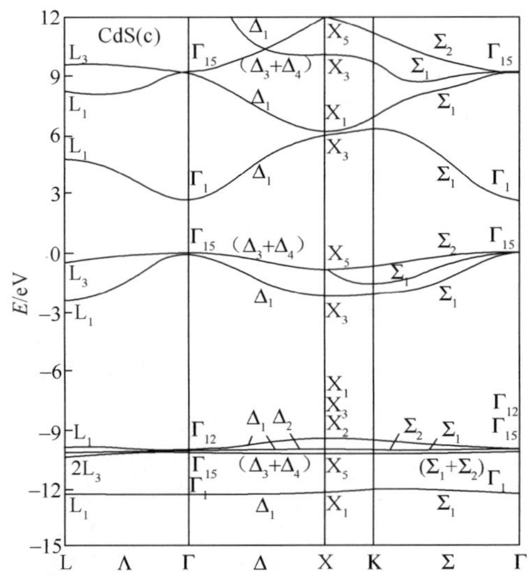

图表 276 闪锌矿结构 CdS 的能带图

5.2 状态密度

5.3 禁带宽度

E_g=2.50eV。

5.4 电子亲和势

纤锌矿：χ=4.5eV。

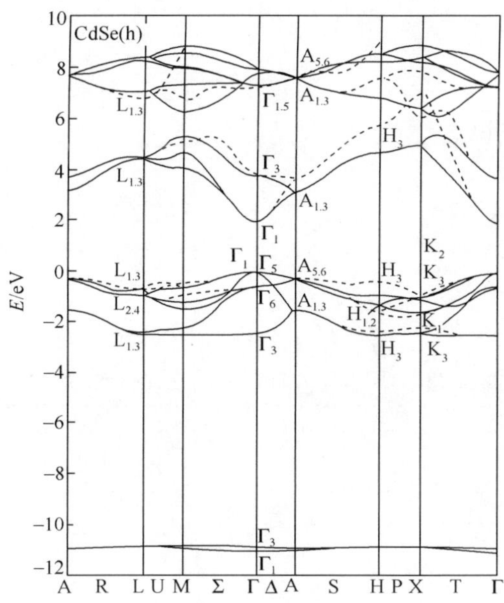

图表 277　纤锌矿结构 CdS 的能带图

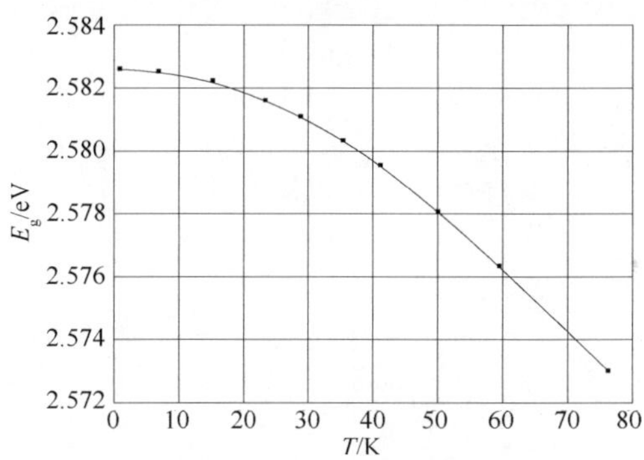

图表 278　纤锌矿 CdS 的禁带宽度随温度的变化

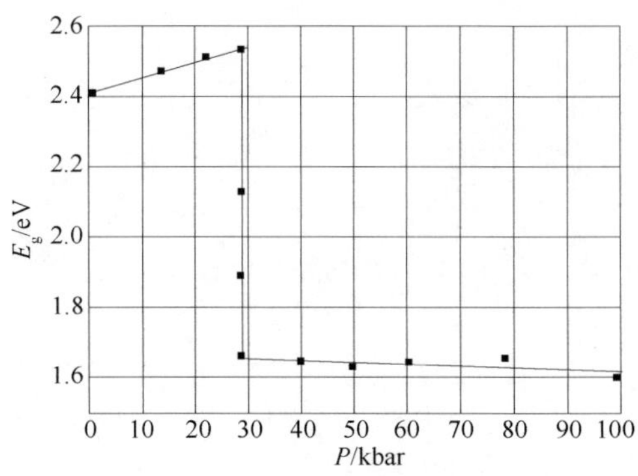

图表 279　CdS 的禁带宽度随压强的变化

5.5　杂质与缺陷

5.6　电子有效质量

闪锌矿：m_n=0.14。

纤锌矿：m_n=0.21。

电导率有效质量：闪锌矿：m_{nc}=0.14，纤锌矿：m_{nc}=0.151。

5.7　空穴有效质量

m_p=0.68。

图表 280　闪锌矿 CdS 晶体的空穴有效质量

重空穴		轻空穴	
[001]	[111]	[001]	[111]
0.39	0.95	0.18	0.14

5.8　激子束缚能

E_{ex}=28.5meV。

6. 光学特性

6.1　介电常数

闪锌矿：静态：9.8，高频：5.4。

纤锌矿：静态：10.2，高频：5.4。

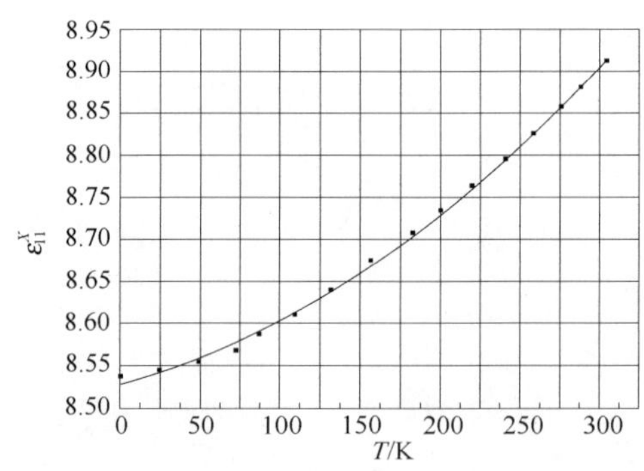

图表 281　CdS 的介电常数 ε_{11}^{X} 随温度的变化

6.2　吸收光谱

6.3　透射光谱

6.4　反射光谱

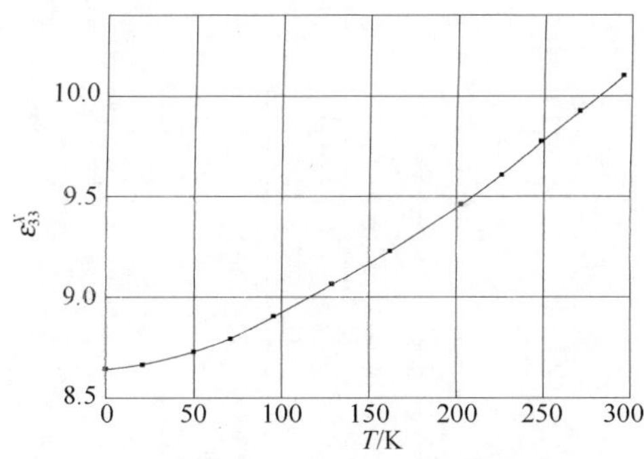

图表 282　CdS 的介电常数 ε_{33}^{X} 随温度的变化

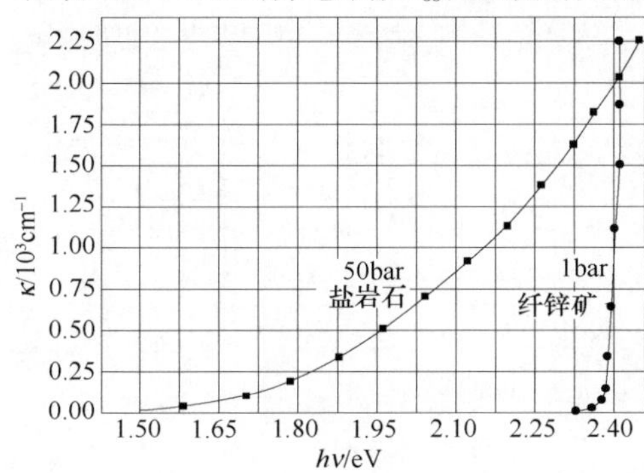

图表 283　两种晶体结构 CdS 的吸收系数随光子能量的变化

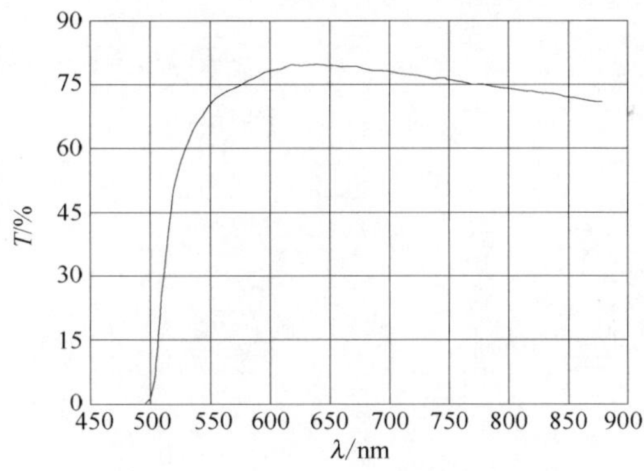

图表 284　CdS 薄膜的透射光谱

6.5　折射率和消光系数

纤锌矿：n=2.506，n=2.529。

7. 载流子的输运特性

7.1　电子迁移率

闪锌矿：μ_n=70～80cm^2/(V · s)。

纤锌矿：μ_n=340cm^2/(V · s)。

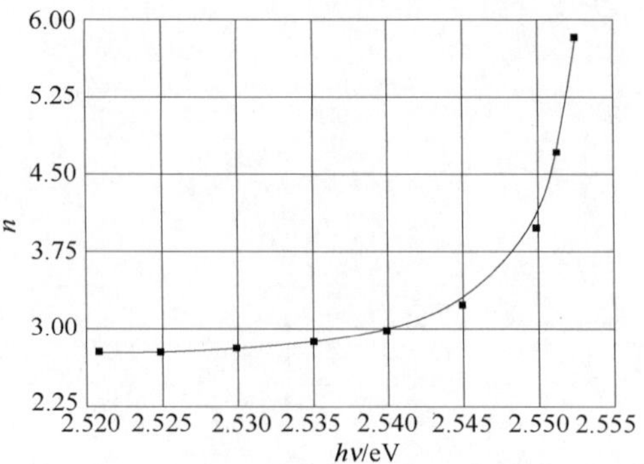

图表 285　CdS 的折射率随光子能量的变化

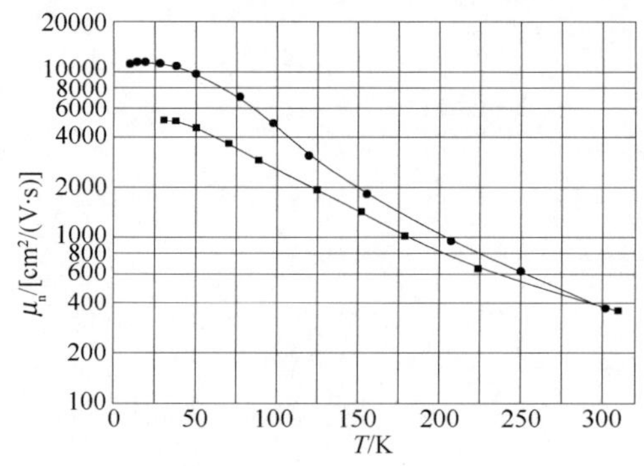

图表 286　六方 CdS 的电子迁移率随温度的变化

（两条曲线表示不同的样品）

7.2　电子漂移速率

7.3　空穴迁移率

纤锌矿：48cm²/(V · s)。

7.4　空穴漂移速率

7.5　本征载流子浓度

7.6　本征电导率

7.7　压阻特性

7.8　击穿场强

C-CdS：E_{BR}＝1.6MV/cm。

w-CdS：E_{BR}＝1.6MV/cm。

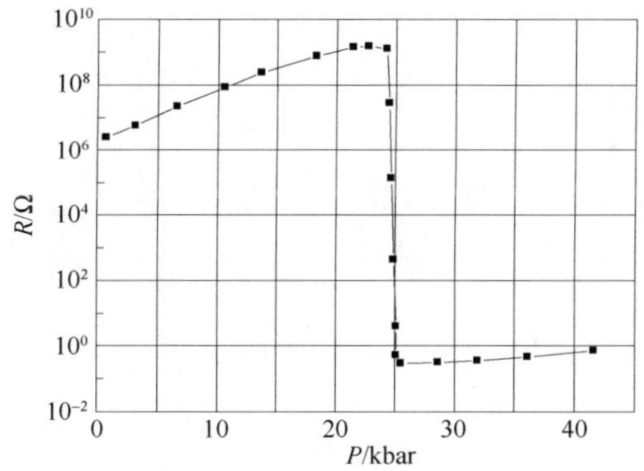

图表 287　CdS 的压阻特性

8. 压电性能

图表 288　纤锌矿 CdS 的压电常数（单位：C/m²）

e_{15}	e_{31}	e_{33}
−0.183	−0.262	0.385

第 9 章　碲化镉(CdTe)

1. 结构特性

1.1　晶体结构

闪锌矿(室温稳定相)，纤锌矿。

1.2　空间群

闪锌矿：$F\bar{4}3m(T_d)$。

1.3　晶格常数

$a=0.6481\mathrm{nm}$。

1.4　解理面和解理能

解理面：(110)。

解理能：$0.18\mathrm{J/m^2}$。

1.5　结构相变

$P_T=3.53\mathrm{GPa}$。

1.6　相图

1.7　密度

$d=5.86\mathrm{g/cm^3}$。

2. 热学性能

2.1　熔点

$T_m=1365\mathrm{K}$。

2.2　定容比热容

2.3　定压比热容

$C_p=50.64\mathrm{J/(mol\cdot K)}$。

2.4　德拜温度

$\Theta_D=44\mathrm{K}$。

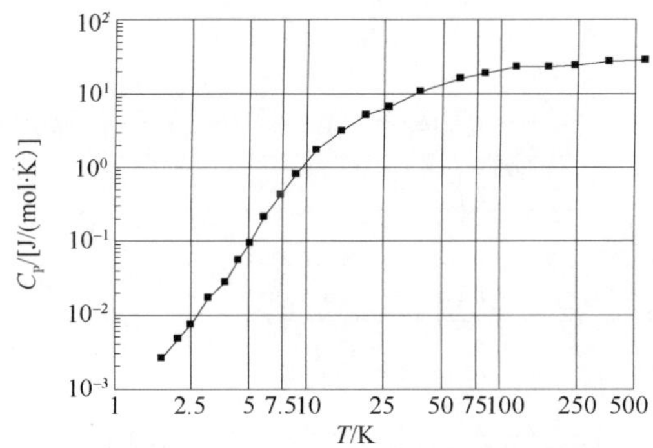

图表 289　CdTe 的定压比热容随温度的变化

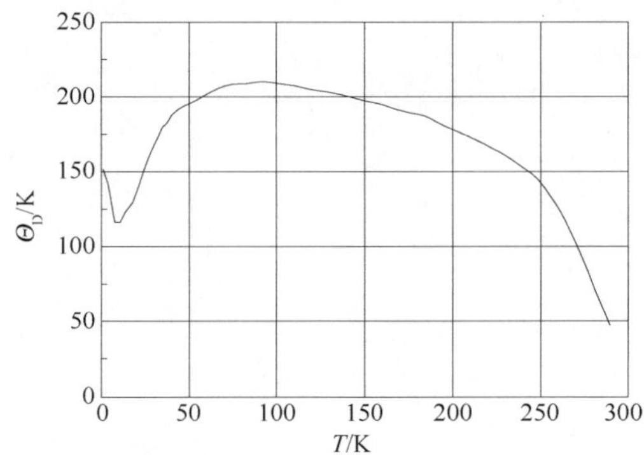

图表 290　CdTe 的德拜温度随温度的变化

2.5　热膨胀系数

$\alpha=5.9\times10^{-6}℃^{-1}$。

$\alpha=4.67\times10^{-6}K^{-1}$。

2.6　热导率

$\chi=0.062W/(cm\cdot℃)$。

$\chi=0.075W/(cm\cdot K)$。

2.7　热扩散系数

3. 力学性能

3.1　弹性常数

图表 291　CdTe 的弹性常数（单位：$10^{11}dyn/cm^2$）

C_{11}	C_{12}	C_{44}
5.33	3.65	2.04

3.2 杨氏模量

图表 292 CdTe 的杨氏模量（单位：10^{12} dyn/cm^2）

(100)		(110)		(111)
[001]	[011]	[001]	[111]	
00.234	0.400	0.234	0.523	0.400

3.3 体模量

B_u=45GPa。

B_u=4.24×10^{11} dyn/cm^2。

3.4 切变模量

C_s=1.02×10^{11} dyn/cm^2

3.5 显微硬度

莫氏硬度：0.45～0.6。

努氏硬度：42.4GPa。

4. 晶格动力学性质

4.1 声子色散关系

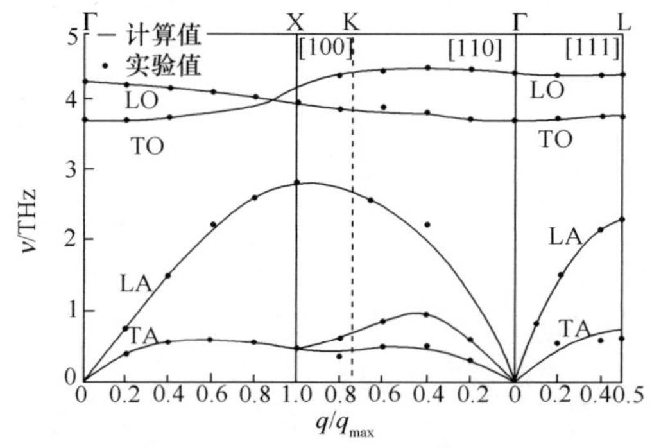

图表 293 理论计算的 CdTe 的声子色散关系

4.2 声子态密度

4.3 声子频率

4.4 红外光谱

4.5 拉曼光谱

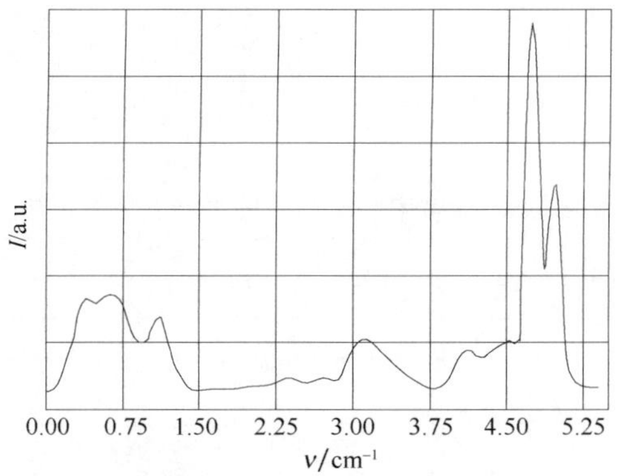

图表 294　理论计算的 CdTe 的声子态密度

图表 295　CdTe 晶体中的声子频率（单位：THz）

LO(G)	TO(G)	LO(X)	TO(X)	LO(L)	TO(L)	LA(L)	TA(L)	LO(L)	TO(L)
5.08	4.2	4.44	1.05	4.33	4.33	3.25	0.88	5.02	4.21

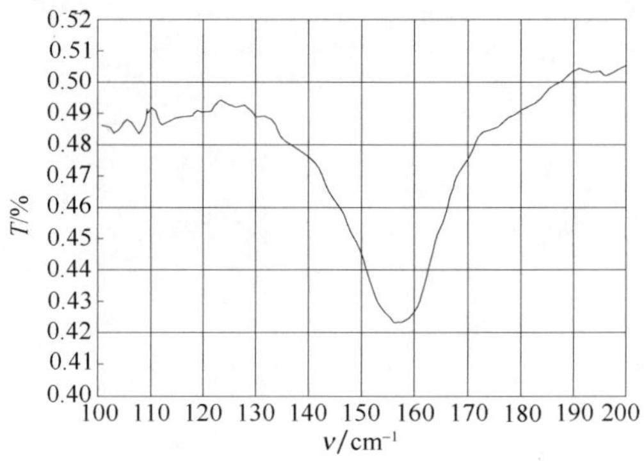

图表 296　纳米 CdTe 的红外透射光谱

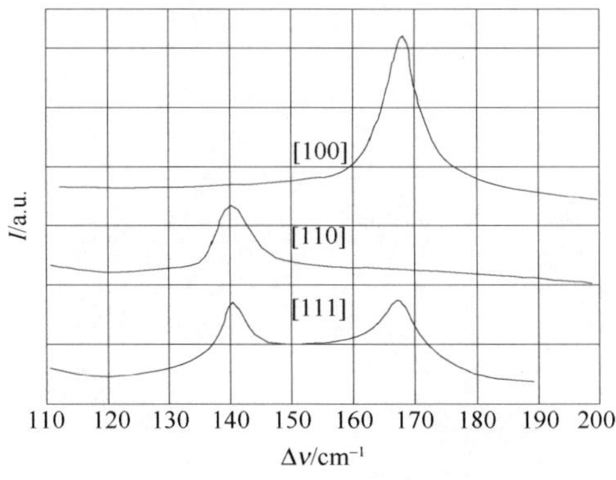

图表 297　CdTe 的拉曼光谱

4.6　声速

LA：3.35×10^3m/s。

TA：1.79×10^3m/s。

图表 298　CdTe 晶体中不同晶向的声速（单位：10^3m/s）

[100]		[110]			[111]	
LA	TA1，TA2	LA	TA1	TA2	LA	TA1，TA2
3.02	1.86	3.34	1.19	1.86	3.44	1.45

5. 能带结构

5.1　能带图

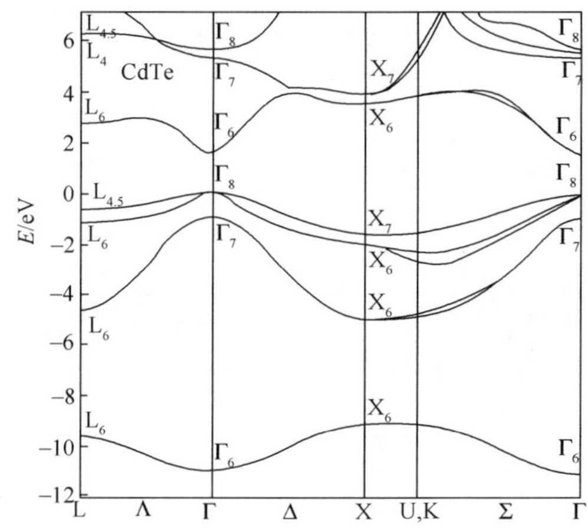

图表 299　CdTe 晶体的能带图

5.2　状态密度

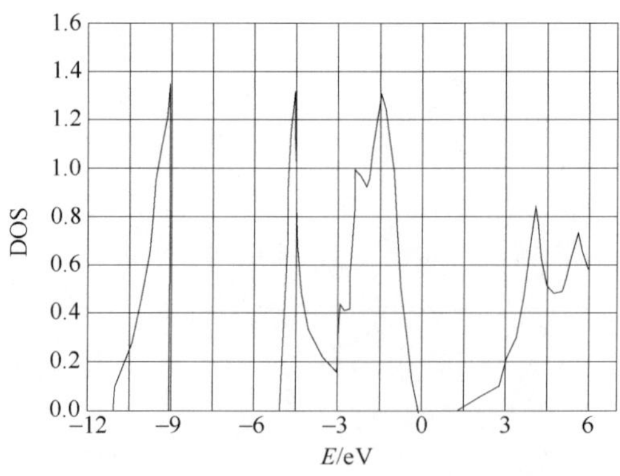

图表 300　CdTe 晶体的状态密度

5.3　禁带宽度

E_g=1.474eV。

5.4　电子亲和势

χ=4.28eV。

5.5　杂质与缺陷

Al 施主电离能：14.05meV。

P 施主电离能：50meV。

5.6　电子有效质量

m_n=0.096。

5.7　空穴有效质量

m_p=0.63。

图表 301　CdTe 晶体中不同晶向的有效质量

重空穴		轻空穴	
[001]	[111]	[001]	[111]
0.51	1.11	0.158	0.136

图表 302　CdTe 晶体中空穴的状态密度有效质量

重空穴	轻空穴	自旋轨道分裂
0.82	0.145	0.24

5.8　激子束缚能

E_{ex}=10.9meV。

6. 光学特性

6.1　介电常数

低频：10.2。

高频：7.1。

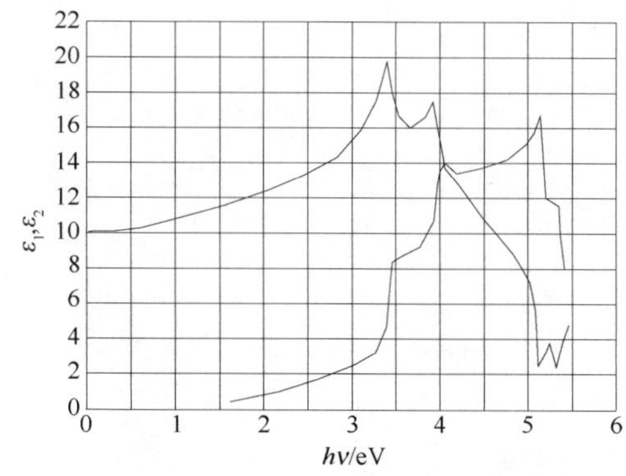

图表 303　CdTe 的介电常数随光子能量的变化

6.2　吸收光谱

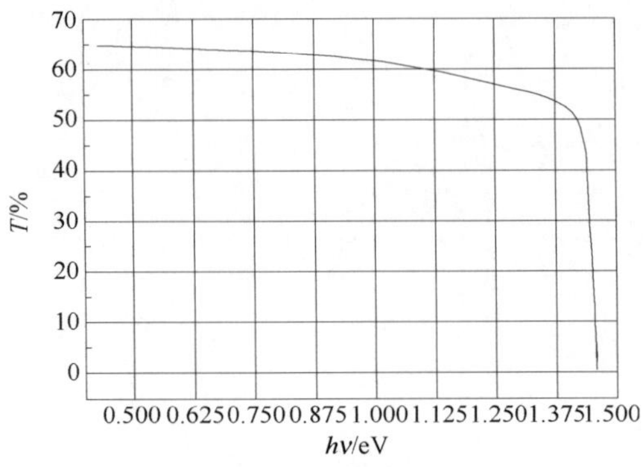

图表 304　CdTe 的透射光谱

6.3　透射光谱

6.4　反射光谱

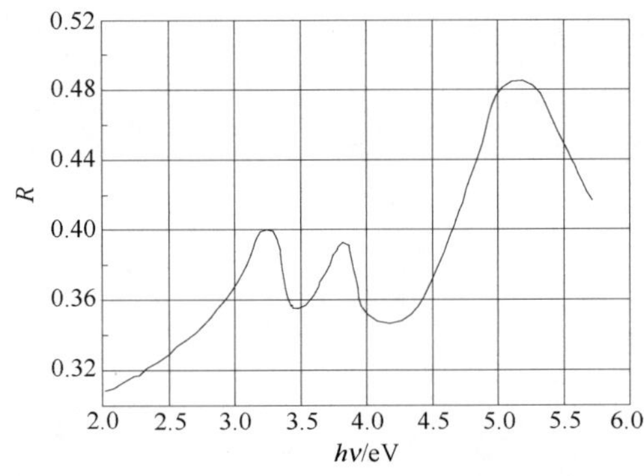

图表 305　CdTe 的反射光谱

6.5　折射率和消光系数

n=2.72。

7. 载流子的输运特性

7.1　电子迁移率

μ_n=1050cm^2/(V·s)。

7.2　电子漂移速率

7.3　空穴迁移率

μ_p=100cm^2/(V·s)。

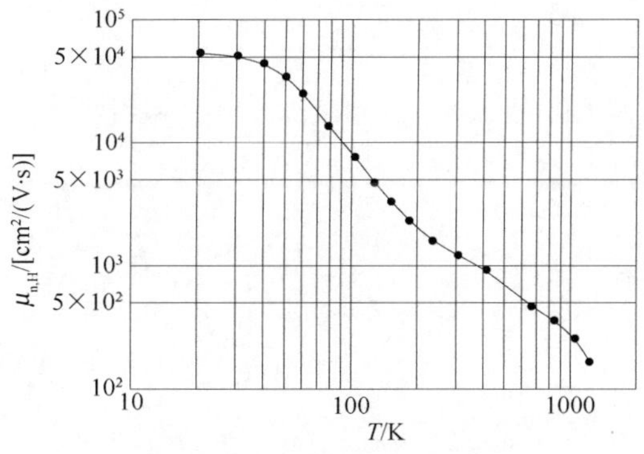

图表 306　CdTe 的电子霍尔迁移率随温度的变化-Ⅰ

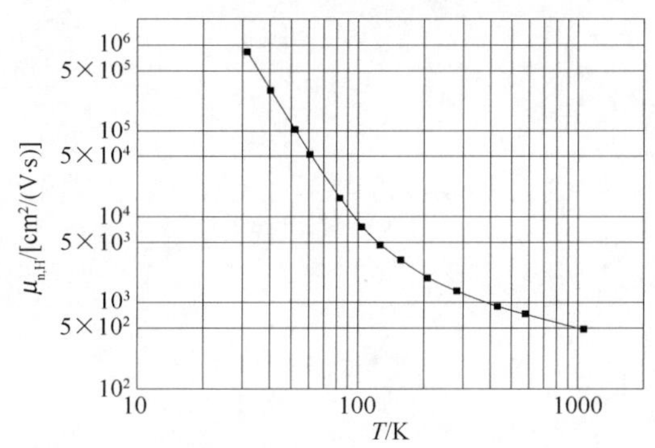

图表 307　CdTe 的电子霍尔迁移率随温度的变化-Ⅱ

7.4　空穴漂移速率

7.5　本征载流子浓度

7.6　本征电导率

7.7　压阻特性

7.8　击穿场强

E_{BR}=480kV。

8. 压电性能

e_{14}=0.0335C/m^2。

d_{14}=1.68pm/V。

9. 磁学性能

9.1　霍尔系数

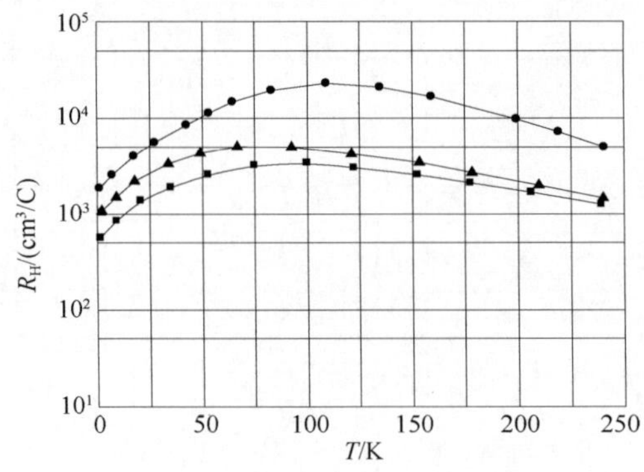

图表 308　不同电阻率的三个 CdTe 样品的霍尔系数随温度的变化

第 10 章　氧化锌(ZnO)

1. 结构特性

1.1　晶体结构

纤锌矿，闪锌矿。

1.2　空间群

纤锌矿：P63mc(C_{6v})。

1.3　晶格常数

纤锌矿：

a=3.25Å，c=5.2Å。

c/a=1.60，接近六方晶胞的理想值 c/a=1.633。

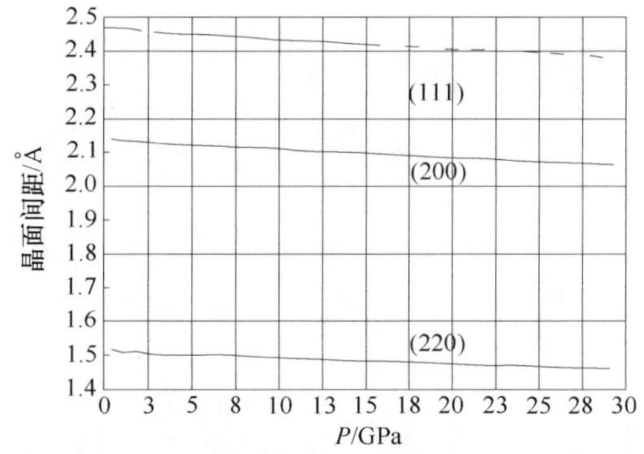

图表 309　ZnO 的晶面间距随压强的变化

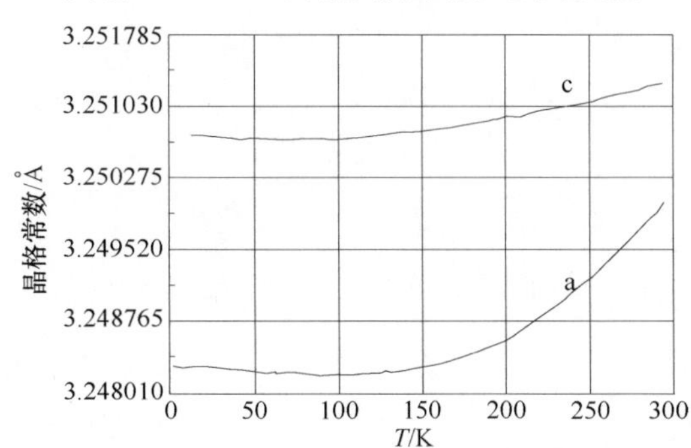

图表 310　ZnO 的晶格常数随温度的变化

闪锌矿：

a=4.619Å，4.60Å，4.463Å，4.37Å，4.47Å。

盐岩矿：

4.271，4.283，4.294，4.30，4.280，4.275。

4.058，4.316，4.207，4.225。

1.4　解理面和解理能

解理面：$(000\bar{1})$。

解理能：0.96J/m^2。

1.5　结构相变

一级相变转变压强：8.0～10GPa。

1.6　相图

纤锌矿→盐岩矿转变压强：9.5GPa，9.0GPa，8.7GPa，10.0GPa，9.1GPa。

1.7　密度

5.607g/cm^3。

2. 热学性能

2.1　熔点

熔点：1975℃。

2.2　定容比热容

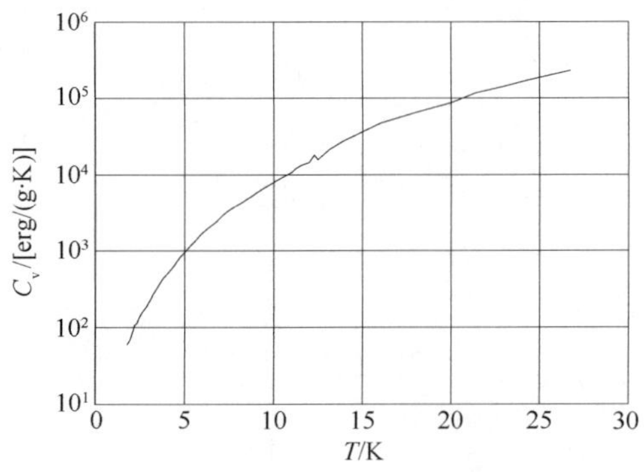

图表 311　ZnO 的定容比热容随温度的变化

2.3　定压比热容

2.4　德拜温度

Θ_D=920K。

2.5　热膨胀系数

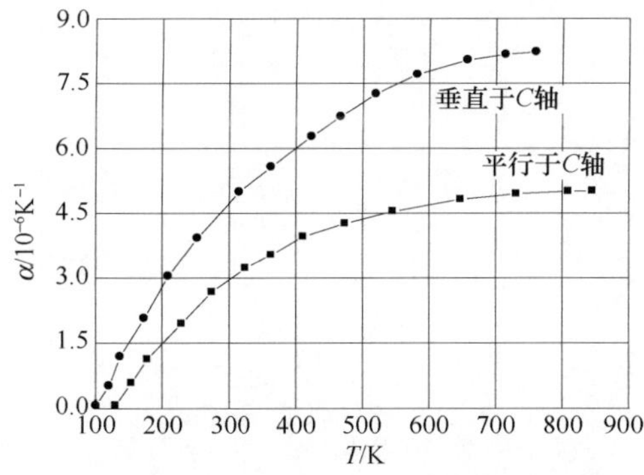

图表 312　ZnO 的热膨胀系数随温度的变化

2.6　热导率

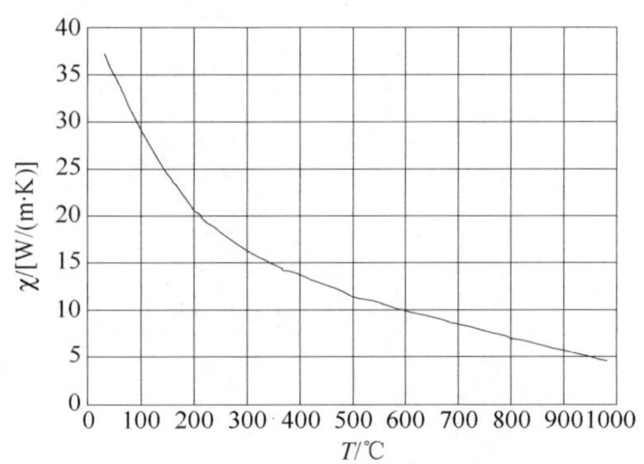

图表 313　ZnO 的热导率随温度的变化

3. 力学性能

3.1　弹性常数

图表 314　ZnO 的弹性常数（单位：GPa）

弹性系数	纤锌矿			闪锌矿
C_{11}	209.7	206	157	193
C_{12}	121.1	117	89	139
C_{13}	105.1	118	83	
C_{33}	210.9	211	208	
C_{44}	42.47	44.3	38	96
C_{66}	44.29	44.6	34	

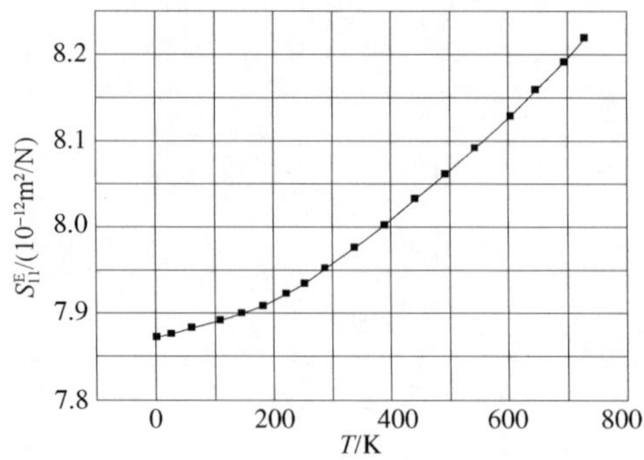

图表 315　ZnO 的弹性常数 S_{11}^{E} 随温度的变化

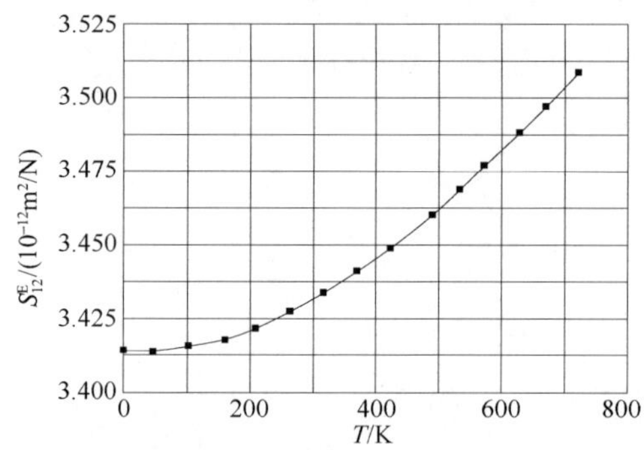

图表 316　ZnO 的弹性常数 S_{12}^{E} 随温度的变化

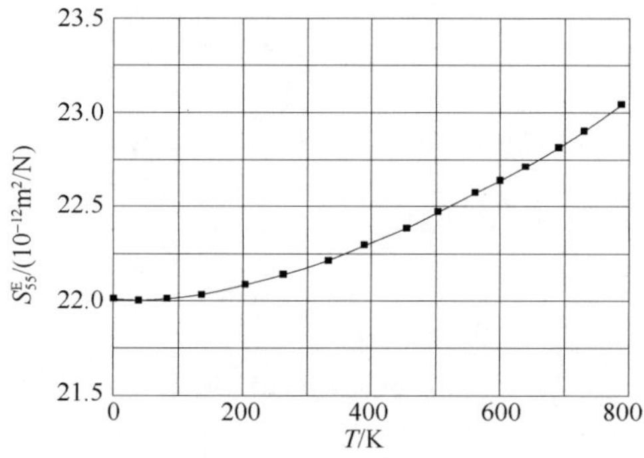

图表 317　ZnO 的弹性常数 S_{55}^{E} 随温度的变化

3.2　杨氏模量

Y=111.2±4.7。

3.3　体模量

B_u=142.4GPa，183GPa，170GPa。

3.4　切变模量

3.5　显微硬度

莫氏硬度：6。

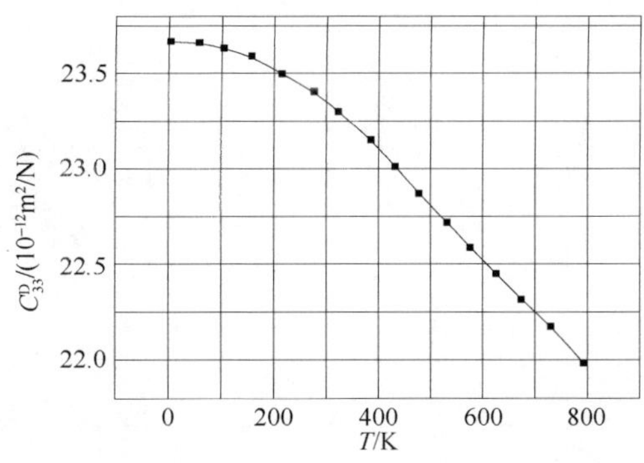

图表 318　ZnO 的弹性常数 C_{33}^{D} 随温度的变化

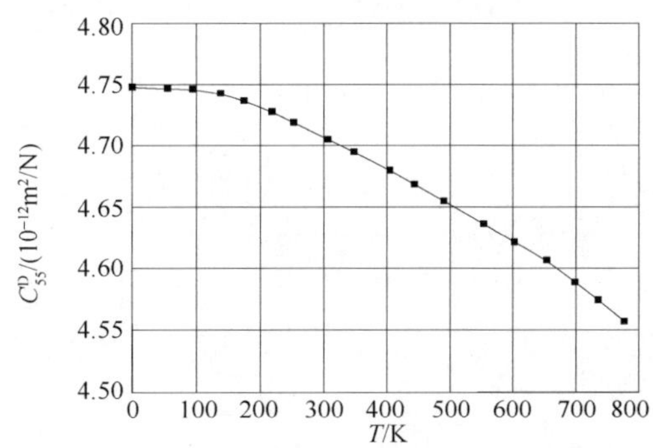

图表 319　ZnO 的弹性常数 C_{55}^{D} 随温度的变化

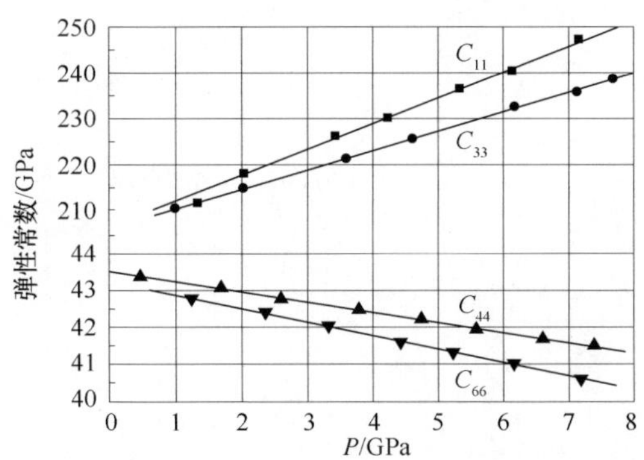

图表 320　ZnO 的弹性常数随压强的变化

4. 晶格动力学性质

4.1　声子色散关系

4.2　声子态密度

4.3 声子频率

图表 321 ZnO 的声子波数（单位：cm^{-1}）

振动模式	拉曼	红外	理论
A_1(TO)	378～380	380	382，386
E_1(TO)	407～413	408.2～412	316，407
A_1(LO)	574～579	570～577.1	548
E_1(LO)	583～591	588.3～592.1	628
E_2(low)	98～102		98，126
E_2(high)	437～438		355，433
B_1(low)			240
B_2(high)			540

4.4 红外光谱

4.5 拉曼光谱

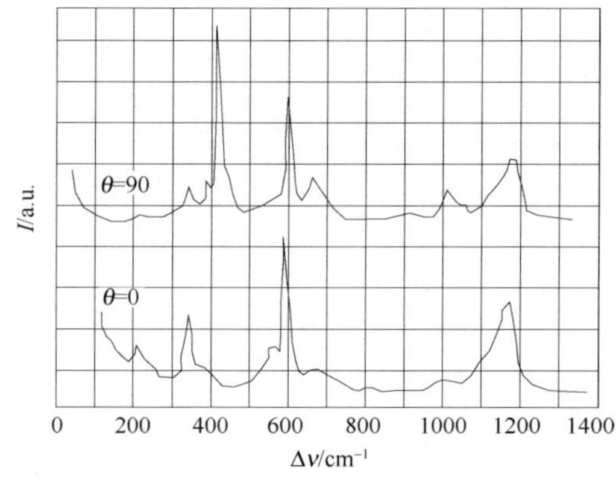

图表 322 ZnO 的拉曼光谱

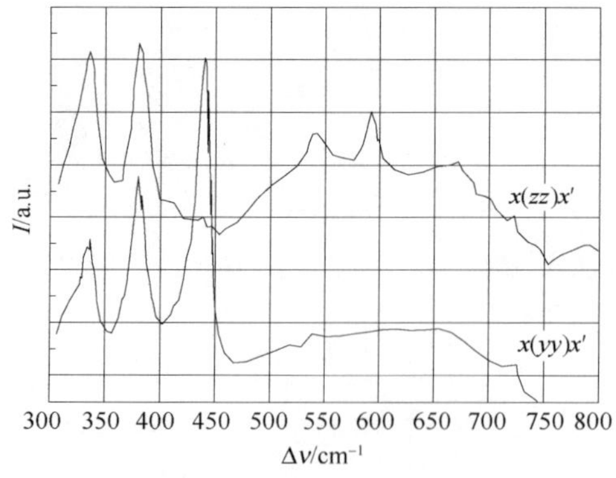

图表 323 ZnO 的共振拉曼光谱

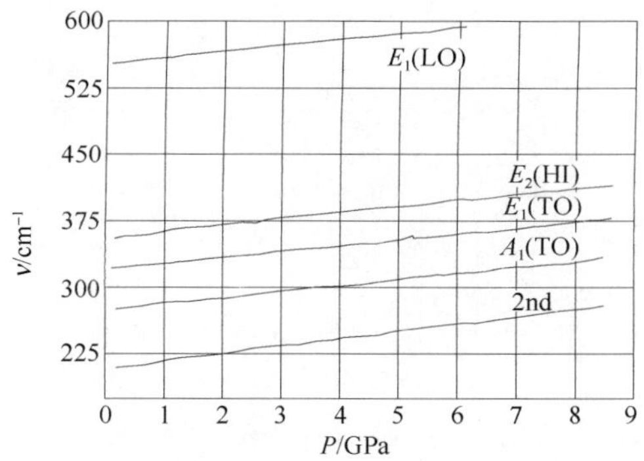

图表 324　ZnO 的声子频率随压强的变化

5. 能带结构

5.1　能带图

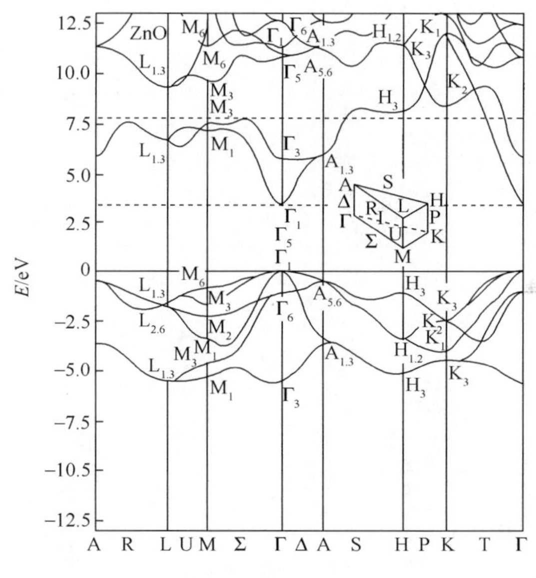

图表 325　ZnO 的能带图

5.2　状态密度

5.3　禁带宽度

E_g=3.36eV。

5.4　电子亲和势

5.5　杂质与缺陷

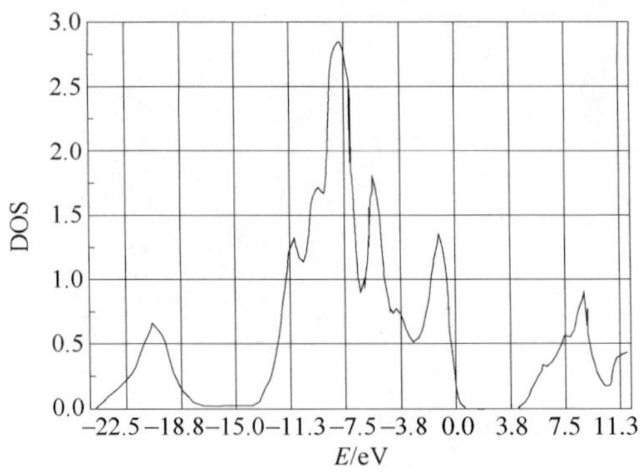

图表 326　ZnO 的状态密度随电场强度的变化

图表 327　ZnO 中的杂质（单位：eV）

杂质	替位施主能级 E_i	替位受主形成能 ΔE
Li	0.09	0.21
Na	0.17	1.04
K	0.32	1.38
N	0.40	0.13
P	0.93	−0.46
As	1.15	−0.18
Zn_i	0.03～0.05	
H	0.03	

5.6　电子有效质量

5.7　空穴有效质量

5.8　激子束缚能

E_{ex}=0.062eV。

6. 光学特性

6.1　介电常数

图表 328　ZnO 的介电常数

	方向	折射率		
静态	$E\perp c$	7.77	7.61	7.65
	$E/\!/c$	8.91	8.50	8.57
高频	$E\perp c$	3.70	3.68	3.70
	$E/\!/c$	3.78	3.72	3.75

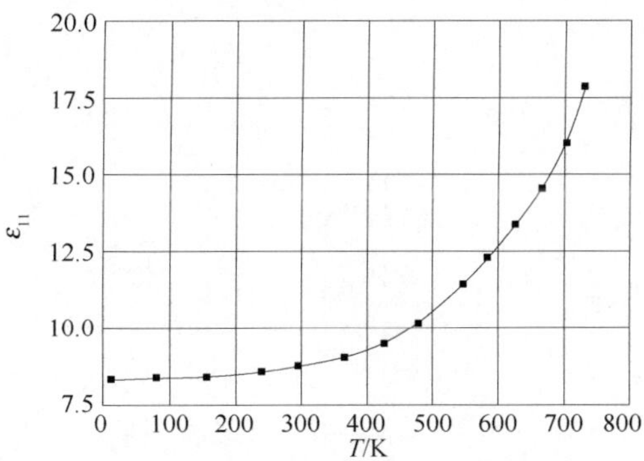

图表 329　ZnO 的静态介电常数 ε_{11} 随温度的变化

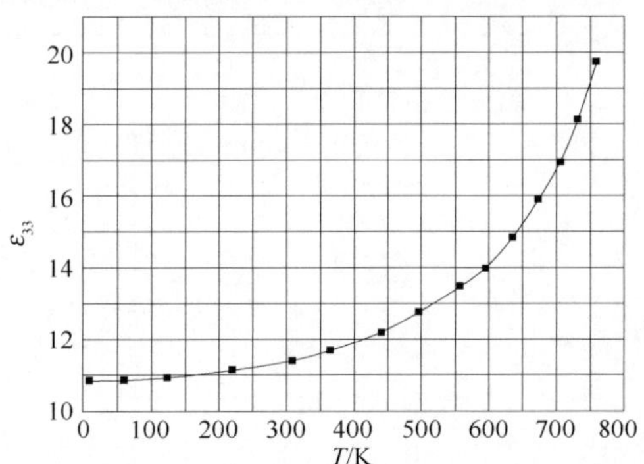

图表 330　ZnO 的静态介电常数 ε_{33} 随温度的变化

6.2　吸收光谱

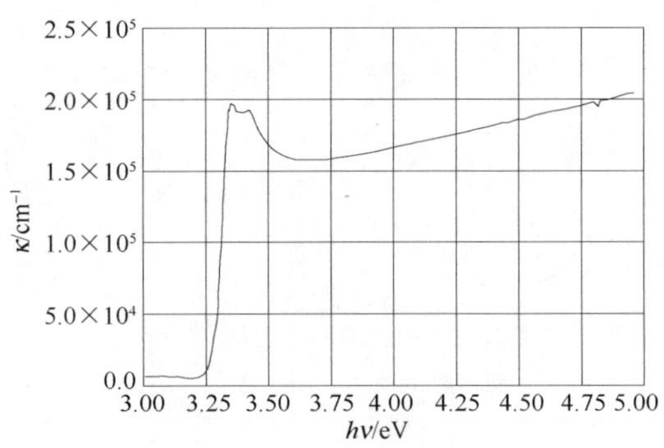

图表 331　ZnO 薄膜的吸收光谱

6.3　透射光谱

6.4　反射光谱

6.5 折射率和消光系数

n=2.008～2.029。

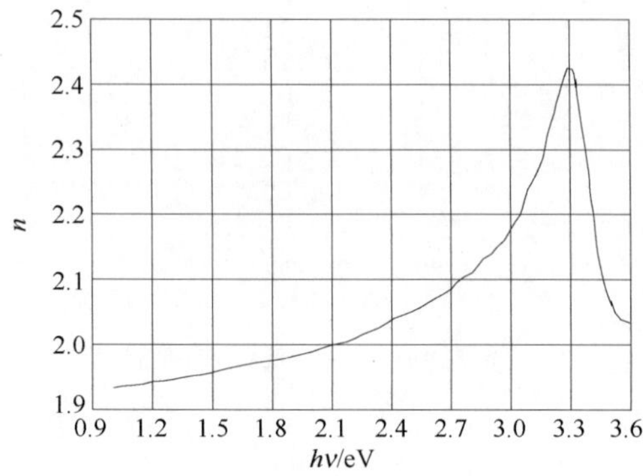

图表 332 ZnO 的折射率随光子能量的变化

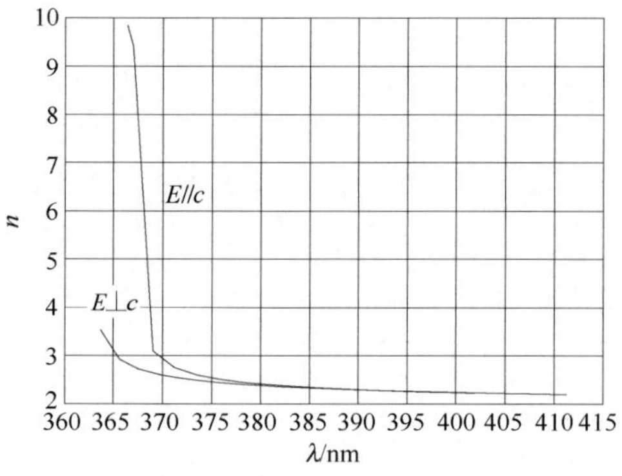

图表 333 ZnO 的折射率随波长的变化-Ⅰ

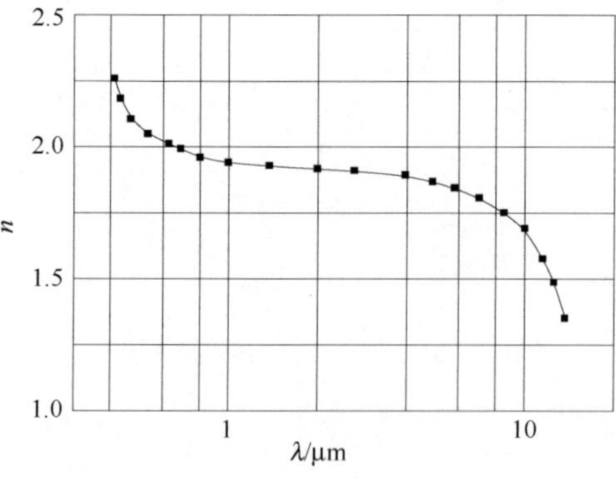

图表 334 ZnO 的折射率随波长的变化-Ⅱ

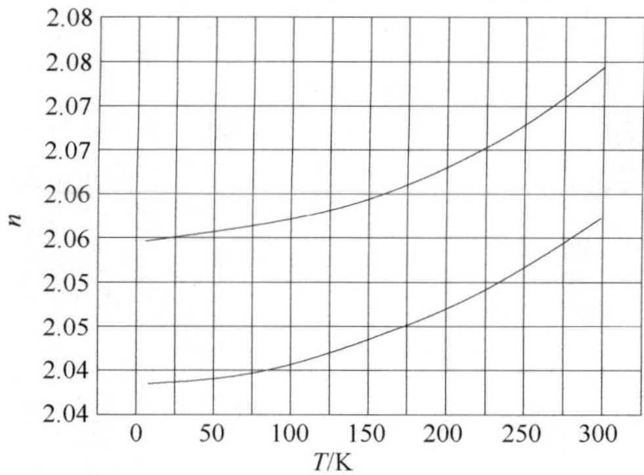

图表 335　ZnO 的折射率随温度的变化

(λ=500nm)

7. 载流子的输运特性

7.1　电子迁移率

$\mu_n = 120 \sim 400 \text{cm}^2/(\text{V} \cdot \text{s})$。

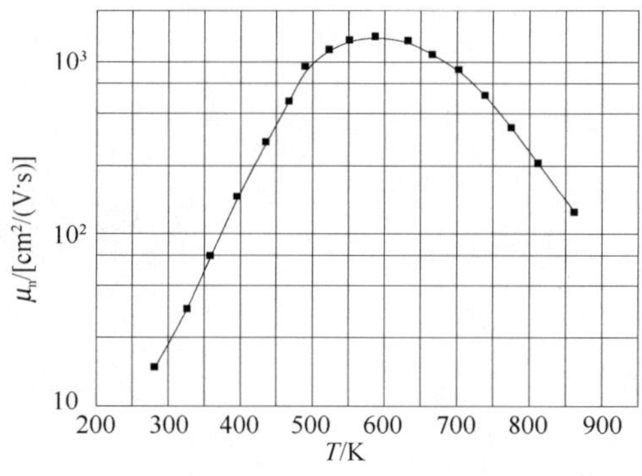

图表 336　ZnO 的电子迁移率随温度的变化-Ⅰ

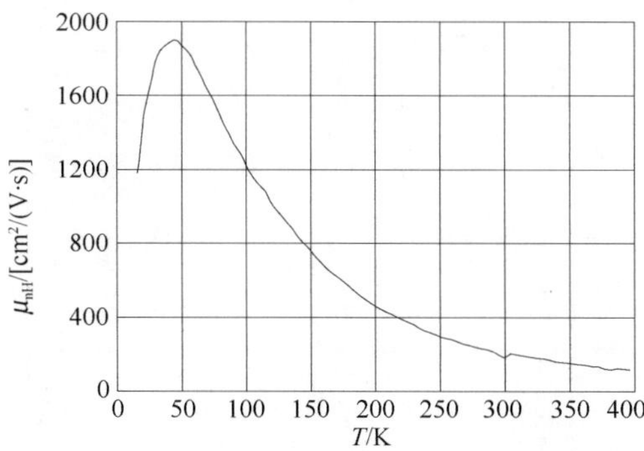

图表 337　ZnO 的电子迁移率随温度的变化-Ⅱ

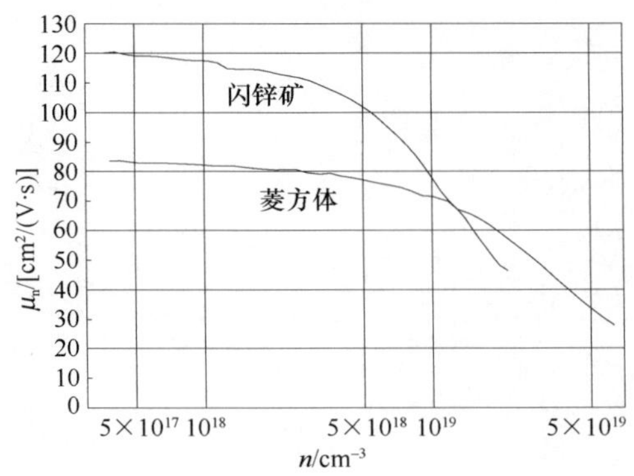

图表 338　ZnO 的电子迁移率随载流子浓度的变化

7.2　电子漂移速率

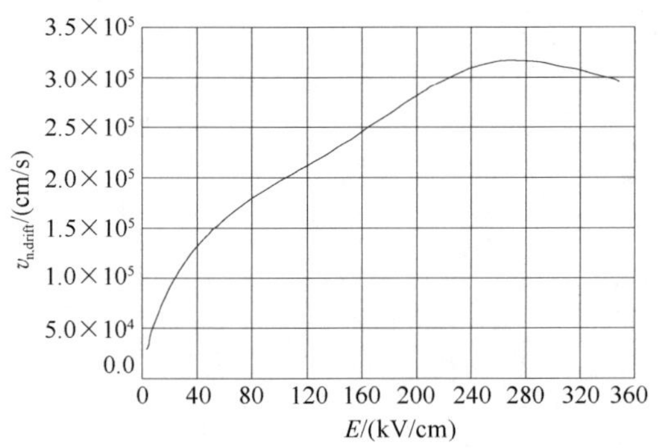

图表 339　ZnO 的电子漂移速率随电场强度的变化

7.3　空穴迁移率

7.4　空穴漂移速率

7.5　本征载流子浓度

原生载流子浓度：$1\times10^{16}\sim5.05\times10^{17}\,\mathrm{cm}^{-3}$（与制备方法有关）。

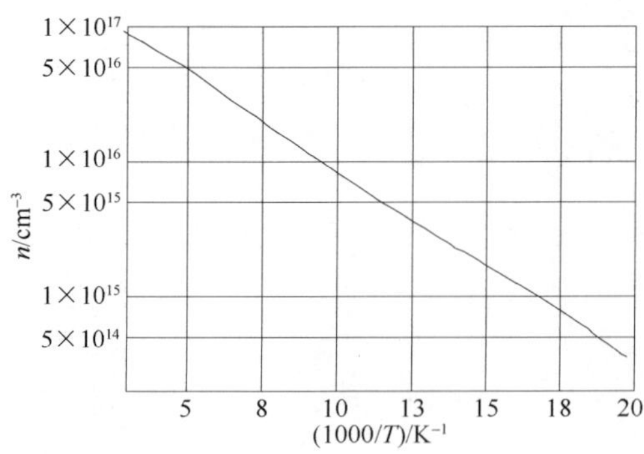

图表 340　ZnO 的载流子浓度随温度的变化

7.6　本征电导率

7.7　压阻特性

7.8　击穿场强

$E_{BR}=3.5MV/cm$。

8. 压电性能

图表 341　纤锌矿 ZnO 的压电常数（单位：C/m^2）

压电常数	文献 1	文献 2
e_{31}	−0.62	−0.51
e_{33}	0.96	1.22
e_{15}	−0.37	−0.45

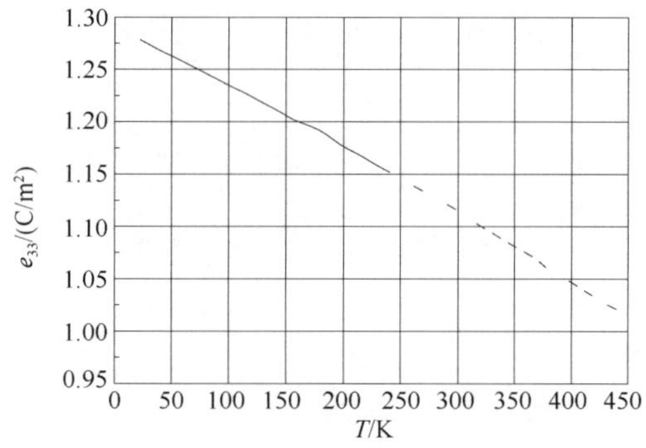

图表 342　ZnO 的压电常数 e_{33} 随温度的变化

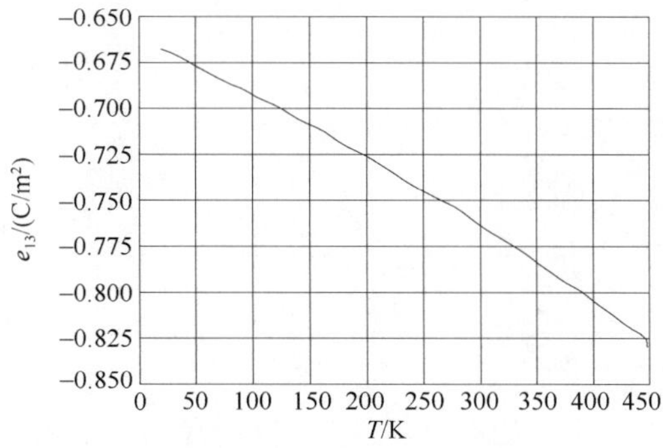

图表 343　ZnO 的压电常数 e_{13} 随温度的变化

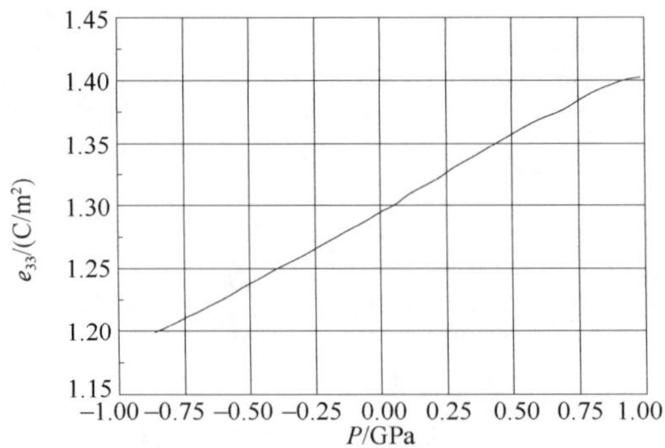

图表 344　ZnO 的压电常数 e_{33} 随压强的变化

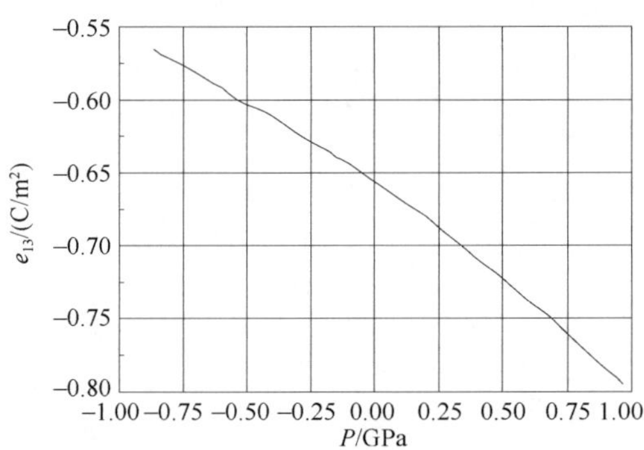

图表 345　ZnO 的压电常数 e_{13} 随压强的变化

9. 磁学性能

9.1　霍尔系数

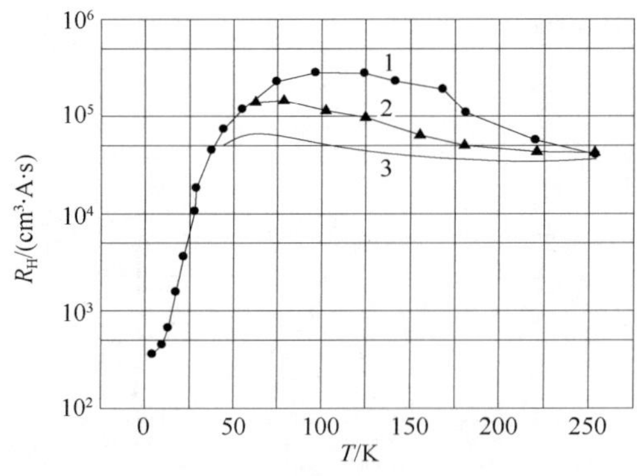

图表 346　非故意掺杂 ZnO 样品的霍尔系数随温度的变化

1. I 垂直 c，B 垂直 c；2. I 垂直 c，B 平行 c；3. I 平行 c，B 垂直 c

第 11 章　硫化锌(ZnS)

1. 结构特性

1.1　晶体结构

闪锌矿。

纤锌矿。

1.2　空间群

闪锌矿：F43M(T_d^2)。

纤锌矿：P63mc(C_{6v}^4)。

1.3　晶格常数

闪锌矿：a=5.41Å。

纤锌矿：a=3.811Å，c=6.234Å。

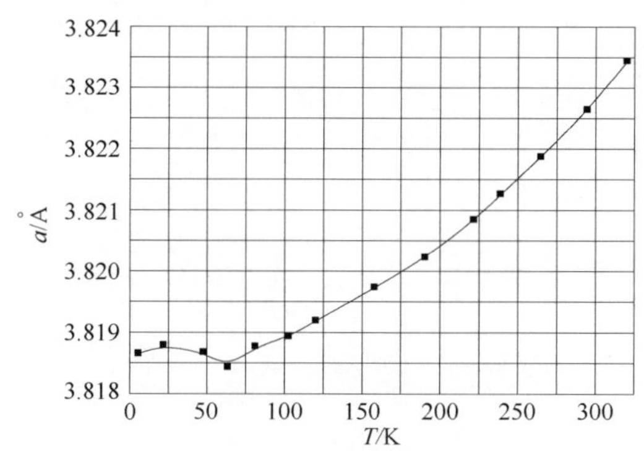

图表 347　ZnS 的晶格常数 a 随温度的变化

1.4　解理面和解理能

解理面：$(000\bar{1})$。

解理能：0.96J/m^2。

1.5　结构相变

闪锌矿转变为纤锌矿温度：1020℃。

闪锌矿转纤锌矿的转变压强：10.7～11.4GPa。

纤锌矿转闪锌矿的转变压强：14.7～17.4GPa。

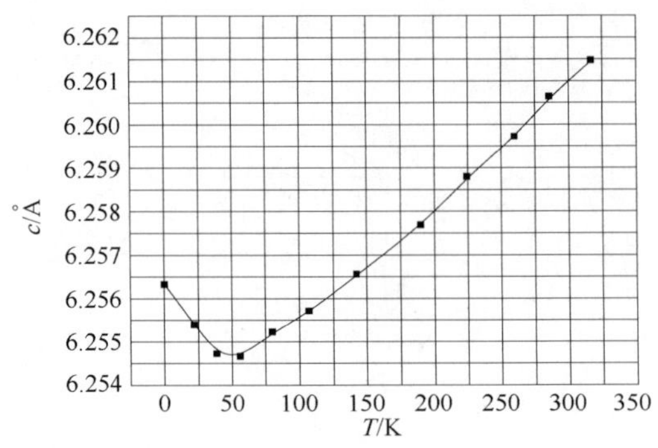

图表 348　ZnS 的晶格常数 c 随温度的变化

1.6　相图

1.7　密度

闪锌矿：d=4.11g/cm^3。

纤锌矿：d=3.98g/cm^3。

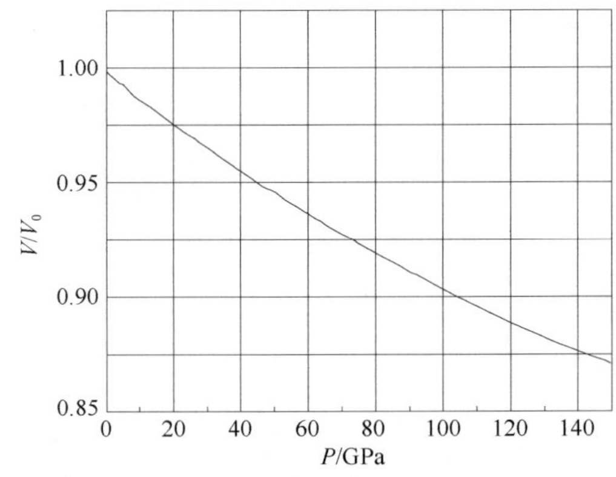

图表 349　ZnS 的体积随压强的变化

2. 热学性能

2.1　熔点

纤锌矿：1850℃(150atm)。

2.2　定容比热容

2.3　定压比热容

C_p=0.486J/(g·℃)。

2.4　德拜温度

Θ_D=440K。

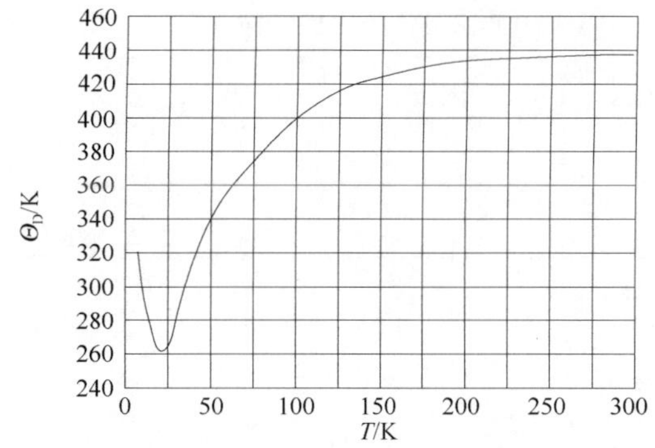

图表 350　立方硫化锌的德拜温度随温度的变化

2.5　热膨胀系数

$\alpha=6.71\times10^{-6}\mathrm{K}^{-1}$。

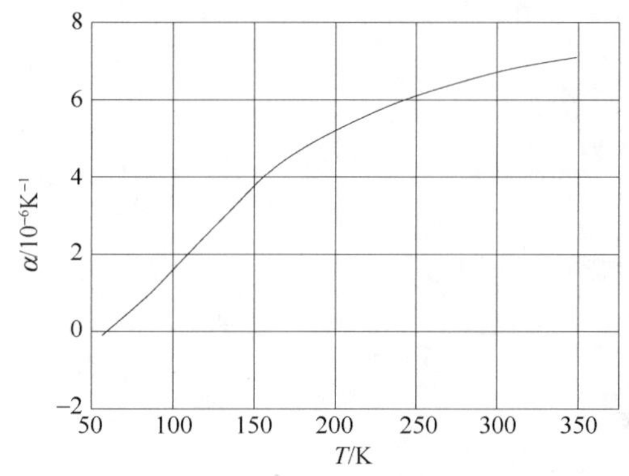

图表 351　立方硫化锌的热膨胀系数随温度的变化

2.6　热导率

$\chi=25.1\mathrm{W/(m\cdot K)}$。

2.7　热扩散系数

$D=0.27$。

3. 力学性能

3.1　弹性常数

图表 352　ZnS 晶体的弹性常数（单位：$10^{11}\,\mathrm{dyn/cm^2}$）

晶型	C_{11}	C_{12}	C_{44}
闪锌矿	10.2	6.46	4.46
纤锌矿	12.2	5.8	4.2

图表 353　闪锌矿 ZnS 晶体的弹性常数（单位：10^{12} dyn/cm^2）

(100)		(110)		(111)
[001]	[011]	[001]	[011]	
0.513	0.866	0.513	1.12	0.864

3.2　杨氏模量

$Y=7.45\times10^{10}$ Pa。

纤锌矿：

垂直方向：$Y=0.9\times10^{12}$ dyn/cm^2。

平行方向：$Y=7.45\times10^{10}$ dyn/cm^2。

3.3　体模量

$B_u=7.71\times10^{11}$ dyn/cm^2。

3.4　切变模量

$C_s=1.87\times10^{11}$ dyn/cm^2。

3.5　显微硬度

维氏硬度：1.47×10^7 Pa。

4. 晶格动力学性质

4.1　声子色散关系

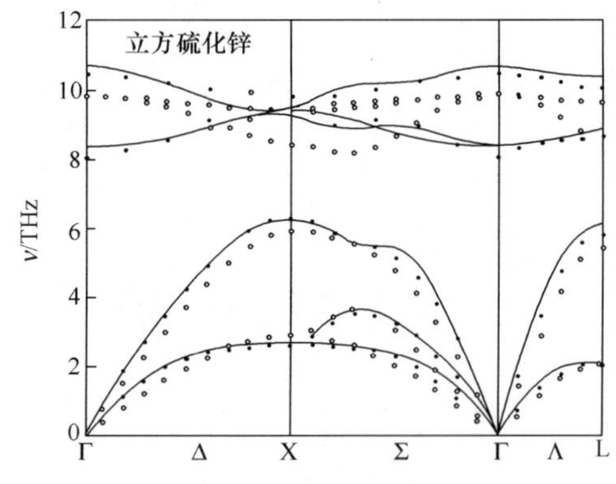

图表 354　ZnS 的声子色散关系

4.2　声子态密度

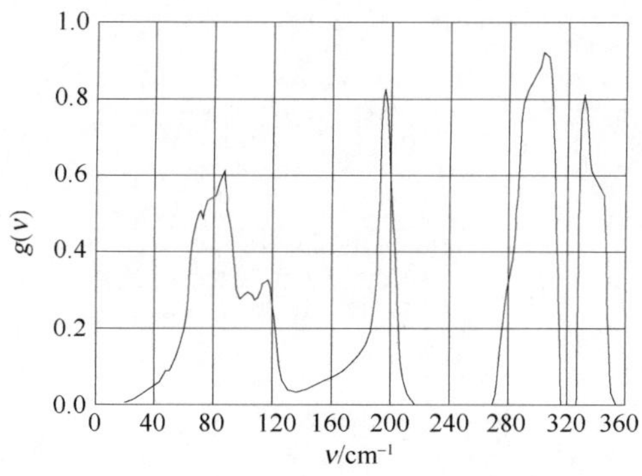

图表 355　ZnS 的声子态密度

4.3　声子频率

图表 356　闪锌矿结构 ZnS 的振动模式

LO			TO		
THz	meV	cm^{-1}	THz	meV	cm^{-1}
10.51	43.46	350.5	8.154	33.73	272.0

图表 357　纤锌矿结构 ZnS 的声子频率（单位：cm^{-1}）

LO			TO		
E_2(low)	A_1(TO)	E_1(TO)	E_2(high)	A_1(LO)	E_1(LO)
65	270	273	281	650	350

4.4　红外光谱

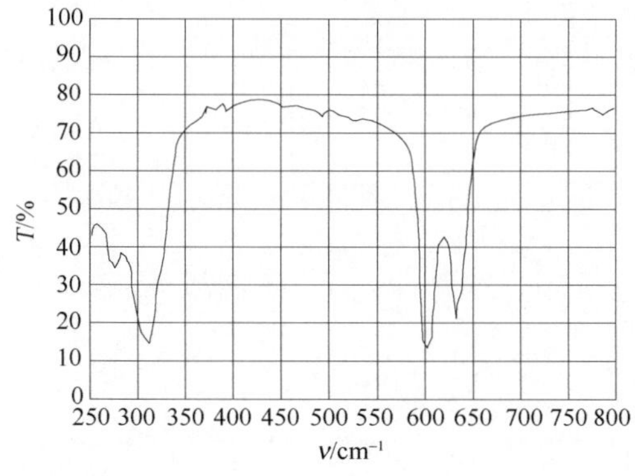

图表 358　立方 ZnS 的红外透射光谱

4.5　拉曼光谱

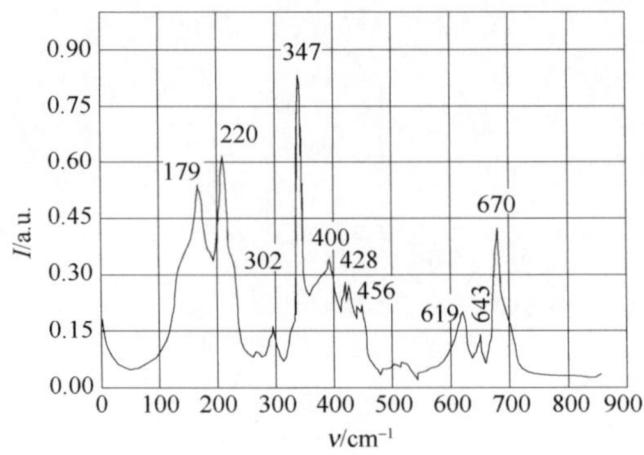

图表 359　立方 ZnS 在 $Z(YY)X$ 方向的直角拉曼光谱

4.6　声速

图表 360　β-ZnS 晶体中的声速（单位：10^3 m/s）

[100]		[110]			[111]	
LA	TA1，TA2	LA	TA1	TA2	LA	TA1，TA2
5.00	3.30	5.59	2.14	3.30	5.78	2.59

4.7　Grüneisen 参数

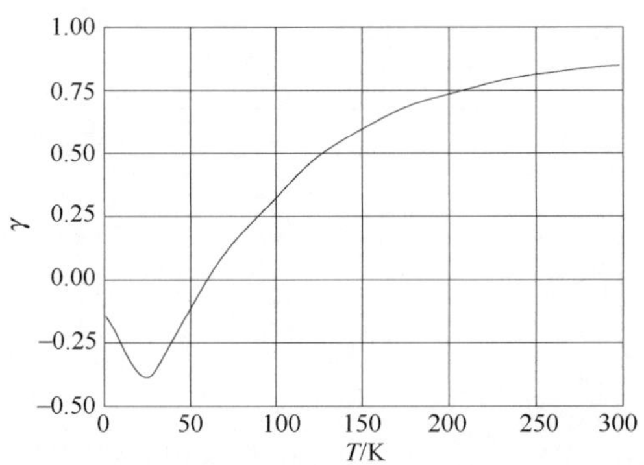

图表 361　ZnS 的 Grüneisen 参数随温度的变化

5. 能带结构

5.1　能带图

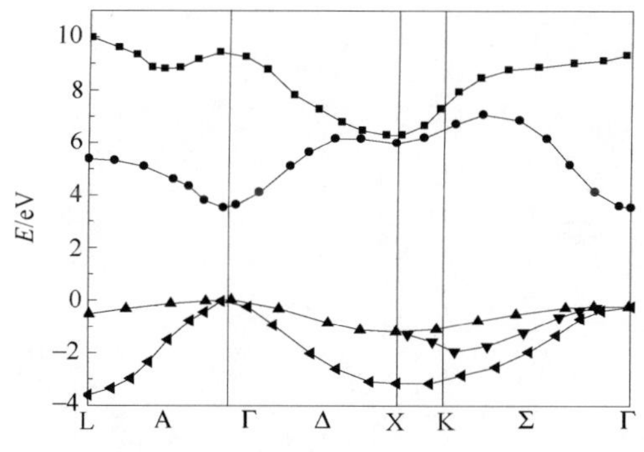

图表 362　闪锌矿 ZnS 的能带图

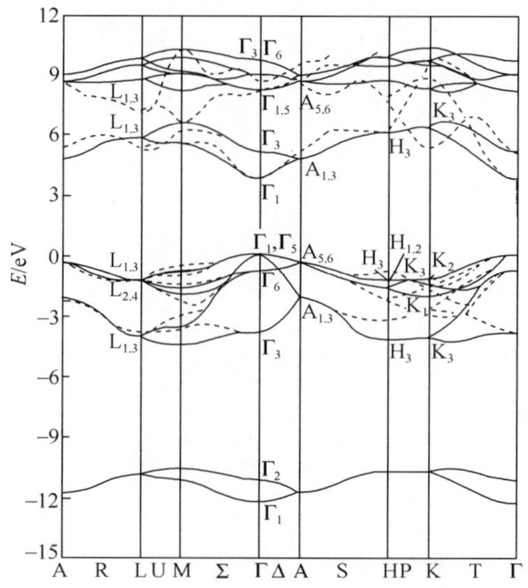

图表 363　纤锌矿 ZnS 的能带图

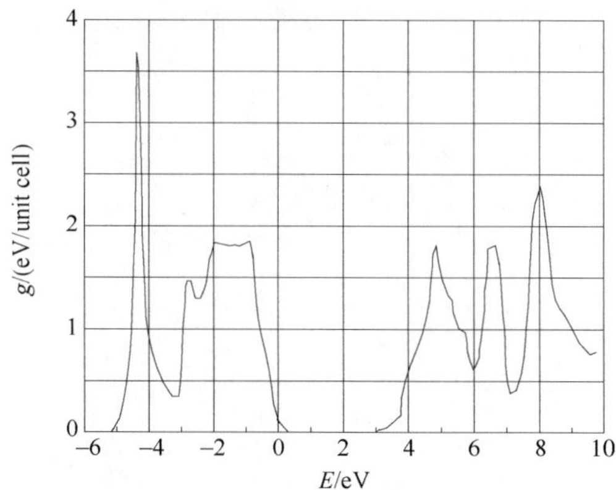

图表 364　闪锌矿 ZnS 的状态密度

5.2 状态密度

5.3 禁带宽度

闪锌矿：E_g=3.68eV。

纤锌矿：E_g=3.911eV。

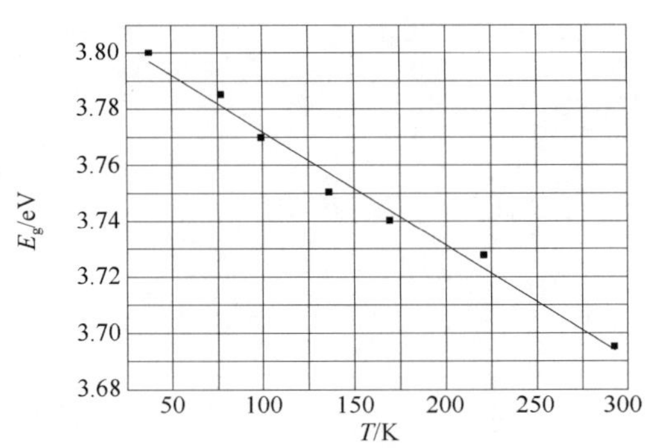

图表 365 闪锌矿 ZnS 的禁带宽度随温度的变化

5.4 电子亲和势

χ=3.8eV。

5.5 杂质与缺陷

5.6 电子有效质量

m_n=0.34。

5.7 空穴有效质量

m_p=1.76。

5.8 激子束缚能

E_{ex}=49meV。

6. 光学特性

6.1 介电常数

低频：

闪锌矿：8.9。

纤锌矿：9.6。

6.2 吸收光谱

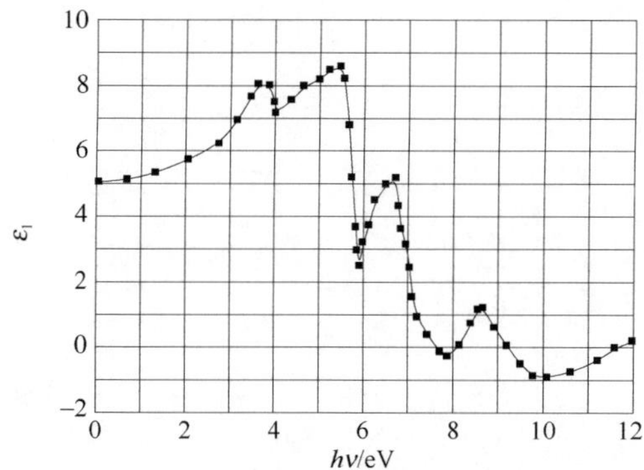

图表 366　闪锌矿 ZnS 的介电常数 ε_1 随光子能量的变化

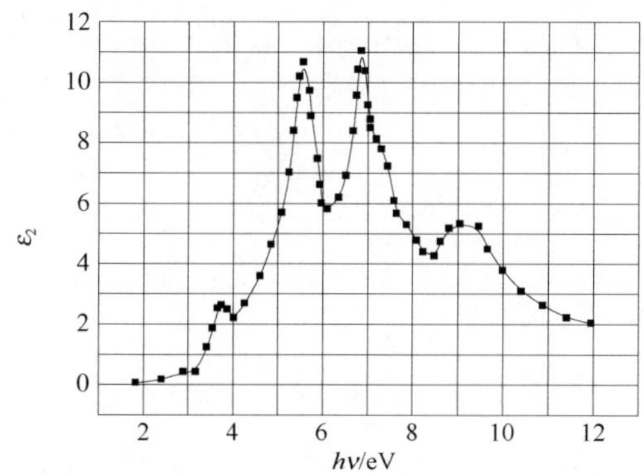

图表 367　闪锌矿 ZnS 的介电常数 ε_2 随光子能量的变化

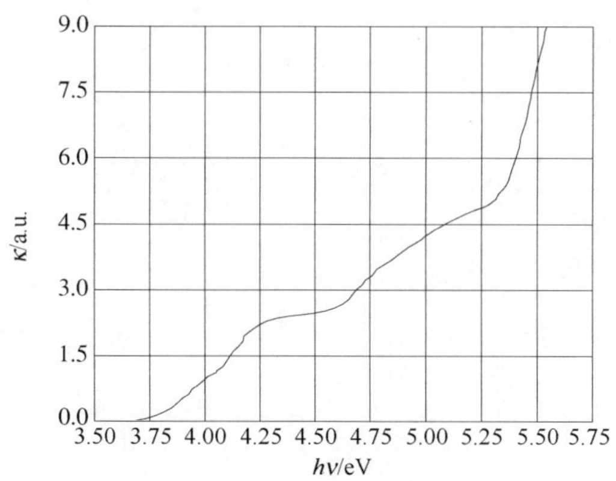

图表 368　纤锌矿 ZnS 的吸收光谱

6.3　透射光谱

6.4　反射光谱

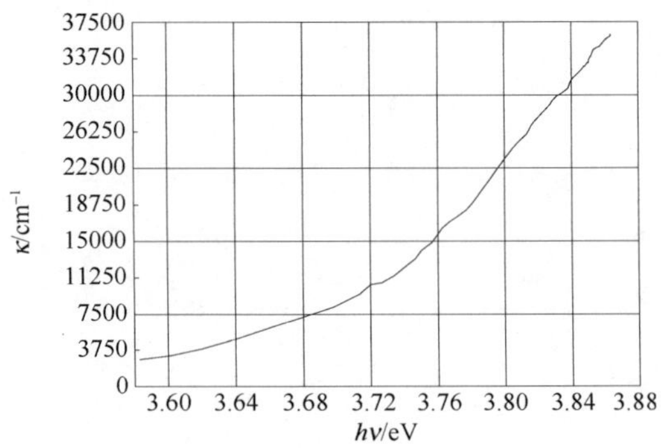

图表 369　ZnS 的吸收系数随光子能量的变化

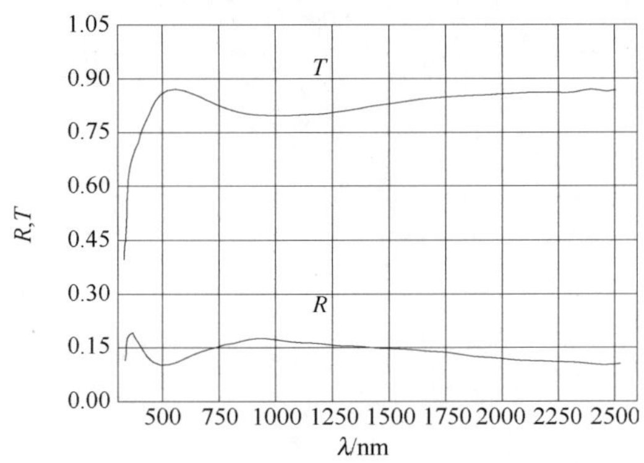

图表 370　ZnS 的透过率和反射率随波长的变化

6.5　折射率和消光系数

闪锌矿：n=2.368。

纤锌矿：n=2.356，2.378。

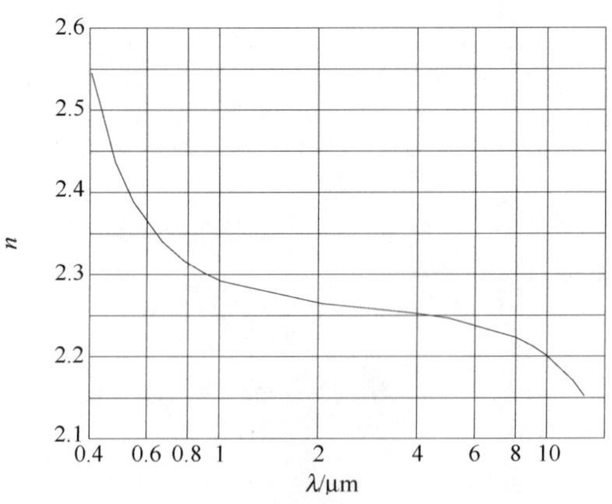

图表 371　ZnS 的折射率随波长的变化

7. 载流子的输运特性

7.1　电子迁移率

$\mu_n = 165 \mathrm{cm}^2/(\mathrm{V \cdot s})$。

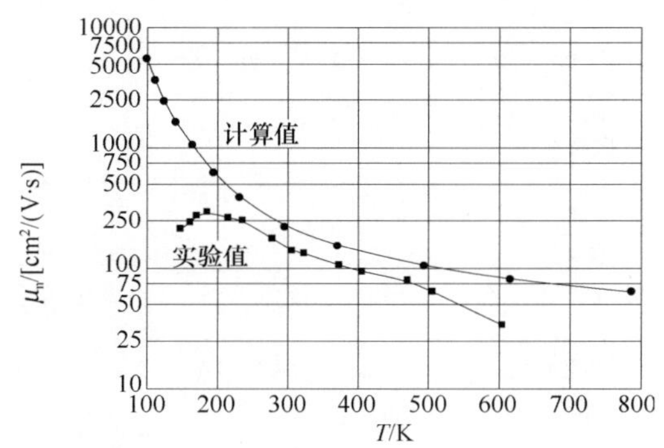

图表 372　闪锌矿 ZnS 的电子霍尔迁移率随温度的变化

7.2　电子漂移速率

7.3　空穴迁移率

$\mu_p = 5 \mathrm{cm}^2/(\mathrm{V \cdot s})$。

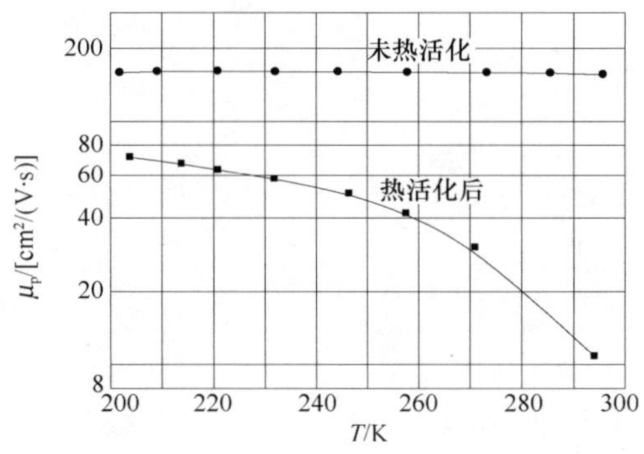

图表 373　闪锌矿 ZnS 的空穴迁移率随温度的变化

7.4　空穴漂移速率

7.5　本征载流子浓度

7.6　本征电导率

7.7　压阻特性

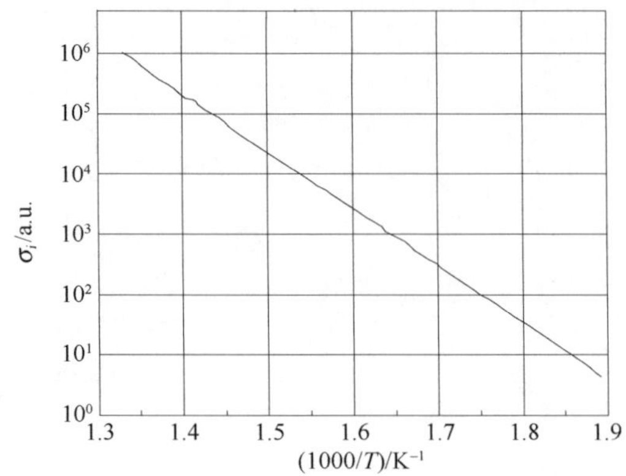

图表 374　纤锌矿 ZnS 的本征电导率随温度的变化

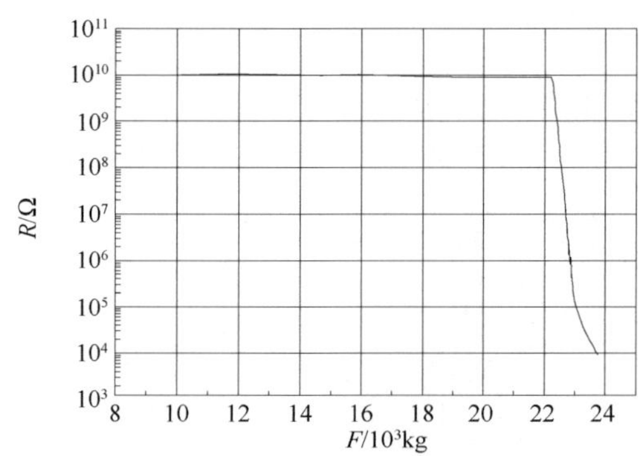

图表 375　ZnS 的压阻特性

7.8　击穿场强

α-ZnS：E_{BR}=4.3MV/cm。

β-ZnS：E_{BR}=4.4MV/cm。

8. 压电性能

闪锌矿结构：e_{14}=0.147C/m^2。

图表 376　纤锌矿 ZnS 的压电常数（单位：C/m^2）

e_{15}	e_{31}	e_{33}
−0.118	−0.238	0.265

第 12 章　氮化镓(GaN)

1. 结构特性

1.1　晶体结构

纤锌矿，闪锌矿。

1.2　空间群

纤锌矿：P63mc(C_{6v}^4)。

闪锌矿：F43m(T_d^2)。

1.3　晶格常数

闪锌矿：a=4.52Å。

纤锌矿：a=3.160～3.190Å，c=5.125～5.190Å。

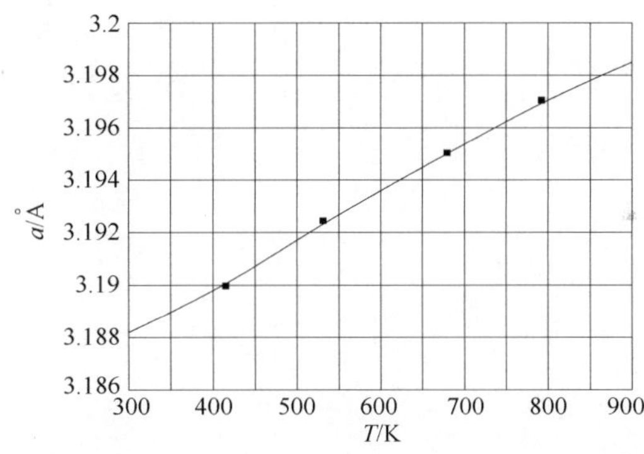

图表 377　GaN 的晶格常数 a 随温度的变化

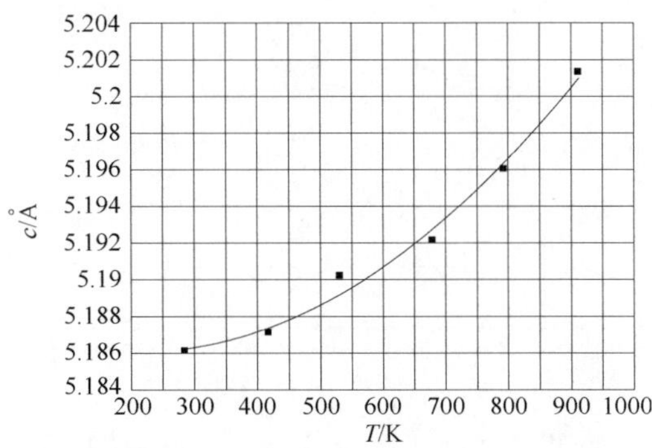

图表 378　GaN 的晶格常数 c 随温度的变化

1.4　解理面和解理能

1.5　结构相变

一级相变转变压强：37～53.6GPa。

1.6　相图

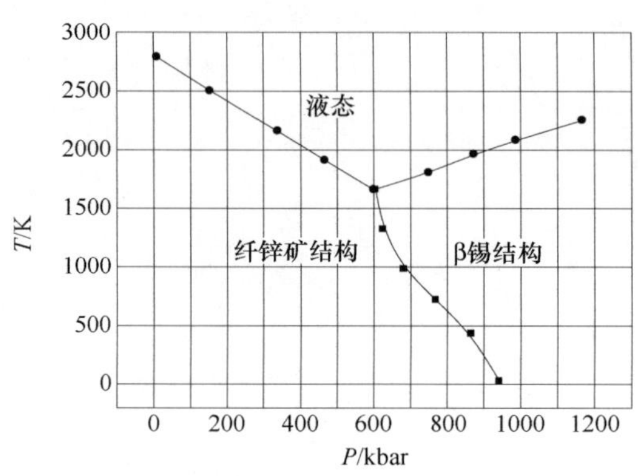

图表 379　GaN 的 P-T 相图

1.7　密度

d=6.15g/cm^3。

2. 热学性能

2.1　熔点

T_m=2500K。

2.2　定容比热容

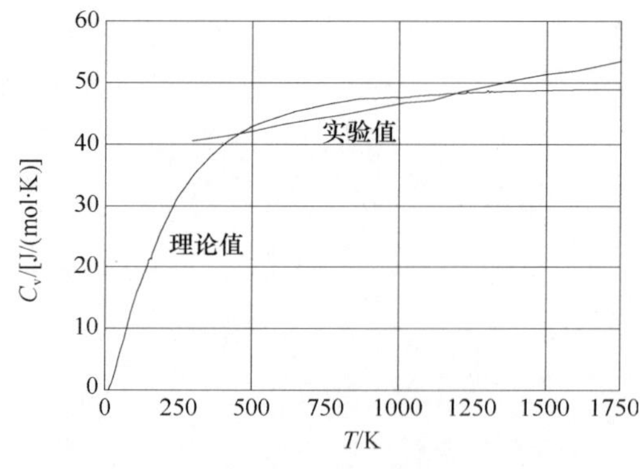

图表 380　GaN 的定容比热容随温度的变化

2.3　定压比热容

$C_p=0.49J/(g·℃)$。

2.4　德拜温度

$\Theta_D=600K$。

2.5　热膨胀系数

$a=5.59\times10^{-6}K^{-1}$。

$c=3.17\times10^{-6}K^{-1}$。

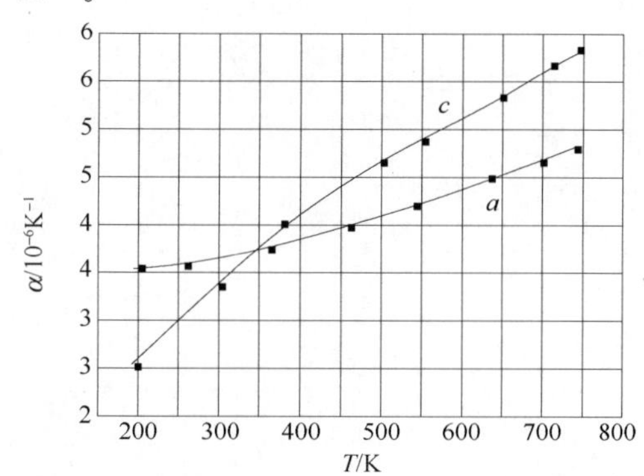

图表 381　纤锌矿 GaN 的热膨胀系数随温度的变化

2.6　热导率

$\chi=1.3W/(cm·K)$。

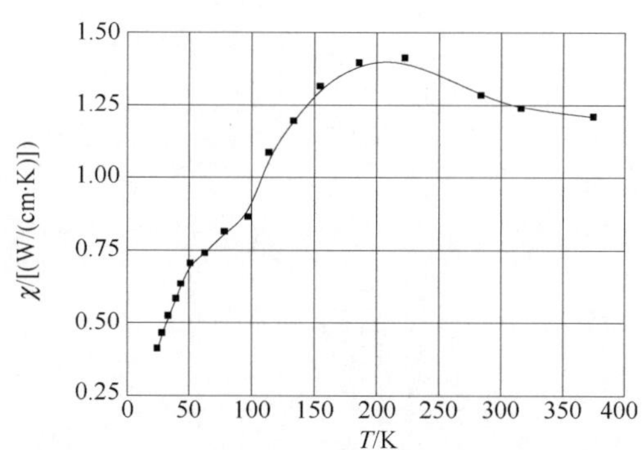

图表 382　纤锌矿 GaN 的热导率随温度的变化

2.7　热扩散系数

$D=0.43cm^2/s$。

3. 力学性能

3.1　弹性常数

图表 383　GaN 的弹性常数（单位：GPa）

	纤锌矿	闪锌矿
C_{11}	390±15	293
C_{12}	145±20	159
C_{13}	106±20	
C_{33}	398±20	
C_{44}	105±10	155

3.2　杨氏模量

闪锌矿：Y=181GPa。

3.3　体模量

闪锌矿：B_u=204GPa。

纤锌矿：B_u=210GPa。

3.4　切变模量

闪锌矿：C_s=67GPa。

3.5　显微硬度

努氏硬度：H=10.2GPa。

4. 晶格动力学性质

4.1　声子色散关系

4.2　声子态密度

4.3　声子频率

纤锌矿：$h\nu$=91.2meV。

闪锌矿：$h\nu$=87.3meV。

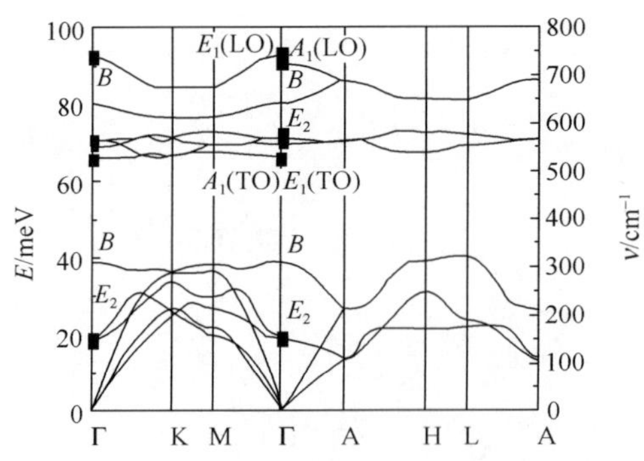

图表 384　纤锌矿 GaN 的声子色散关系

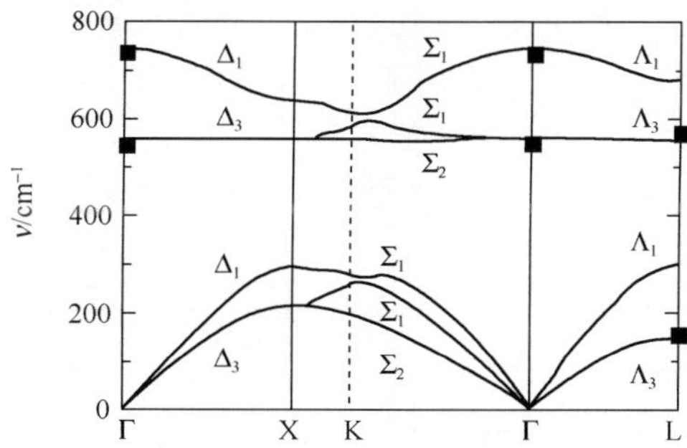

图表 385　闪锌矿 GaN 的声子色散关系

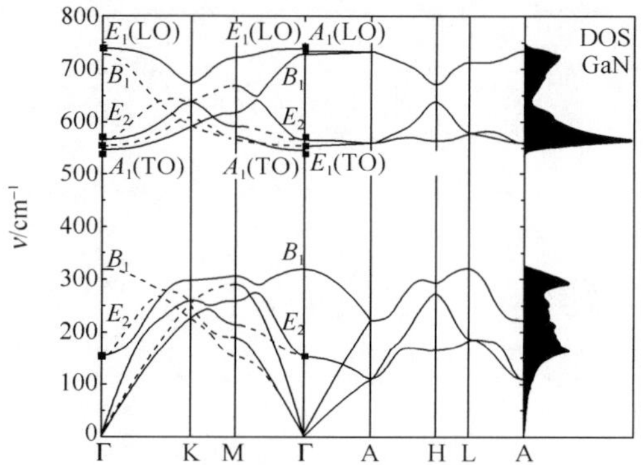

图表 386　理论计算的 GaN 的声子色散关系和声子态密度

图表 387　纤锌矿 GaN 的声子波数-Ⅰ

振动模式	波数/cm^{-1}
ν_{A1}(TO ‖)	533
ν_{E1}(TO⊥)	559
ν_{E1}(LO⊥)	746
ν_{A1}(LO)	744

图表 388　纤锌矿 GaN 的声子波数-Ⅱ

振动模式	波数/cm^{-1}
A_1(LO)	710～735
A_1(TO)	533～534
E_1(LO)	741～742
E_1(TO)	556～559
E_2(low)	143～146
E_2(high)	560～579

图表 389　闪锌矿 GaN 的声子波数

振动模式	波数/cm^{-1}	振动模式	波数/cm^{-1}
LO(Γ)	748	TA(X)	207
TO(Γ)	562	LO(L)	675
LO(X)	639	TO(L)	554
TO(X)	558	LA(L)	296
LA(X)	286	TA(L)	144

4.4　红外光谱

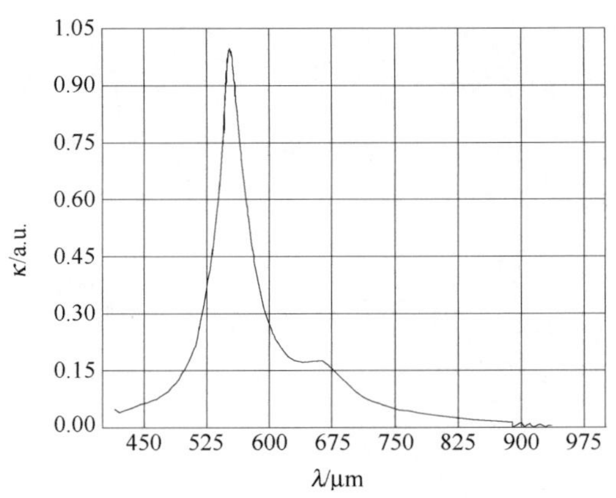

图表 390　GaN 的红外吸收光谱

4.5　拉曼光谱

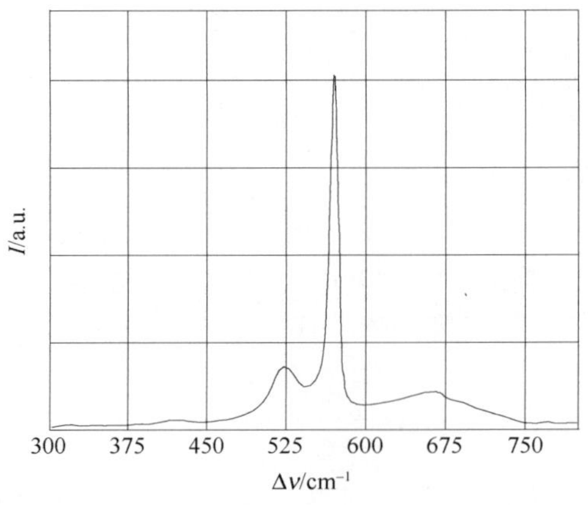

图表 391　GaN 的拉曼光谱

4.6　声速

图表 392　闪锌矿 GaN 的声速（单位：10^3m/s）

[100]	v_L	$(C_{11}/\rho)^{1/2}$	6.9
	v_T	$(C_{44}/\rho)^{1/2}$	5.02
[110]	v_l	$((C_{11}+C_{12}+2C_{44})/2\rho)^{1/2}$	7.87
	$v_{t\parallel}$	$(C_{44}/\rho)^{1/2}$	5.02
	$v_{t\perp}$	$((C_{11}-C_{12})/2\rho)^{1/2}$	3.3
[111]	v_l'	$((C_{11}+2C_{12}+4C_{44})/3\rho)^{1/2}$	8.17
	v_t'	$((C_{11}-C_{12}+C_{44})/3\rho)^{1/2}$	3.96

图表 393　纤锌矿 GaN 的声速（单位：10^3m/s）

[100]	v_{Ll}	$(C_{11}/\rho)^{1/2}$	7.96
	$v_{Tt,[001]}$	$(C_{44}/\rho)^{1/2}$	4.13
	$v_{Tt,[010]}$	$((C_{11}-C_{12})/2\rho)^{1/2}$	6.31
[001]	v_{Ll}	$(C_{33}/\rho)^{1/2}$	8.04
	v_{Tt}	$(C_{44}/\rho)^{1/2}$	4.13

5. 能带结构

5.1　能带图

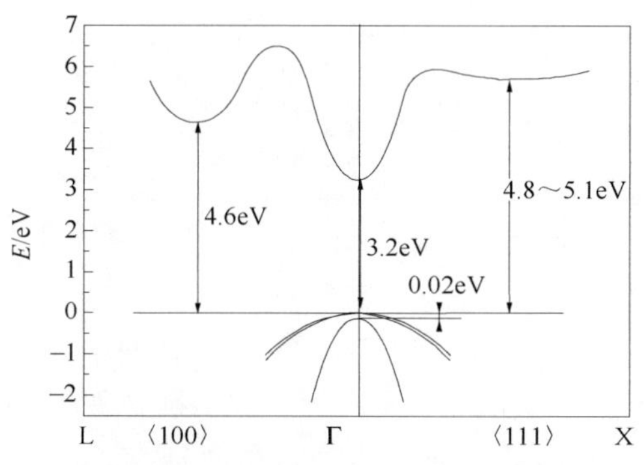

图表 394　闪锌矿 GaN 的能带图

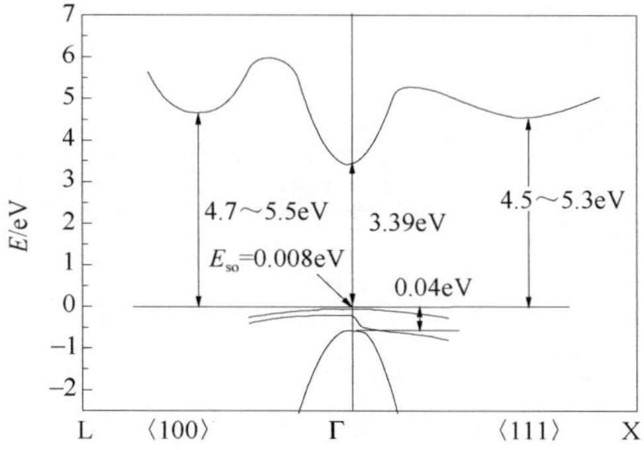

图表 395　纤锌矿 GaN 的能带图

5.2　状态密度

图表 396　GaN 的状态密度（单位：cm^{-3}）

状态密度	N_C	N_V
闪锌矿	1.2×10^{18}	4.1×10^{19}
纤锌矿	2.3×10^{18}	4.6×10^{19}

5.3　禁带宽度

图表 397　GaN 的禁带宽度（单位：eV）

禁带宽度	E_g	E_{so}
闪锌矿	3.2	0.02
纤锌矿	3.39	0.008

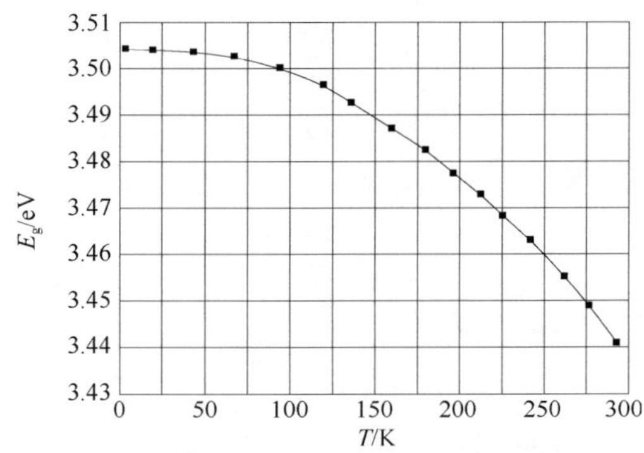

图表 398　纤锌矿 GaN 的禁带宽度随温度的变化

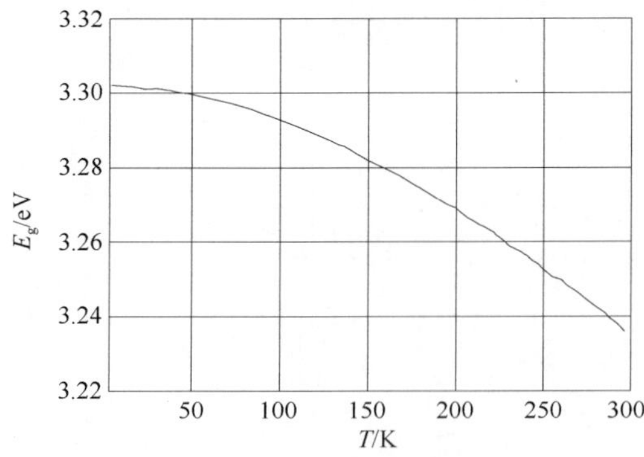

图表 399　闪锌矿 GaN 的禁带宽度随温度的变化

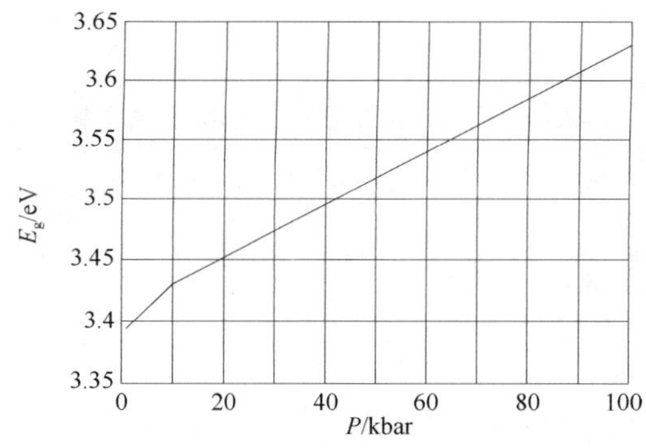

图表 400　纤锌矿 GaN 的禁带宽度随压强的变化

($E_g=E_g(0)+4.2\times10^{-3}P-1.8\times10^{-5}P^2$，$P$ 的单位为 kbar)

5.4　电子亲和势

$\chi=4.1$eV。

5.5　杂质与缺陷

图表 401　GaN 中常见的浅施主和浅受主（单位：eV）

	Si_{Ga}	Si_N	C_{Ga}	V_N	Mg_{Ga}	Zn_{Ga}	V_{Ga}
施主	0.12～0.02		0.11～0.14	0.03，0.1			
受主		0.19			0.14～0.21	0.21～0.34	0.14

5.6　电子有效质量

图表 402　GaN 的电子有效质量

晶形	m_n	m_{nl}	m_{nt}
纤锌矿	0.2	0.2	0.2
闪锌矿	0.13		

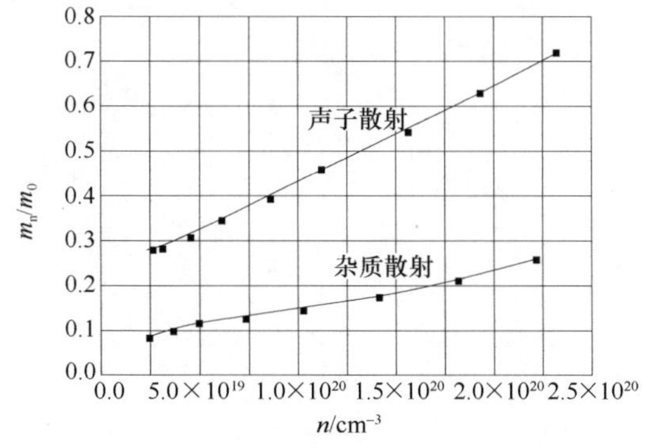

图表 403　GaN 的电子有效质量随载流子浓度的变化

5.7　空穴有效质量

图表 404　GaN 的价带状态密度有效质量

	m_v	m_{pl}	m_{ph}	m_{so}
纤锌矿	1.5	1.4	0.4	0.6
闪锌矿	1.4	1.3	0.19	0.33

5.8　激子束缚能

6. 光学特性

6.1　介电常数

图表 405　GaN 的介电常数

纤锌矿	静态	8.9	
		10.4(3)	$E \parallel c$
		9.5(3)	$E \perp c$
	高频	5.35	
		5.8(4)	$E \parallel c$
		5.35(20)	$E \perp c$
闪锌矿	静态	9.7	
	高频	5.3	

6.2　吸收光谱

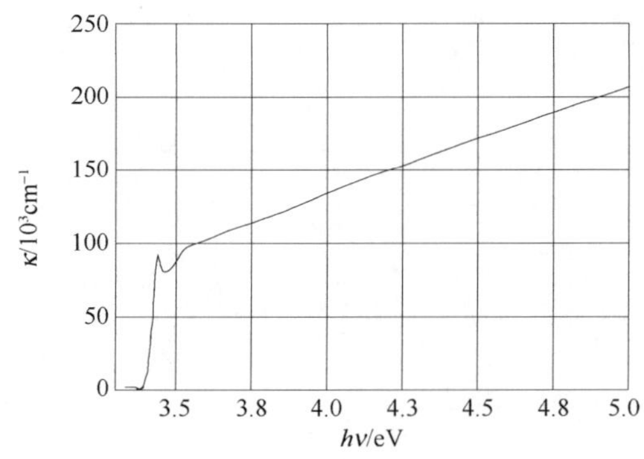

图表 406　纤锌矿 GaN 的吸收光谱

6.3　透射光谱

6.4　反射光谱

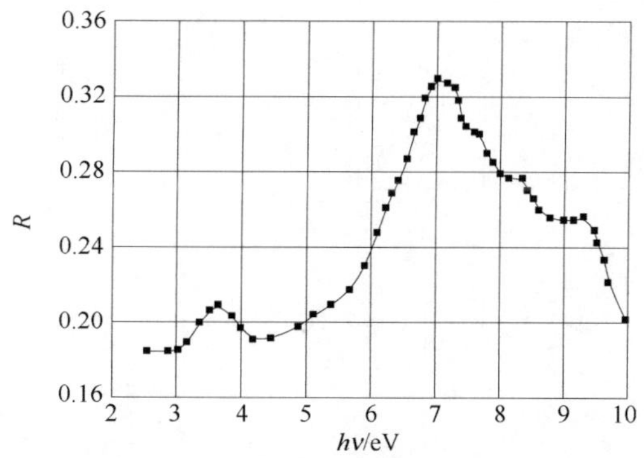

图表 407　纤锌矿 GaN 的反射率随光子能量的变化

6.5　折射率和消光系数

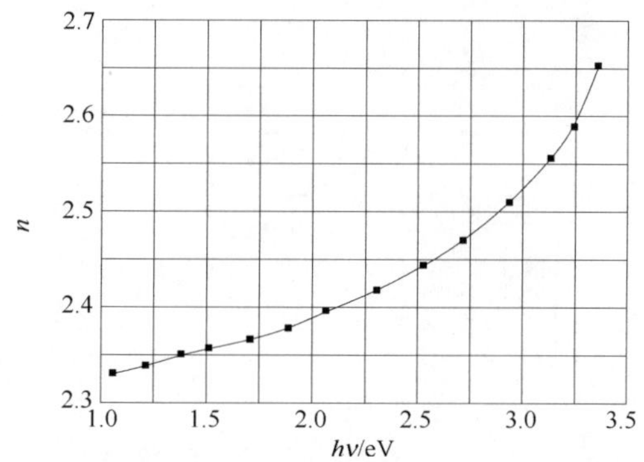

图表 408　纤锌矿 GaN 的折射率随光子能量的变化

7. 载流子的输运特性

7.1　电子迁移率

闪锌矿、纤锌矿

$\mu_n \leqslant 1000 cm^2/(V \cdot s)$。

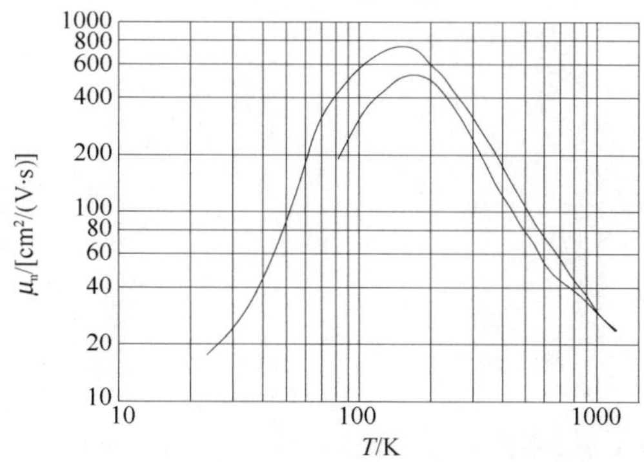

图表 409　纤锌矿 GaN 的电子迁移率随温度的变化

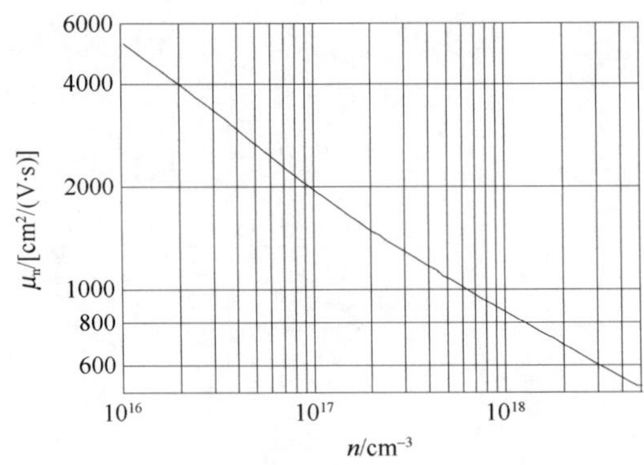

图表 410　理论计算的纤锌矿 GaN 的电子迁移率随载流子浓度的变化

7.2　电子漂移速率

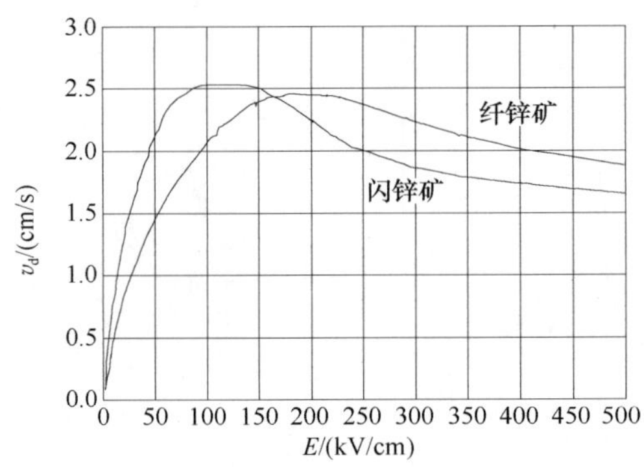

图表 411　GaN 的电子漂移速率随电场强度的变化

7.3　空穴迁移率

闪锌矿：$\mu_p \leqslant 350\mathrm{cm}^2/(\mathrm{V}\cdot\mathrm{s})$。

纤锌矿：$\mu_p \leqslant 200\mathrm{cm}^2/(\mathrm{V}\cdot\mathrm{s})$。

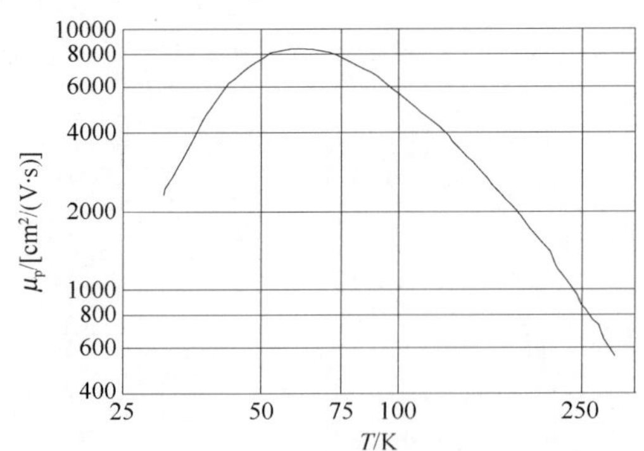

图表 412　纤锌矿 GaN 的空穴迁移率随温度的变化-I

($1.5\times10^{18}\mathrm{cm}^{-3}$)

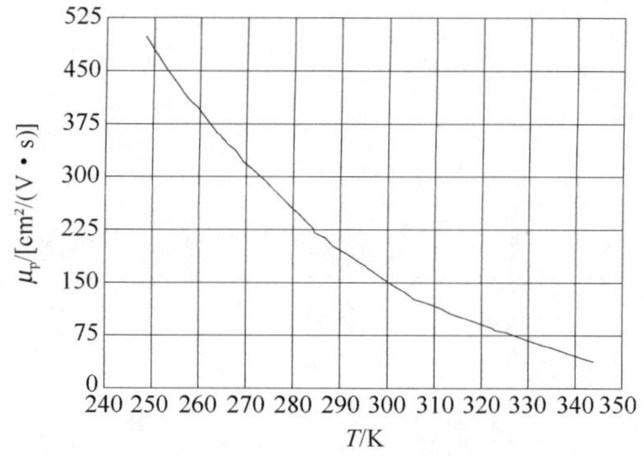

图表 413　纤锌矿 GaN 的空穴迁移率随温度的变化-Ⅱ

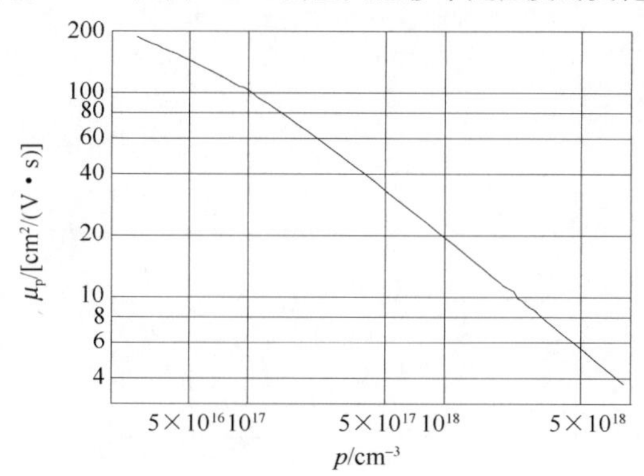

图表 414　纤锌矿 GaN 的空穴迁移率随空穴浓度的变化

7.4　空穴漂移速率

7.5　本征载流子浓度

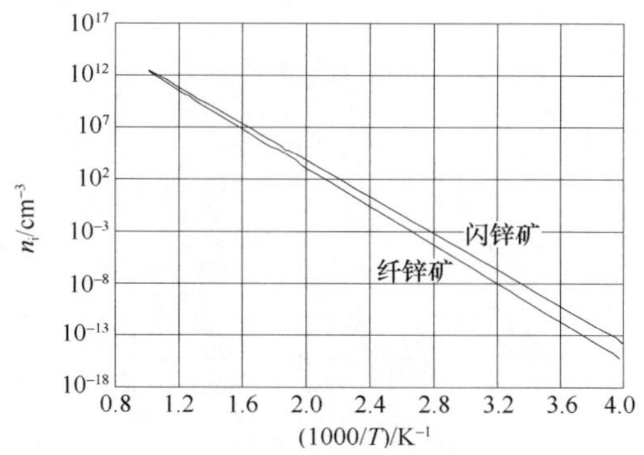

图表 415　GaN 的本征载流子浓度随温度的变化

7.6　本征电导率

7.7　压阻特性

7.8　击穿场强

$E_{BR}=2.6-3.3\times10^6$ V/cm。

8. 压电性能

图表 416　GaN 的压电常数（单位：C/m²）

纤锌矿		闪锌矿	
e_{15}	−0.30	e_{14}	0.4
e_{31}	−0.33		
e_{33}	0.65		

9. 磁学特性

10. 热电性能

10.1　塞贝克系数

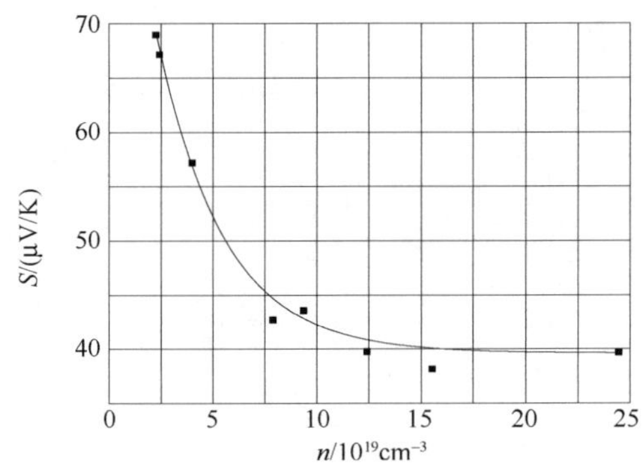

图表 417　GaN 的塞贝克系数随载流子浓度的变化

11. 法拉第角

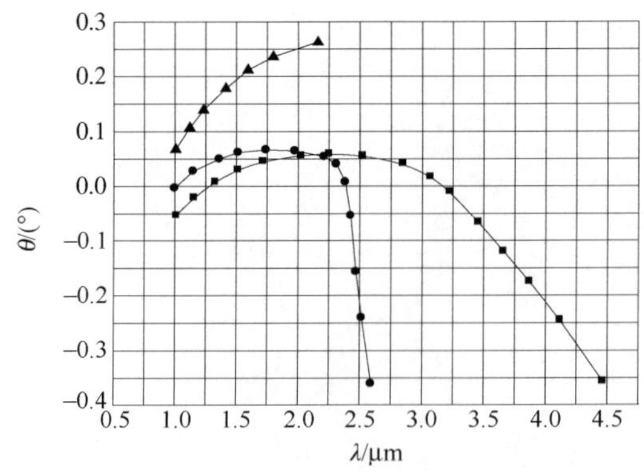

图表 418　GaN 的法拉第角随波长的变化

第 13 章　砷化镓(GaAs)

1. 结构特性

1.1　晶体结构

闪锌矿。

1.2　空间群

$F\bar{4}3m(T_d^2)$。

1.3　晶格常数

$a=5.65325$Å。

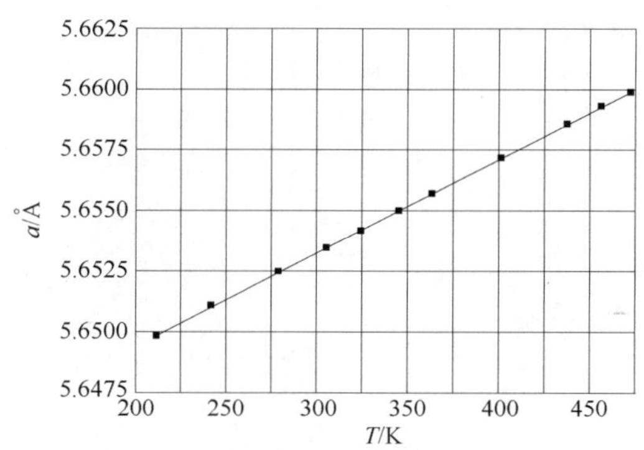

图表 419　GaAs 的晶格常数随温度的变化

1.4　解理面和解理能

解理面：(110)。

解理能：1.05J/m²。

图表 420　GaAs 晶面的解理能（单位：J/m²）

(100)	(110)	(111)	$(\bar{1}\bar{1}\bar{1})$
1.06	1.00	1.05	

1.5　结构相变

一级相变转变压强：$P_T=16.6\sim17.3$GPa。

1.6　相图

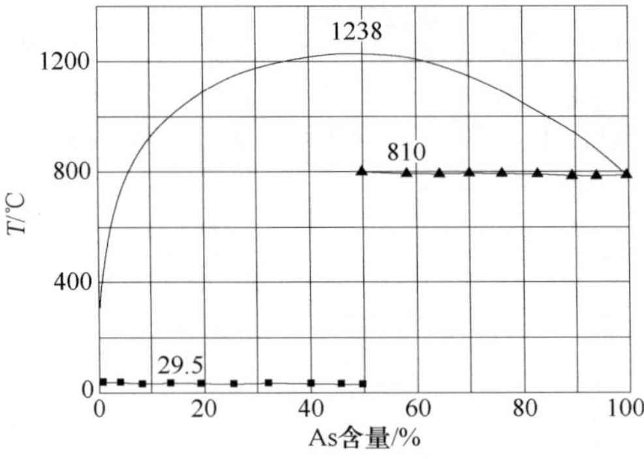

图表 421　GaAs 的相图

1.7　密度

$d=5.32\text{g/cm}^3$。

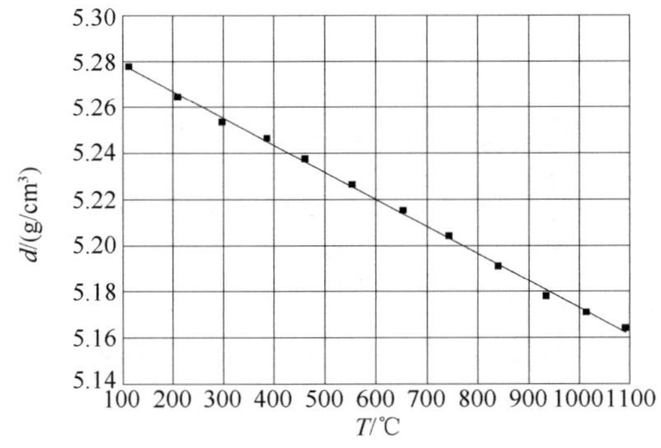

图表 422　GaAs 的密度随温度的变化

2. 热学性能

2.1　熔点

$T_m=1240℃$。

2.2　定容比热容

2.3　定压比热容

2.4　德拜温度

$\Theta_D=360\text{K}$。

2.5　热膨胀系数

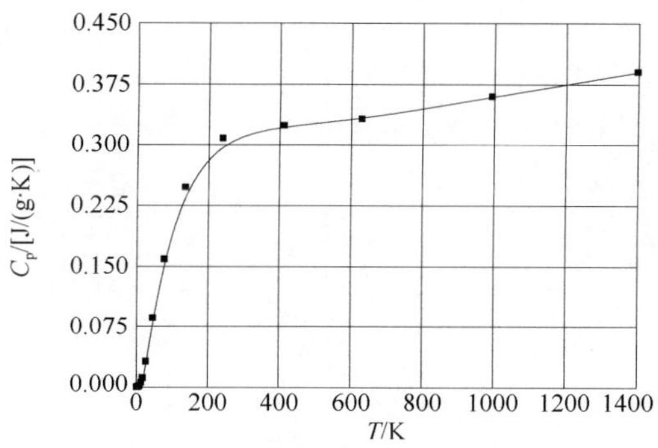

图表 423　GaAs 的定压比热容随温度的变化

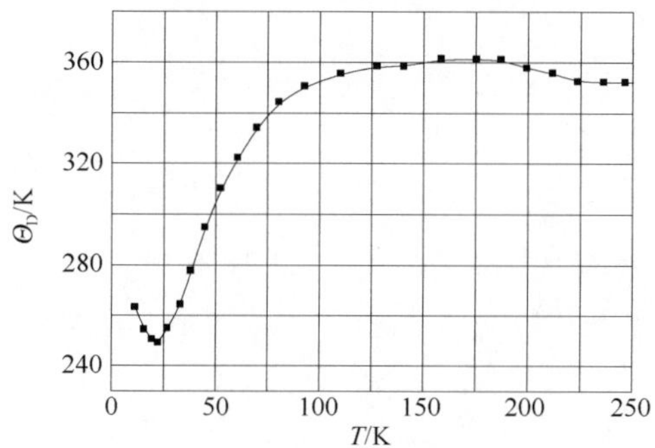

图表 424　GaAs 的德拜温度随温度的变化

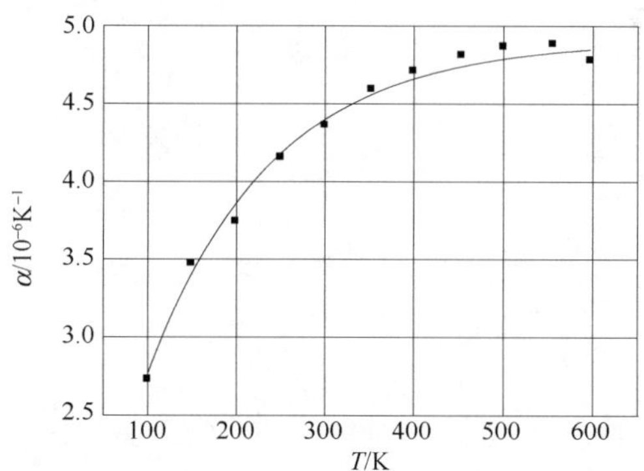

图表 425　GaAs 的热膨胀系数随温度的变化

2.6　热导率

2.7　热扩散系数

$D=0.31\text{cm}^2/\text{s}$。

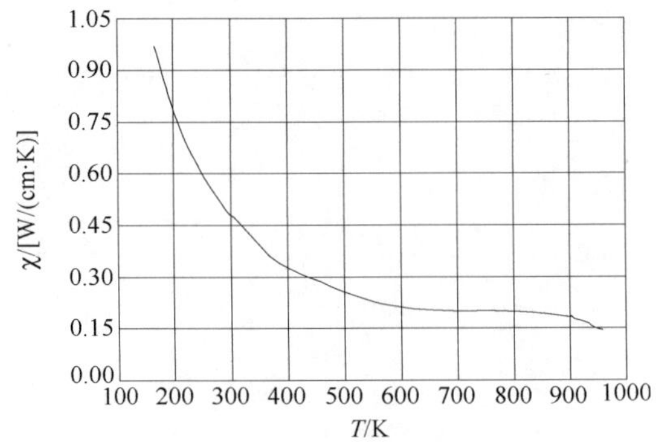

图表 426　GaAs 的热导率随温度的变化

（n 型，$1.7\times10^{15}cm^{-3}$）

3. 力学性能

3.1　弹性常数

$C_{11}=11.90\times10^{11}dyn/cm^2$。

$C_{12}=5.34\times10^{11}dyn/cm^2$。

$C_{44}=5.96\times10^{11}dyn/cm^2$。

3.2　杨氏模量

$Y=8.59\times10^{11}dyn/cm^2$。

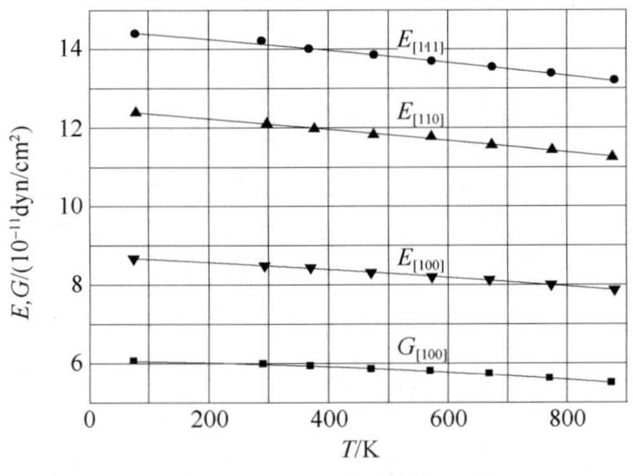

图表 427　GaAs 的杨氏模量随温度的变化

3.3　体模量

$B_u=7.53\times10^{11}dyn/cm^2$。

3.4　切变模量

$C_s=3.285\times10^{11}dyn/cm^2$。

3.5　显微硬度

莫氏硬度：4～5。

努氏硬度：750kg/mm²。

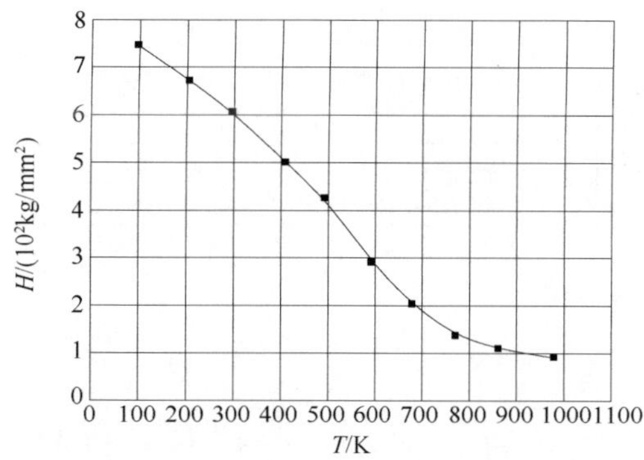

图表 428　GaAs 的努氏硬度随温度的变化

4. 晶格动力学性质

4.1　声子色散关系

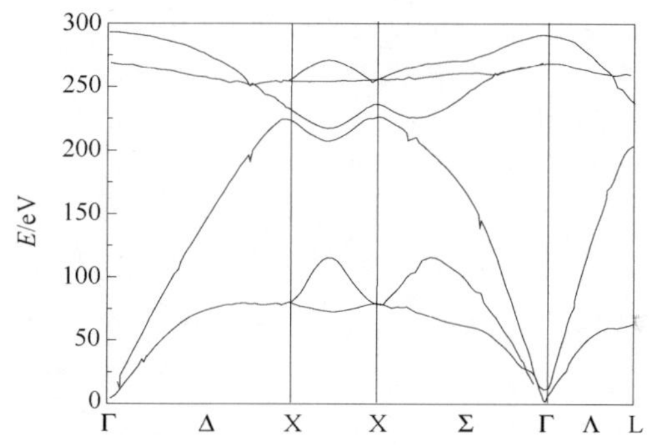

图表 429　GaAs 的声子色散关系

4.2　声子态密度

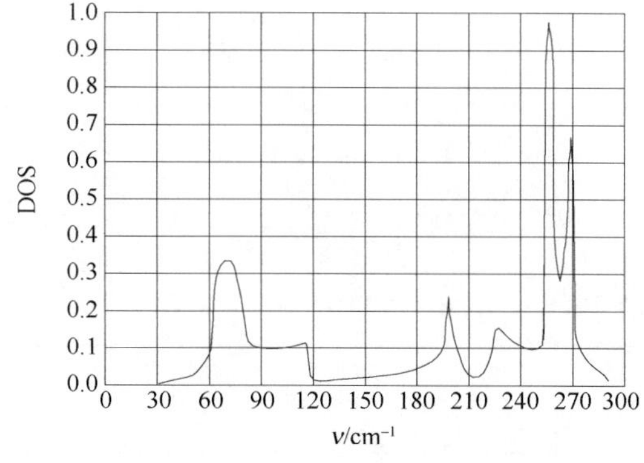

图表 430　GaAs 的声子态密度

4.3　声子频率

光学声子：35meV。

图表 431　GaAs 不同模式的声子频率（单位：THz）

$\nu_{TO}(\Gamma)$	$\nu_{LO}(X)$	$\nu_{LO}(\Gamma)$	$\nu_{TA}(L)$	$\nu_{TA}(X)$	$\nu_{LA}(L)$	$\nu_{LA}(X)$	$\nu_{TO}(L)$	$\nu_{TO}(X)$	$\nu_{LO}(L)$
8.02	7.22	8.55	1.86	2.36	6.26	6.80	7.84	7.56	7.15

4.4　红外光谱

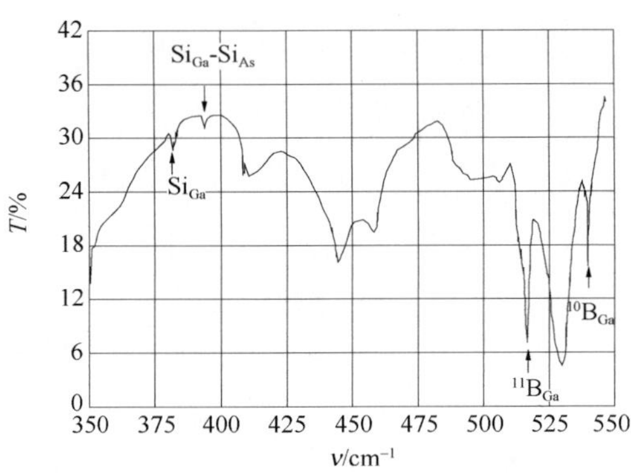

图表 432　GaAs 的红外吸收光谱

4.5　拉曼光谱

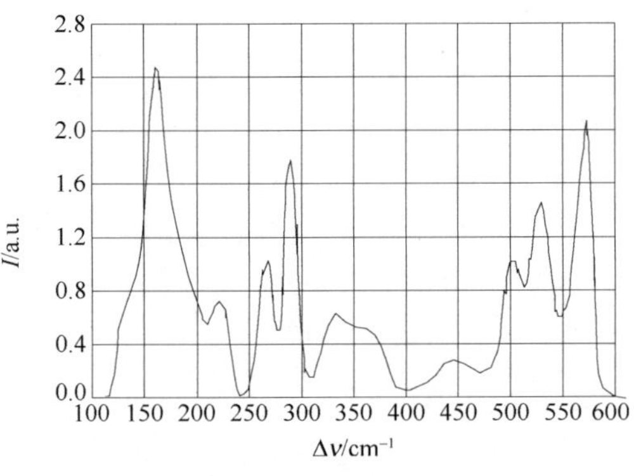

图表 433　GaAs 的拉曼光谱

4.6　声速

图表 434　GaAs 不同方向的声速（单位：10^5 cm/s）

方向	模式	声速
[100]	v_L	4.73
	v_T	3.35

续表

方向	模式	声速
[110]	v_l	5.24
	$v_{t\|\|}$	3.35
	$v_{t\perp}$	2.48
[111]	$v_{l'}$	5.4
	$v_{t'}$	2.8

4.7　Grüneisen 参数

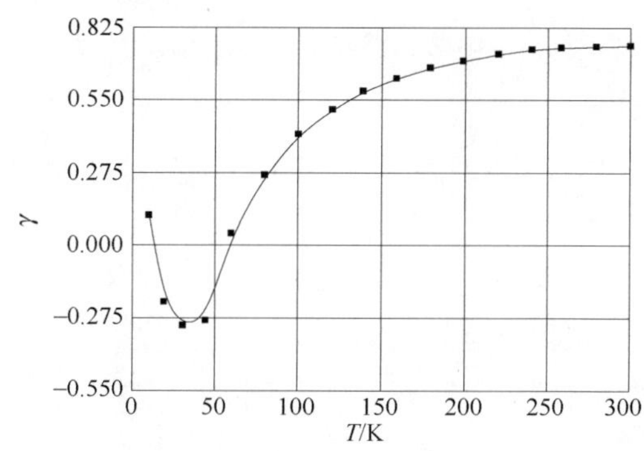

图表 435　GaAs 的 Grüneisen 参数随温度的变化

5. 能带结构

5.1　能带图

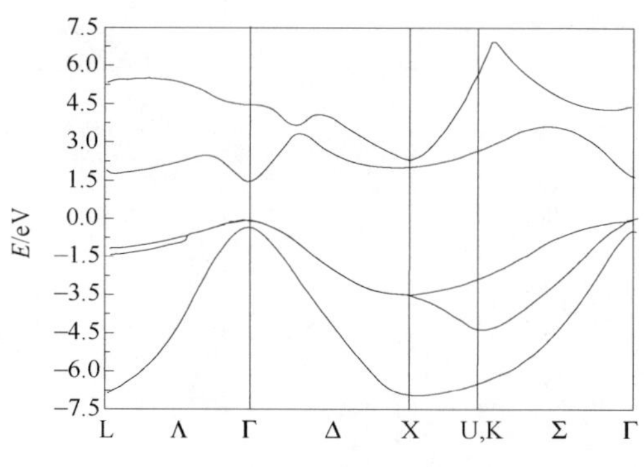

图表 436　GaAs 的能带图

5.2　状态密度

$N_C = 4.7 \times 10^{17}\,cm^{-3}$。

$N_V = 9.0 \times 10^{18}\,cm^{-3}$。

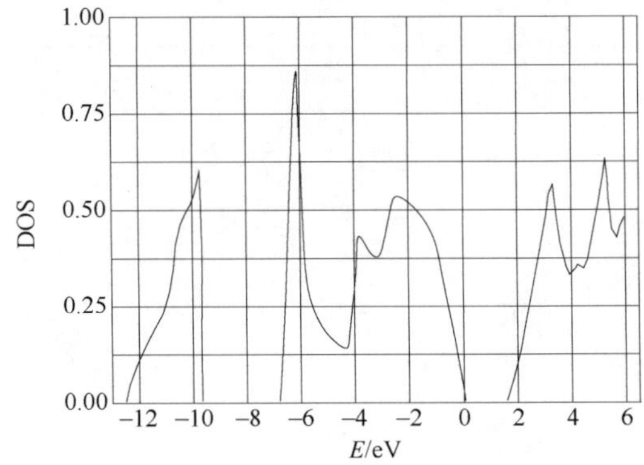

图表 437　GaAs 的状态密度

5.3　禁带宽度

Γ 点：E_g=1.424eV。

L 点：E_g=1.71eV。

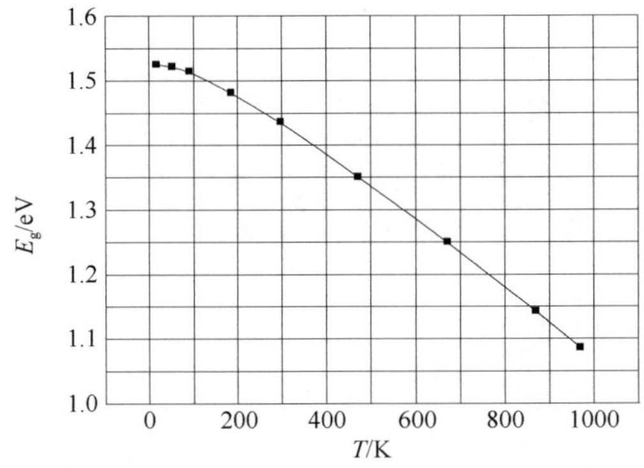

图表 438　GaAs 的禁带宽度随温度的变化

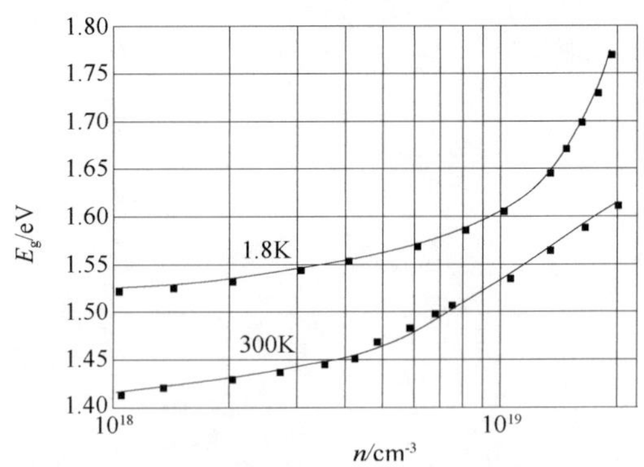

图表 439　n 型 GaAs 的禁带宽度随载流子浓度的变化

5.4　电子亲和势

χ=4.07eV。

5.5 杂质与缺陷

图表 440 GaAs 中的施主杂质（单位：eV）

S	Se	Si	Ge	Sn	Te
～0.006	～0.006	～0.006	～0.006	～0.006	～0.03

图表 441 GaAs 中的受主杂质（单位：eV）

C	Si			Ge	Zn	Sn
～0.02	0.03	0.1	0.22	～0.03	～0.025	～0.2

5.6 电子有效质量

m_n=0.063。

m_l=1.9。

m_t=0.075。

m_{ds}=0.85。

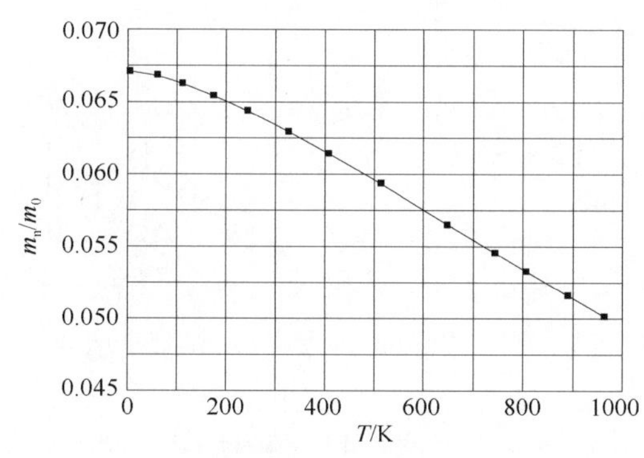

图表 442 GaAs 的电子有效质量随温度的变化

5.7 空穴有效质量

轻空穴：m_{pl}=0.082。

重空穴：m_{ph}=0.51。

m_{ds}=0.53。

自旋分裂能带：m_{so}=0.15。

5.8 激子束缚能

5.9 德布罗依波长

λ_D=24nm。

6. 光学特性

6.1 介电常数

静态：ε＝12.9。

高频：ε＝10.89。

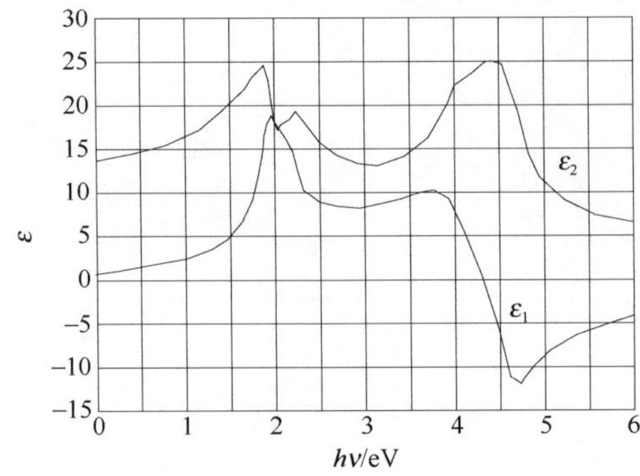

图表 443　GaAs 的介电常数随光子能量的变化

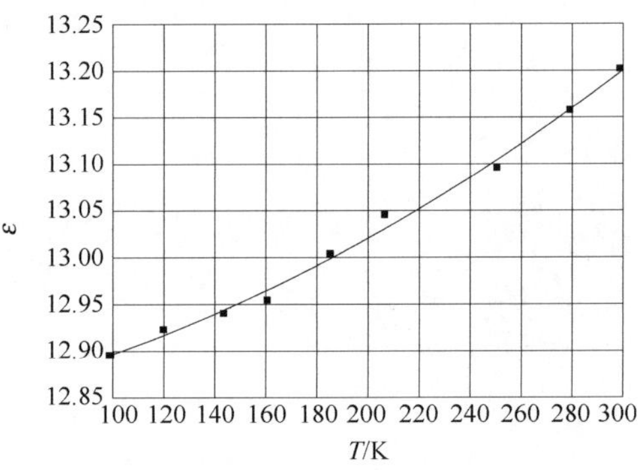

图表 444　GaAs 的介电常数随温度的变化

6.2　吸收光谱

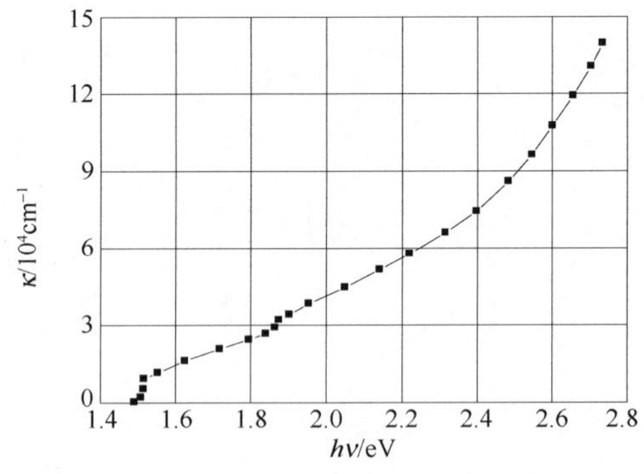

图表 445　GaAs 的吸收系数随光子能量的变化

6.3　透射光谱

6.4　反射光谱

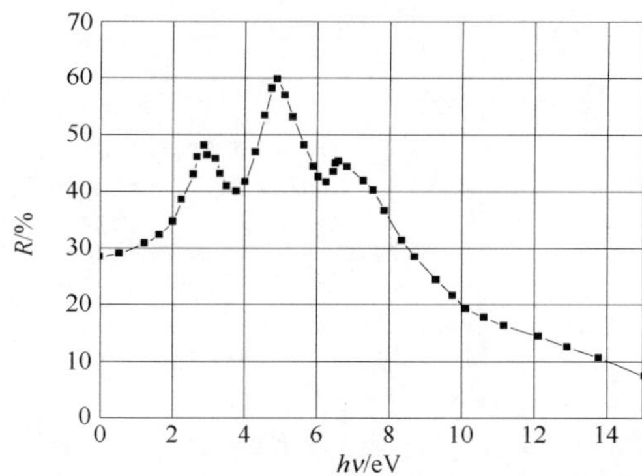

图表 446　GaAs 的反射率随光子能量的变化

6.5　折射率和消光系数

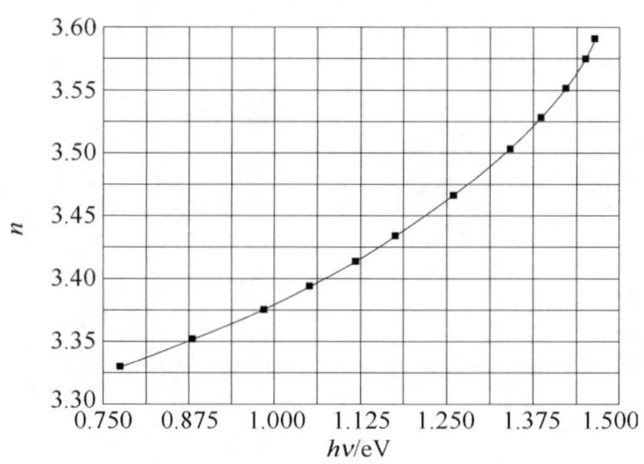

图表 447　GaAs 的折射率随光子能量的变化

7. 载流子的输运特性

7.1　电子迁移率

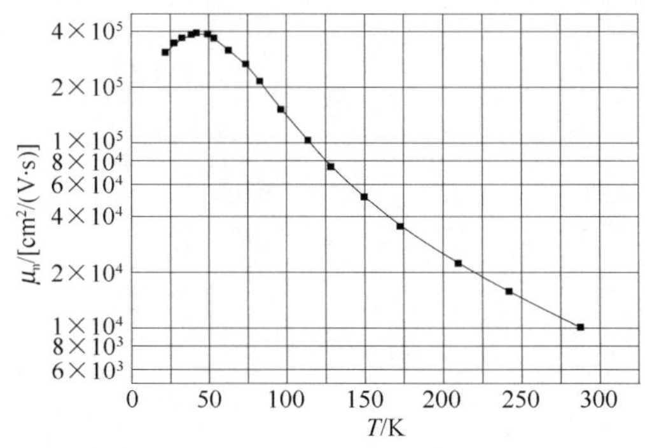

图表 448　高纯 GaAs 的电子迁移率随温度的变化

（10^{13} cm^{-3}数量级）

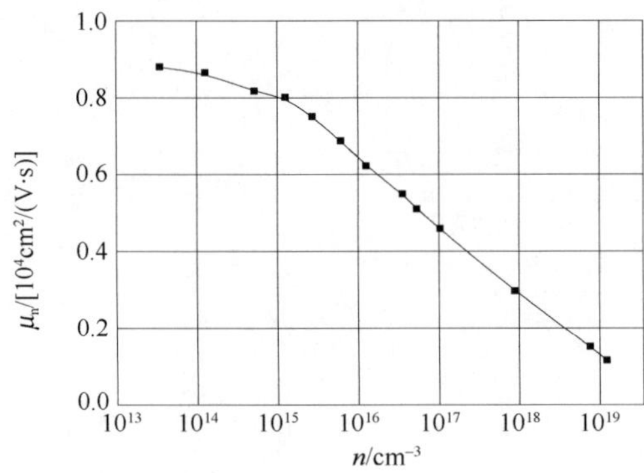

图表 449　GaAs 的电子迁移率随载流子浓度的变化

7.2　电子漂移速率

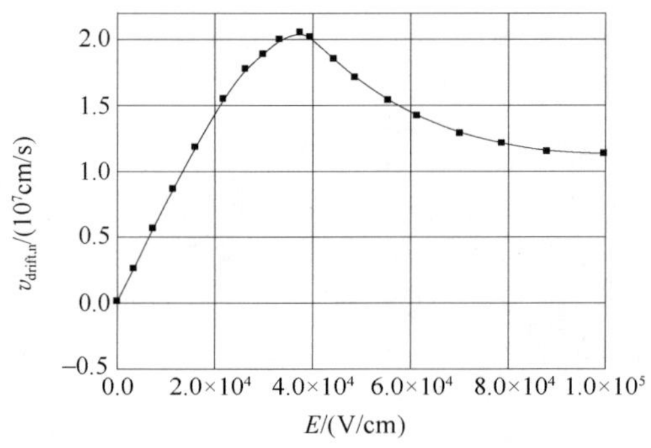

图表 450　GaAs 的电子漂移速率随电场强度的变化

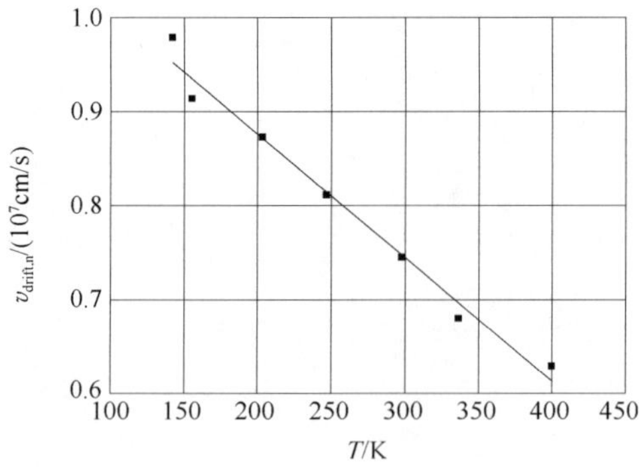

图表 451　GaAs 的电子漂移速率随温度的变化

7.3 空穴迁移率

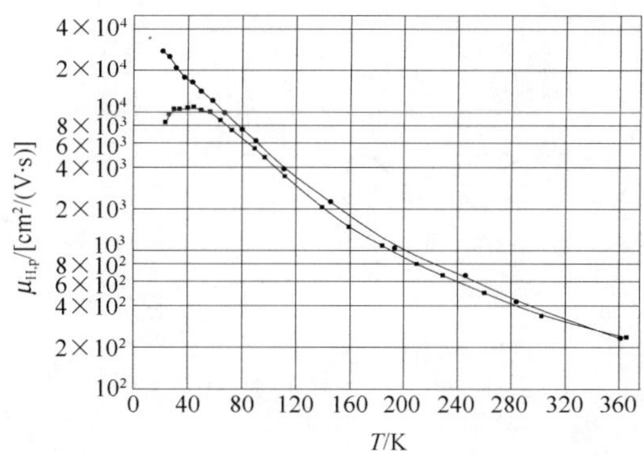

图表 452 GaAs 的空穴霍尔迁移率随温度的变化

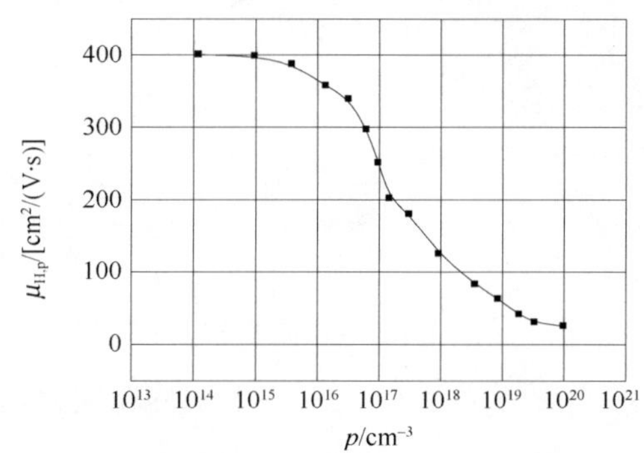

图表 453 GaAs 的空穴霍尔迁移率随载流子浓度的变化

7.4 空穴漂移速率

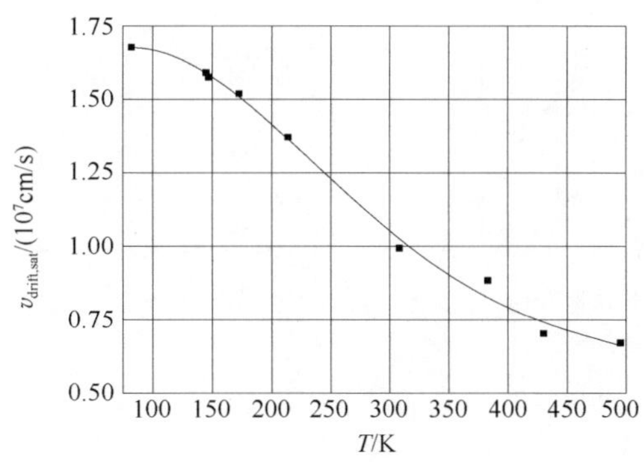

图表 454 GaAs 的空穴饱和漂移速率随温度的变化

7.5 本征载流子浓度

$n_i = 2.1 \times 10^6\ \text{cm}^{-3}$。

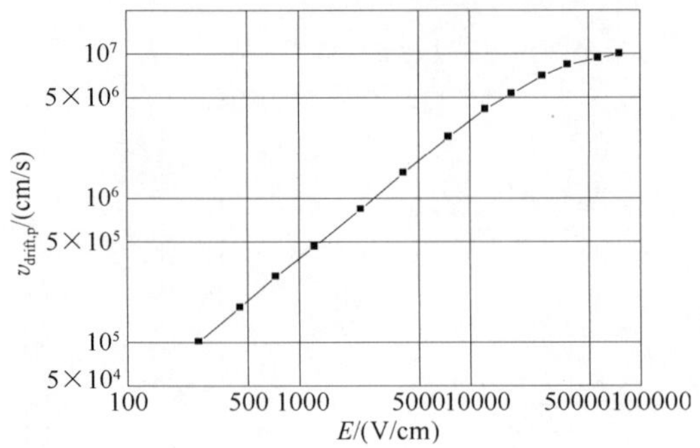

图表 455　GaAs 的空穴漂移速率随电场强度的变化

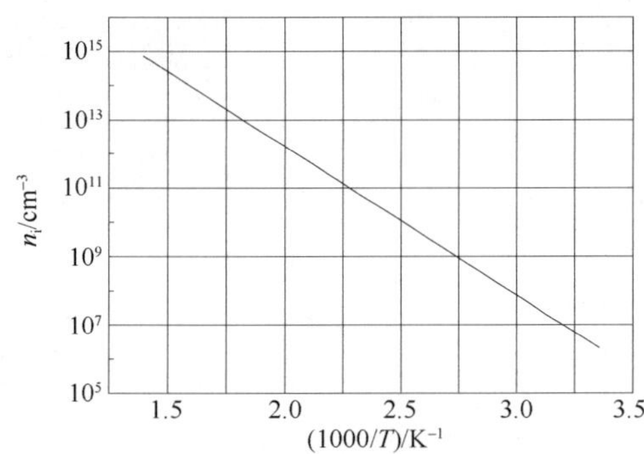

图表 456　GaAs 的本征载流子浓度随温度的变化

7.6　本征电阻率

$\rho=3.3\times10^{8}\Omega\cdot cm$。

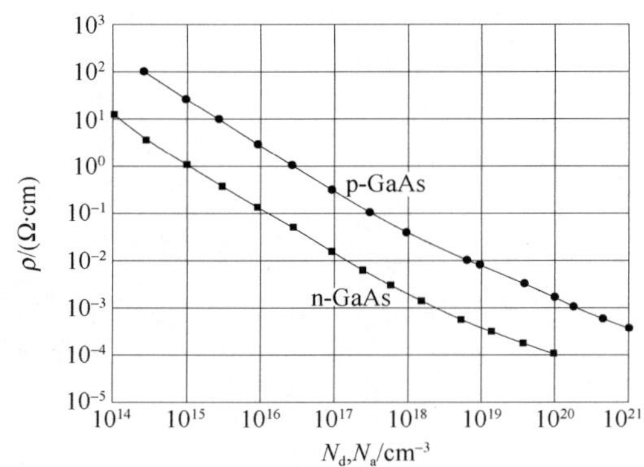

图表 457　GaAs 的电阻率随载流子浓度的变化

7.7　压阻特性

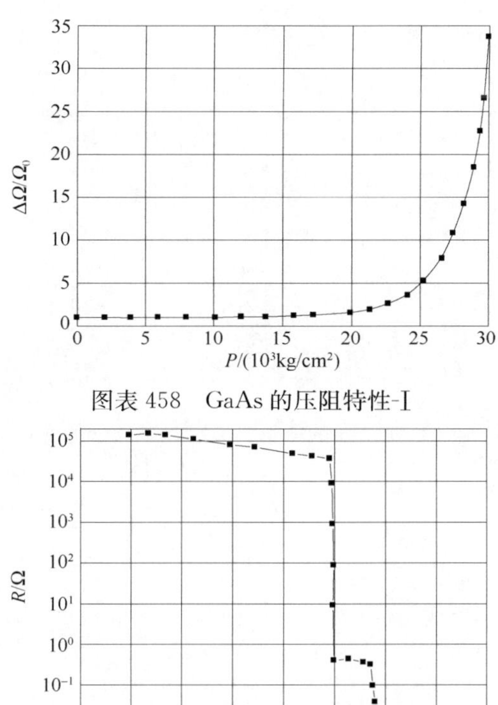

图表 458　GaAs 的压阻特性-Ⅰ

图表 459　GaAs 的压阻特性-Ⅱ

7.8　击穿场强

$E_{BR}=400\text{kV/cm}$。

7.9　少子寿命和扩散长度

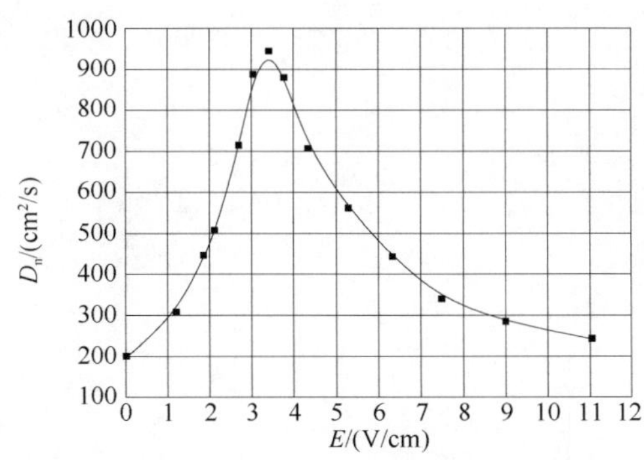

图表 460　GaAs 的电子扩散长度随电场强度的变化

8. 压电性能

$e_{14} = -0.16 C/m^2$。

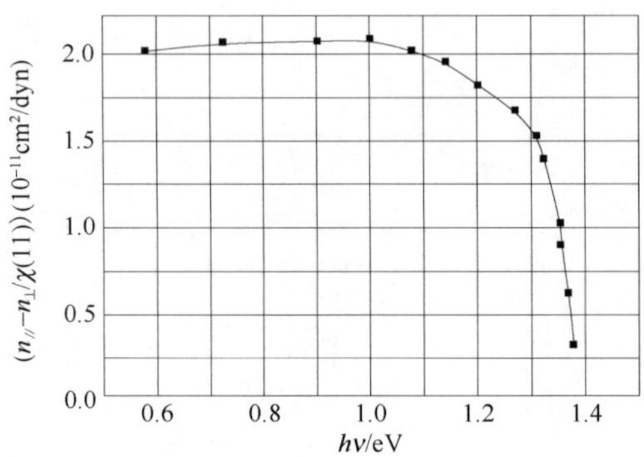

图表 461　GaAs 的压电常数随光子能量的变化

9. 磁学性能

9.1　霍尔系数

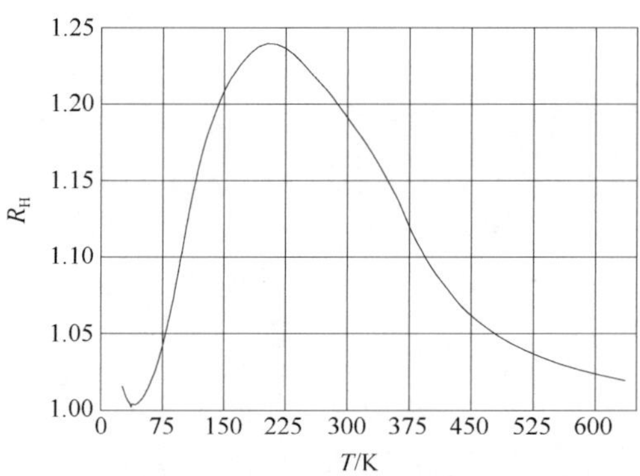

图表 462　n 型 GaAs 弱磁场下的霍尔系数随温度的变化

9.2　磁阻系数

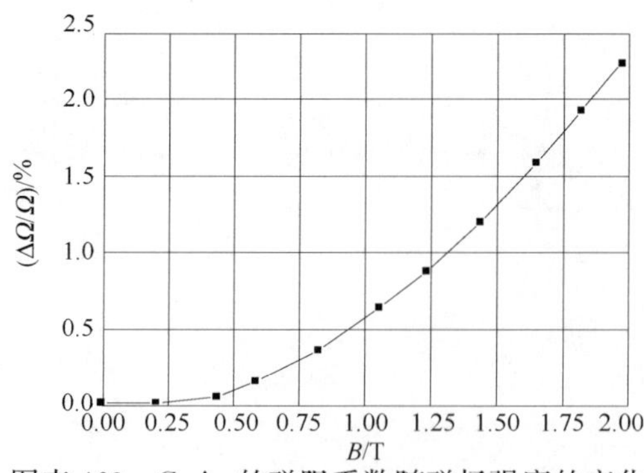

图表 463　GaAs 的磁阻系数随磁场强度的变化

($n=5\times10^{17}cm^{-3}$)

10. 热电性能

10.1　塞贝克系数

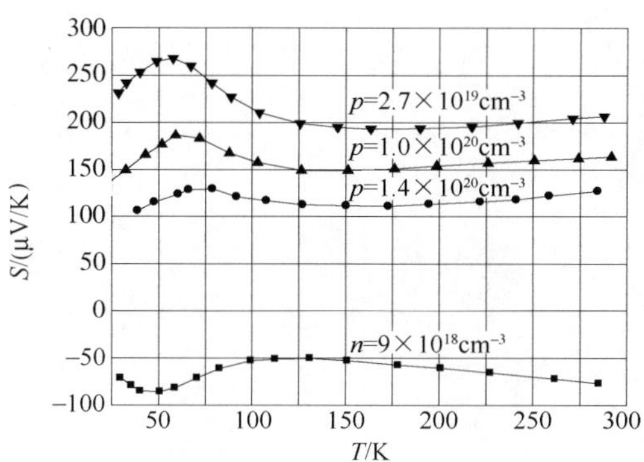

图表 464　GaAs 的塞贝克系数-Ⅰ

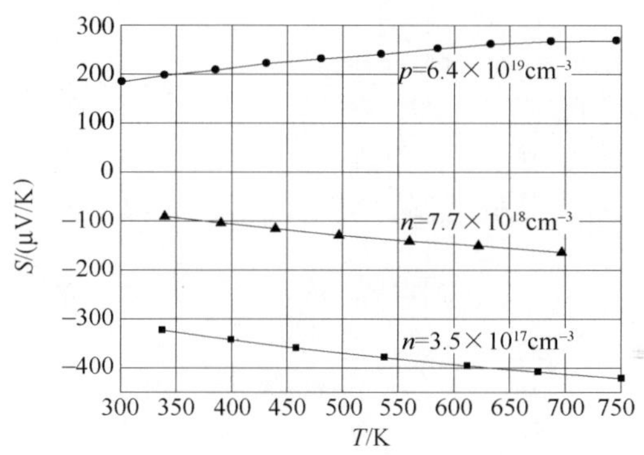

图表 465　GaAs 的塞贝克系数-Ⅱ

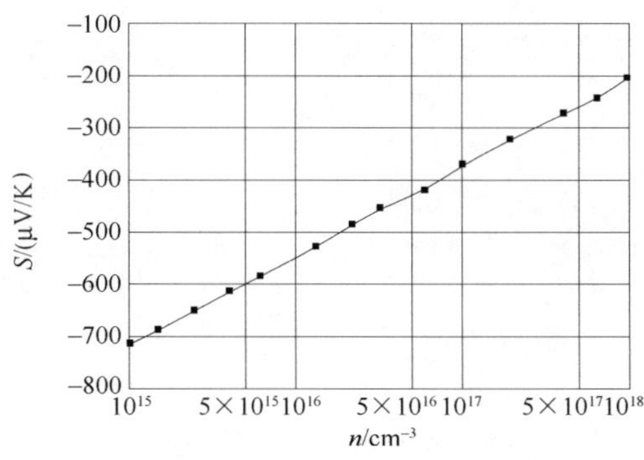

图表 466　GaAs 的塞贝克系数-Ⅲ

10.2　能斯特系数

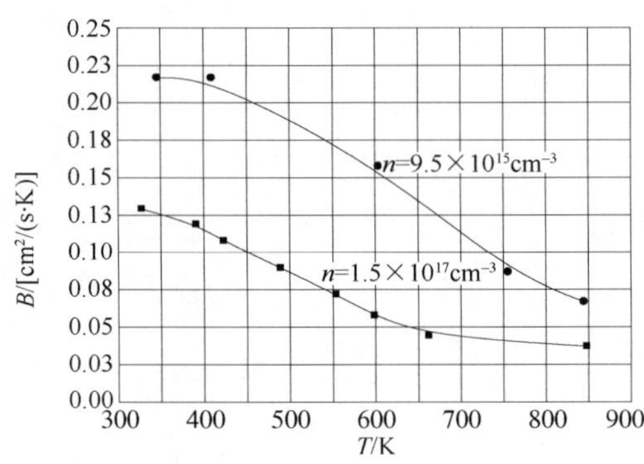

图表 467　GaAs 的能斯特系数-Ⅰ

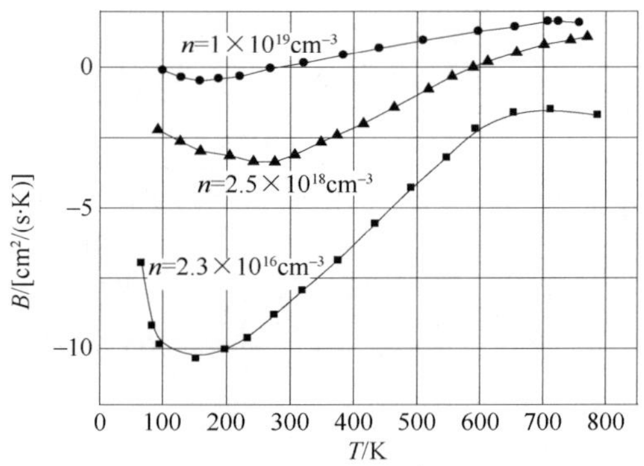

图表 468　GaAs 的能斯特系数-Ⅱ

（n 型）

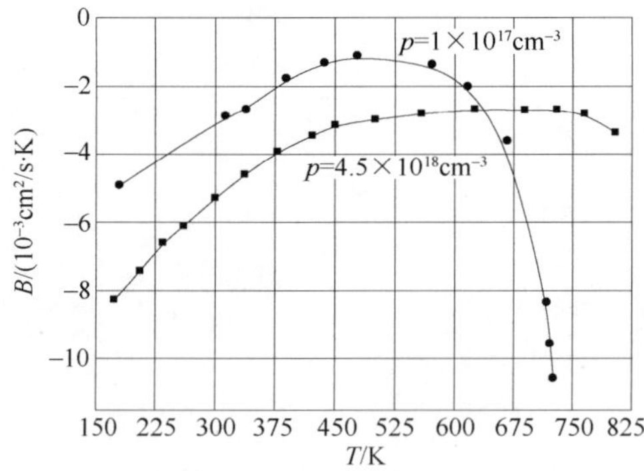

图表 469　GaAs 的能斯特系数-Ⅲ

第 14 章　锑化铟(InSb)

1. 结构特性

1.1　晶体结构

闪锌矿。

1.2　空间群

$F\bar{4}3m(T_d^2)$。

1.3　晶格常数

a=6.479Å。

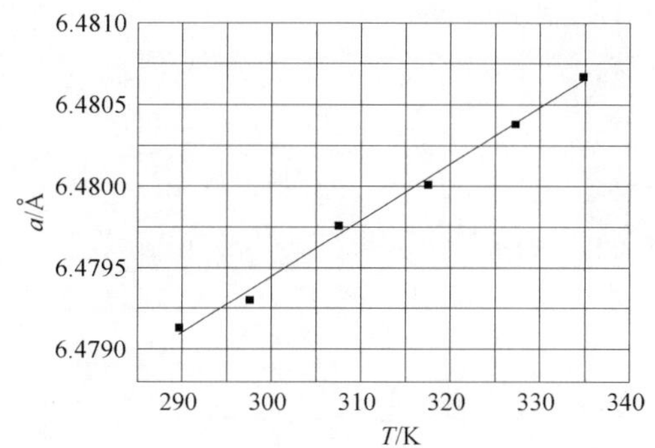

图表 470　InSb 的晶格常数随温度的变化

1.4　解理面和解理能

解理面：$(\bar{1}\bar{1}\bar{1})$。

解理能：0.690J/m^2。

1.5　结构相变

一级相变转变压强：P_T=2.2GPa。

1.6　相图

1.7　密度

d=5.77g/cm^3。

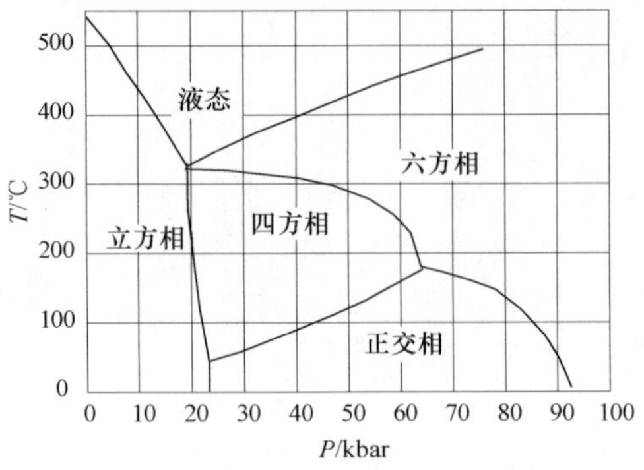

图表 471　InSb 的 P-T 相图

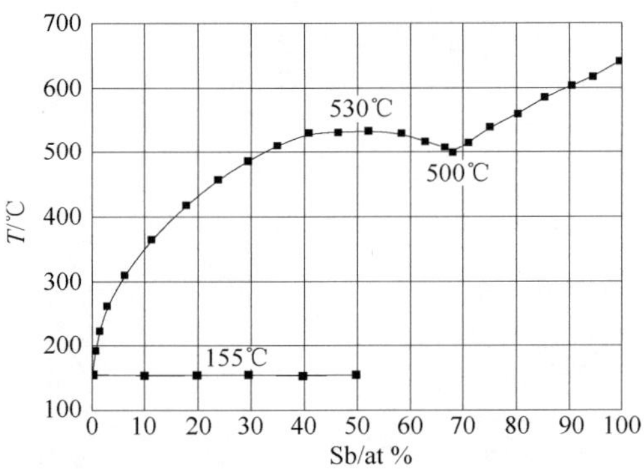

图表 472　Sb-In 二元相图

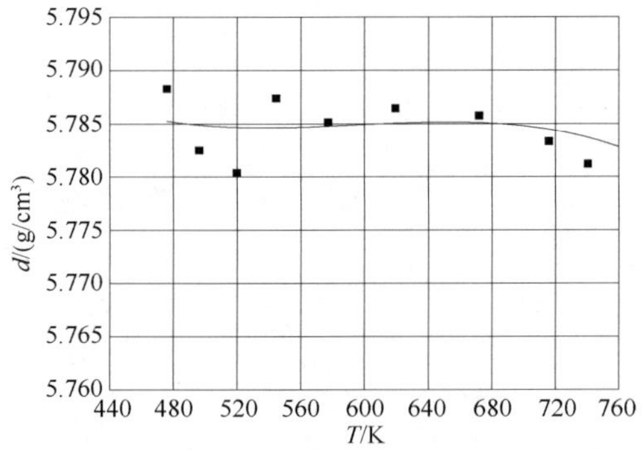

图表 473　InSb 的密度随温度的变化

2. 热学性能

2.1　熔点

T_m=527℃。

2.2　定容比热容

2.3　定压比热容

C_v=0.2J/(g·K)。

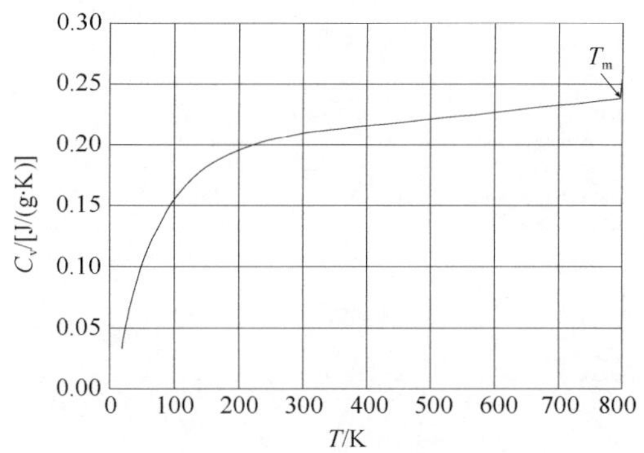

图表 474　InSb 的定压比热容随温度的变化

2.4　德拜温度

Θ_D=160K。

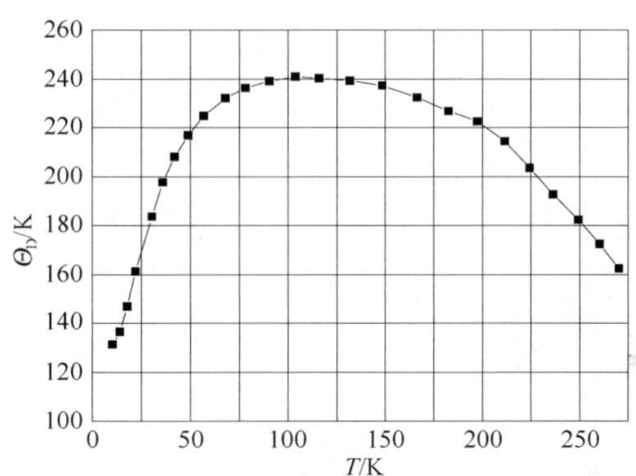

图表 475　InSb 的德拜温度随温度的变化

2.5　热膨胀系数

$\alpha=5.37\times10^{-6}K^{-1}$。

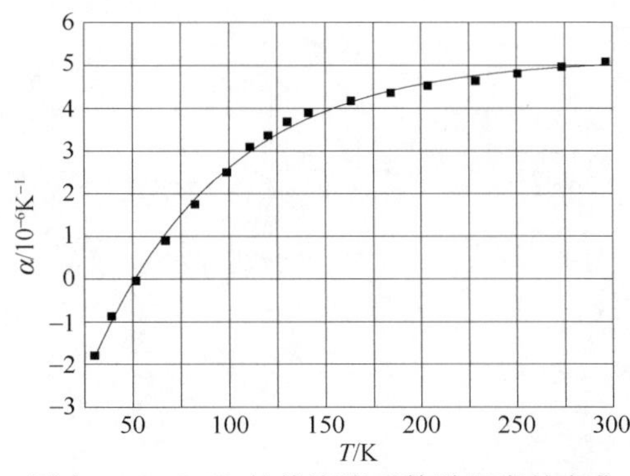

图表 476　InSb 的热膨胀系数随温度的变化

2.6 热导率

$\chi=0.18\text{W}/(\text{cm}\cdot\text{K})$。

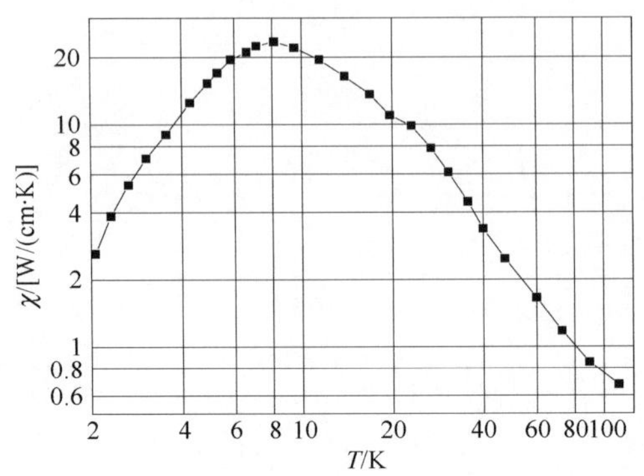

图表 477　InSb 的热导率随温度的变化

2.7 热扩散系数

$D=0.16\text{cm}^2/\text{s}$。

3. 力学性能

3.1 弹性常数

$C_{11}=6.67\times10^{11}\text{dyn/cm}^2$。

$C_{12}=3.65\times10^{11}\text{dyn/cm}^2$。

$C_{44}=3.02\times10^{11}\text{dyn/cm}^2$。

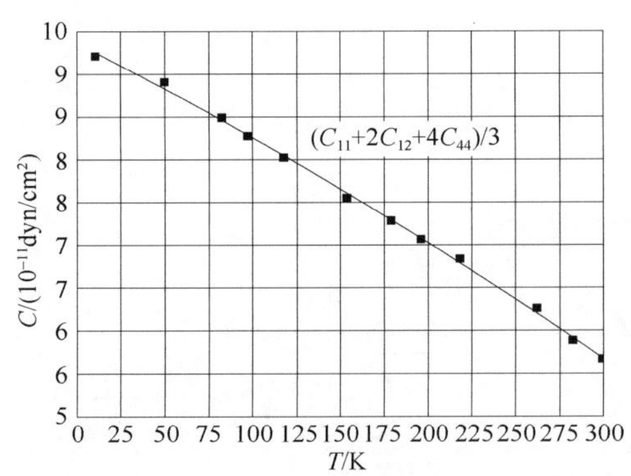

图表 478　InSb 的弹性常数随温度的变化

3.2 杨氏模量

$Y=4.09\times10^{11}\text{dyn/cm}^2$。

3.3 体模量

$B_u=4.7\times10^{11}\text{dyn/cm}^2$。

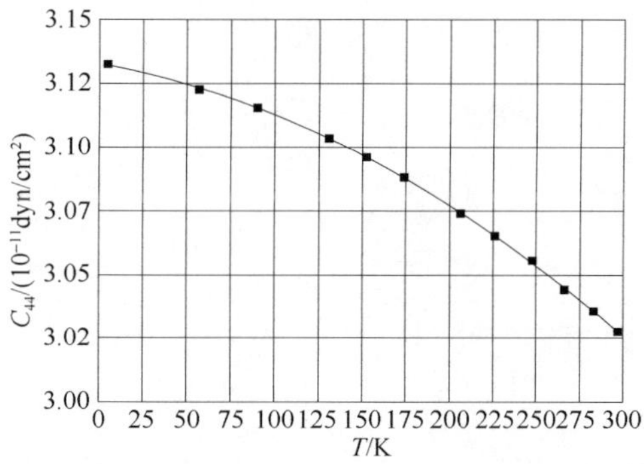

图表 479　InSb 的弹性常数 C_{44} 随温度的变化

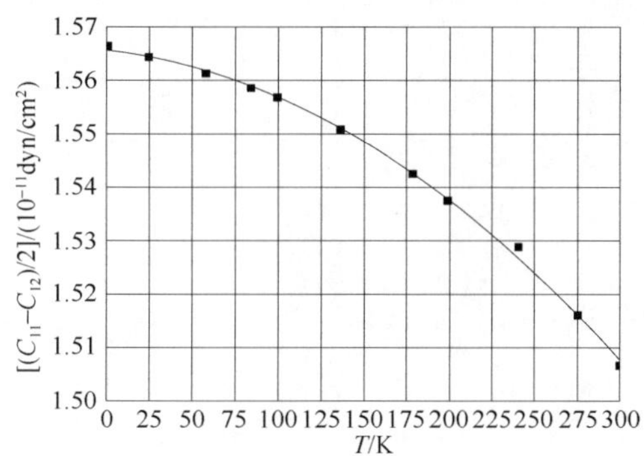

图表 480　InSb 的弹性常数$(C_{11}-C_{12})/2$ 随温度的变化

3.4　切变模量

$C_s = 1.51 \times 10^{11}$ dyn/cm^2。

3.5　显微硬度

努氏硬度：$H = 220$kg/mm^2。

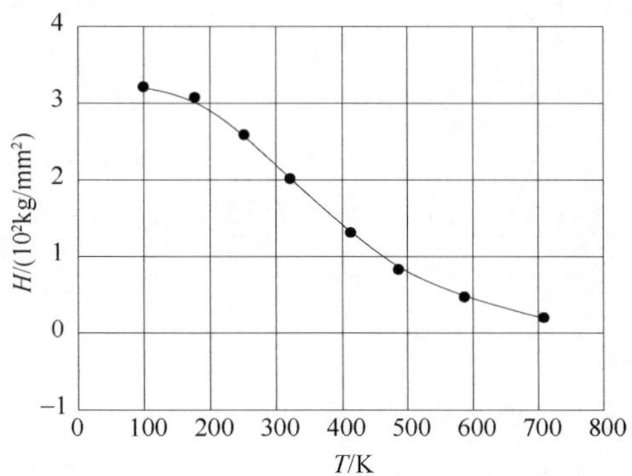

图表 481　InSb 的努氏硬度随温度的变化

4. 晶格动力学性质

4.1　声子色散关系

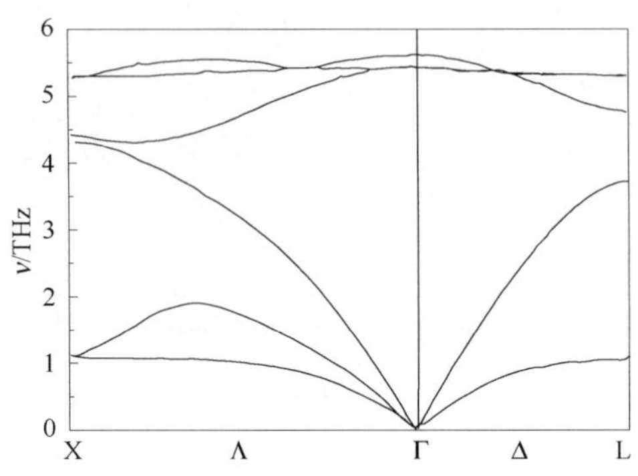

图表 482　InSb 的声子色散关系

4.2　声子态密度

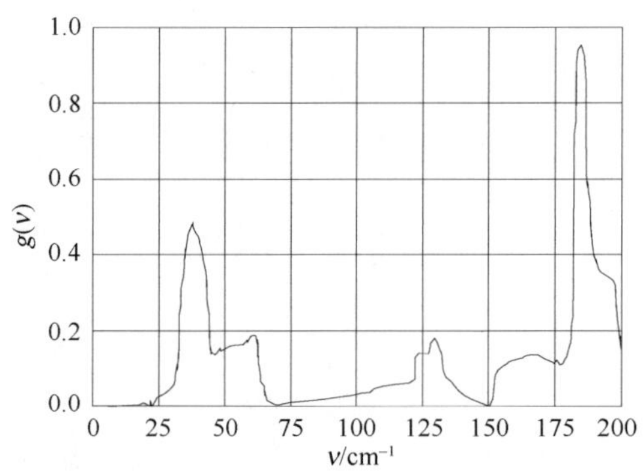

图表 483　InSb 的声子态密度

4.3　声子频率

$h\nu$＝0.025eV。

图表 484　InSb 不同模式的声子频率（单位：THz）

模式	频率	模式	频率
$\nu_{LO}(\Gamma)$	5.90	$\nu_{TO}(X_5)$	5.38
$\nu_{TO}(\Gamma)$	5.54	$\nu_{TA}(L_3)$	0.98
$\nu_{TA}(X_5)$	1.12	$\nu_{LA}(L_1)$	3.81
$\nu_{LA}(X_3)$	4.30	$\nu_{LO}(L_1)$	4.82
$\nu_{LO}(X_1)$	4.75	$\nu_{TO}(L_3)$	5.31

4.4　红外光谱

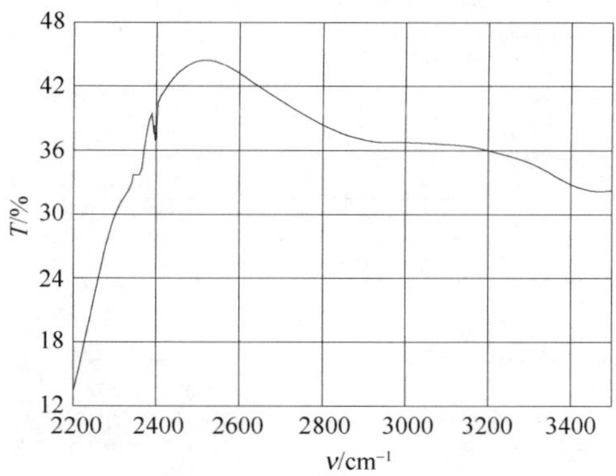

图表 485　InSb 的红外光谱

4.5　拉曼光谱

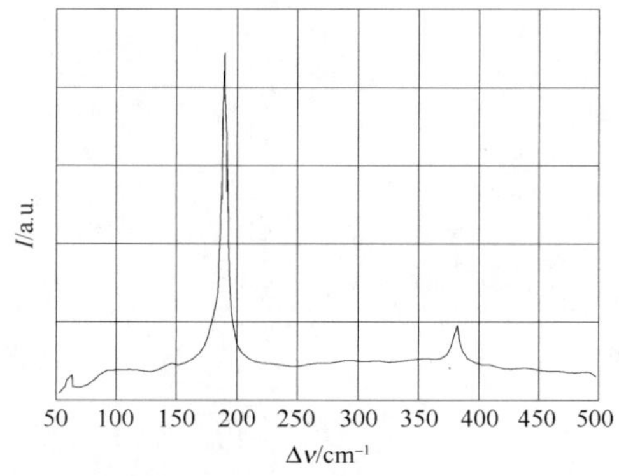

图表 486　InSb 薄膜的拉曼光谱

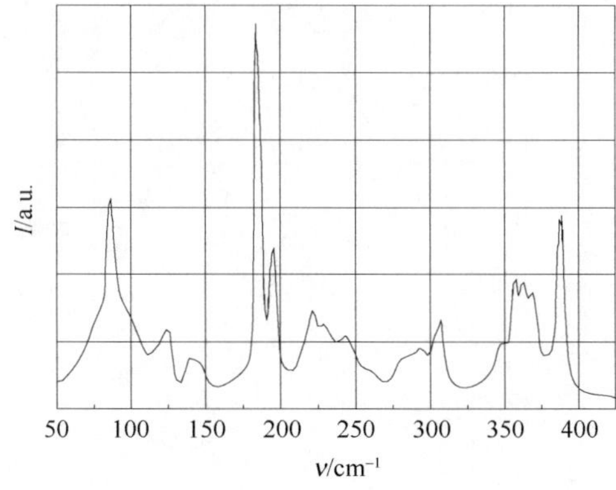

图表 487　InSb $\Gamma_1+4/3\Gamma_{15}$ 二阶拉曼光谱

4.6　声速

图表 488　InSb 不同方向的声速（单位：10^3 m/s）

方向	模式	声速
[100]	v_L	3.4
	v_T	2.29
[110]	v_l	3.76
	$v_{t\parallel}$	2.29
	$v_{t\perp}$	1.62
[111]	$v_l{}'$	3.88
	$v_t{}'$	1.87

4.7　Grüneisen 参数

5. 能带结构

5.1　能带图

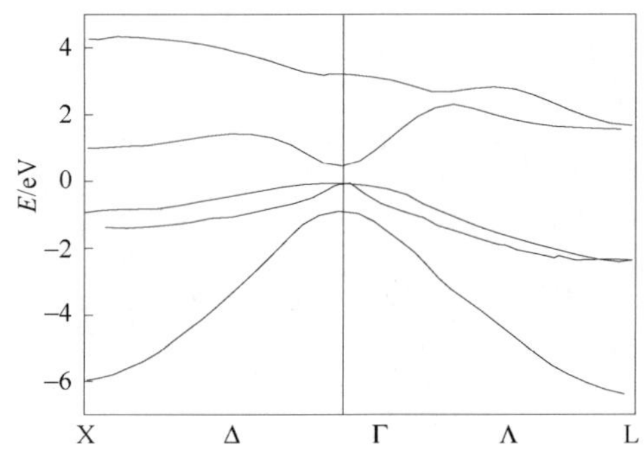

图表 489　InSb 的能带图

5.2　状态密度

$N_C = 4.2 \times 10^{16}\,cm^{-3}$。

$N_V = 7.3 \times 10^{18}\,cm^{-3}$。

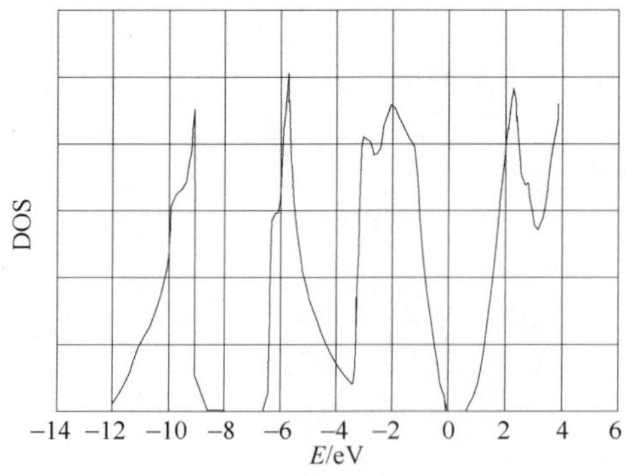

图表 490　InSb 的状态密度

5.3　禁带宽度

E_g=0.17eV。

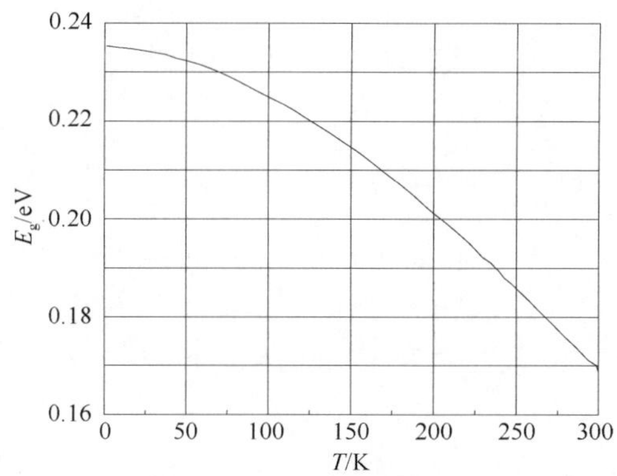

图表 491　InSb 的禁带宽度随温度的变化

5.4　电子亲和势

χ=4.59eV。

5.5　杂质与缺陷

浅施主：Se，S，Te，0.007eV。

浅受主见下表：

图表 492　InSb 中浅受主的电离能（单位：eV）

Cd	Zn	Cr	Cu^0	Cu^-
0.01	0.01	0.07	0.028	0.056

5.6　电子有效质量

m_n=0.014。

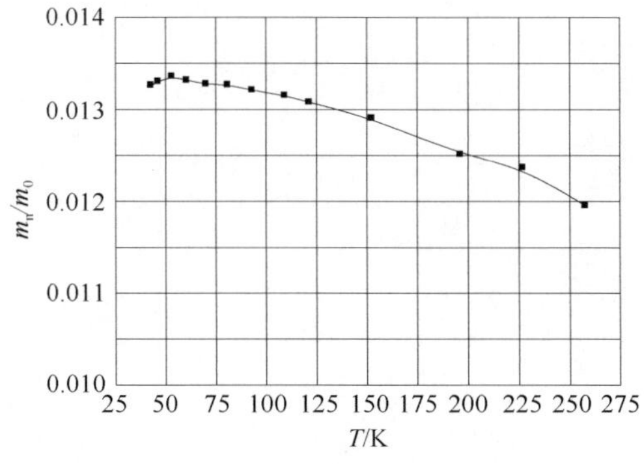

图表 493　InSb 的电子有效质量随温度的变化

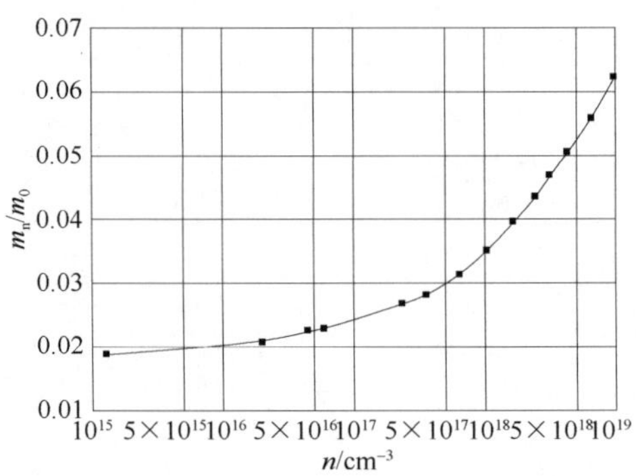

图表 494　InSb 的电子有效质量随载流子浓度的变化

5.7　空穴有效质量

重空穴：$m_{ph}=0.43$。

轻空穴：$m_{pl}=0.015$。

自旋分裂轨道：$m_{so}=0.19$。

价带状态密度质量：$m_{pl}=0.43$。

5.8　激子束缚能

6. 光学特性

6.1　介电常数

静态：16.8。

高频：15.7。

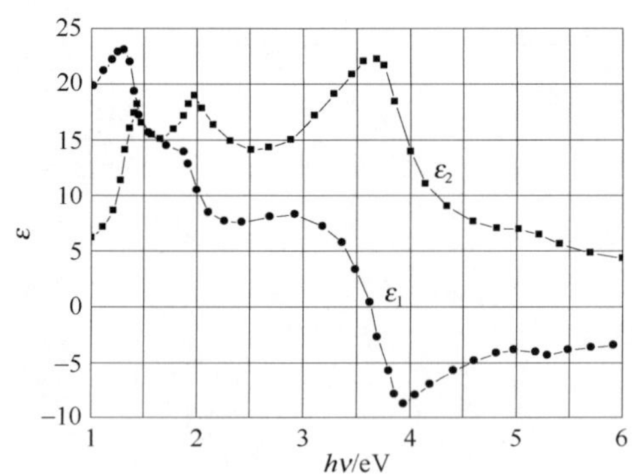

图表 495　InSb 的介电常数随光子能量的变化

6.2　吸收光谱

6.3　透射光谱

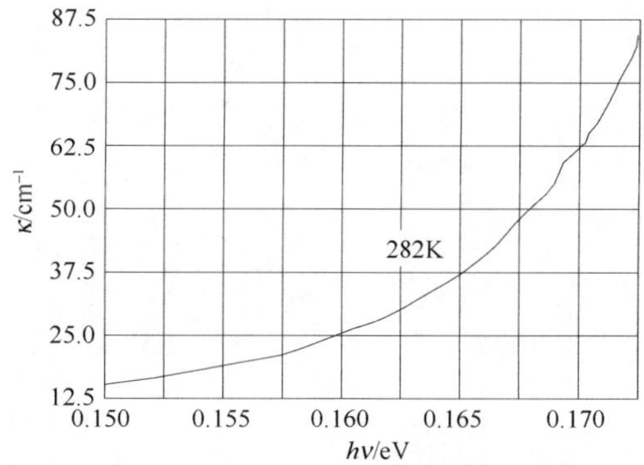

图表 496　InSb 的近边吸收系数随光子能量的变化

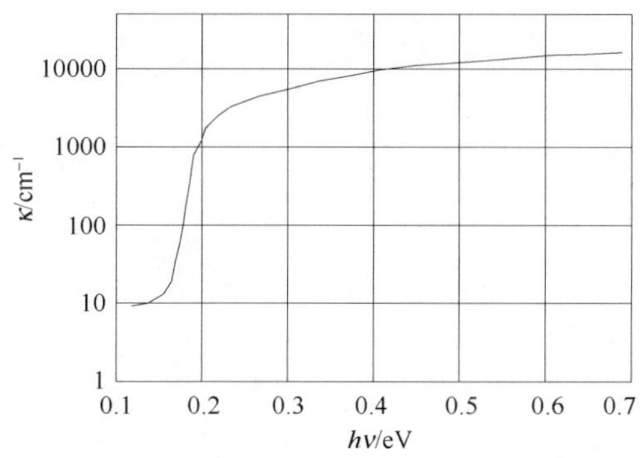

图表 497　InSb 的吸收系数随光子能量的变化

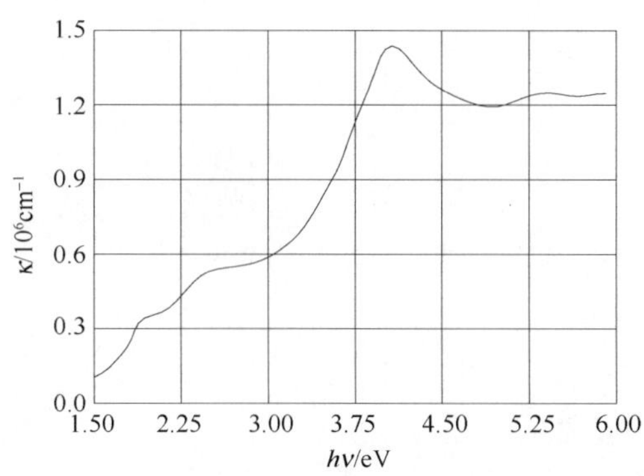

图表 498　较大范围的 InSb 的吸收系数随光子能量的变化

6.4　反射光谱

6.5　折射率和消光系数

红外折射率：4.0。

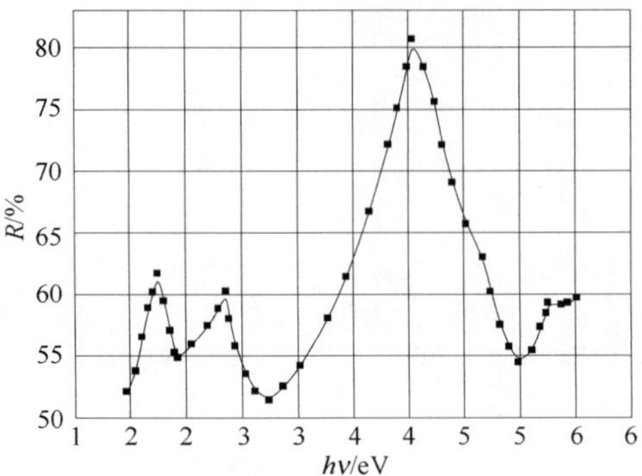

图表 499　InSb 的反射光谱

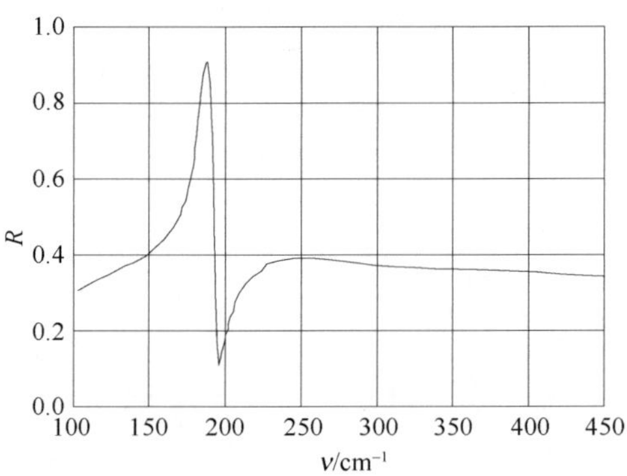

图表 500　InSb 红外波段的反射光谱

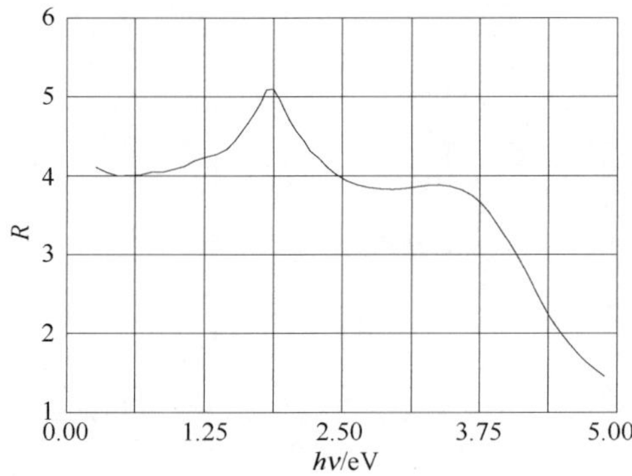

图表 501　InSb 的折射率随光子能量的变化

7. 载流子的输运特性

7.1　电子迁移率

$\mu_n \leqslant 7.7 \times 10^4 \text{cm}^2/(\text{V} \cdot \text{s})$。

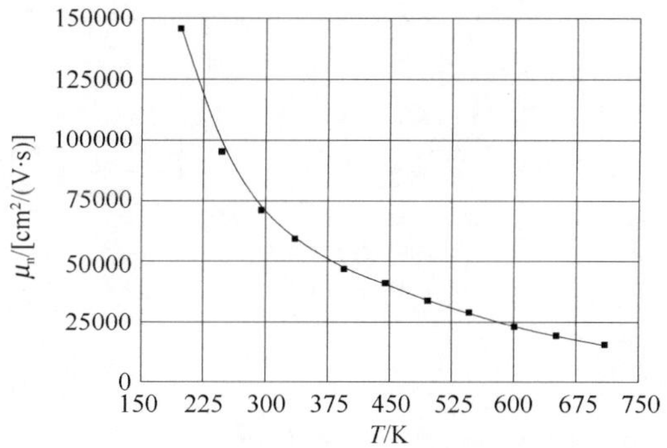

图表 502　InSb 的电子迁移率随温度的变化

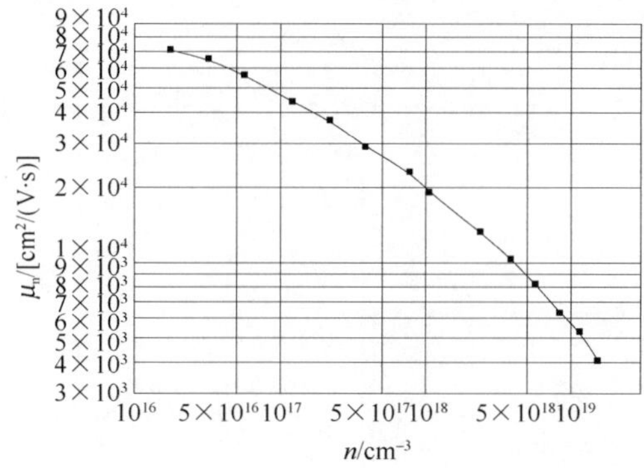

图表 503　InSb 的电子迁移率随载流子浓度的变化

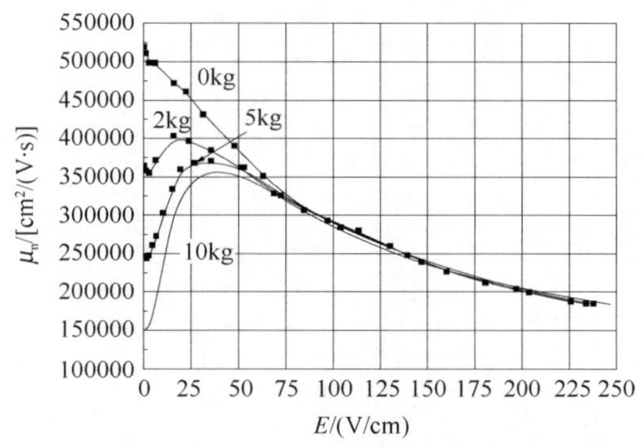

图表 504　InSb 的电子迁移率随电场强度的变化

7.2　电子漂移速率

7.3　空穴迁移率

$\mu_p \leqslant 850 cm^2/(V \cdot s)$。

7.4　空穴漂移速率

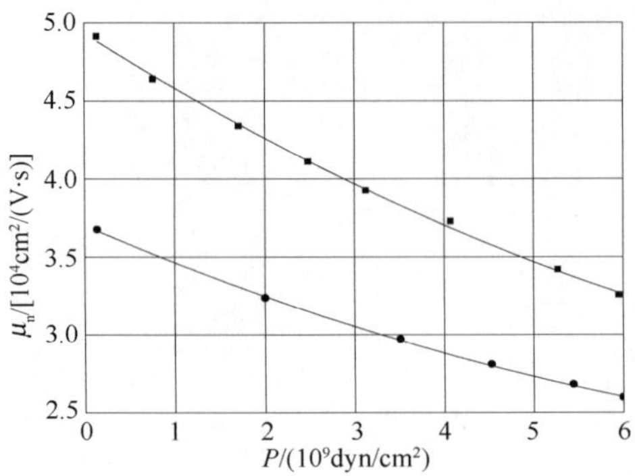

图表 505　InSb 的电子迁移率随压强的变化

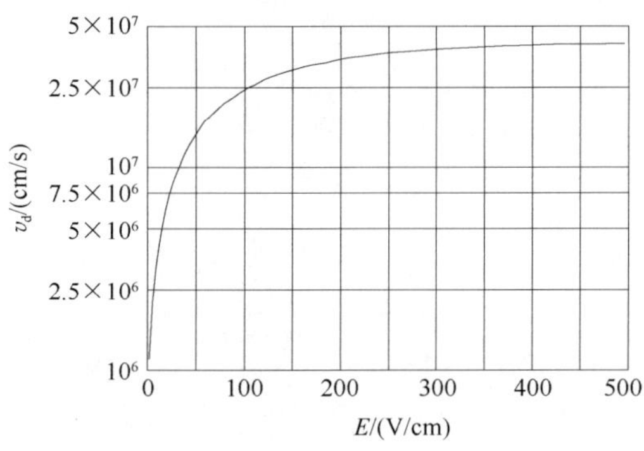

图表 506　InSb 的电子漂移速率随电场强度的变化

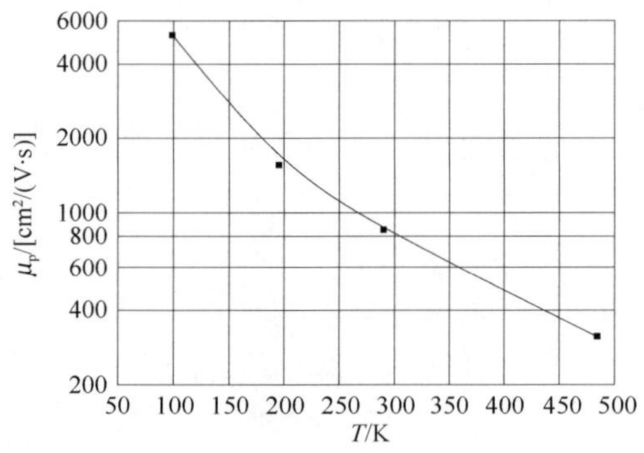

图表 507　InSb 的空穴迁移率随温度的变化

7.5　本征载流子浓度

$n_i = 2\times10^{16}\text{cm}^{-3}$。

7.6　本征电导率

$\sigma_i = 4\times10^{-3}(\Omega\cdot\text{cm})^{-1}$。

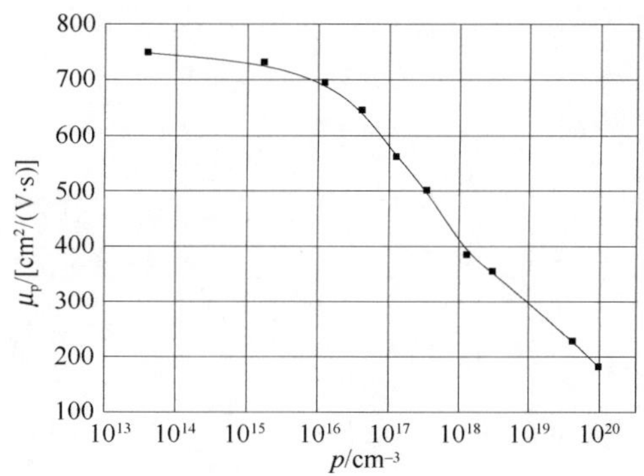

图表 508　InSb 的空穴迁移率随载流子浓度的变化

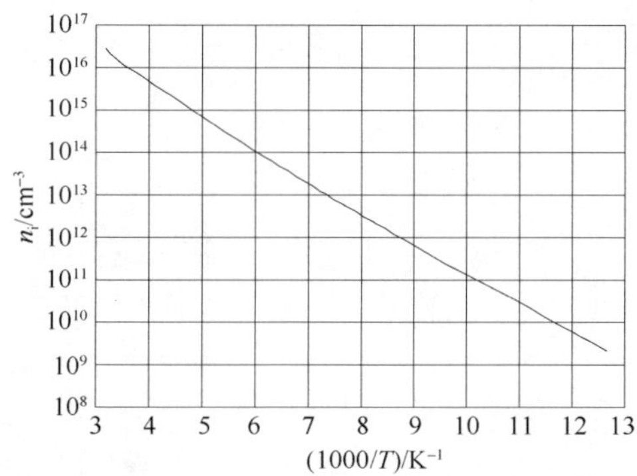

图表 509　InSb 的载流子浓度随温度的变化

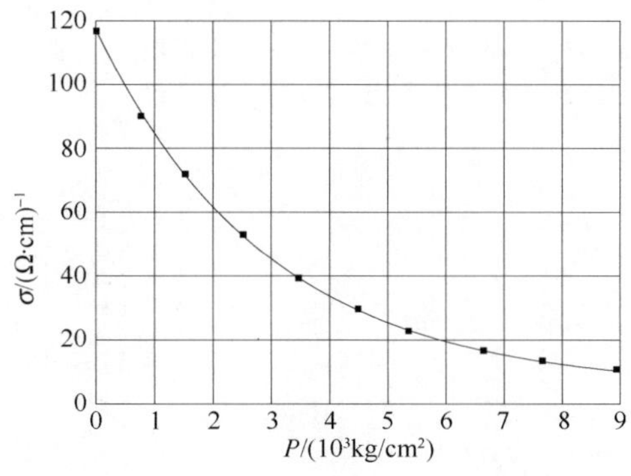

图表 510　InSb 的电导率随压强的变化

7.7　压阻特性

7.8　击穿场强

$E_{BR} \approx 10^3$ V/cm。

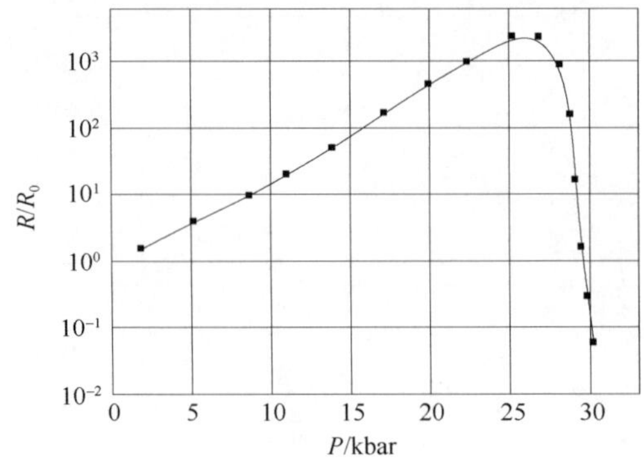

图表 511　InSb 的电阻率随压强的变化

8. 压电性能

$e_{14}=-7\times10^{-2}\mathrm{C/m^2}$。

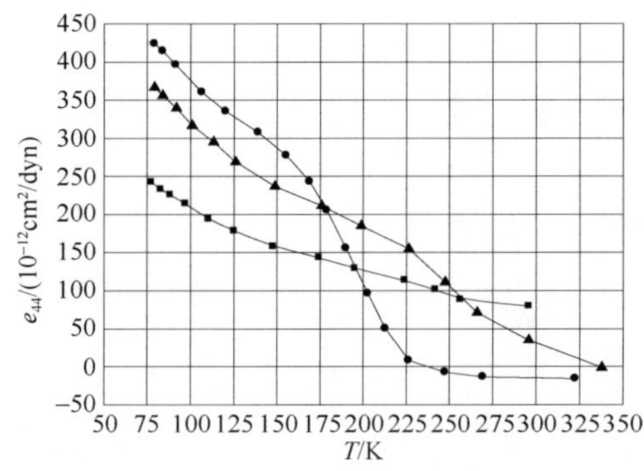

图表 512　p 型 InSb 样品的压电常数随温度的变化

9. 磁学性能

9.1　霍尔系数

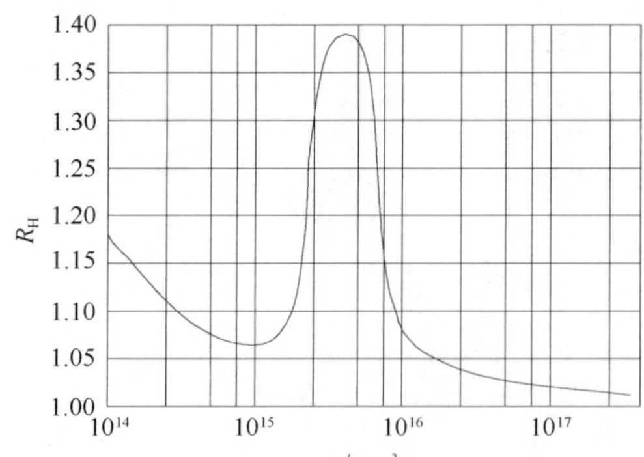

图表 513　n 型 InSb 的霍尔系数随载流子浓度的变化-Ⅰ

(77K)

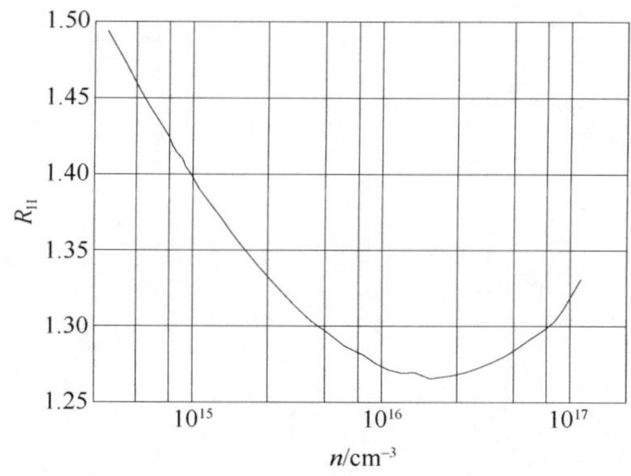

图表 514　n 型 InSb 的霍尔系数随载流子浓度的变化-Ⅱ
(77K)

9.2　磁阻系数

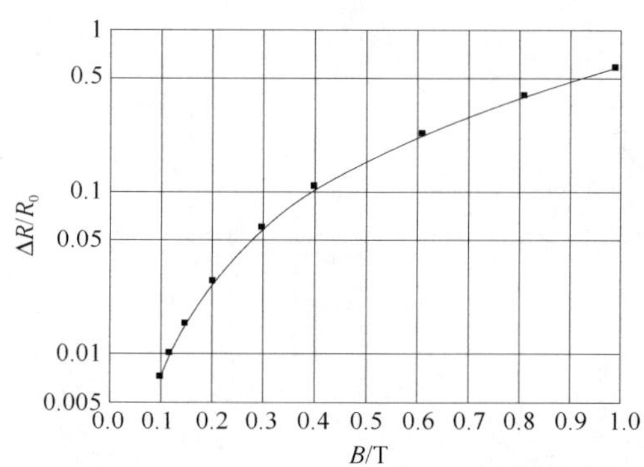

图表 515　InSb 的磁阻系数随磁场强度的变化

10. 热电性能

10.1　塞贝克系数

10.2　能斯特系数

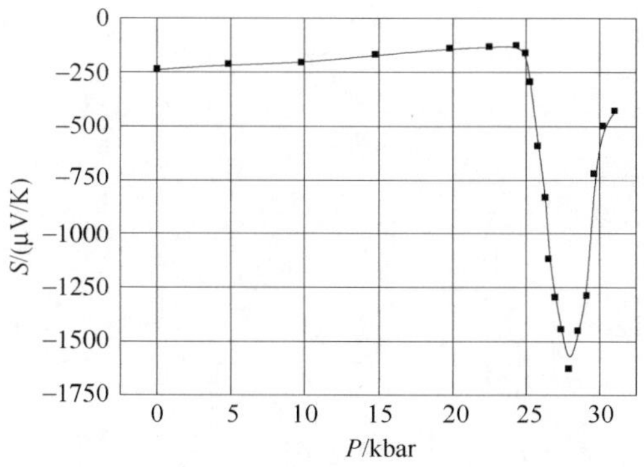

图表 516　InSb 的塞贝克系数随压强的变化

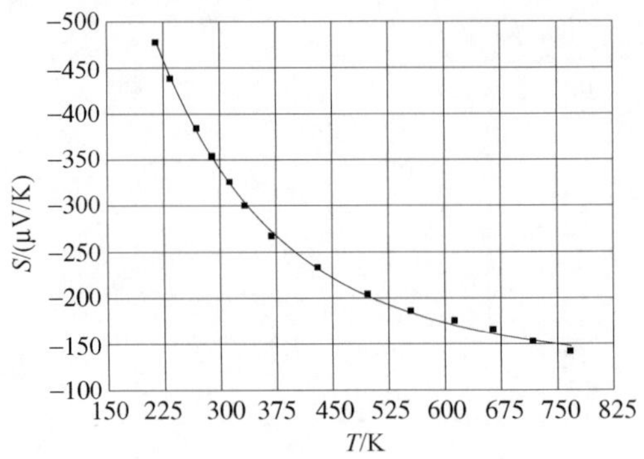

图表 517 InSb 的塞贝克系数随温度的变化-Ⅰ

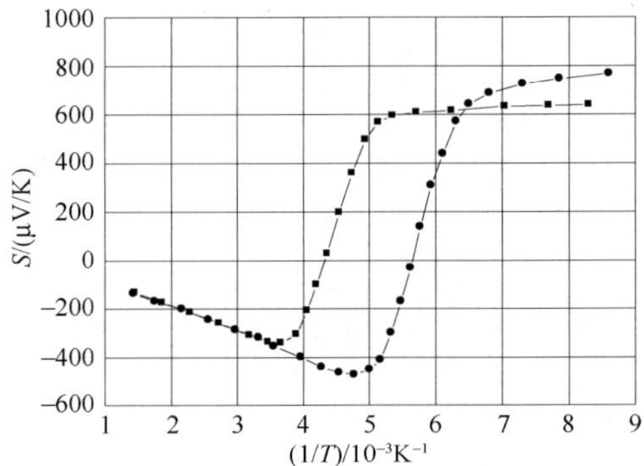

图表 518 InSb 的塞贝克系数随温度的变化-Ⅱ

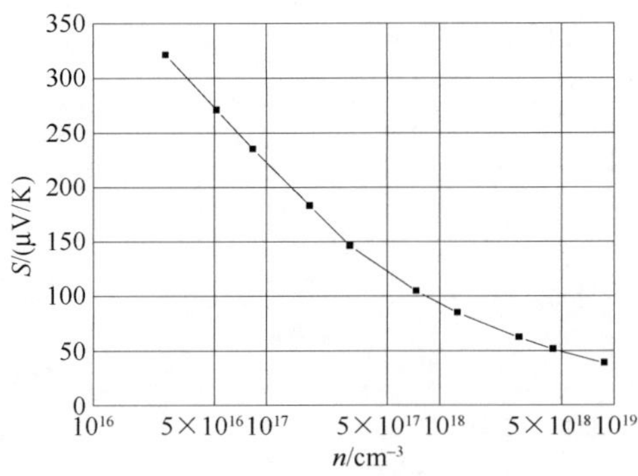

图表 519 InSb 的塞贝克系数随电子浓度的变化

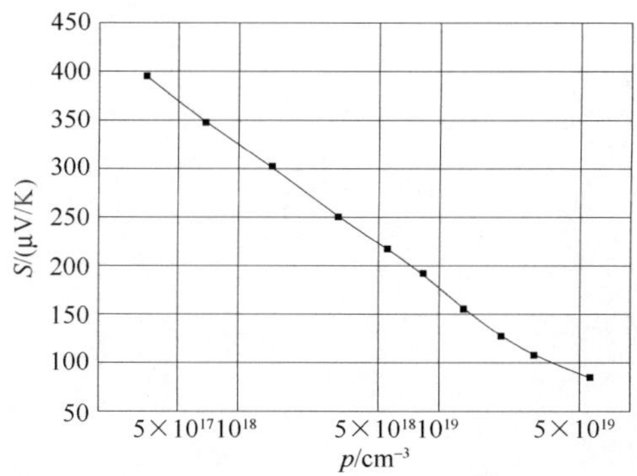

图表 520　InSb 的塞贝克系数随空穴浓度的变化

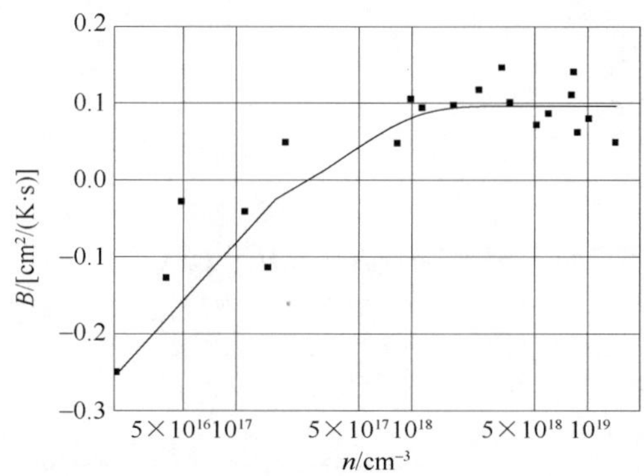

图表 521　InSb 的能斯特系数随电子浓度的变化

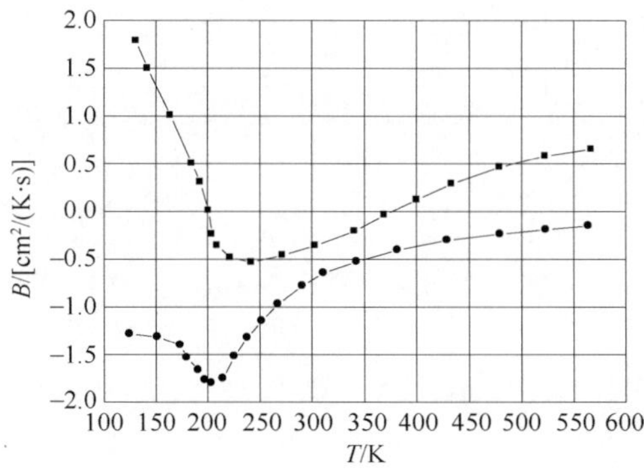

图表 522　InSb 的能斯特系数随温度的变化

第 15 章　氮化硼(BN)

1. 结构特性

1.1　晶体结构

纤锌矿、闪锌矿、六方体。

1.2　空间群

纤锌矿：P63mc(C_{6v}^4)。

闪锌矿：F43m(T_d^2)。

六方体：P63mmc(D_{6c})。

1.3　晶格常数

图表 523　几种 BN 晶体的晶格常数

晶体结构	纤锌矿	闪锌矿	六方体
a/Å	2.55	3.615	2.5～2.9
c/Å	4.17		6.66

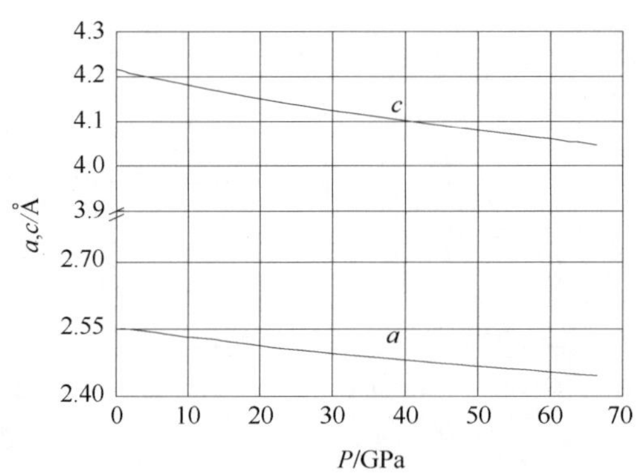

图表 524　纤锌矿 BN 的晶格常数随压强的变化

1.4　解理面和解理能

解理面：($\bar{1}\bar{1}\bar{1}$)。

解理能：3.07J/m^2。

1.5　结构相变

1.6　相图

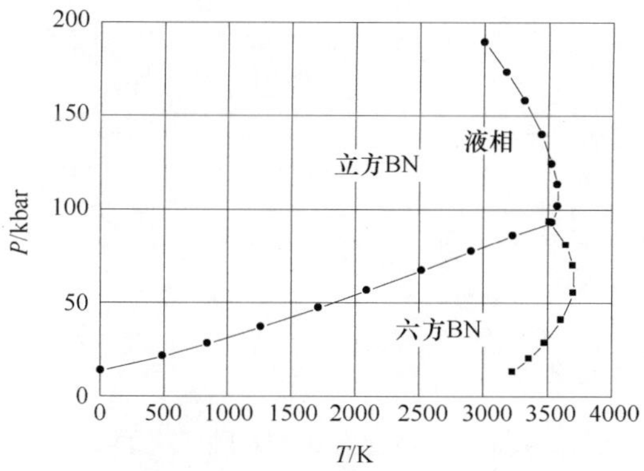

图表 525　BN 的 P-T 相图

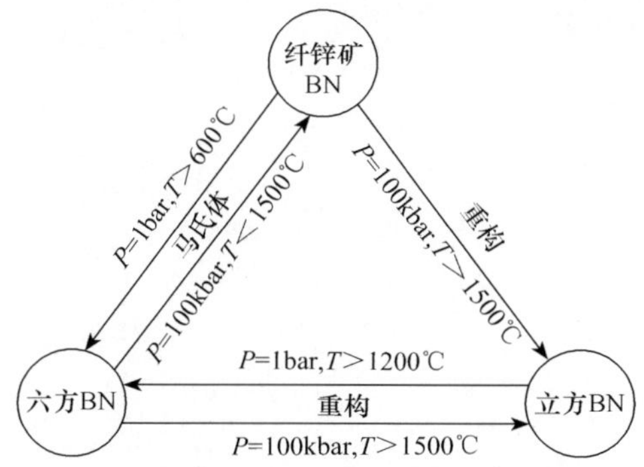

图表 526　不同结构 BN 的转换关系图

1.7　密度

图表 527　几种 BN 晶体的密度（单位：g/cm^3）

纤锌矿	闪锌矿	六方体
3.4870	3.450	2.0～2.28

2. 热学性能

2.1　熔点

闪锌矿：T_m＝2973℃。

2.2　定容比热容

图表 528　几种 BN 晶体的定容比热容（单位：J/(g·K)）

纤锌矿	闪锌矿	六方体
～0.75	～0.6	～0.8

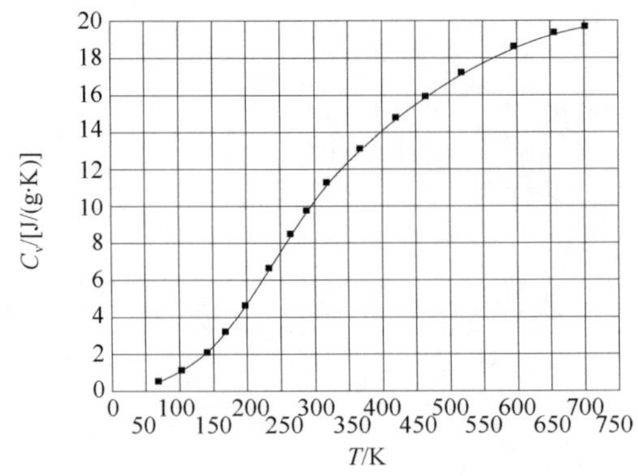

图表 529　BN 的定容比热容随温度的变化

2.3　定压比热容

c-BN：0.643J/(g·K)。

h-BN：0.805J/(g·K)。

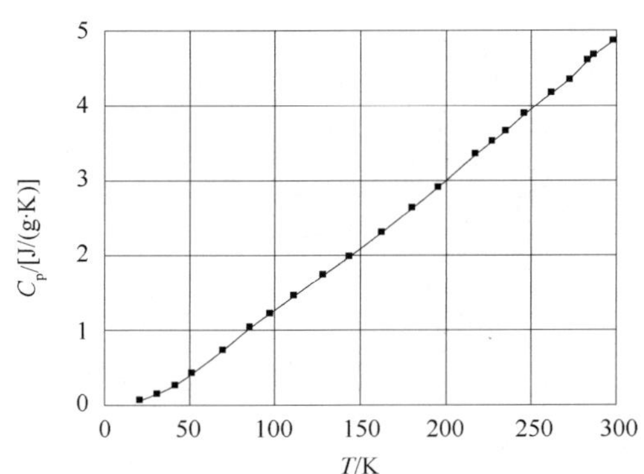

图表 530　BN 的定压比热容随温度的变化

2.4　德拜温度

图表 531　几种 BN 晶体的德拜温度（单位：K）

纤锌矿	闪锌矿	六方体
1400	1700	400

2.5　热膨胀系数

图表 532　BN 的线性热膨胀系数（单位：K^{-1}）

热膨胀系数	纤锌矿	闪锌矿	六方体
α		1.2×10^{-6}	
$\alpha_{//c}$	2.7×10^{-6}		3.8×10^{-6}
$\alpha_{\perp c}$	2.3×10^{-6}		-2.7×10^{-6}

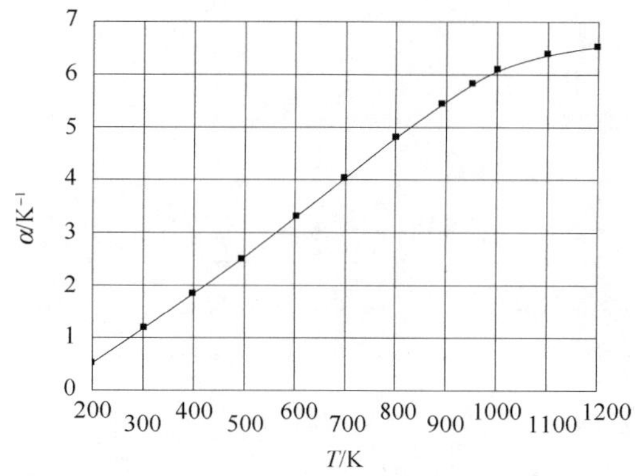

图表 533　BN 的热膨胀系数随温度的变化

2.6　热导率

图表 534　BN 的热导率（单位：W/(cm·K)）

闪锌矿	六方体
实验：7.4	$c_{//}\leqslant 0.3$
理论：13	$c_{\perp}\leqslant 6$

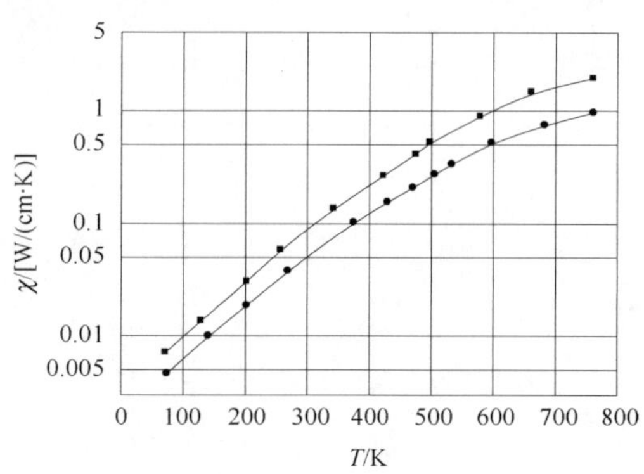

图表 535　BN 的热导率随温度的变化

2.7　热扩散系数

3. 力学性能

3.1　弹性常数

图表 536　BN 的弹性常数（单位：GPa）

闪锌矿		纤锌矿		六方体	
C_{11}	820	C_{11}	750	C_{11}	982
C_{12}	190	C_{12}	150	C_{12}	134
C_{44}	480	C_{33}	32±3	C_{13}	74
		C_{44}	3	C_{33}	1077
				C_{44}	388

3.2 杨氏模量

闪锌矿：$Y=748$GPa。

3.3 体模量

图表 537 几种 BN 晶体的体模量（单位：GPa）

纤锌矿	闪锌矿	六方体
400	400	36.5

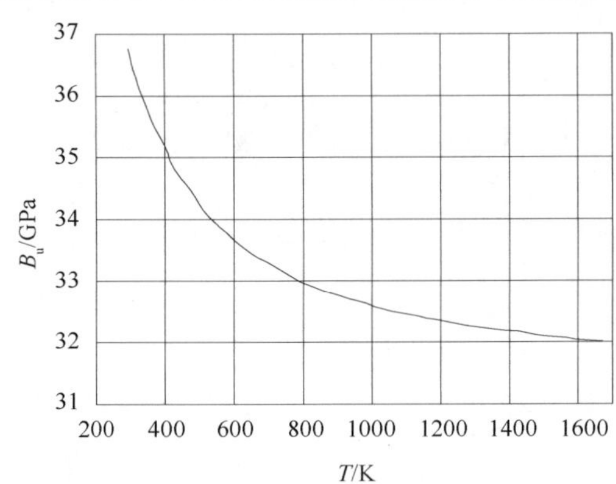

图表 538 六方 BN 的体模量随温度的变化

3.4 切变模量

闪锌矿：315GPa。

3.5 显微硬度

图表 539 几种 BN 晶体的硬度

晶体结构	纤锌矿	闪锌矿	六方体
莫氏硬度		9.5	1.5
努氏硬度/(kg/mm^2)	3400	4500	

4. 晶格动力学性质

4.1 声子色散关系

4.2 声子态密度

4.3 声子频率

$h\nu=130$meV。

4.4 红外光谱

4.5 拉曼光谱

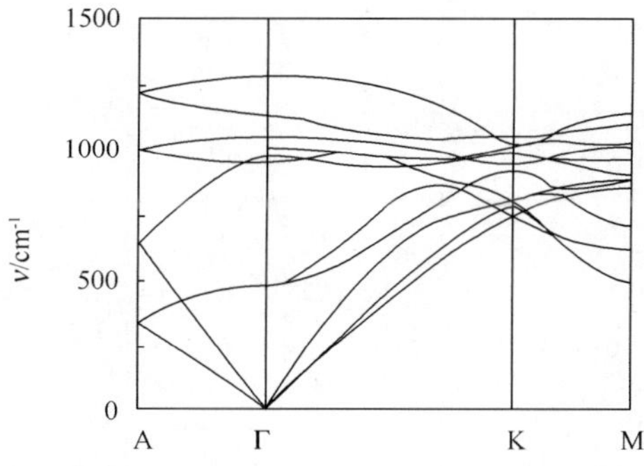

图表 540　纤锌矿 BN 的声子色散曲线-Ⅰ

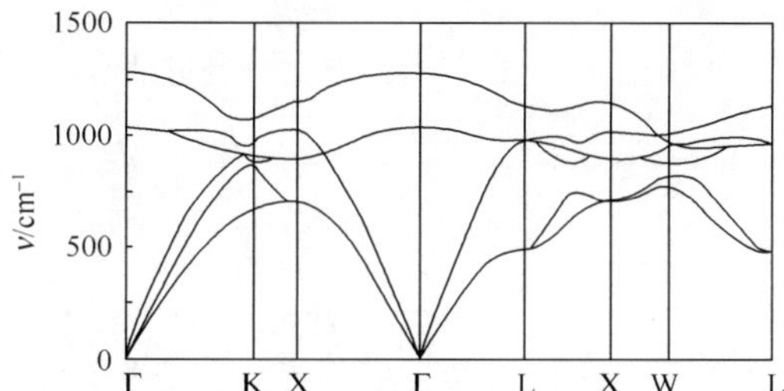

图表 541　纤锌矿 BN 的声子色散曲线-Ⅱ

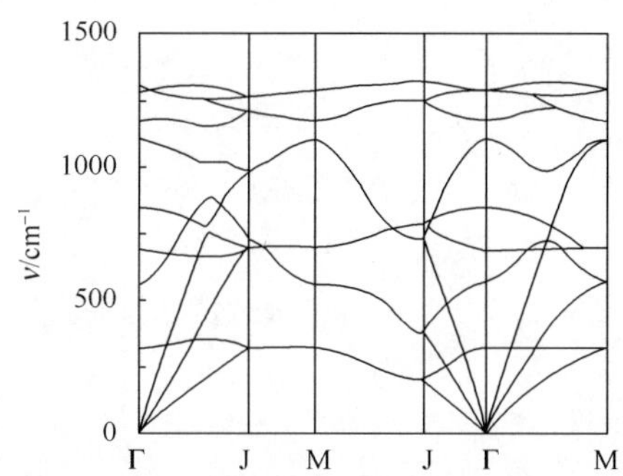

图表 542　纤锌矿 BN 的声子色散曲线-Ⅲ

图表 543　不同晶体结构 BN 的声子波数（单位：cm^{-1}）

纤锌矿 BN		闪锌矿 BN		六方体 BN	
振动模式	波数	振动模式	波数	振动模式	波数
A_1(LO)	1258	LO(Γ)	1305(1)	E_{2g}	49
A_1(LO)	1006～1053		1285	A_{2u}	770
E_1(LO)	1281	TO(Γ)	1054.7(6)	E_{2g}	1367
E_1(LO)	1053～1085		1000～1082	E_{1u}	1383
E_2(low)	476				
E_2(high)	989				

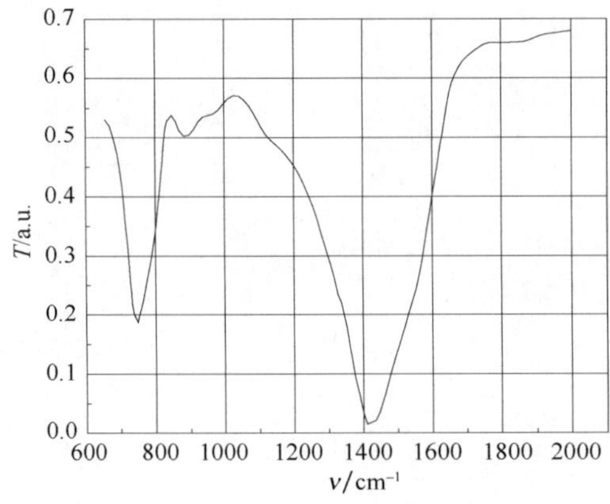

图表 544　h-BN 薄膜的红外透射谱

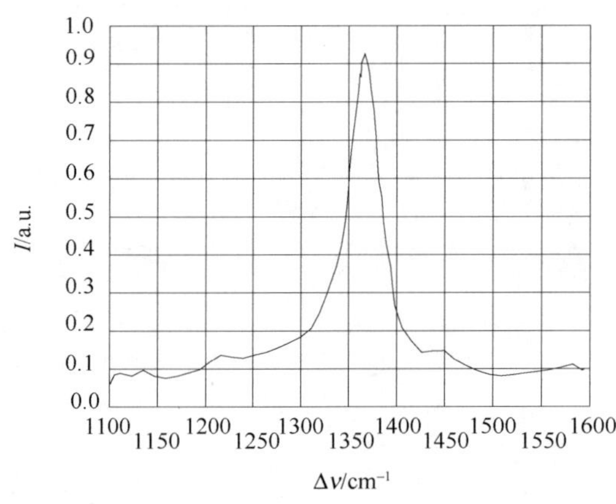

图表 545　h-BN 薄膜的拉曼光谱

4.6　声速

图表 546　闪锌矿 BN 的声速（单位：10^3 m/s）

方向	振动模式	计算公式	声速
[100]	v_L	$(C_{11}/\rho)^{1/2}$	15.4
	v_T	$(C_{44}/\rho)^{1/2}$	11.8
[110]	v_l	$((C_{11}+C_{12}+2C_{44})/2\rho)^{1/2}$	16.9
	$v_{t\parallel}$	$(C_{44}/\rho)^{1/2}$	11.8
	$v_{t\perp}$	$((C_{11}-C_{12})/2\rho)^{1/2}$	9.6
[111]	$v_{l'}$	$((C_{11}+2C_{12}+4C_{44})/3\rho)^{1/2}$	17.4
	$v_{t'}$	$((C_{11}-C_{12}+C_{44})/3\rho)^{1/2}$	10.4

图表 547　纤锌矿 BN 的声速（单位：10^3 m/s）

方向	振动模式	计算公式	声速
[100]	v_L	$(C_{11}/\rho)^{1/2}$	16.8
	$v_{T[001]}$	$(C_{44}/\rho)^{1/2}$	10.5
	$v_{T[010]})$	$((C_{11}-C_{12})/2\rho)^{1/2}$	11.0
[001]	v_L	$(C_{33}/\rho)^{1/2}$	17.6
	v_T	$(C_{44}/\rho)^{1/2}$	10.5

5. 能带结构

5.1　能带图

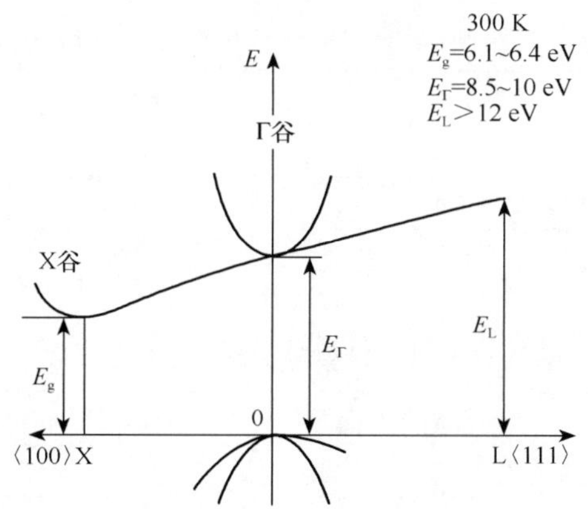

图表 548　闪锌矿结构 BN 的能带图

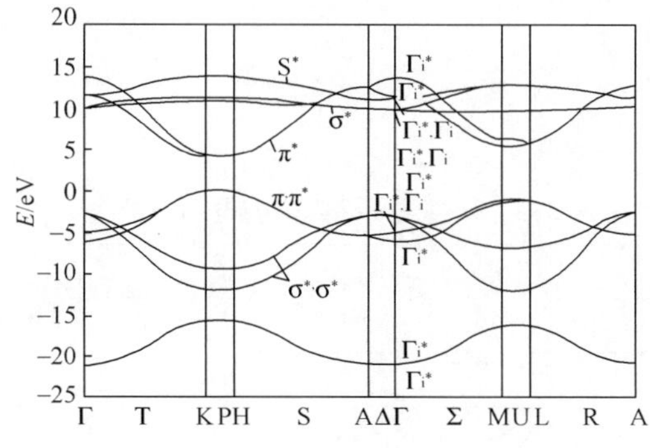

图表 549　立方体结构 BN 的能带图

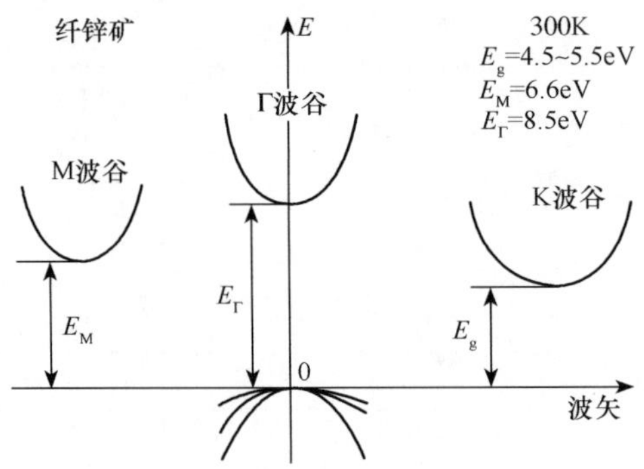

图表 550　纤锌矿结构 BN 的能带图

5.2　状态密度

图表 551　几种 BN 晶体中的电子状态密度（单位：cm^{-3}）

晶体结构	纤锌矿	闪锌矿	六方体
N_C	1.5×10^{19}	2.1×10^{19}	—
N_V	2.6×10^{19}	2.6×10^{19}	—

5.3　禁带宽度

图表 552　BN 的禁带宽度（单位：eV）

晶体结构	纤锌矿	闪锌矿	六方体
E_g	4.5～5.5	6.1～6.4	4.0～5.8

5.4　电子亲和势

$\chi=4.5$eV。

5.5　杂质与缺陷

5.6　电子有效质量

图表 553　几种 BN 晶体中的电子有效质量

晶体结构	纤锌矿	闪锌矿	六方体
m_{nl}	0.35	1.2	—
m_{nt}	0.24	0.26	—
M→Γ	—	—	0.26
M→L	—	—	2.21
m_{ds}	1.5×10^{19}	2.1×10^{19}	—

5.7　空穴有效质量

图表 554　几种 BN 晶体中的空穴有效质量

	纤锌矿	闪锌矿	六方体
m_h	0.88		
Γ→K		m_1=3.16	
		m_2=0.64	
		m_3=0.44	
Γ→A	1.08		
Γ→M	1.02		
Γ→X		0.55	
Γ→L		m_1=0.36	
		m_2=1.20	
K→Γ			0.47
M→Γ			0.50
M→L			1.33

状态密度有效质量：m_v=1.0。

5.8　激子束缚能

6. 光学特性

6.1　介电常数

图表 555　几种 BN 晶体的介电常数

晶体结构	纤锌矿	闪锌矿	六方体
静态	$\varepsilon_\perp$=6.8，$\varepsilon_{/\!/}$=5.1	7.1	$\varepsilon_\perp$=6.85，$\varepsilon_{/\!/}$=5.06
高频	$\varepsilon_\perp \approx \varepsilon_{/\!/}$=4.2～4.5	4.46	$\varepsilon_\perp$=4.3，$\varepsilon_{/\!/}$=2.2

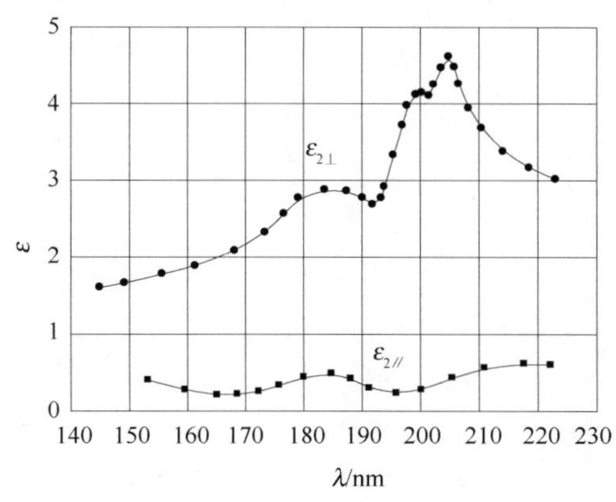

图表 556　六方 BN 的介电常数随波长的变化

6.2　吸收光谱

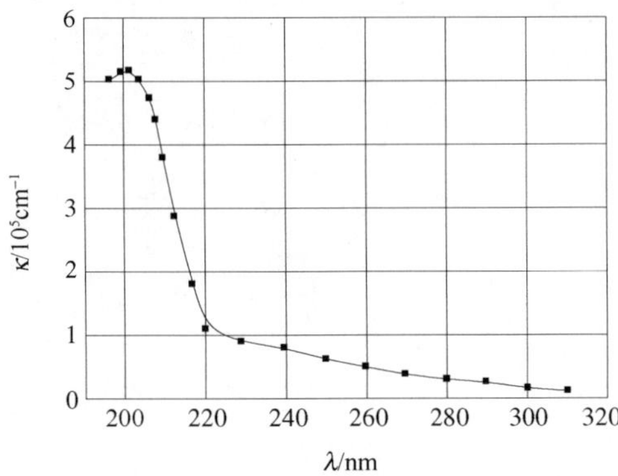

图表 557　BN 的吸收光谱

6.3　透射光谱

6.4　反射光谱

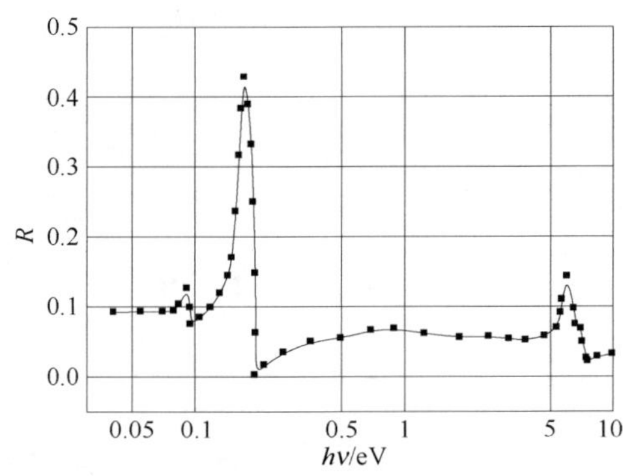

图表 558　六方 BN 体的反射率($E/\!/c$) 随光子能量的变化

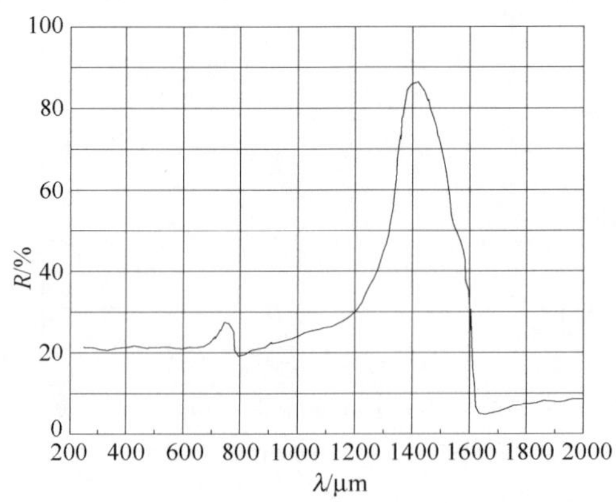

图表 559　六方 BN 体的反射率($E\perp c$) 随波长的变化

6.5　折射率和消光系数

图表 560　几种 BN 晶体的折射率

晶体结构	纤锌矿	闪锌矿	六方体
n	2.05	2.1	1.8

7. 载流子的输运特性

7.1　电子迁移率

闪锌矿：200cm²/(V·s)。

7.2　电子漂移速率

7.3　空穴迁移率

闪锌矿：500cm²/(V·s)。

7.4　空穴漂移速率

7.5　本征载流子浓度

7.6　本征电导率

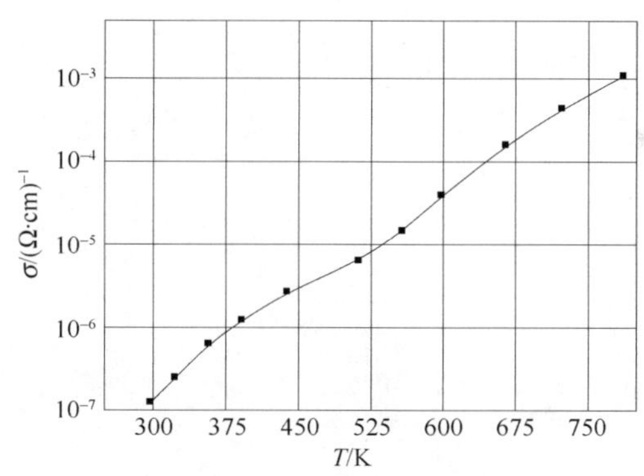

图表 561　BN 的本征电导率随温度的变化

7.7　压阻特性

7.8　击穿场强

图表 562　BN 的击穿场强（单位：V/cm）

纤锌矿	闪锌矿	六方体
	$(2\sim6)\times10^6$	$(1\sim3)\times10^6$

8. 压电性能

图表 563　BN 的压电常数（单位：C/m^2）

压电常数	e_{14}	e_{31}	e_{33}
闪锌矿	−0.64		
纤锌矿		0.27	−0.85

第 16 章　磷化硼(BP)

1. 结构特性

1.1　晶体结构

闪锌矿。

1.2　空间群

$F\bar{4}3m(T_d)$。

1.3　晶格常数

a=4.5383Å

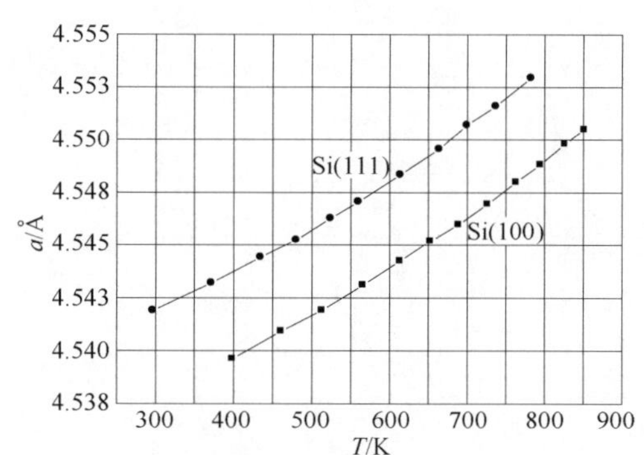

图表 564　BP 薄膜的晶格常数随温度的变化

1.4　解理面和解理能

解理面：(111)。

解理能：1.64J/m^2。

1.5　结构相变

1.6　相图

1.7　密度

d=2.9693g/cm^3。

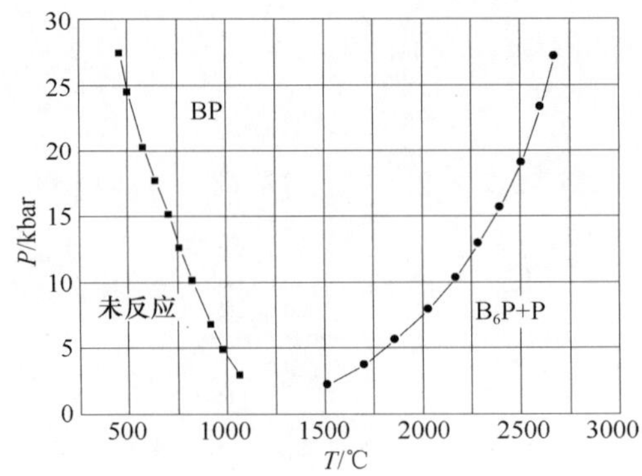

图表 565　BP 的 P-T 相图

2. 热学性能

2.1　熔点

$T_m > 3300K$。

2.2　定容比热容

2.3　定压比热容

$C_p = 7.50cal/(mol \cdot K)$。

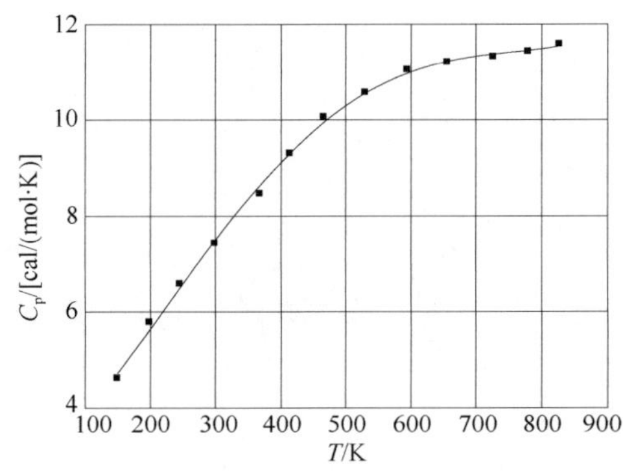

图表 566　BP 的定容比热容随温度的变化

2.4　德拜温度

$\Theta_D = 1025K$。

2.5　热膨胀系数

$\alpha = 2.94 \times 10^{-6} K^{-1}$。

2.6　热导率

$\chi = 3.5W/(cm \cdot K)$。

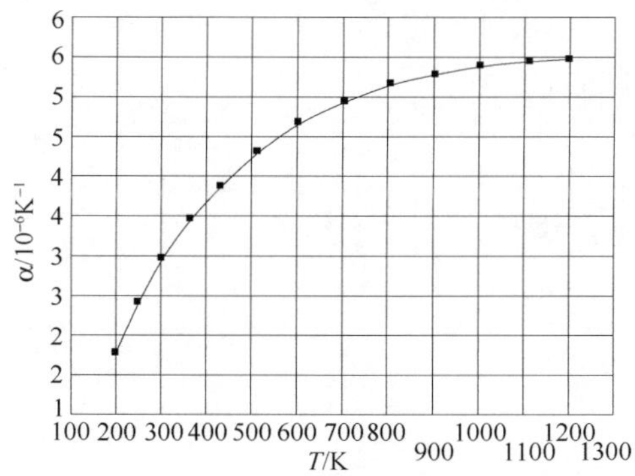

图表 567　BP 的热膨胀系数随温度的变化

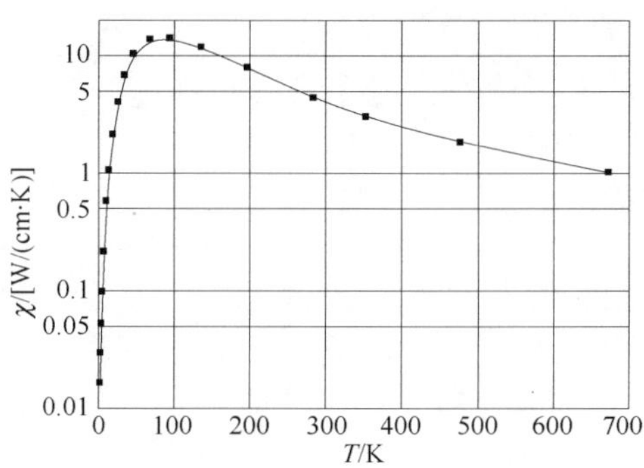

图表 568　BP 的热导率随温度的变化

2.7　热扩散系数

3. 力学性能

3.1　弹性常数

图表 569　BP 晶体的弹性常数（单位：10^{11} dyn/cm^2）

C_{11}	C_{12}	C_{44}
31.5	10	16

3.2　杨氏模量

图表 570　BP 晶体的杨氏模量（单位：10^{12} dyn/cm^2）

(100)		(110)		(111)
[001]	[011]	[001]	[011]	
2.7	2.6	2.7	2.5	2.6

3.3　体模量

$B_u = 17 \times 10^{11}$ dyn/cm^2。

3.4　切变模量

$C_s = 17 \times 10^{11}\,dyn/cm^2$。

3.5　显微硬度

努氏硬度：$H = 3.2GPa$。

4. 晶格动力学性质

4.1　声子色散关系

4.2　声子态密度

4.3　声子频率

图表 571　BP 晶体的振动模式

LO			TO		
THz	meV	cm^{-1}	THz	meV	cm^{-1}
24.85	102.8	828.9	24.0	99.1	799

4.4　红外光谱

4.5　拉曼光谱

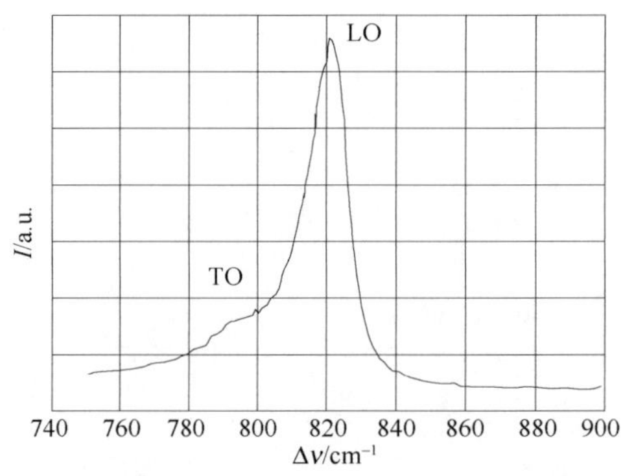

图表 572　BP 晶体的拉曼光谱

4.6　声速

图表 573　BP 晶体的声速（单位：$10^3 m/s$）

[100]		[110]			[111]	
LA	TA1，TA2	LA	TA1	TA2	LA	TA1，TA2
10	7.3	11	6.0	7.3	11	6.5

5. 能带结构

5.1　能带图

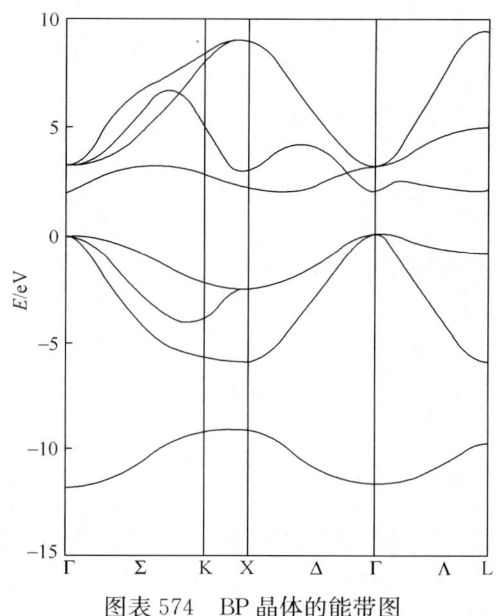

图表 574　BP 晶体的能带图

5.2　状态密度

5.3　禁带宽度

E_g = 2.0eV。

5.4　电子亲和势

5.5　杂质与缺陷

5.6　电子有效质量

有效质量：m_n = 0.15。

态密度有效质量：m_{ds} = 0.75。

电导率有效质量：m_c = 0.28。

5.7　空穴有效质量

图表 575　BP 晶体中的空穴有效质量

重空穴		轻空穴	
[001]	[111]	[001]	[111]
0.375	0.926	0.150	0.108

5.8　激子束缚能

6. 光学特性

6.1　介电常数

静态：ε(0)＝11。

高频：ε(∞)＝10.2。

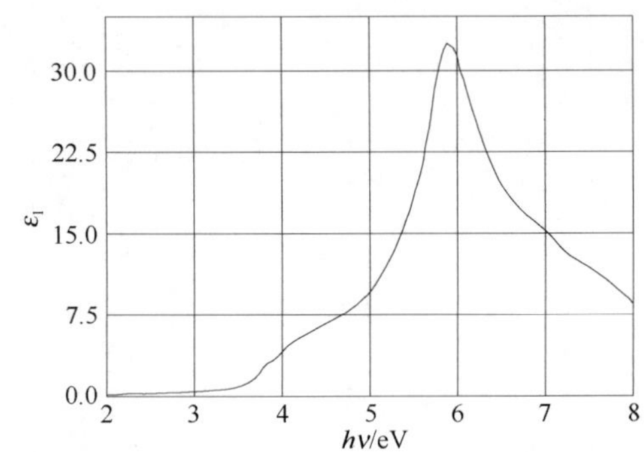

图表 576　BP 的介电常数随光子能量的变化-Ⅰ

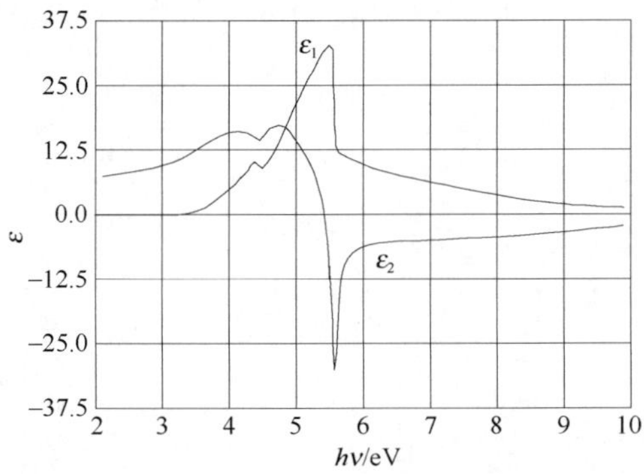

图表 577　BP 的介电常数随光子能量的变化-Ⅱ

6.2　吸收光谱

6.3　透射光谱

6.4　反射光谱

6.5　折射率和消光系数

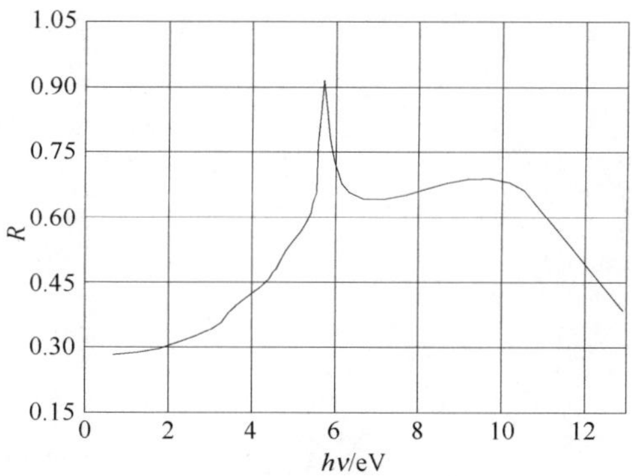

图表 578　BP 的反射率随光子能量的变化

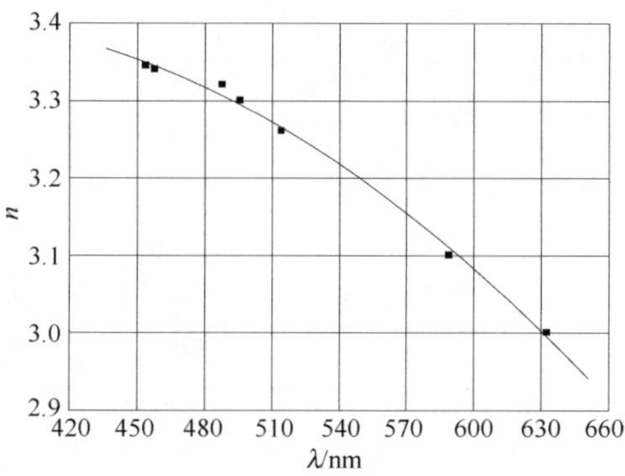

图表 579　BP 的折射率随波长的变化

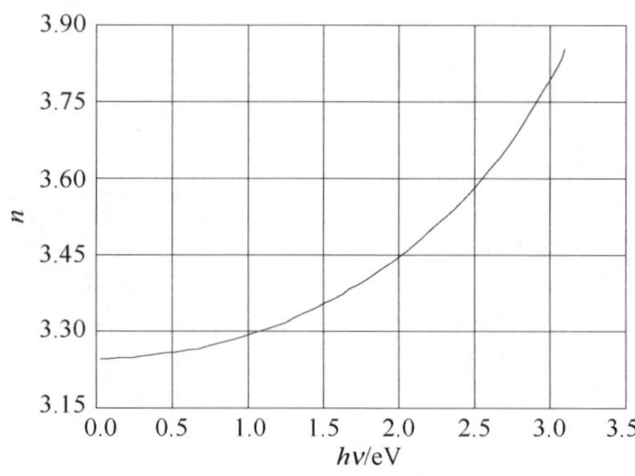

图表 580　BP 的折射率随光子能量的变化

7. 载流子的输运特性

7.1　电子迁移率

$\mu_n = 190 cm^2/(V \cdot s)$。

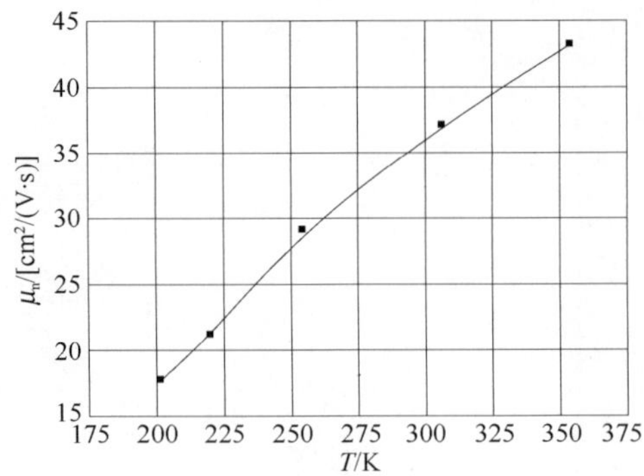

图表 581　BP 的电子迁移率随温度的变化

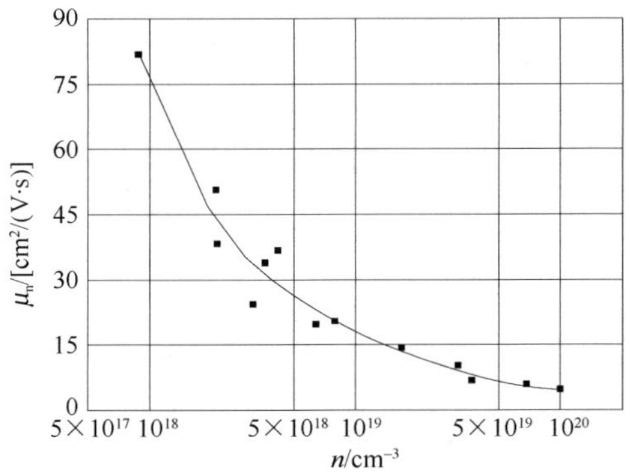

图表 582　BP 的电子迁移率随载流子浓度的变化

7.2　电子漂移速率

7.3　空穴迁移率

$\mu_p = 500\text{cm}^2/(\text{V} \cdot \text{s})$。

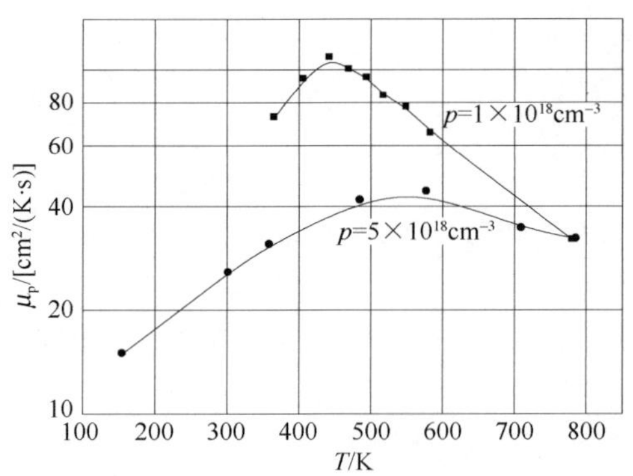

图表 583　BP 的空穴迁移率随温度的变化

7.4　空穴漂移速率

7.5　本征载流子浓度

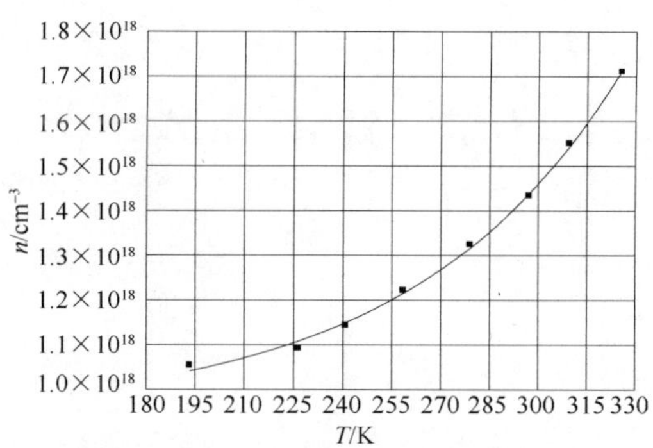

图表 584　BP 的本征载流子浓度随温度的变化

7.6　本征电导率

7.7　压阻特性

7.8　击穿场强

$E_{BR}=1MV/cm$。

8. 压电性能

$e_{14}=-0.36C/m^2$。

第 17 章　锑化铝(AlSb)

1. 结构特性

1.1　晶体结构

闪锌矿结构。

1.2　空间群

$F\bar{4}3m(T_d^2)$。

1.3　晶格常数

闪锌矿结构：a=6.1355Å。

1.4　解理面和解理能

解理面：(111)。

解理能：0.814J/m^2。

1.5　结构相变

P_T=5.3～12.5GPa。

1.6　相图

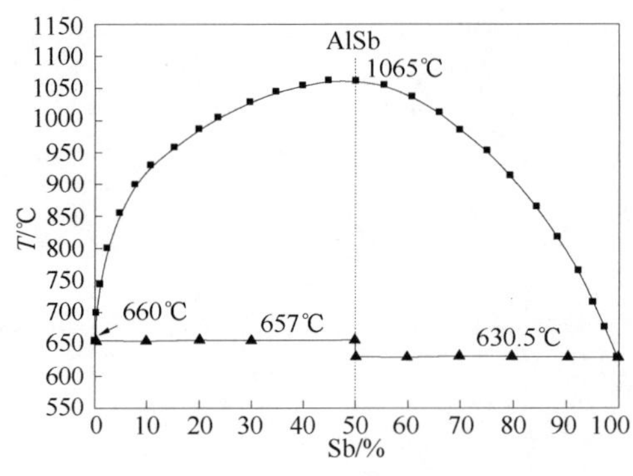

图表 585　AlSb 的相图

1.7　密度

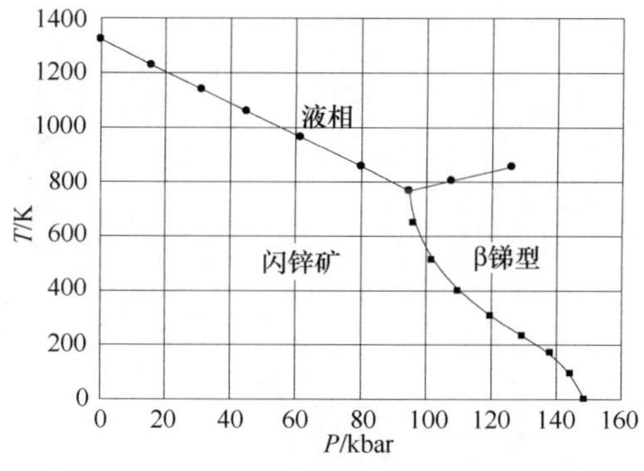

图表 586　AlSb 的 P-T 相图

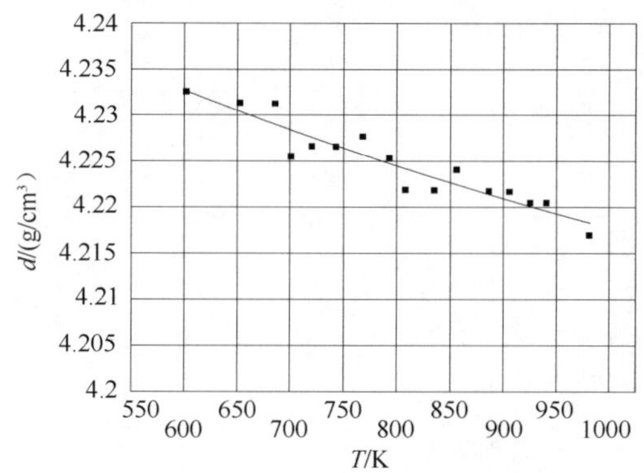

图表 587　AlSb 的密度随温度的变化

2. 热学性能

2.1　熔点

$T_m = 1338K$。

2.2　定容比热容

2.3　定压比热容

$C_p = 0.326 J/(g \cdot K)$。

2.4　德拜温度

$\Theta_D = 370K$。

2.5　热膨胀系数

$\alpha = 4.2 \times 10^{-6} K^{-1}$。

2.6　热导率

$\chi = 0.57 W/(cm \cdot K)$。

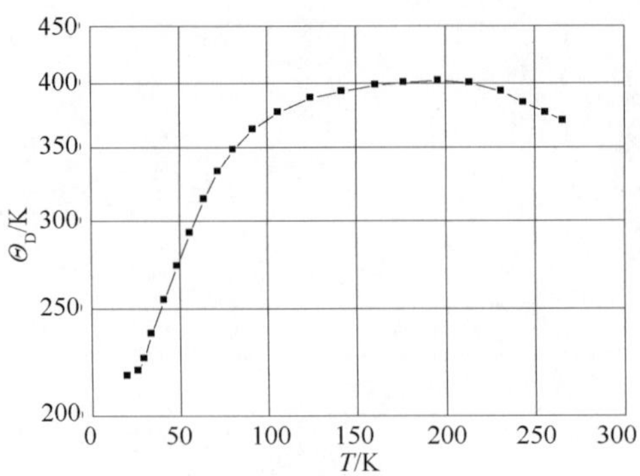

图表 588　AlSb 的德拜温度随温度的变化

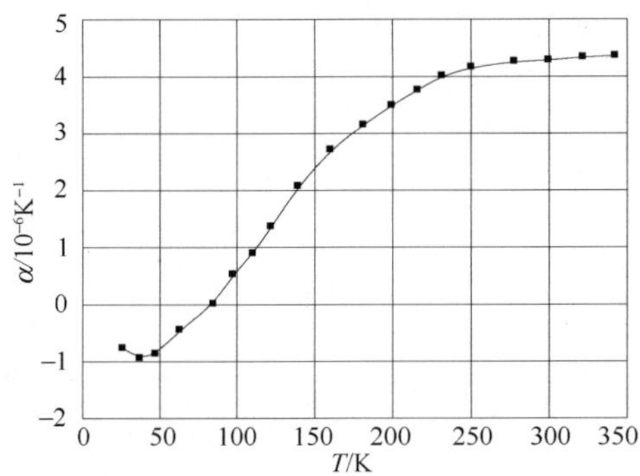

图表 589　AlSb 的热膨胀系数随温度的变化

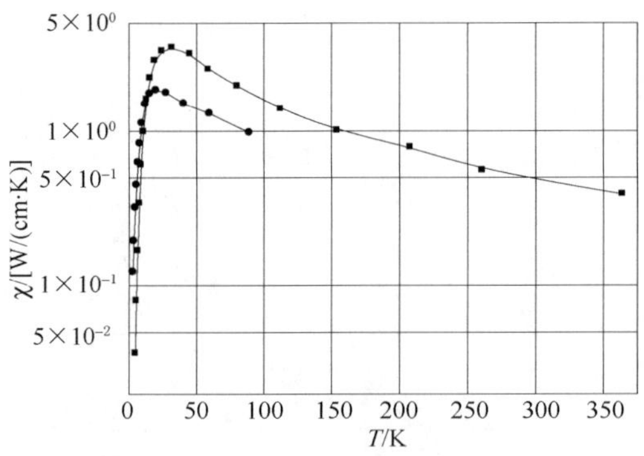

图表 590　AlSb 的热导率随温度的变化

2.7　热扩散系数

3. 力学性能

3.1　弹性常数

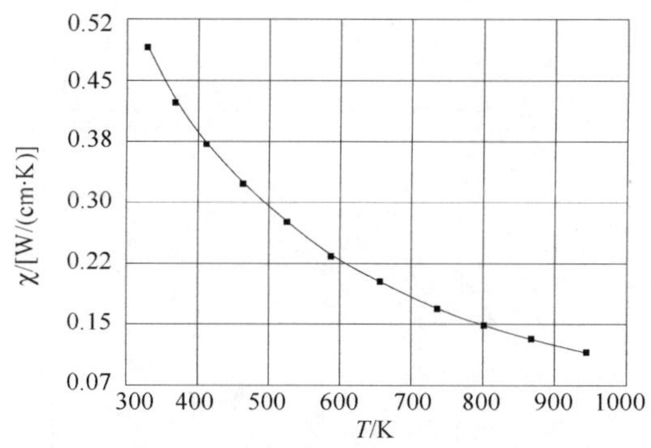

图表 591　AlSb 的热导率随温度的变化

($n=1.1\times10^{18}\text{cm}^{-3}$)

图表 592　AlSb 的弹性常数（单位：10^{11} dyn/cm^2）

C_{11}	C_{12}	C_{44}
8.769	4.341	4.076

3.2　杨氏模量

图表 593　AlSb 的杨氏模量（单位：10^{12} dyn/cm^2）

(100)		(110)		(111)
[001]	[011]	[001]	[111]	
0.589	0.847	0.589	0.991	0.847

3.3　体模量

$B_u=5.82\times10^{12}$ dyn/cm^2。

3.4　切变模量

$C_s=2.21\times10^{12}$ dyn/cm^2。

3.5　显微硬度

努氏硬度：4。

4. 晶格动力学性质

4.1　声子色散关系

4.2　声子态密度

4.4　声子频率

4.5　红外光谱

4.6　拉曼光谱

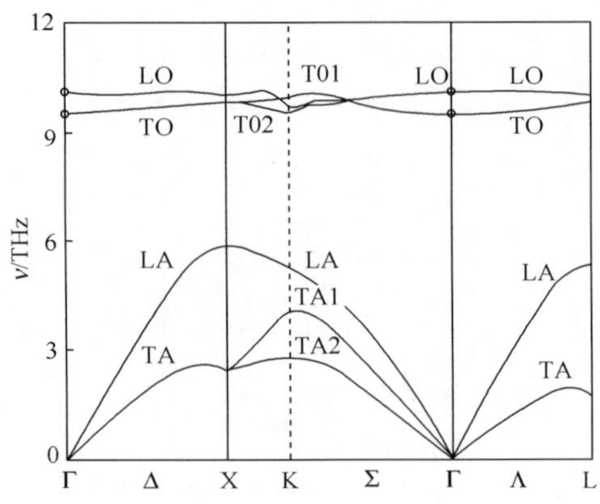

图表 594　AlSb 的声子色散关系

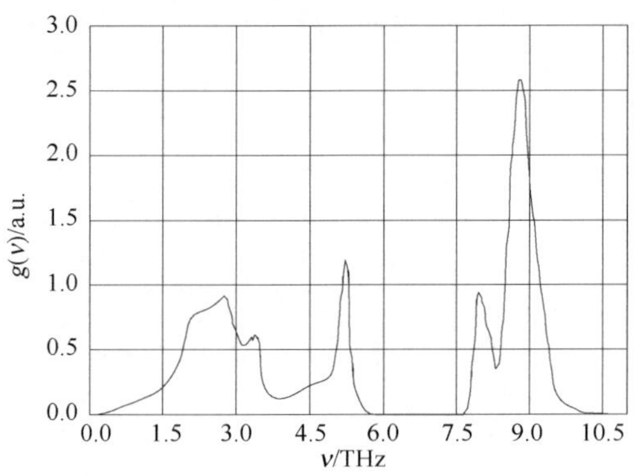

图表 595　AlSb 的声子态密度

图表 596　AlSb 的振动模式

LO			TO		
THz	meV	cm^{-1}	THz	meV	cm^{-1}
10.19	42.16	340	9.555	39.52	318.7

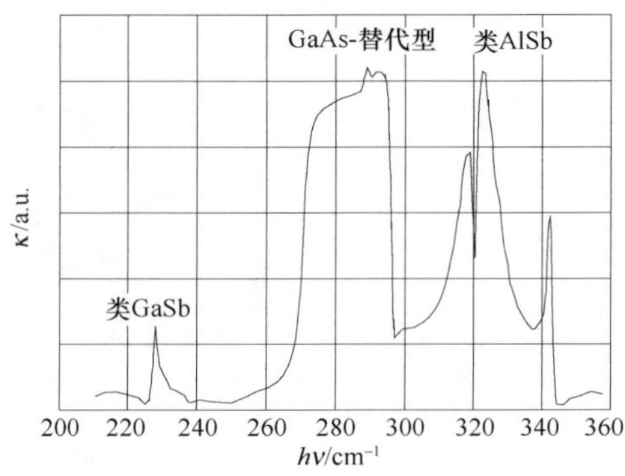

图表 597　AlSb/GaSb 超晶格的红外光谱

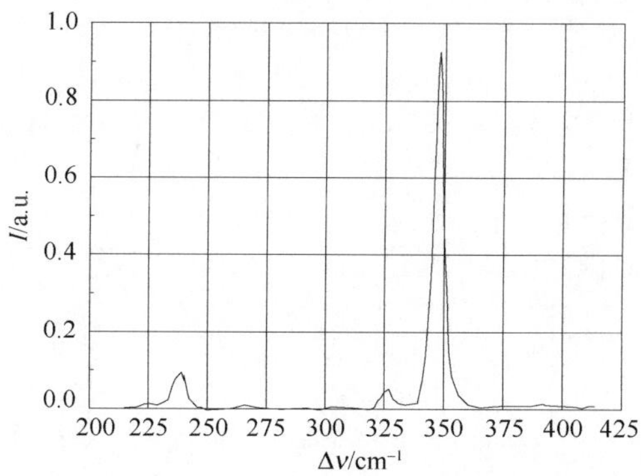

图表 598　AlSb 的拉曼光谱

4.7　声速

图表 599　AlSb 中声波的速度（单位：10^3m/s）

[100]		[110]			[111]	
LA	TA1，TA2	LA	TA1	TA2	LA	TA1，TA2
4.53	3.09	4.99	2.28	3.92	6.43	3.27

5. 能带结构

5.1　能带图

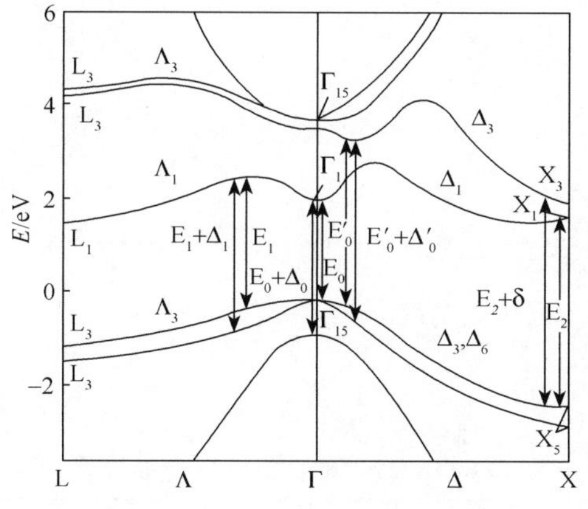

图表 600　AlSb 的能带图

5.2　状态密度

5.3　禁带宽度

E_g=1.615eV。

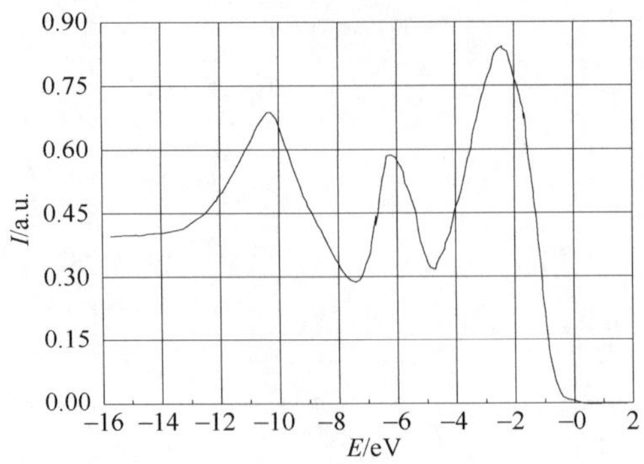

图表 601　AlSb 晶体的紫外光电子谱

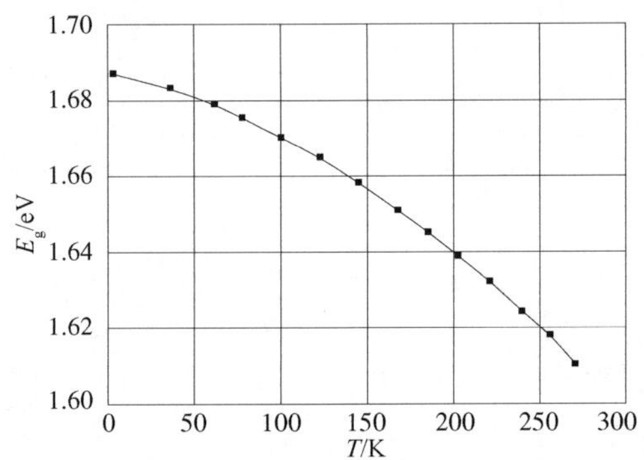

图表 602　AlSb 的禁带宽度随温度的变化

5.4　电子亲和势

$\chi=3.65\mathrm{eV}$。

5.5　杂质与缺陷

5.6　电子有效质量

$m_n=0.14$。

电导率有效质量：$m_c=0.29$。

5.7　空穴有效质量

图表 603　AlSb 晶体的空穴有效质量

重空穴		轻空穴	
[001]	[111]	[001]	[111]
0.47	1.54	0.16	0.13

5.8　激子束缚能

$E_{ex}=10\mathrm{meV}$。

6. 光学特性

6.1　介电常数

静态：11.21。

高频：9.88。

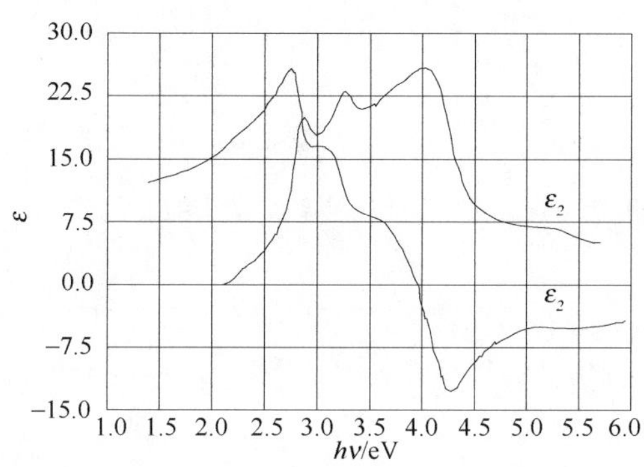

图表 604　AlSb 的介电常数随光子能量的变化

6.2　吸收光谱

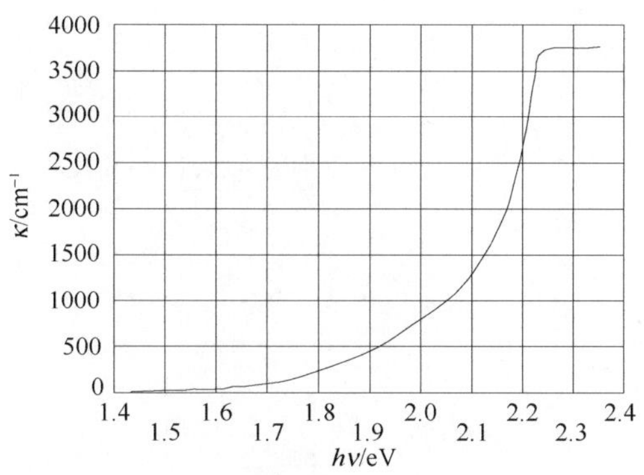

图表 605　AlSb 的吸收系数随光子能量的变化

6.3　透射光谱

6.4　反射光谱

6.5　折射率和消光系数

7. 载流子的输运特性

7.1　电子迁移率

$\mu_n = 200\text{cm}^2/(\text{V} \cdot \text{s})$。

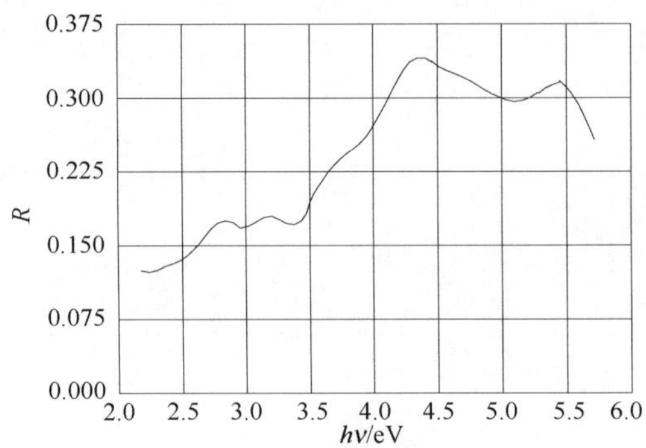

图表 606 AlSb 的反射率随光子能量的变化

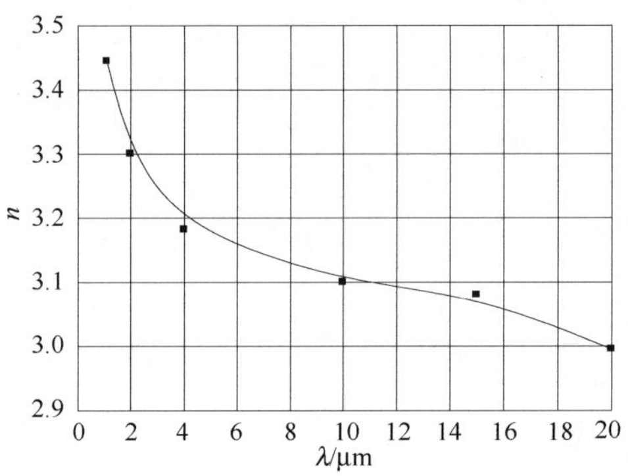

图表 607 AlSb 的折射率随波长的变化

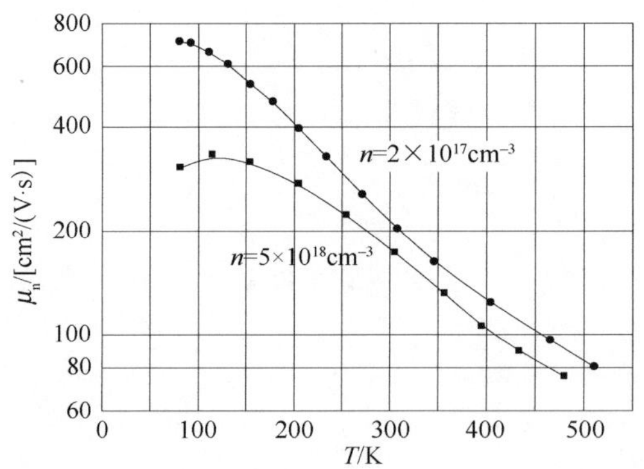

图表 608 AlSb 的电子迁移率随温度的变化

7.2 电子漂移速率

7.3 空穴迁移率

$\mu_p=400cm^2/(V \cdot s)$。

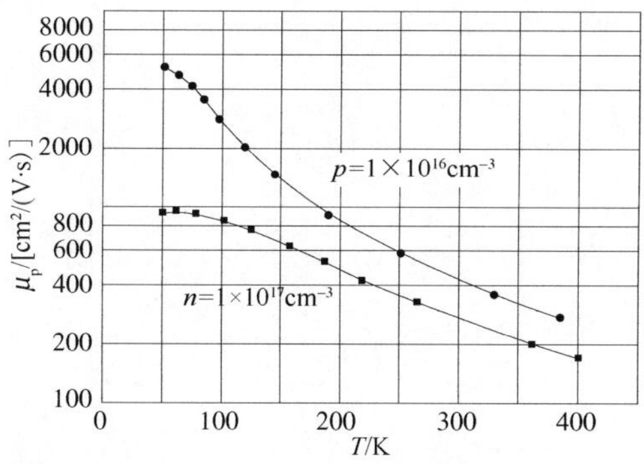

图表 609　AlSb 的空穴迁移率随温度的变化

图表 610　AlSb 的空穴迁移率随空穴浓度的变化

8. 压电性能

$e_{14}=0.068\text{C/m}^2$。

$d_{14}=1.7\times10^{-12}\text{m/V}$。

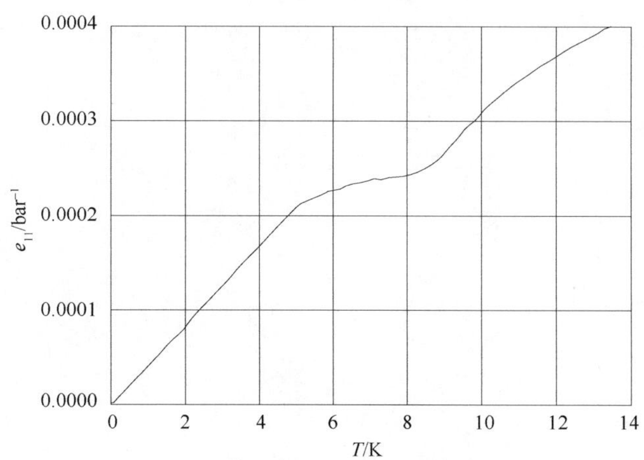

图表 611　n 型 AlSb 的压电常数随温度的变化

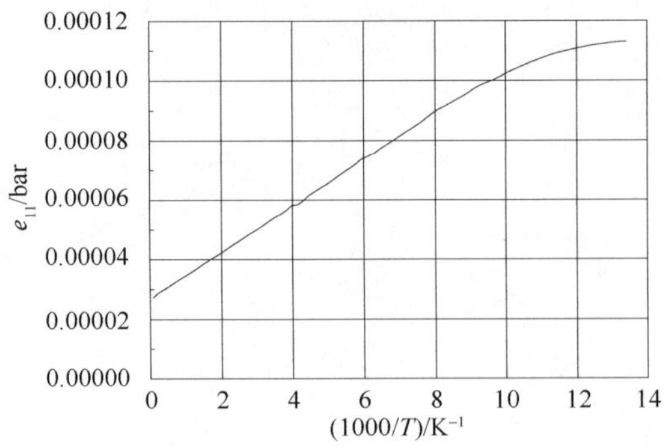

图表 612　p 型 AlSb 的压电常数随温度的变化

9. 磁学性能

9.1　霍尔系数

9.2　磁阻系数

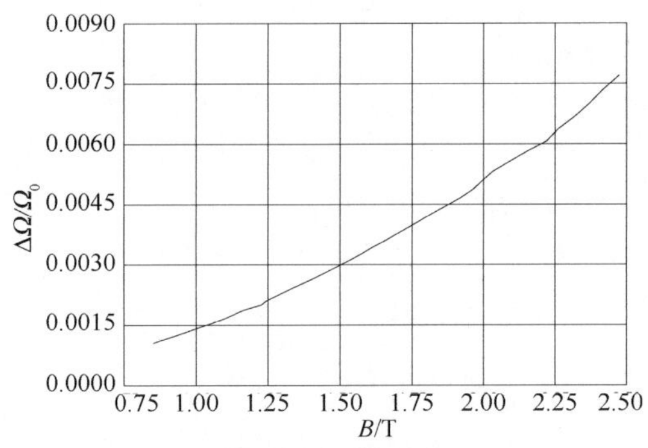

图表 613　AlSb 的磁阻系数随磁场强度的变化-Ⅰ

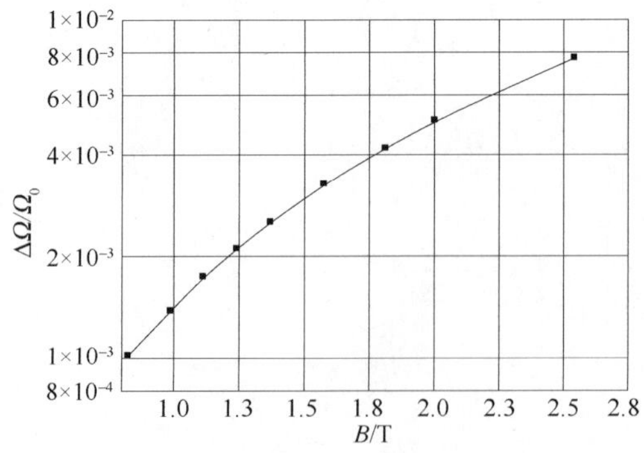

图表 614　AlSb 的磁阻系数随磁场强度的变化-Ⅱ

10. 热电特性

10.1　塞贝克系数

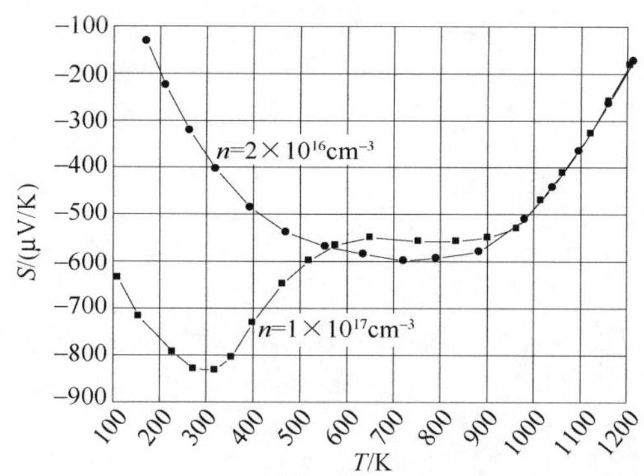

图表 615　n 型 AlSb 的塞贝克系数随温度的变化

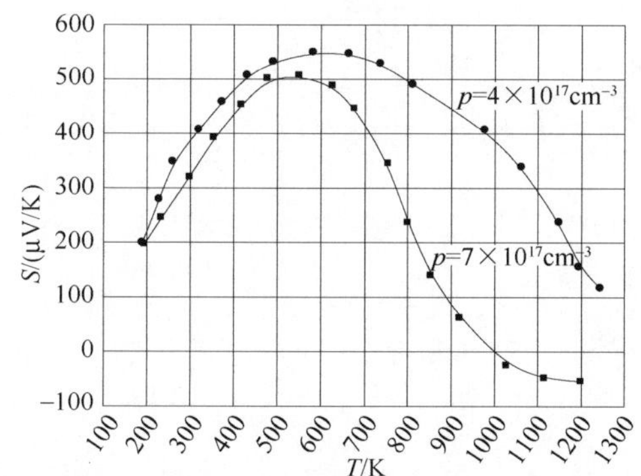

图表 616　p 型 AlSb 的塞贝克系数随温度的变化

10.2　能斯特系数

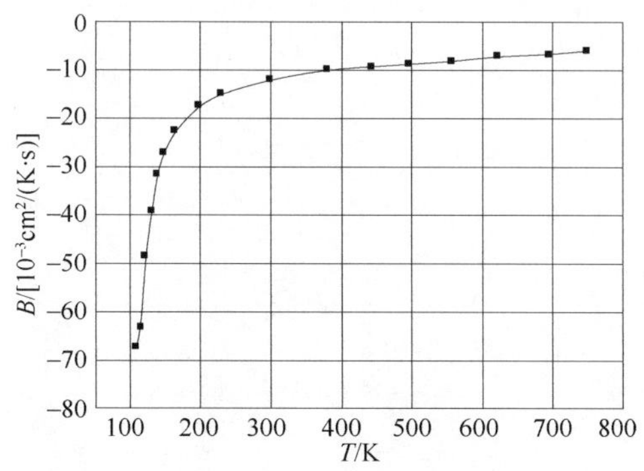

图表 617　AlSb 的能斯特系数随温度的变化

第 18 章　锑化镓(GaSb)

1. 结构特性

1.1　晶体结构

闪锌矿。

1.2　空间群

F43m(T_d^2)。

1.3　晶格常数

a=6.09593Å。

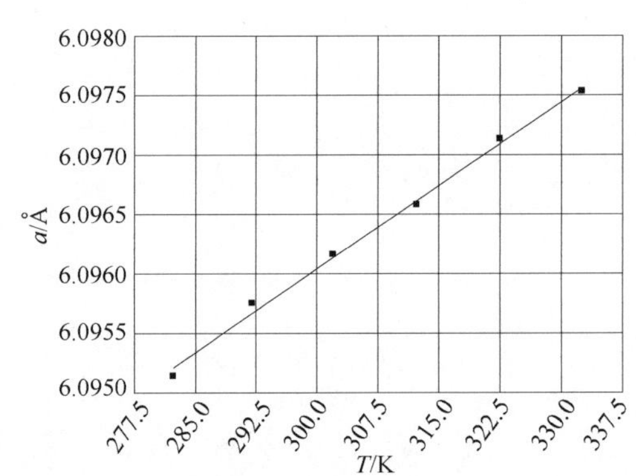

图表 618　GaSb 的晶格常数随温度的变化

1.4　解理面和解理能

解理面：(111)。

解理能：0.803J/m^2。

1.5　结构相变

一级相变转变压强：P_T=6.2～7.0GPa。

1.6　相图

1.7　密度

d=5.61g/cm^3。

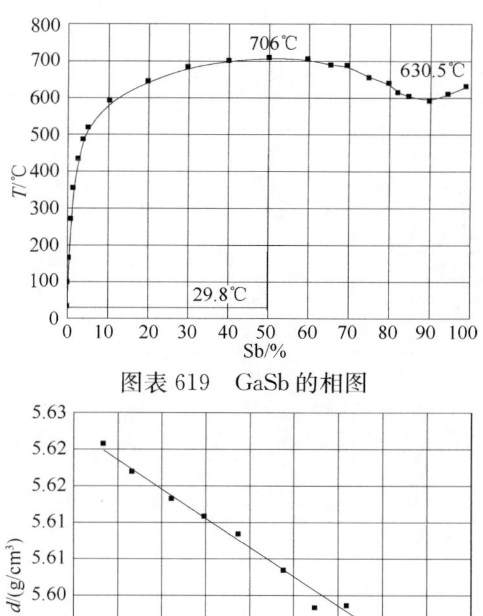

图表 619　GaSb 的相图

图表 620　GaSb 的密度随温度的变化

2. 热学性能

2.1　熔点

T_m = 712℃。

2.2　定容比热容

2.3　定压比热容

C_p = 0.344J/(g · K)。

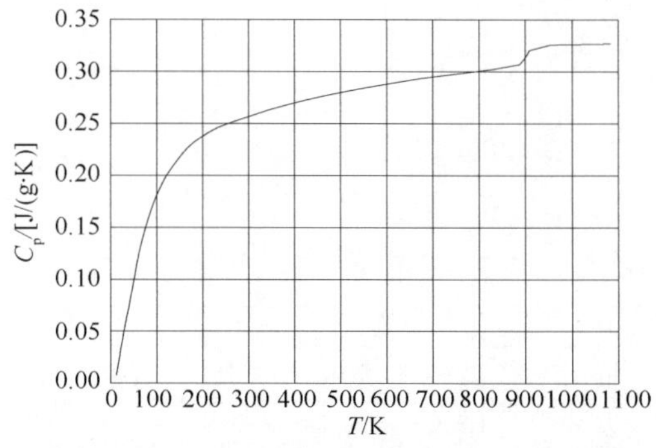

图表 621　GaSb 的定压比热容随温度的变化

2.4　德拜温度

$\Theta_D = 266K$。

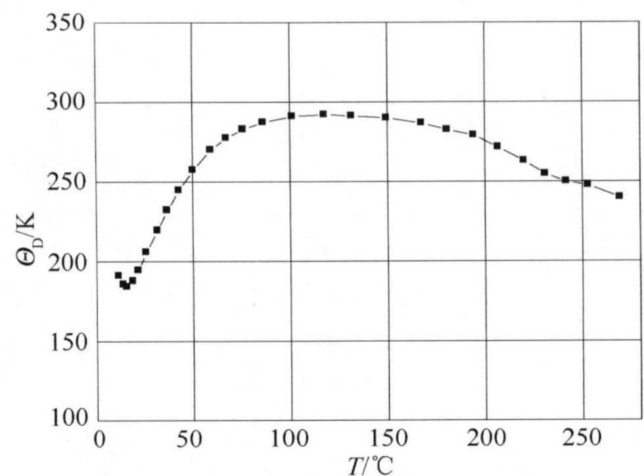

图表 622　GaSb 的德拜温度随温度的变化

2.5　热膨胀系数

$\alpha = 7.75 \times 10^{-6} K^{-1}$。

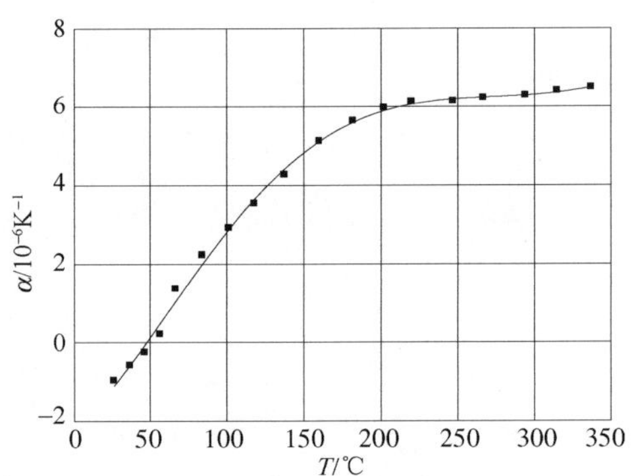

图表 623　GaSb 的热膨胀系数随温度的变化

2.6　热导率

$\chi = 0.32W/(cm \cdot K)$。

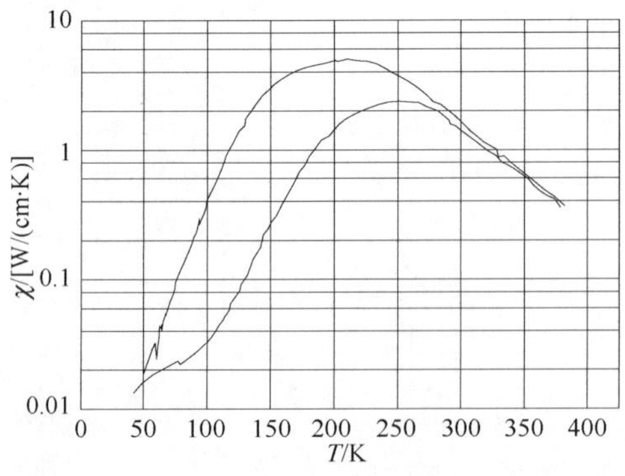

图表 624　GaSb 的热导率随温度的变化-Ⅰ

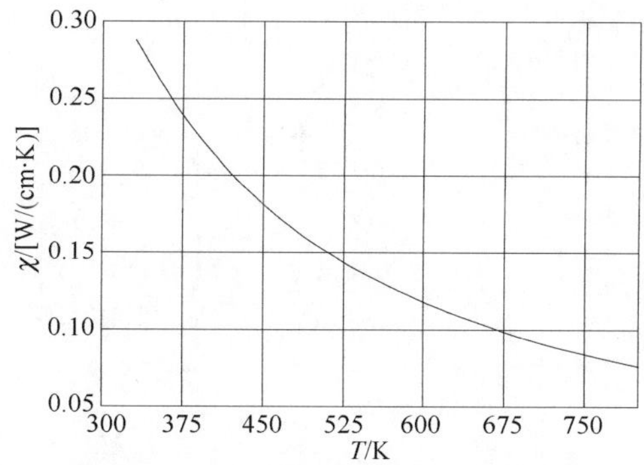

图表 625　GaSb 的热导率随温度的变化-Ⅱ

2.7　热扩散系数

$D=0.23\mathrm{cm}^2/\mathrm{s}$。

3. 力学性能

3.1　弹性常数

$C_{11}=8.83\times10^{11}\mathrm{dyn/cm}^2$。

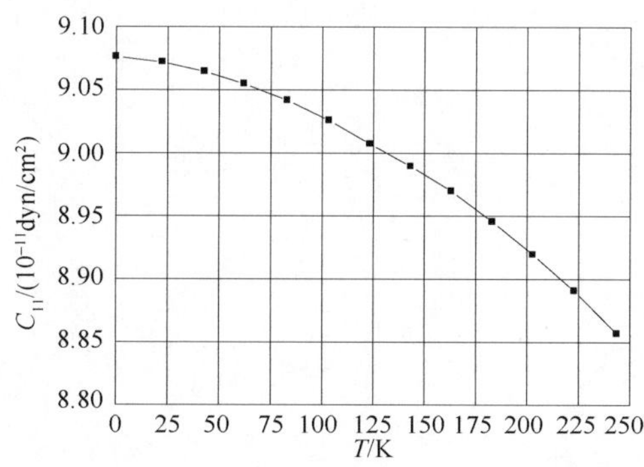

图表 626　GaSb 的弹性常数 C_{11} 随温度的变化

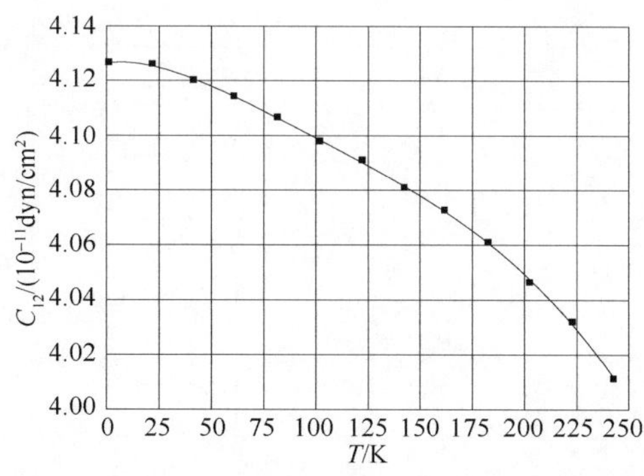

图表 627　GaSb 的弹性常数 C_{12} 随温度的变化

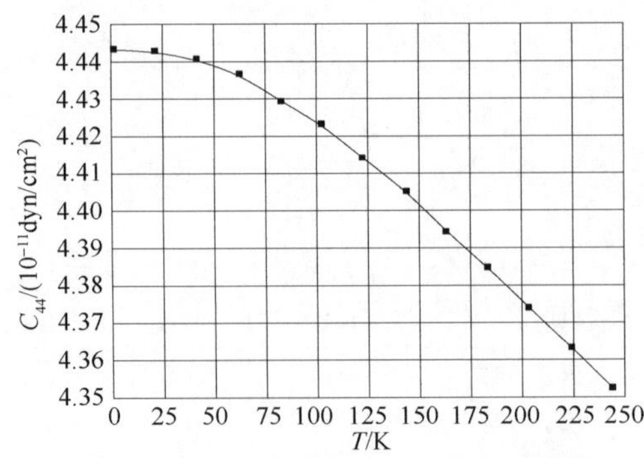

图表 628　GaSb 的弹性常数 C_{44} 随温度的变化

$C_{12}=4.02\times10^{11}$ dyn/cm^2。

$C_{44}=4.32\times10^{11}$ dyn/cm^2。

3.2　杨氏模量

$Y=6.31\times10^{11}$ dyn/cm^2。

3.3　体模量

$B_u=5.63\times10^{11}$ dyn/cm^2。

3.4　切变模量

$C_s=2.4\times10^{11}$ dyn/cm^2。

3.5　显微硬度

莫氏硬度：4.5。

努氏硬度：450kg/mm^2。

4. 晶格动力学性质

4.1　声子色散关系

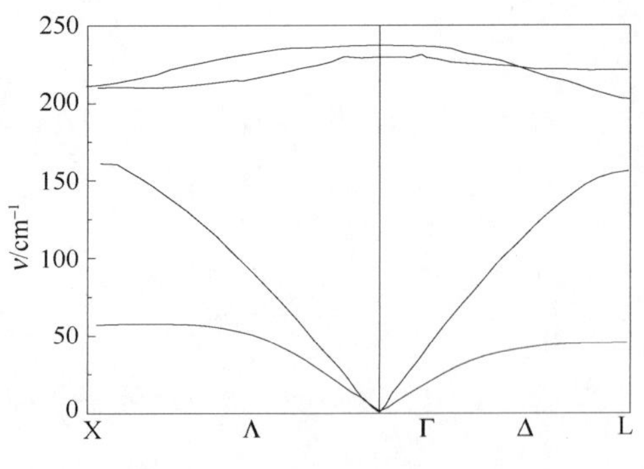

图表 629　GaSb 的声子色散关系

4.2　声子态密度

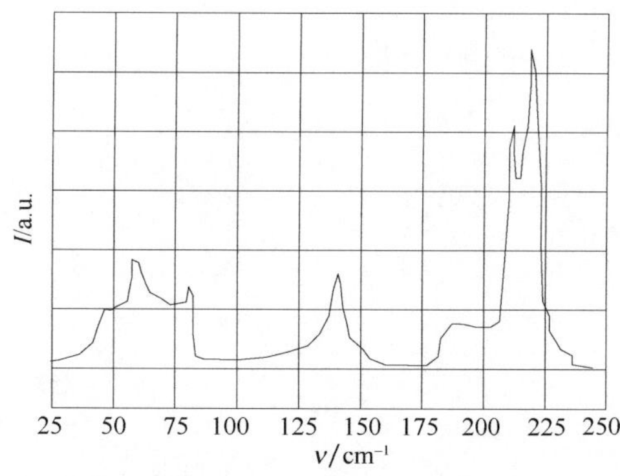

图表 630　GaSb 的声子态密度

4.3　声子频率

$h\nu$=0.0297eV。

图表 631　GaSb 中不同模式的振动频率（单位：THz）

振动模式	频率	振动模式	频率
$\nu_{LO}(\Gamma_{15})$	6.87	$\nu_{TA}(L_3)$	1.37
$\nu_{TA}(X_5)$	1.70	$\nu_{LA}(L_1)$	4.60
$\nu_{LA}(X_3)$	4.99	$\nu_{LO}(L_1)$	6.15
$\nu_{TO}(X_5)$	6.36	$\nu_{TO}(L_3)$	6.48
$\nu_{LO}(X_1)$	6.35		

4.4　红外光谱

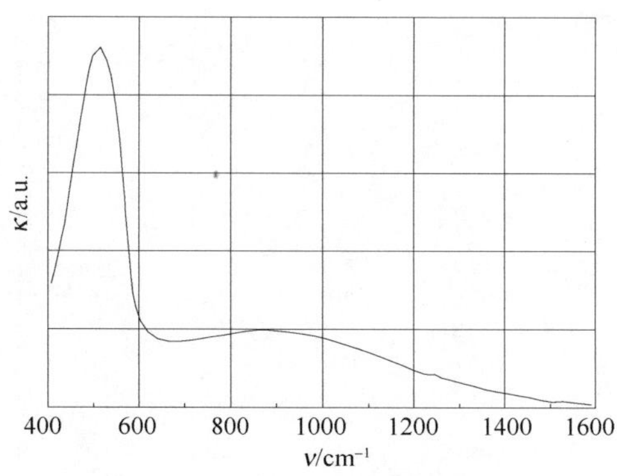

图表 632　GaSb 的红外吸收光谱

4.5　拉曼光谱

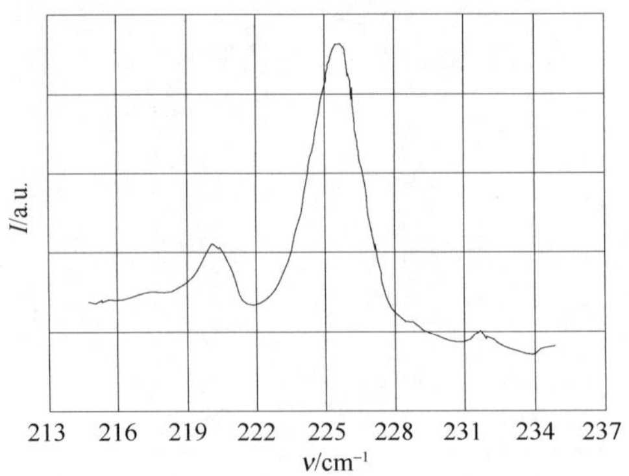

图表 633　GaSb 的拉曼光谱

4.6　声速

图表 634　GaSb 在不同方向不同模式的声速（单位：10^3 m/s）

方向	模式		声速
[100]	v_L	$(C_{11}/\rho)^{1/2}$	3.97
	v_T	$(C_{44}/\rho)^{1/2}$	2.77
[100]	v_l	$((C_{11}+C_{12}+2C_{44})/2\rho)^{1/2}$	4.38
	$v_{t\parallel}$	$(C_{44}/\rho)^{1/2}$	2.77
	$v_{t\perp}$	$((C_{11}-C_{12})/2\rho)^{1/2}$	2.07
[111]	$v_{l'}$	$((C_{11}+2C_{12}+4C_{44})/3\rho)^{1/2}$	4.50
	$v_{t'}$	$((C_{11}-C_{12}+C_{44})/3\rho)^{1/2}$	2.33

5. 能带结构

5.1　能带图

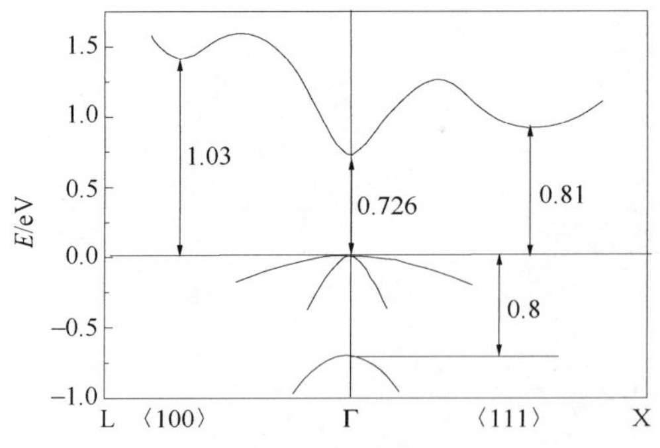

图表 635　GaSb 的能带图

5.2　状态密度

$N_C = 2.1 \times 10^{17} \text{cm}^{-3}$。

$N_V = 1.8 \times 10^{19} \text{cm}^{-3}$。

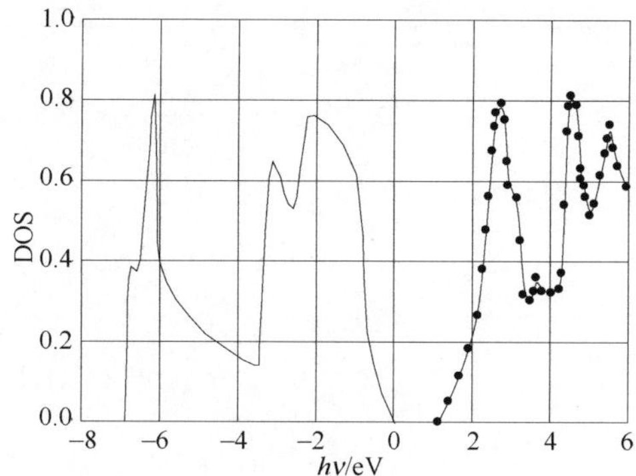

图表 636　GaSb 的状态密度随光子能量的变化

5.3　禁带宽度

$E_g = 0.726\text{eV}$。

Γ 和 L 能谷差：0.084eV。

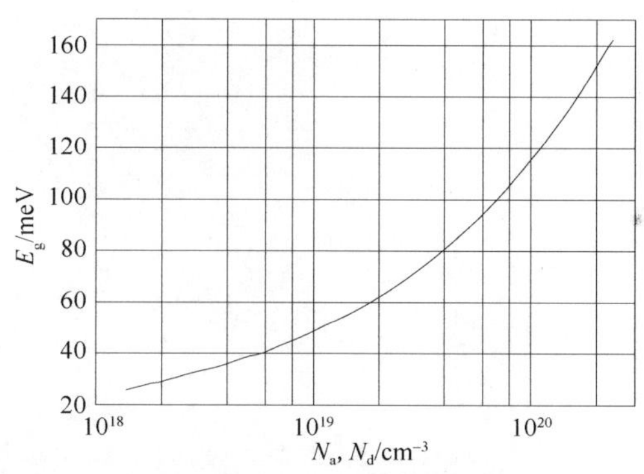

图表 637　GaSb 的价带顶位置禁带宽度随受主浓度的变化

5.4　电子亲和势

$\chi = 4.06\text{eV}$。

5.5　杂质与缺陷

图表 638　GaSb 中施主杂质的电离能（单位：eV）

施主	Te(L)	Te(X)	Se(L)	Se(X)	S(L)	S(X)
电离能	～0.02	⩽0.08	～0.05	～0.23	～0.15	～0.30

图表 639　GaSb 中受主杂质的电离能（单位：eV）

受主	E_{a1}	E_{a2}	Si	Ge	Zn
电离能	0.03	0.1	～0.01	～0.009	～0.037

5.6　电子有效质量

m_n=0.041。

状态密度有效质量：0.87。

5.7　空穴有效质量

m_{pl}=0.4。

m_{ph}=0.05。

自旋分裂轨道：m_{so}=0.4。

状态密度有效质量：0.8。

5.8　激子束缚能

6. 光学特性

6.1　介电常数

静态：15.7。

高频：14.4。

6.2　吸收光谱

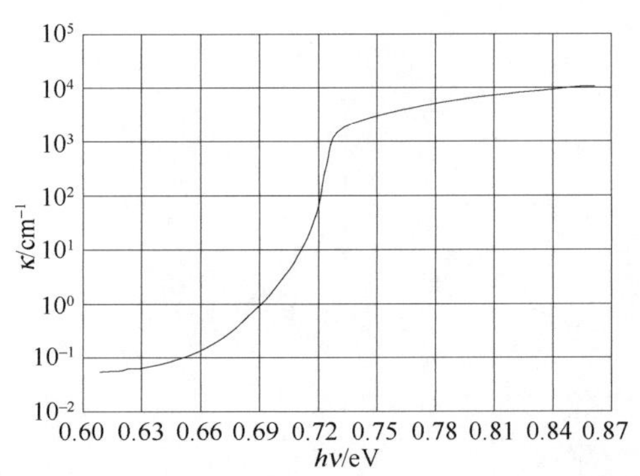

图表 640　GaSb 的近边吸收系数随光子能量的变化

6.3　透射光谱

6.4　反射光谱

6.5　折射率和消光系数

n=3.8。

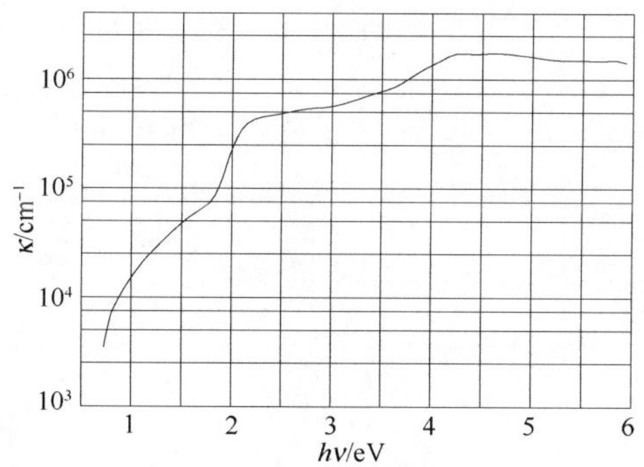

图表 641　GaSb 的吸收系数随光子能量的变化

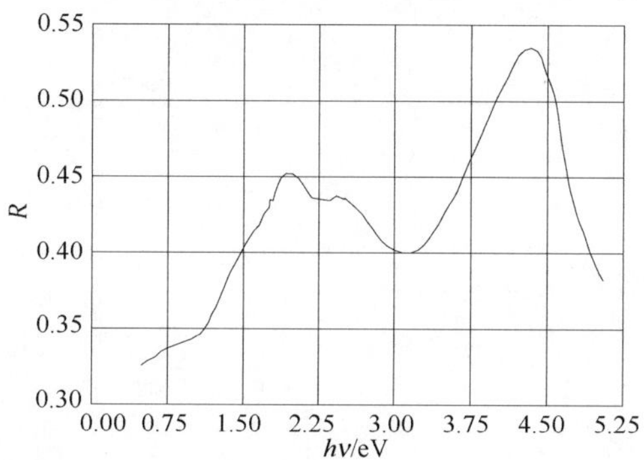

图表 642　GaSb 的反射率随光子能量的变化

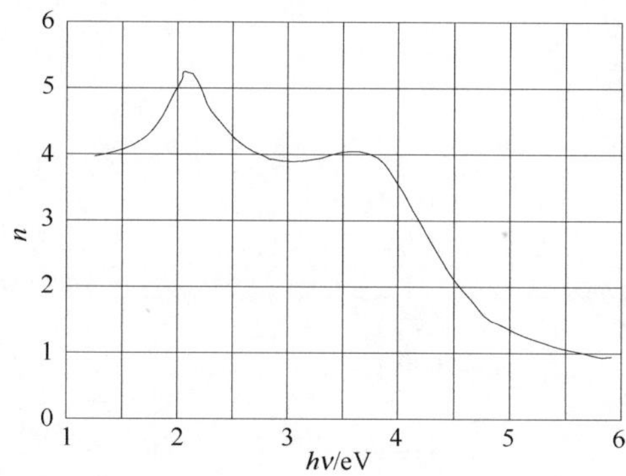

图表 643　GaSb 的折射率随光子能量的变化

7. 载流子的输运特性

7.1　电子迁移率

$\mu_n \leqslant 3000 cm^2/(V \cdot s)$。

7.2　电子漂移速率

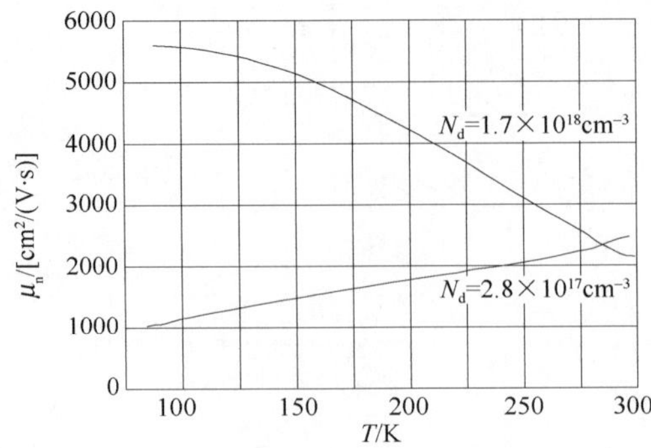

图表 644　GaSb 的电子迁移率随温度的变化

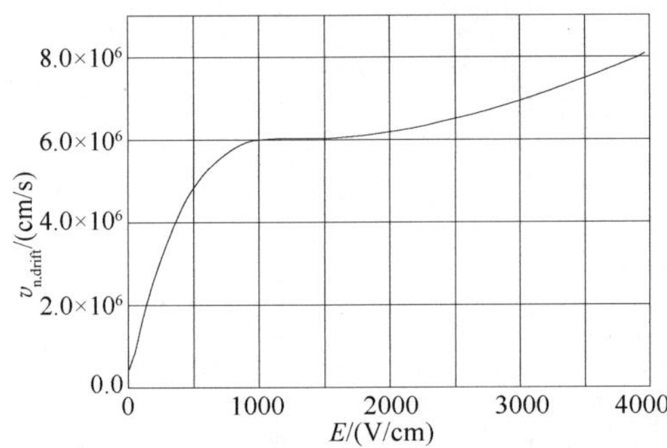

图表 645　GaSb 的电子漂移速率随电场强度的变化

7.3　空穴迁移率

$\mu_p \leqslant 1000 cm^2/(V \cdot s)$。

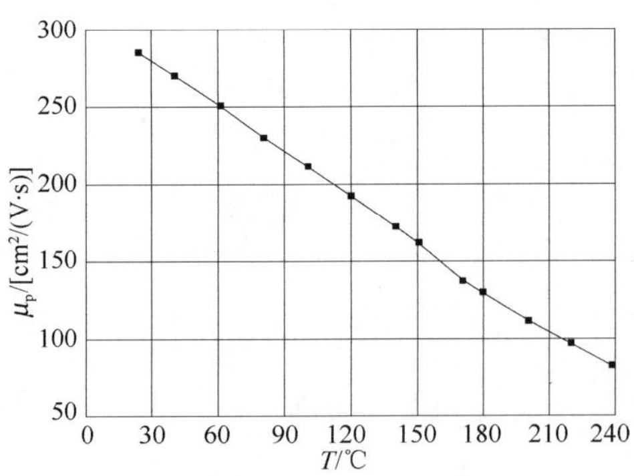

图表 646　GaSb 的空穴迁移率随温度的变化

7.4　空穴漂移速率

7.5　本征载流子浓度

$n_i = 1.5 \times 10^{12} cm^{-3}$。

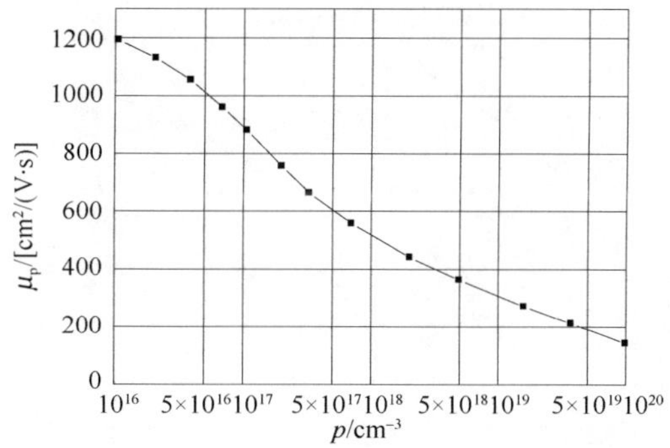

图表 647　GaSb 的空穴迁移率随空穴浓度的变化

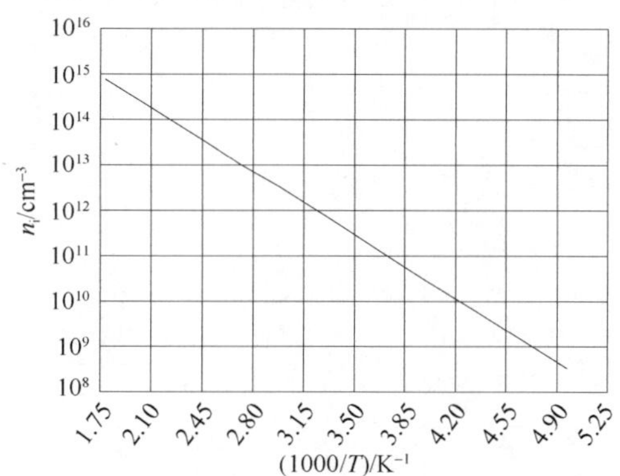

图表 648　GaSb 的本征载流子浓度随温度的变化

7.6　本征电阻率

$\rho_i = 10^3\,\Omega \cdot \text{cm}$。

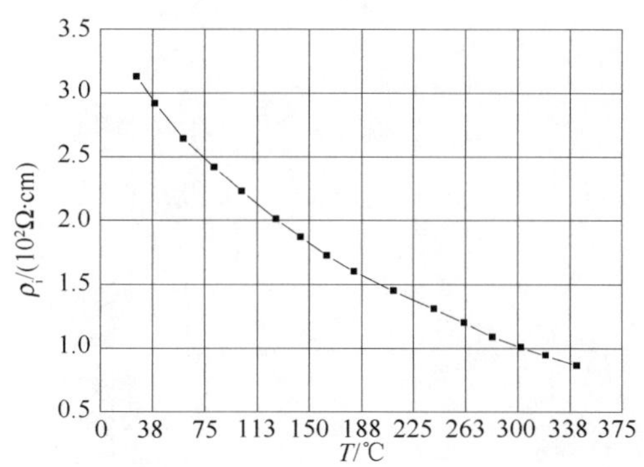

图表 649　GaSb 的电阻率随温度的变化

7.7　压阻特性

7.8　击穿场强

$E_{BR} = 50\text{kV/cm}$。

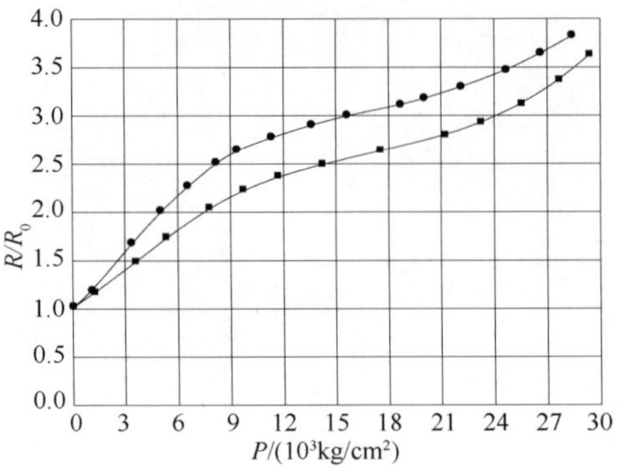

图表 650　GaSb 的电阻率随压强的变化

8. 压电性能

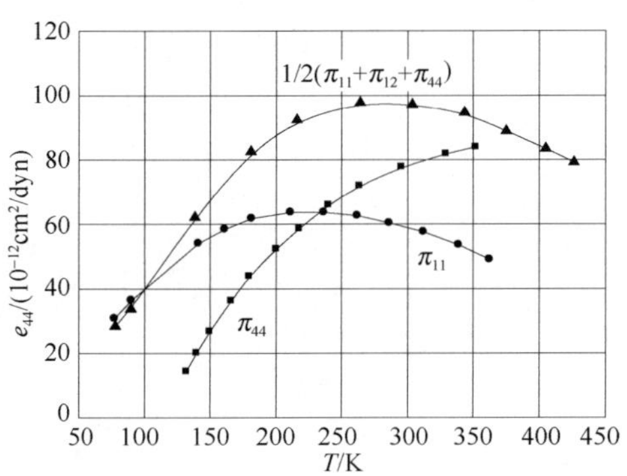

图表 651　GaSb 的压电常数随温度的变化

9. 磁学性能

9.1　霍尔系数

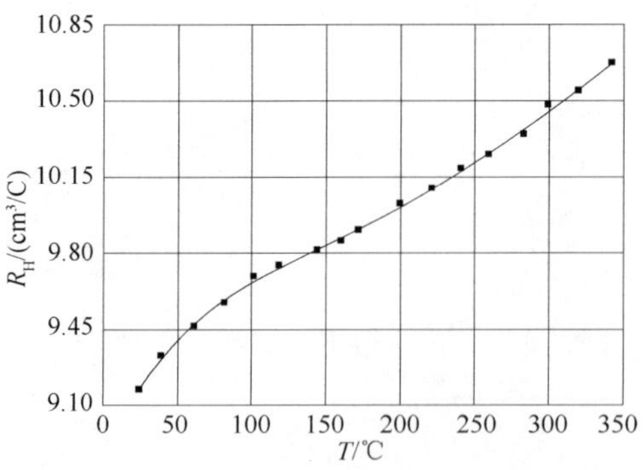

图表 652　GaSb 的霍尔系数随温度的变化

9.2　磁阻系数

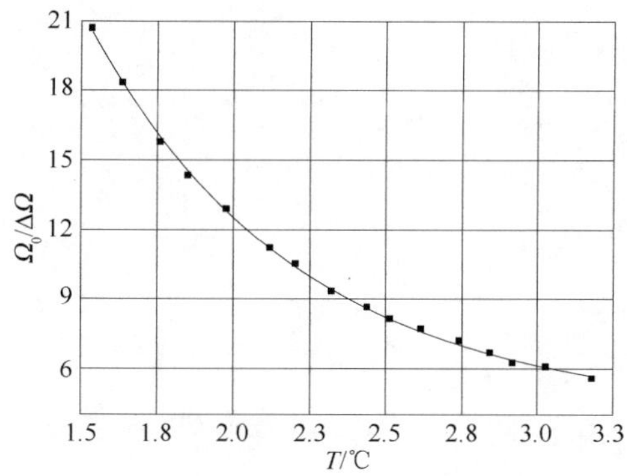

图表 653　GaSb 的磁阻系数随温度的变化

10. 热电性能

10.1　塞贝克系数

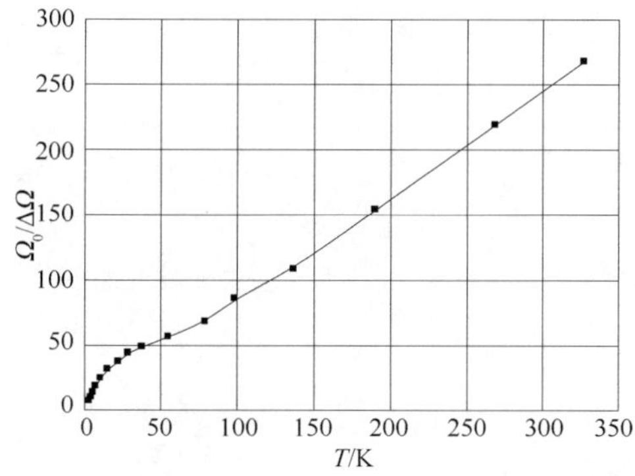

图表 654　GaSb 的塞贝克系数随温度的变化-Ⅰ

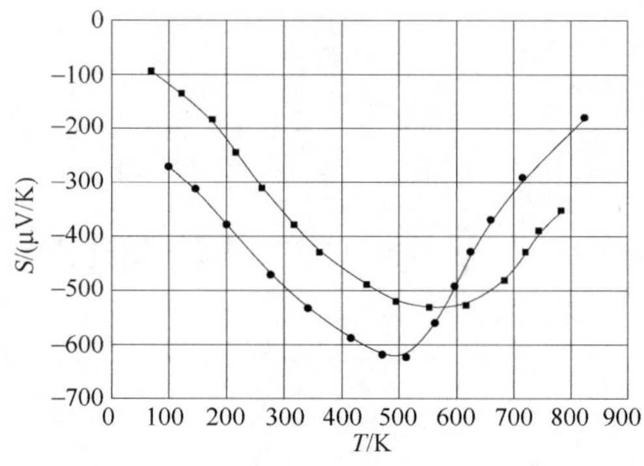

图表 655　GaSb 的塞贝克系数随温度的变化-Ⅱ

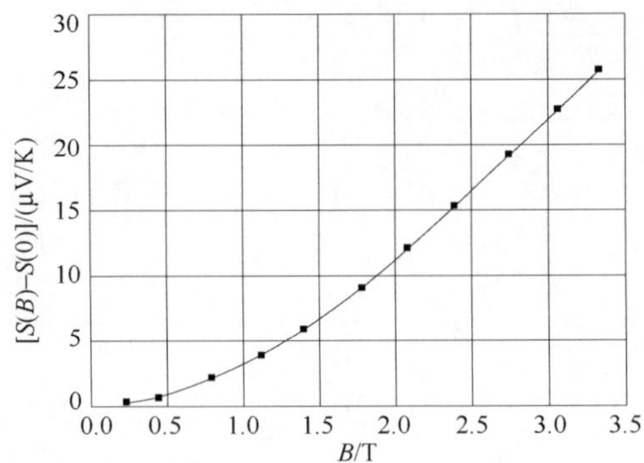

图表 656　GaSb 的塞贝克系数随磁场强度的变化

10.2　能斯特系数

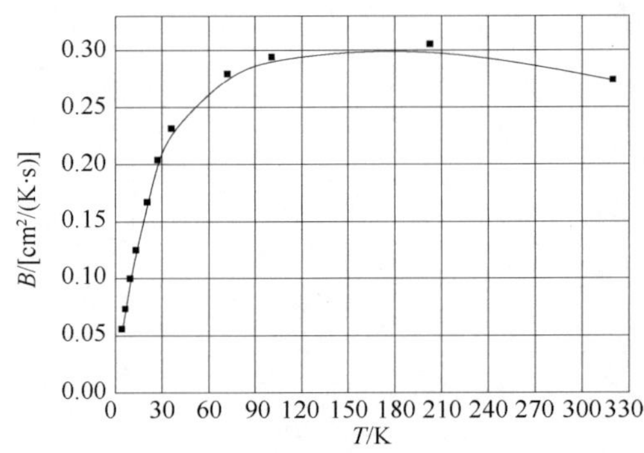

图表 657　GaSb 的能斯特系数随温度的变化

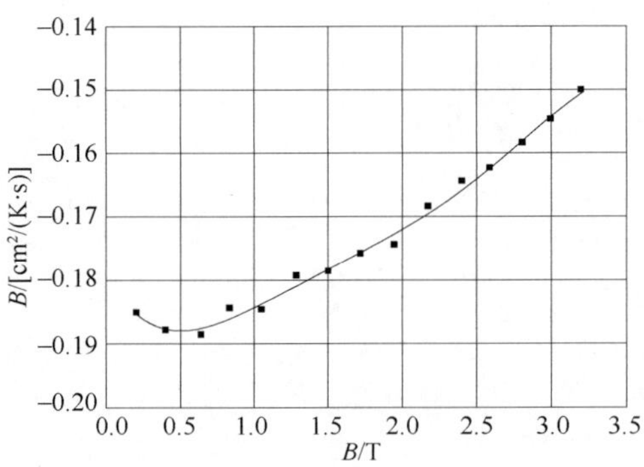

图表 658　GaSb 的能斯特系数随磁场强度的变化

第 19 章　磷化铟(InP)

1. 结构特性

1.1　晶体结构

闪锌矿。

1.2　空间群

$F\bar{4}3m(T_d^2)$。

1.3　晶格常数

$a=5.8687\text{Å}$。

1.4　解理面和解理能

解理面：(111)。

解理能：$0.80 J/m^2$。

1.5　结构相变

一级相变转变压强：$P_T=10.8GPa$。

1.6　相图

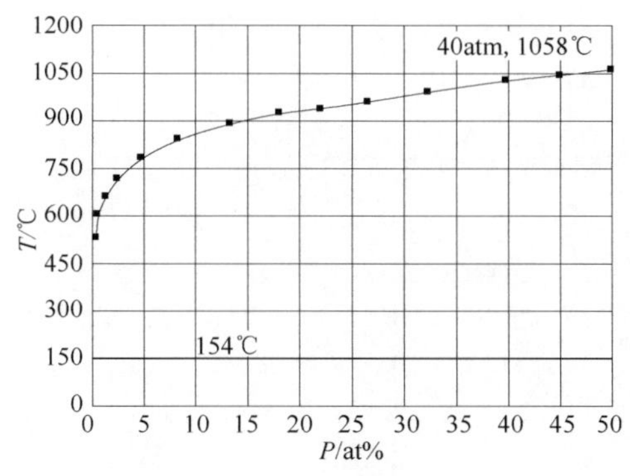

图表 659　InP 的 P-T 相图

1.7　密度

$d=4.81g/cm^3$。

2. 热学性能

2.1 熔点

T_m＝1335K。

2.2 定容比热容

2.3 定压比热容

C_p＝0.322J/(g·K)。

2.4 德拜温度

Θ_D＝425K。

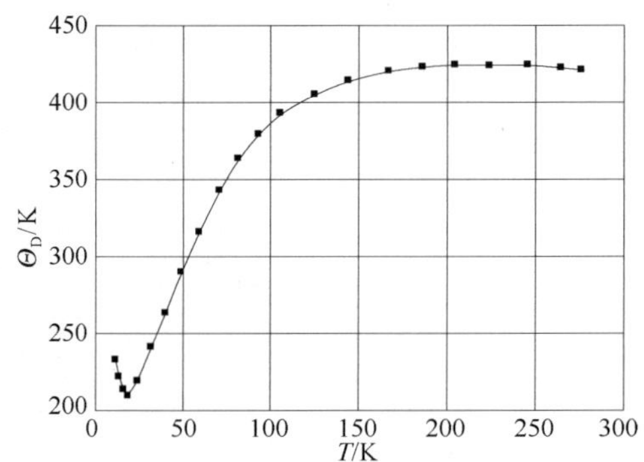

图表 660　InP 的德拜温度随温度的变化

2.5 热膨胀系数

α＝4.56×$10^{-6}$$K^{-6}$。

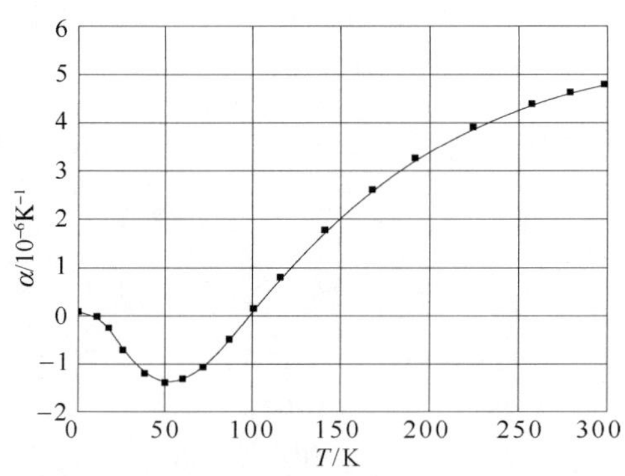

图表 661　InP 的热膨胀系数随温度的变化

2.6 热导率

χ＝0.68W/(cm·K)。

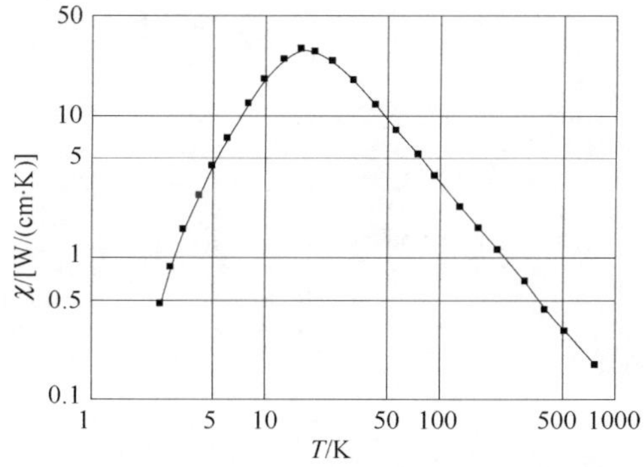

图表 662　InP 的热导率随温度的变化-Ⅰ

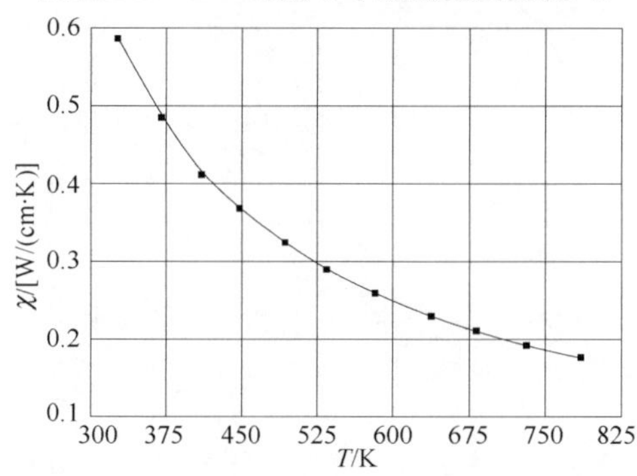

图表 663　InP 的热导率随温度的变化-Ⅱ

2.7　热扩散系数

3. 力学性能

3.1　弹性常数

图表 664　InP 的弹性常数（单位：10^{11} dyn/cm^2）

C_{11}	C_{12}	C_{44}
10.22	5.73	4.42

3.2　杨氏模量

图表 665　InP 的杨氏模量（单位：10^{12} dyn/cm^2）

(100)		(110)		(111)
[001]	[011]	[001]	[1111]	
0.610	0.917	0.610	1.10	0.917

3.3　体模量

$B_u = 7.23 \times 10^{11}$ dyn/cm^2。

3.4　切变模量

$C_s = 2.25 \times 10^{11}$ dyn/cm^2。

3.5　显微硬度

努氏硬度：$H=401\text{kg/mm}^2$。

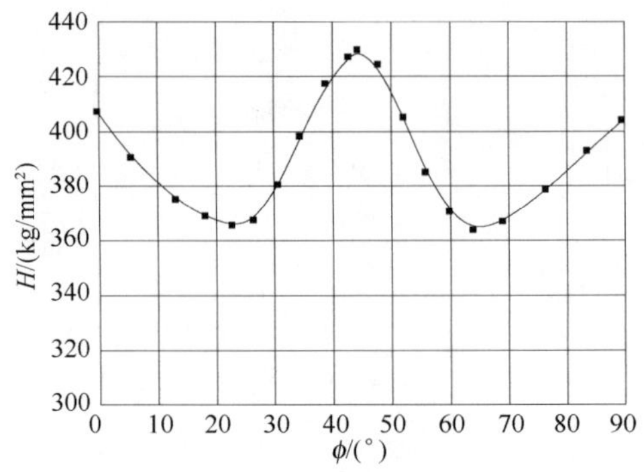

图表 666　InP 的硬度与偏离(100)方向角的关系

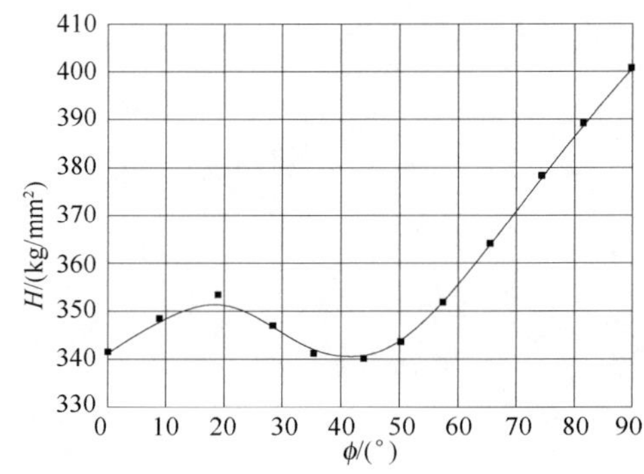

图表 667　InP 的硬度与偏离(110)方向角的关系

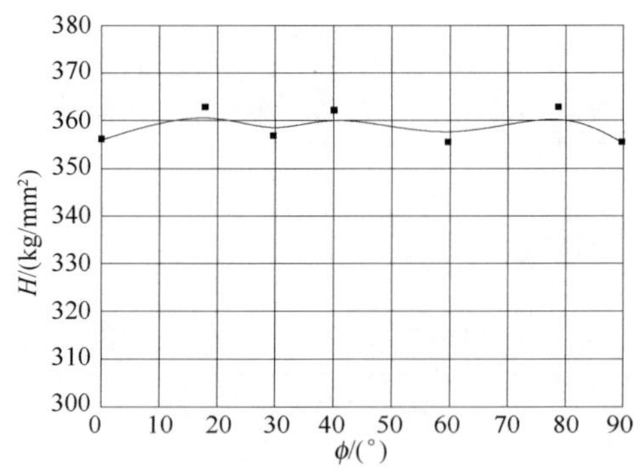

图表 668　InP 的硬度与偏离(111)方向角的关系

4. 晶格动力学性质

4.1　声子色散关系

4.2　声子态密度

4.3　声子频率

$h\nu = 0.043\text{eV}$。

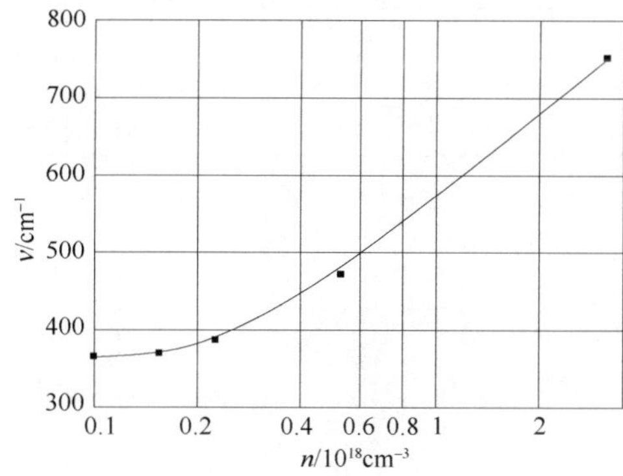

图表 669　InP 的声子频率随载流子浓度的变化

4.4　红外光谱

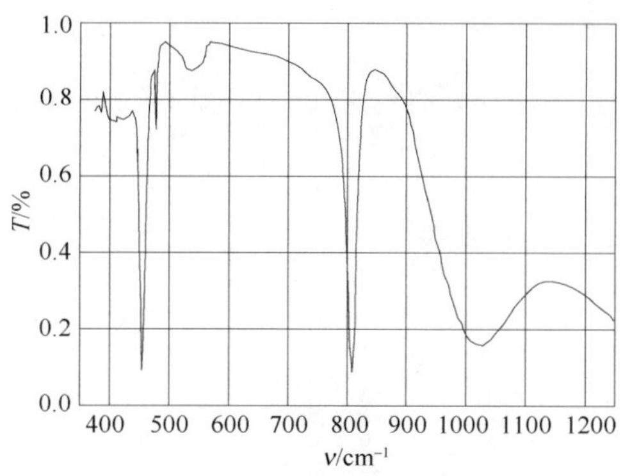

图表 670　InP 薄膜的红外光谱

4.5　拉曼光谱

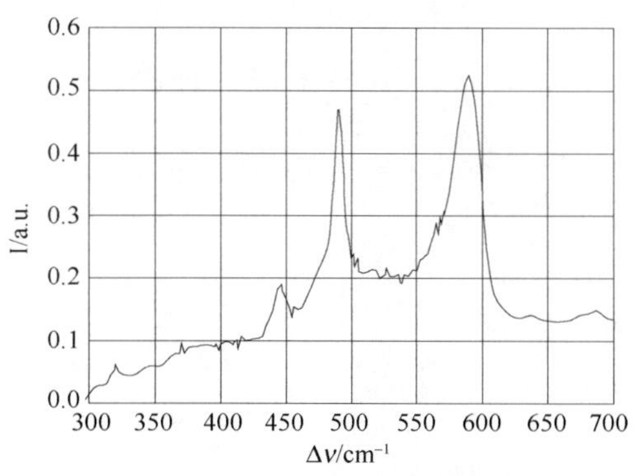

图表 671　InP 薄膜的拉曼光谱

4.6 声速

图表 672 InP 晶体中的声速（单位：10^3 m/s）

[100]		[110]			[111]	
LA	TA1，TA2	LA	TA1	TA2	LA	TA1，TA2
4.62	3.04	5.09	2.17	3.04	5.23	2.49

4.7 Grüneisen 参数

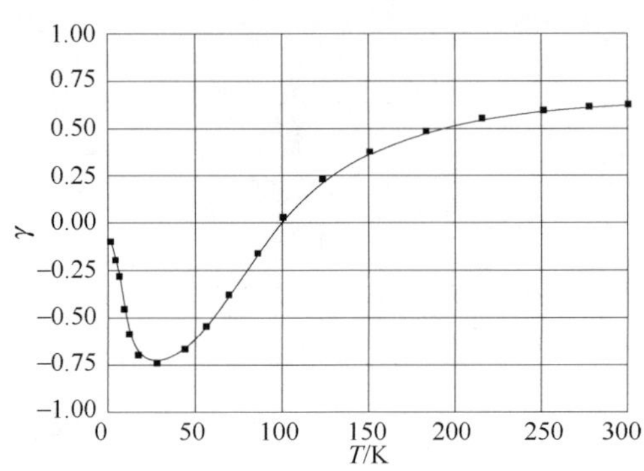

图表 673 InP 的 Grüneisen 参数随温度的变化

5. 能带结构

5.1 能带图

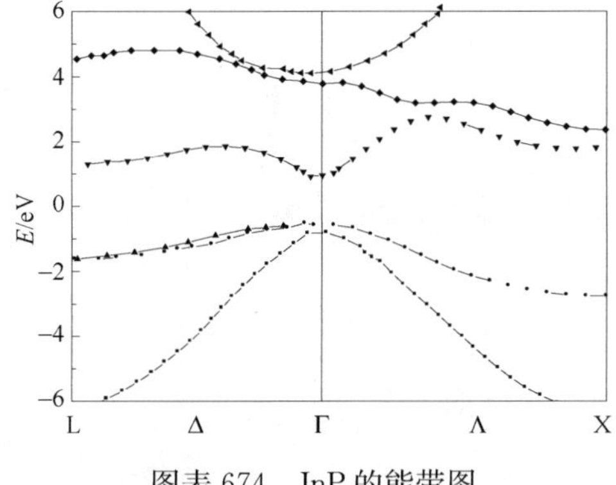

图表 674 InP 的能带图

5.2 状态密度

N_C=5.7×10^{17} cm^{-3}。

N_V=1.1×10^{19} cm^{-3}。

5.3 禁带宽度

E_g=1.344eV。

价带自旋轨道分裂：0.11eV。

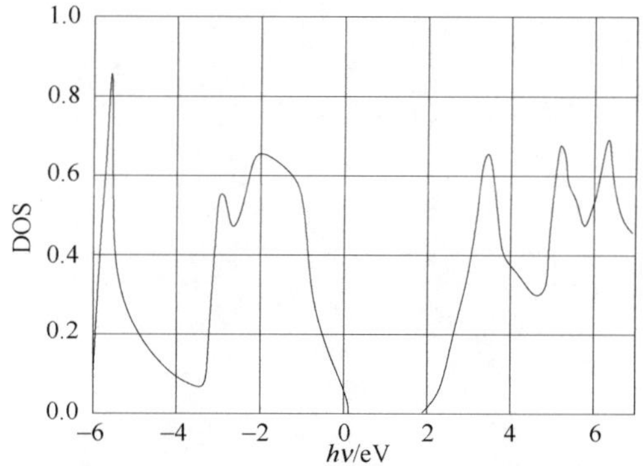

图表 675　InP 的状态密度随光子能量的变化

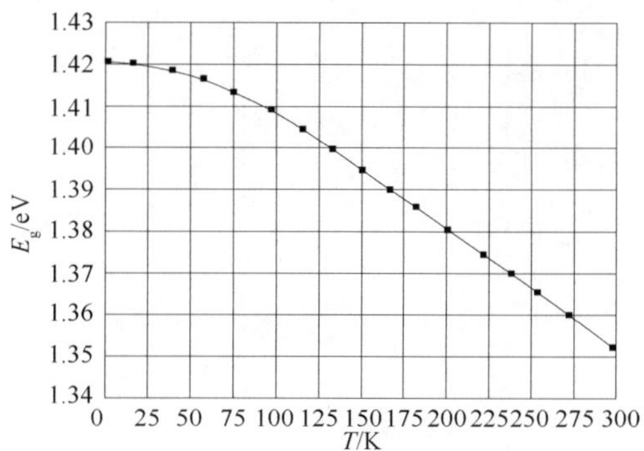

图表 676　InP 的禁带宽度随温度的变化

5.4　电子亲和势

χ=4.38eV。

5.5　杂质与缺陷

5.6　电子有效质量

m_n=0.08。

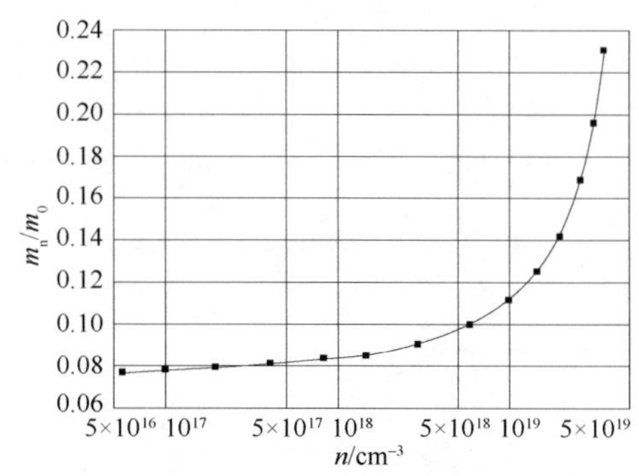

图表 677　InP 的电子有效质量随载流子浓度的变化

5.7 空穴有效质量

轻空穴：0.089。

重空穴：0.6。

5.8 激子束缚能

6. 光学特性

6.1 介电常数

静态：12.5。

高频：9.61。

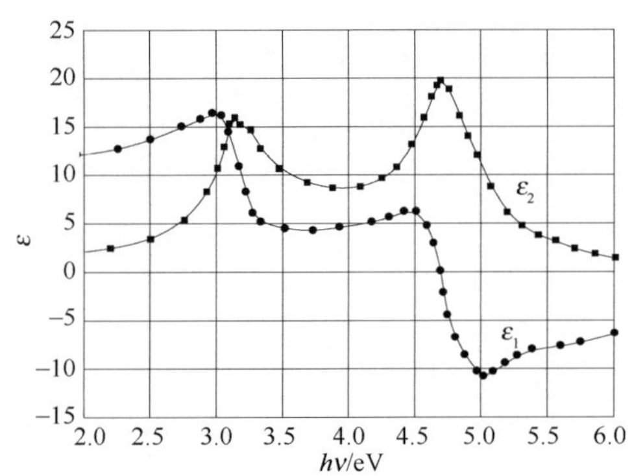

图表 678 InP 的介电常数随光子能量的变化

6.2 吸收光谱

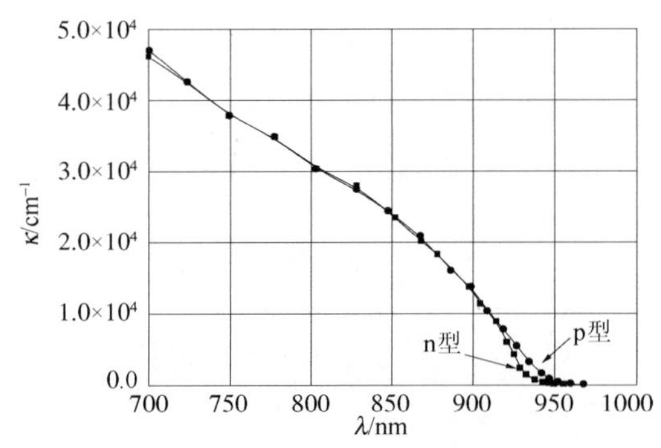

图表 679 InP 的吸收系数随波长的变化

6.3 透射光谱

6.4 反射光谱

6.5 折射率

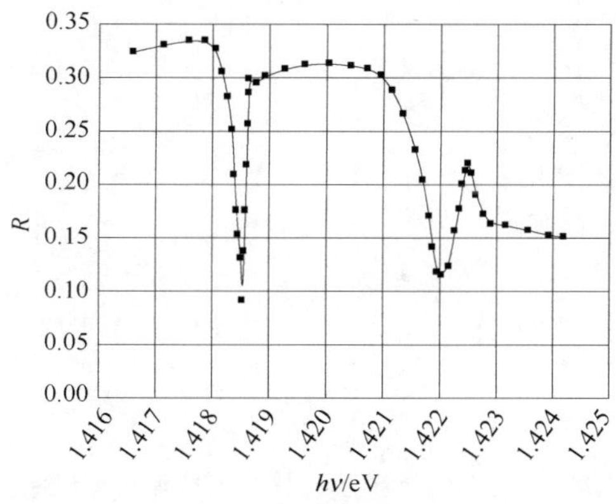

图表 680　InP 的近边反射光谱

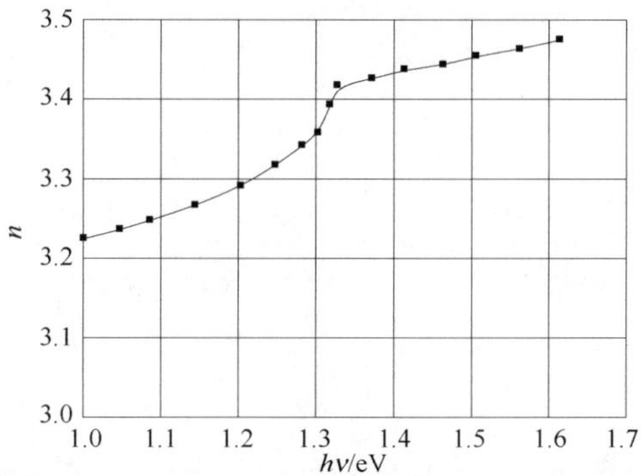

图表 681　InP 的折射率随光子能量的变化

7. 载流子的输运特性

7.1　电子迁移率

7.2　电子漂移速率

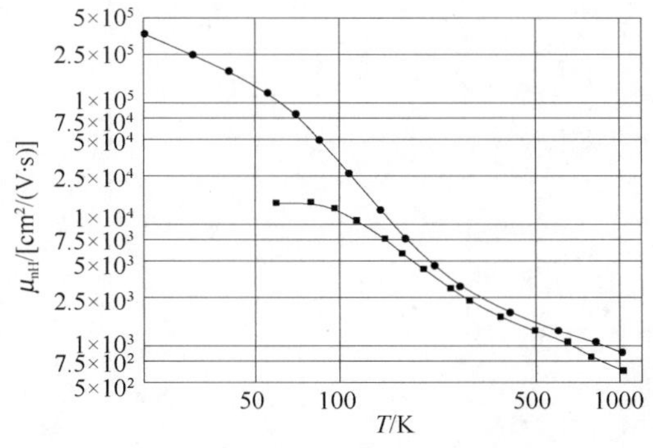

图表 682　InP 的电子霍尔迁移率随温度的变化

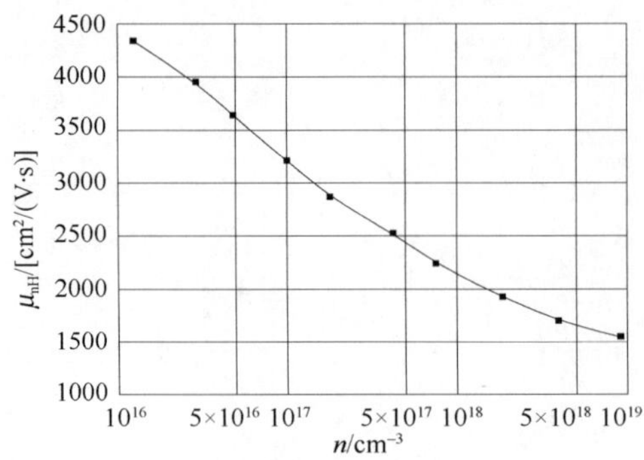

图表 683　InP 的电子霍尔迁移率随载流子浓度的变化

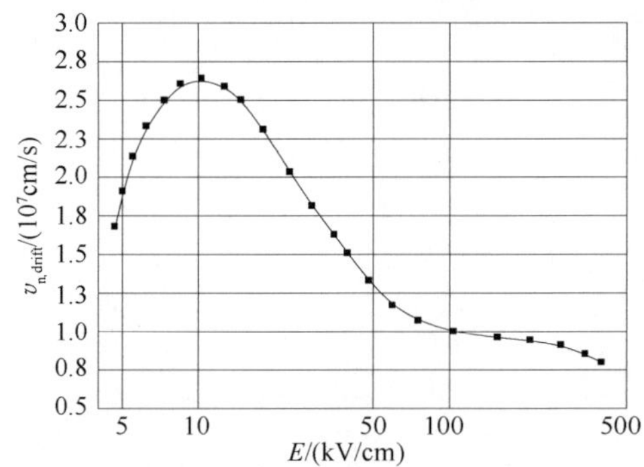

图表 684　InP 的电子漂移速率随电场强度的变化

7.3　空穴迁移率

7.4　空穴漂移速率

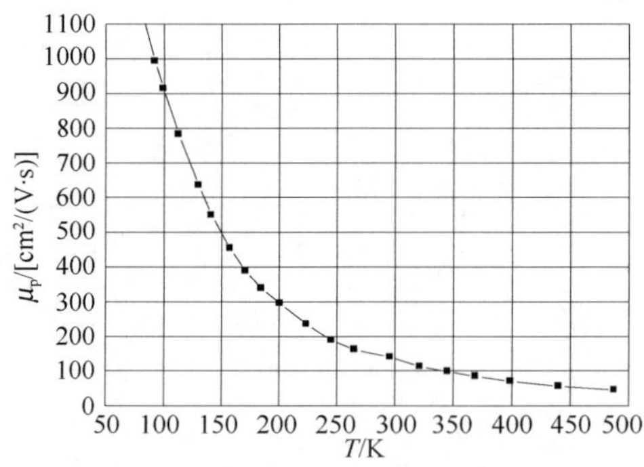

图表 685　InP 的空穴迁移率随温度的变化

7.5　本征载流子浓度

$n_i=1.3\times10^{7}\,cm^{-3}$。

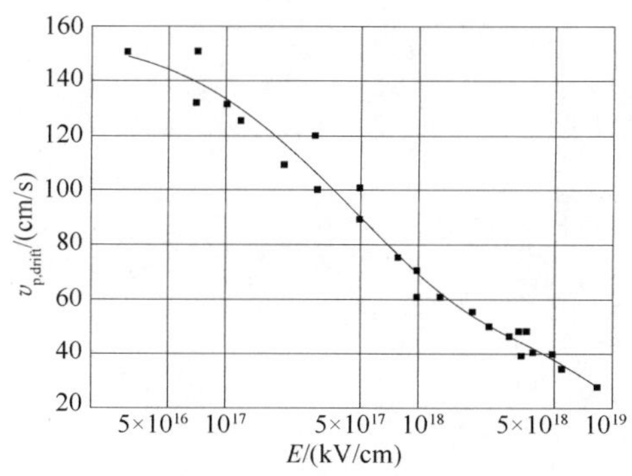

图表 686　InP 的空穴漂移速率随电场强度的变化

7.6　本征电导率

$\rho_i = 8.6 \times 10^7 \Omega \cdot cm$。

7.7　压阻特性

7.8　击穿场强

$E_{BR} = 450kV/cm$。

8. 压电性能

9. 磁学特性

10. 热电性能

10.1　塞贝克系数

10.2　能斯特效应

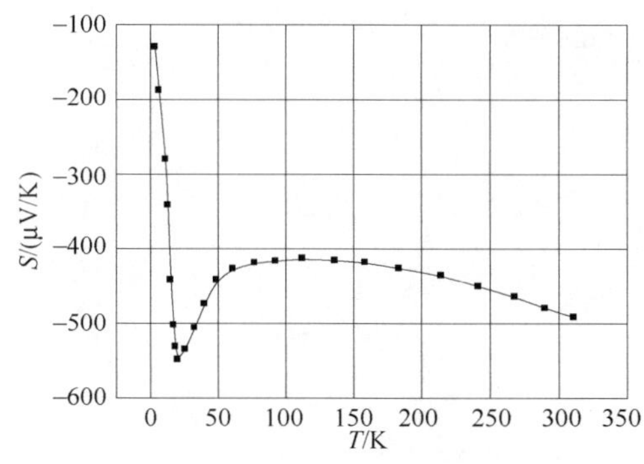

图表 687　InP 的塞贝克系数随温度的变化-Ⅰ

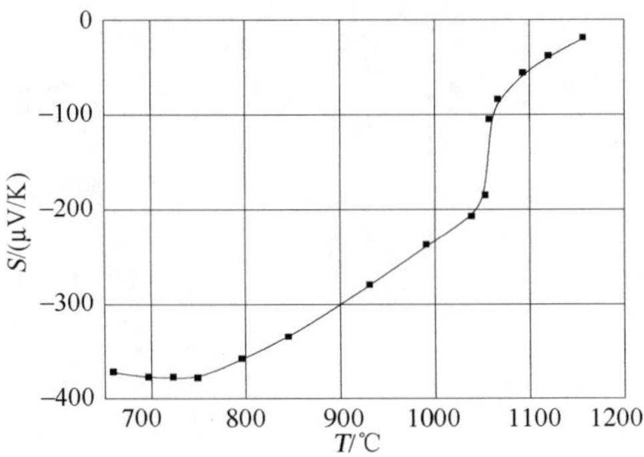

图表 688　InP 的塞贝克系数随温度的变化-Ⅱ

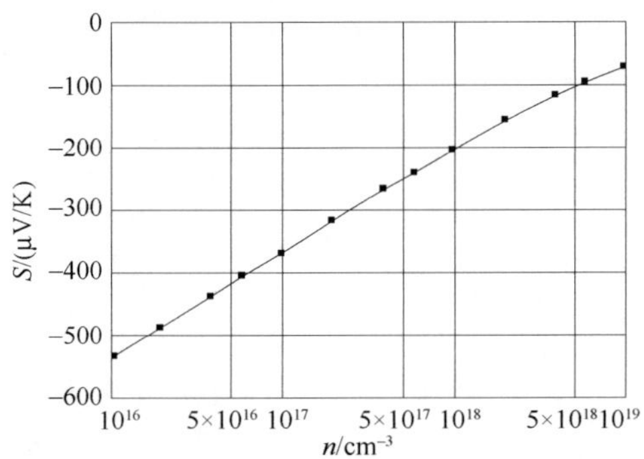

图表 689　InP 的塞贝克系数随载流子浓度的变化

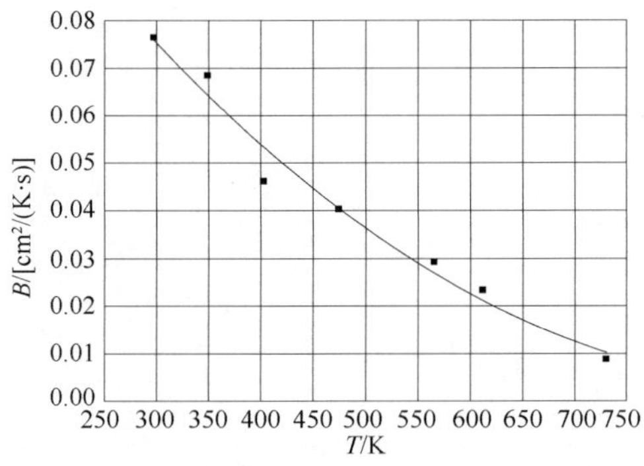

图表 690　InP 的能斯特系数随温度的变化

($n=6\times10^{15}\,cm^{-3}$)

第 20 章　磷化镓(GaP)

1. 结构特性

1.1　晶体结构

闪锌矿。

1.2　空间群

F43m(T_d^2)。

1.3　晶格常数

a=5.4505Å。

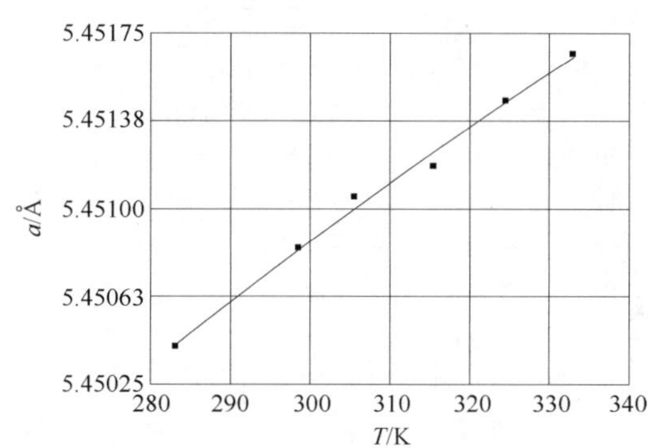

图表 691　GaP 晶格常数随温度的变化-Ⅰ

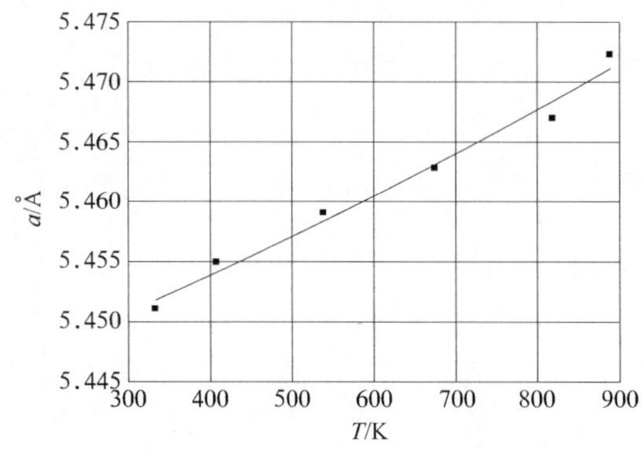

图表 692　GaP 晶格常数随温度的变化-Ⅱ

1.4　解理面和解理能

解理面：$(\bar{1}\bar{1}\bar{1})$。

解理能：0.95J/m^2。

1.5　结构相变

一级相变转变压强：P_T=21.5GPa。

1.6　相图

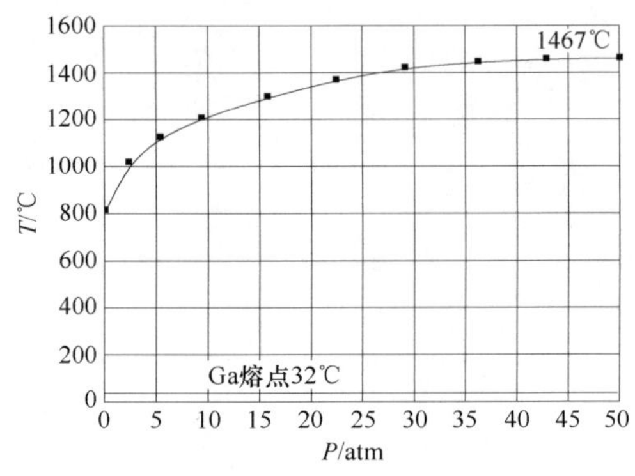

图表 693　GaP 的 P-T 相图-Ⅰ

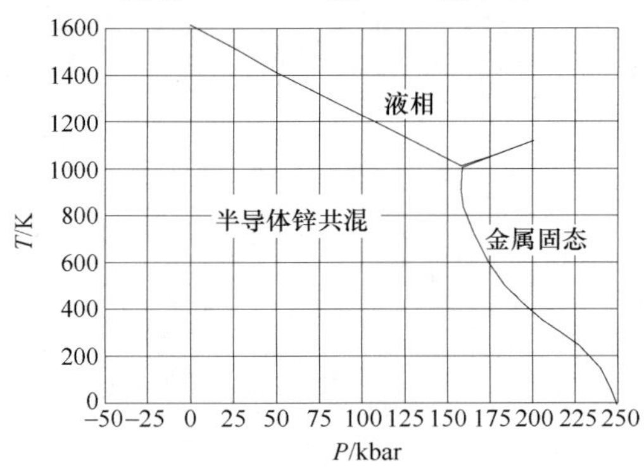

图表 694　GaP 的 P-T 相图-Ⅱ

1.7　密度

d=4.14g/cm^3。

2. 热学性能

2.1　熔点

1457℃。

2.2　定容比热容

C_v=0.103cal/(g-atom·K)。

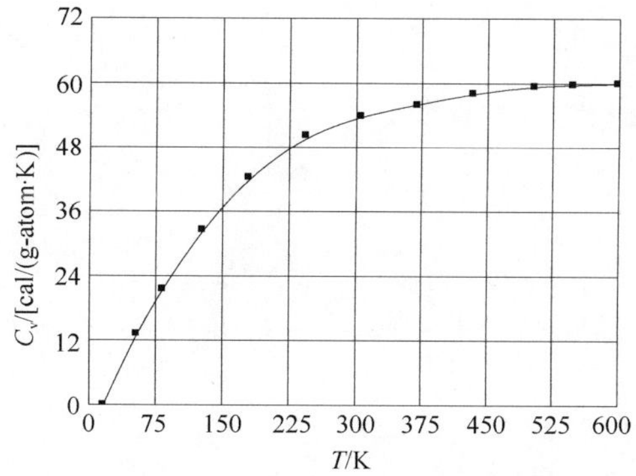

图表 695　GaP 的定容比热容随温度的变化

2.3　定压比热容

C_p=0.313J/(g·K)。

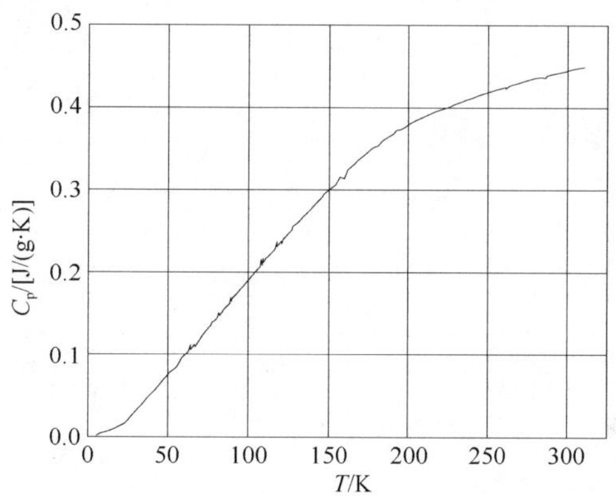

图表 696　GaP 的定压比热容随温度的变化

2.4　德拜温度

Θ_D=493K。

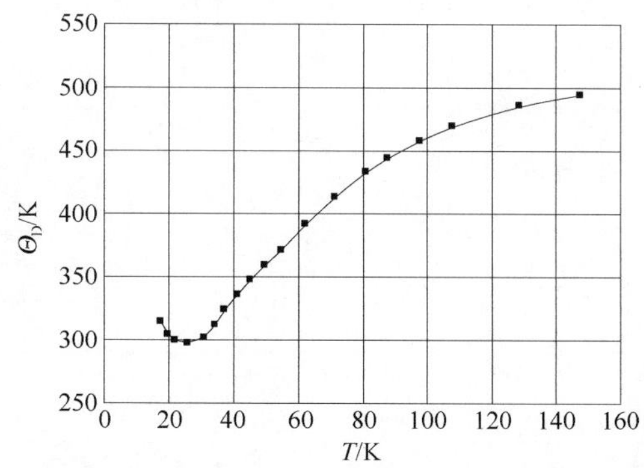

图表 697　GaP 的德拜温度随温度的变化

2.5　热膨胀系数

$\alpha = 4.89\times10^{-6}\,\mathrm{K}^{-1}$。

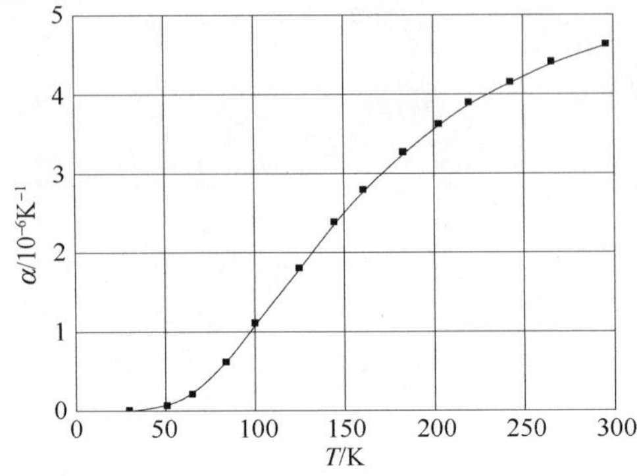

图表 698　GaP 的热膨胀系数随温度的变化

2.6　热导率

$\chi = 0.77\,\mathrm{W/(cm\cdot K)}$。

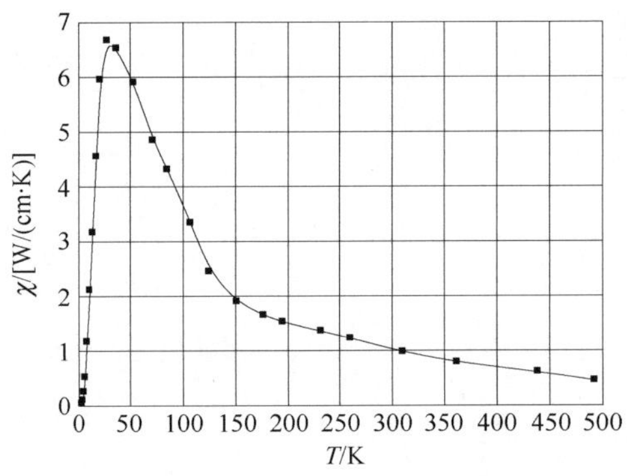

图表 699　GaP 的热导率随温度的变化

2.7　热扩散系数

$D = 0.62\,\mathrm{cm^2/s}$。

3. 力学性能

3.1　弹性常数

$C_{11} = 14.05\times10^{11}\,\mathrm{dyn/cm^2}$。

$C_{12} = 6.203\times10^{11}\,\mathrm{dyn/cm^2}$。

$C_{44} = 7.033\times10^{11}\,\mathrm{dyn/cm^2}$。

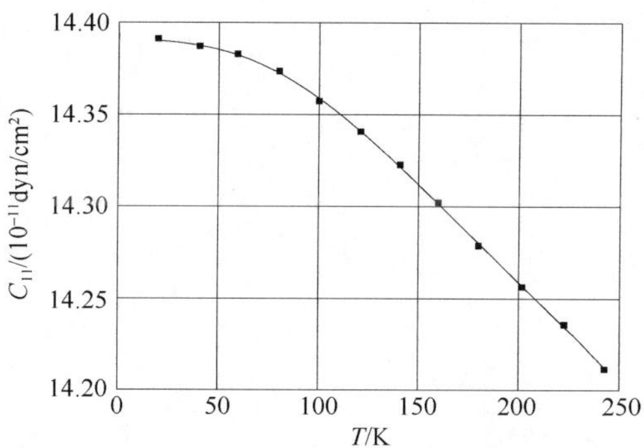

图表 700　GaP 的弹性常数 C_{11} 随温度的变化

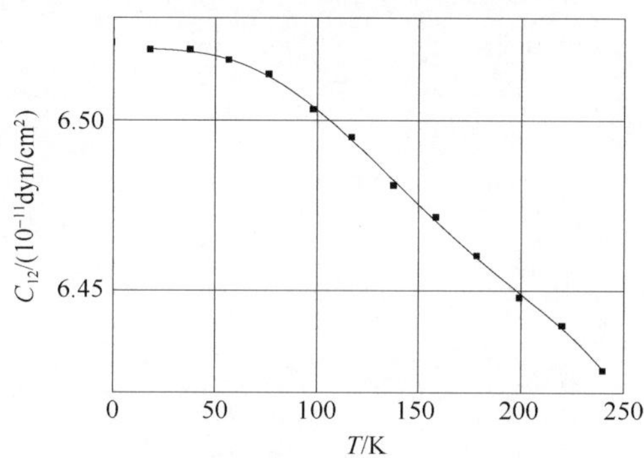

图表 701　GaP 的弹性常数 C_{12} 随温度的变化

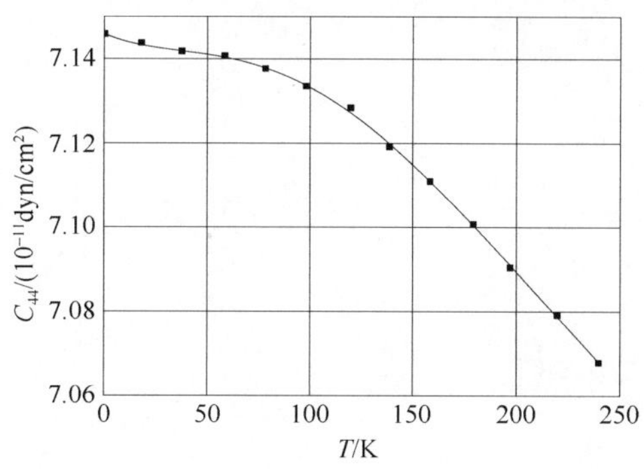

图表 702　GaP 的弹性常数 C_{44} 随温度的变化

3.2　杨氏模量

$Y=10.3\times10^{11}\mathrm{dyn/cm^2}$。

3.3　体模量

$B_u=8.8\times10^{11}\mathrm{dyn/cm^2}$。

3.4　切变模量

$C_s=3.92\times10^{11}\mathrm{dyn/cm^2}$。

3.5 显微硬度

莫氏硬度：5。

努氏硬度：850kg/mm²。

4. 晶格动力学性质

4.1 声子色散关系

4.2 声子态密度

4.3 声子频率

$h\nu$=0.051eV。

4.4 红外光谱

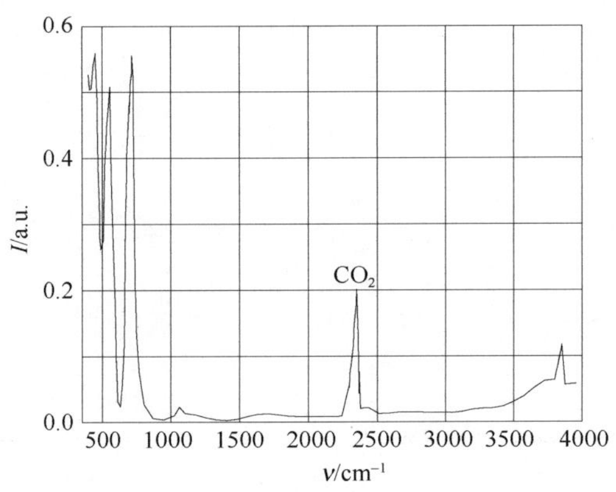

图表 703 GaP 的红外光谱

4.5 拉曼光谱

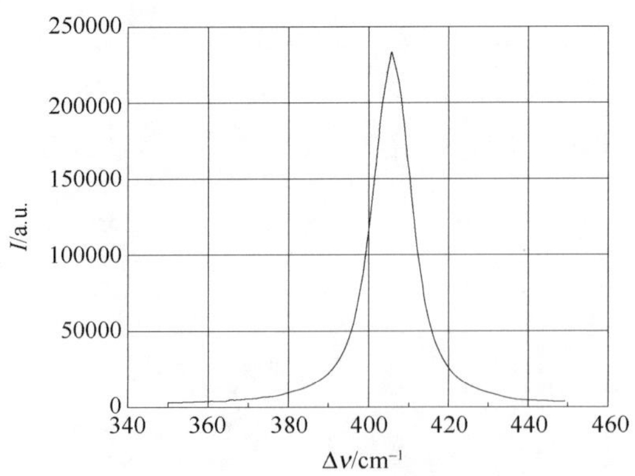

图表 704 GaP 的拉曼光谱-Ⅰ

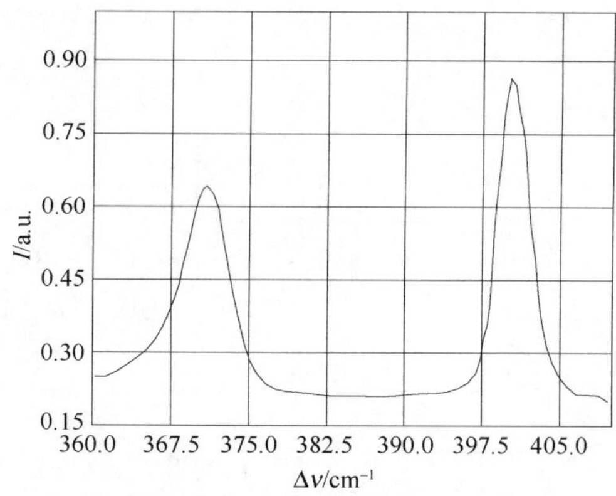

图表 705　GaP 的拉曼光谱-Ⅱ

4.6　声速

图表 706　GaP 的声子频率（单位：THz）（4.2K）

模式	ν_{LO}(X)	ν_{TO}(X)	ν_{LA}(X)	ν_{TA}(X)
频率	11.3	10.96	7.65	3.16

图表 707　GaP 不同方向的声速（单位：10^3 m/s）

[100]	v_L	5.83
	v_T	4.12
[100]	v_l	6.43
	$v_{t\parallel}$	4.12
	$v_{t\perp}$	3.08
[111]	$v_{l'}$	6.63
	$v_{t'}$	3.46

4.7　Grüneisen 参数

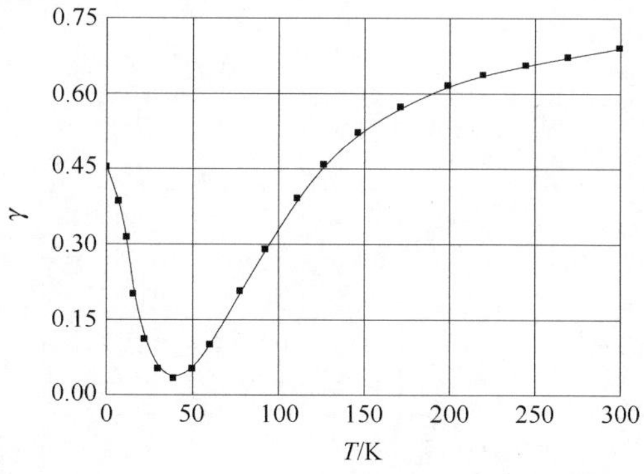

图表 708　GaP 的 Grüneisen 参数随温度的变化

5. 能带结构

5.1　能带图

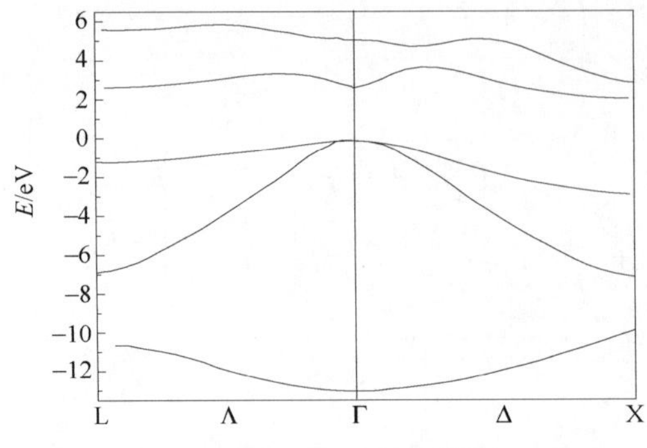

图表 709　GaP 的能带图

5.2　状态密度

$N_C = 1.8 \times 10^{19} cm^{-3}$。

$N_V = 1.9 \times 10^{19} cm^{-3}$。

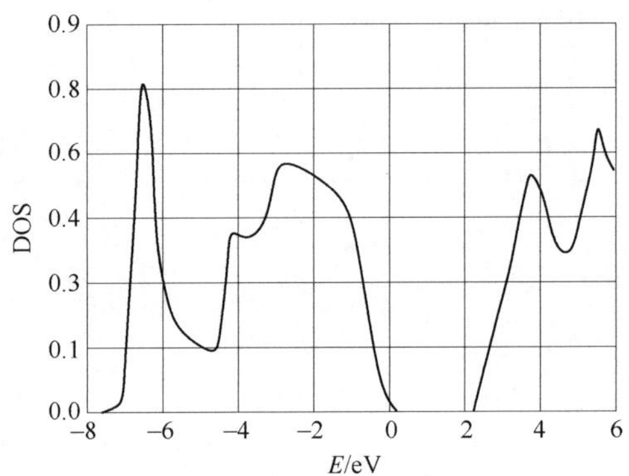

图表 710　GaP 的状态密度随能量的变化

5.3　禁带宽度

$E_g = 2.26eV$。

自旋轨道分裂：0.08eV。

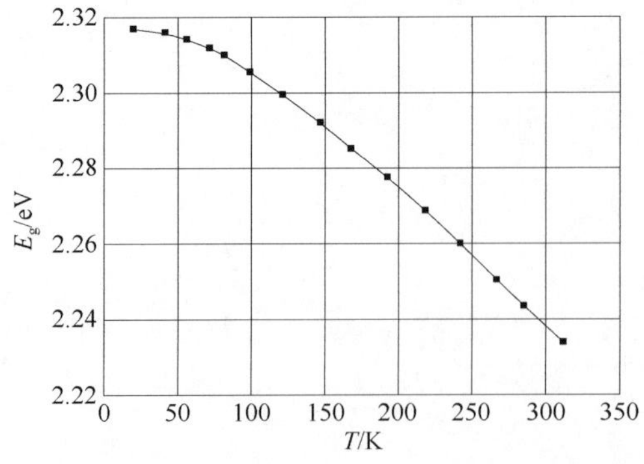

图表 711　GaP 的禁带宽度随温度的变化-Ⅰ

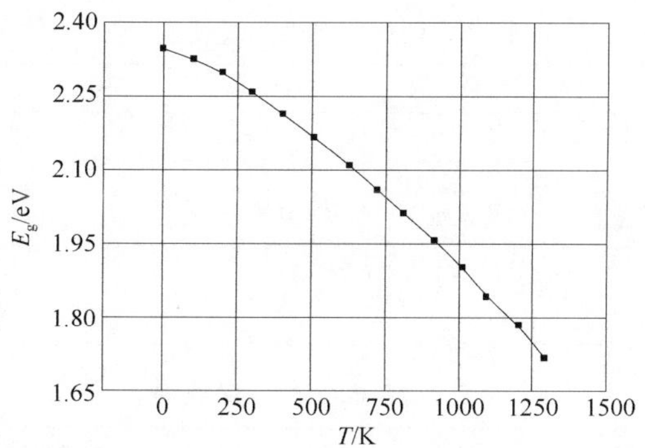

图表 712　GaP 的禁带宽度随温度的变化-Ⅱ

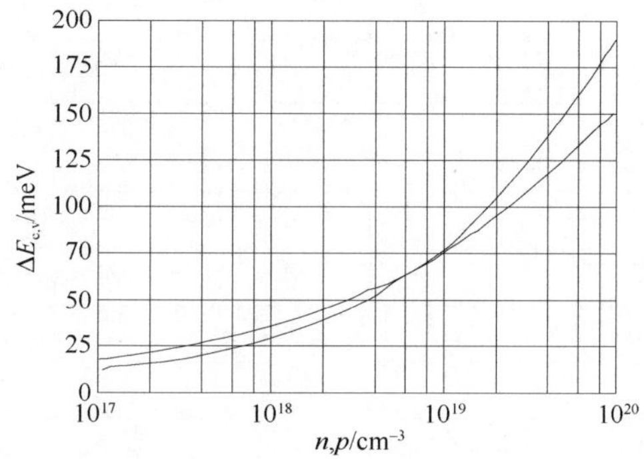

图表 713　GaP 的导带、价带的边随载流子浓度的变化

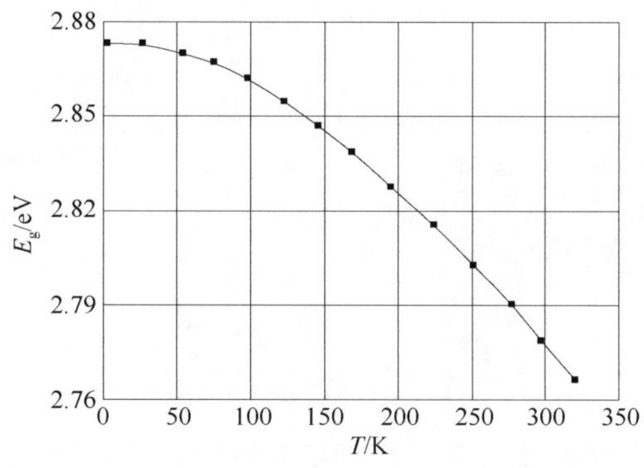

图表 714　GaP 的直接带隙随温度的变化

5.4　电子亲和势

χ=3.8eV。

5.5　杂质与缺陷

图表 715　GaP 中的浅施主

S_p	Se_p	Te_p	Li_p	Ge_{Ga}	Si_{Ga}	Sn_{Ga}	Li_{Ga}
0.107	0.105	0.093	0.091	0.204	0.085	0.072	0.061

图表 716　GaP 中的浅受主

Ge_p	C_p	Si_p	Be_{Ga}	Cd_{Ga}	Mg_{Ga}	Zn_{Ga}
0.265	0.0543	0.210	0.0566	0.1022	0.0599	0.0697

图表 717　GaP 中的深能级

杂质	能级位置
O_p（施主）	$E_c-0.89$(eV)
Cr（受主）	$E_c-1.2$(eV)
	$E_c-0.5$(eV)

图表 718　GaP 中的复合中心

杂质	能级位置
N	$E_v+0.008$(eV)
$Zn_{Ga}-O_p$	$E_c-0.3$(eV)
$Cd_{Ga}-O_p$	$E_c-0.40$(eV)
Mg—O	$E_c-0.14$(eV)

5.6　电子有效质量

$m_l=1.12$。

$m_t=0.22$。

状态密度有效质量：$m_c=0.79$。

电导率有效质量：$m_{cc}=0.35$。

5.7　空穴有效质量

$m_h=0.79$。

$m_{lp}=0.14$。

状态密度有效质量：$m_v=0.83$。

5.8　激子束缚能

6. 光学特性

6.1　介电常数

静态：11.1。

高频：9.11。

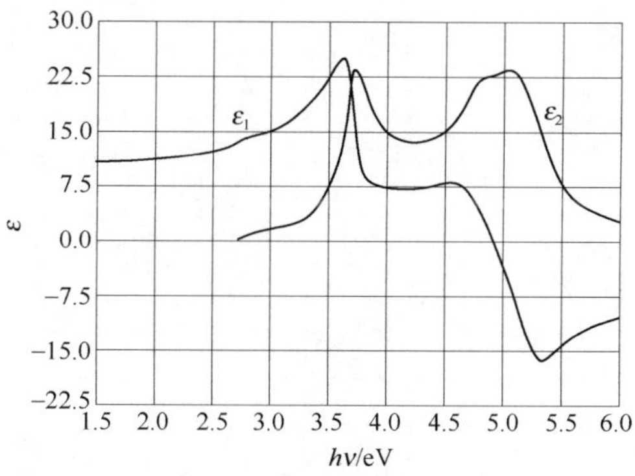

图表 719　GaP 的介电常数随光子能量的变化

6.2　吸收光谱

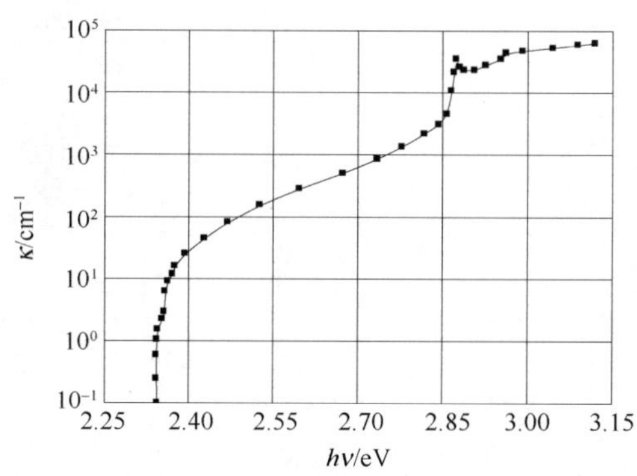

图表 720　GaP 的带边吸收系数随光子能量的变化

6.3　透射光谱

6.4　反射光谱

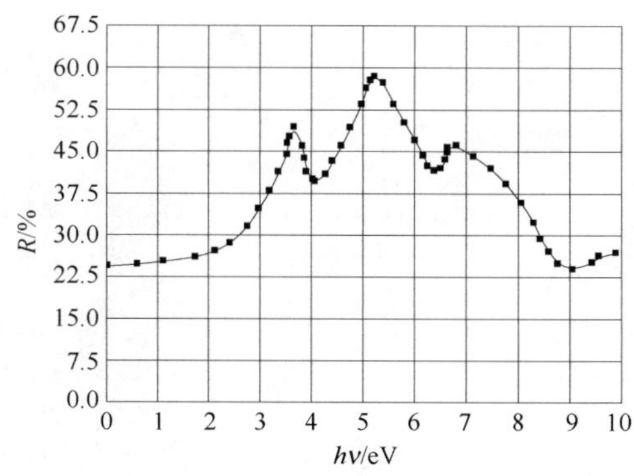

图表 721　GaP 的反射光谱

6.5　折射率和消光系数

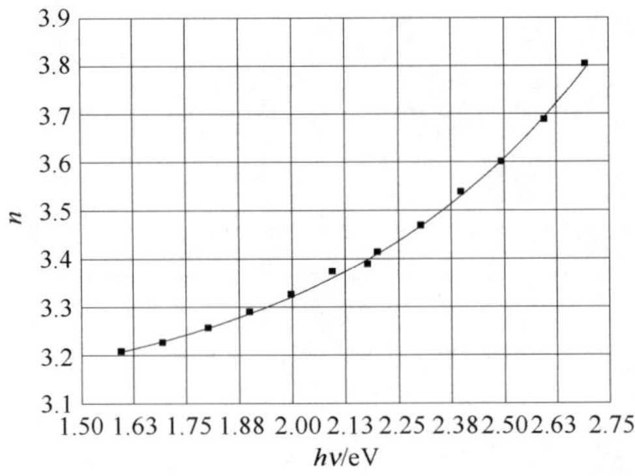

图表 722　GaP 的折射率随光子能量的变化-Ⅰ

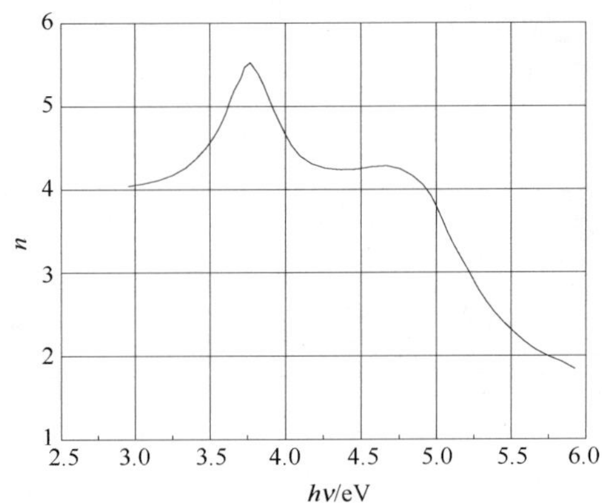

图表 723　GaP 的折射率随光子能量的变化-Ⅱ

7. 载流子的输运特性

7.1　电子迁移率

μ_n=250cm^2/(V·s)。

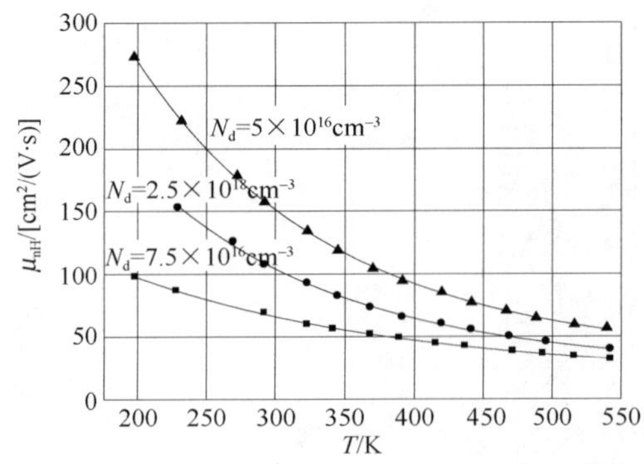

图表 724　GaP 的电子霍尔迁移率随温度的变化

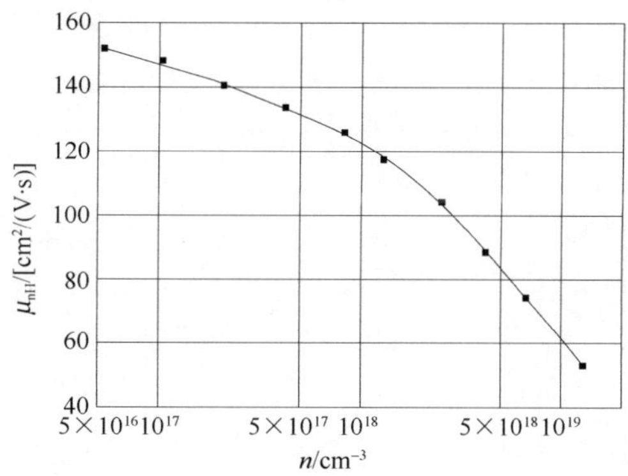

图表 725　GaP 的电子霍尔迁移率随施主浓度的变化

7.2　电子漂移速率

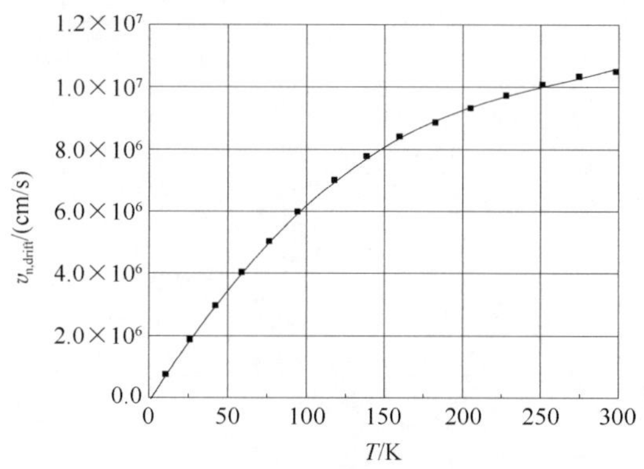

图表 726　GaP 的电子漂移速率随温度的变化

7.3　空穴迁移率

$\mu_p = 150\text{cm}^2/(\text{V}\cdot\text{s})$。

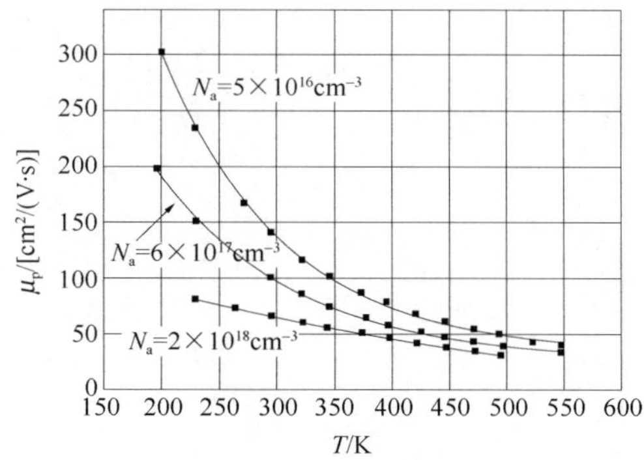

图表 727　GaP 的空穴迁移率随温度的变化

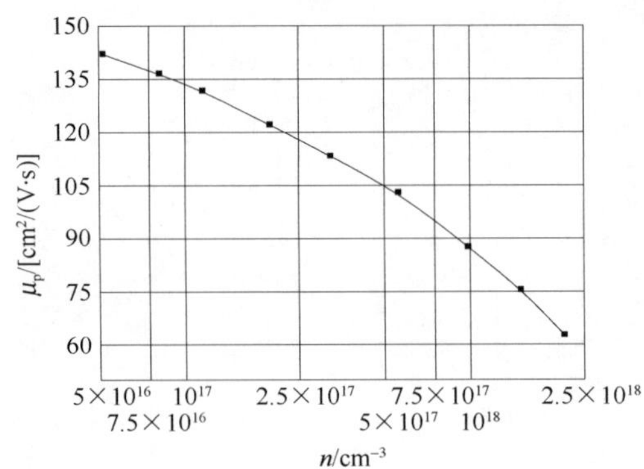

图表 728　GaP 的空穴迁移率随掺杂浓度的变化

7.4　空穴漂移速率

7.5　本征载流子浓度

$n_i = 2\text{cm}^{-3}$。

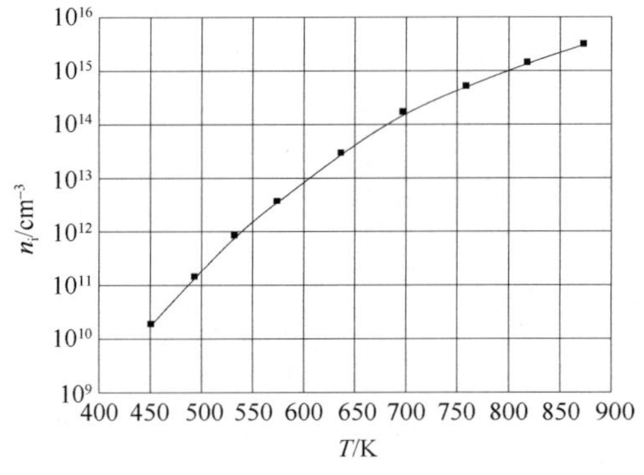

图表 729　GaP 的本征载流子浓度随温度的变化-Ⅰ

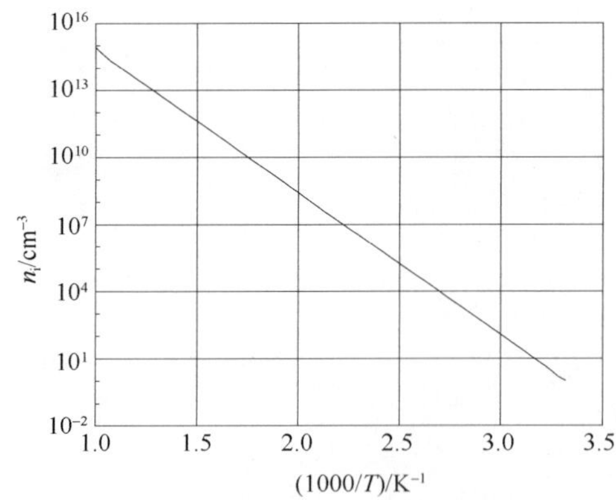

图表 730　GaP 的本征载流子浓度随温度的变化-Ⅱ

7.6　本征电阻率

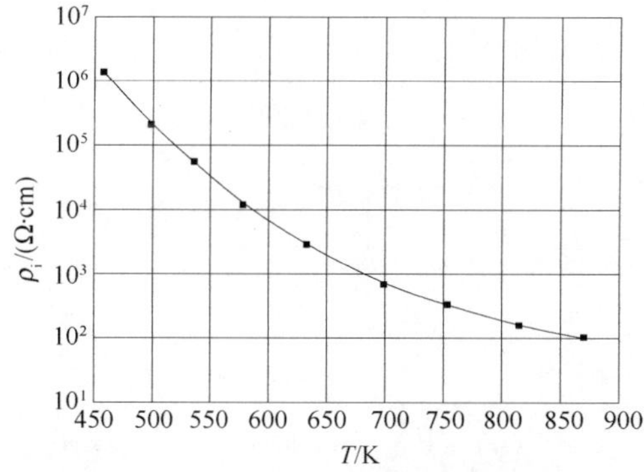

图表 731　GaP 的本征电阻率随温度的变化

7.7　压阻特性

7.8　击穿场强

$E_{BR}=1\times10^6$ V/cm。

8. 压电性能和压光性能

$e_{14}=-0.1\text{C/m}^2$。

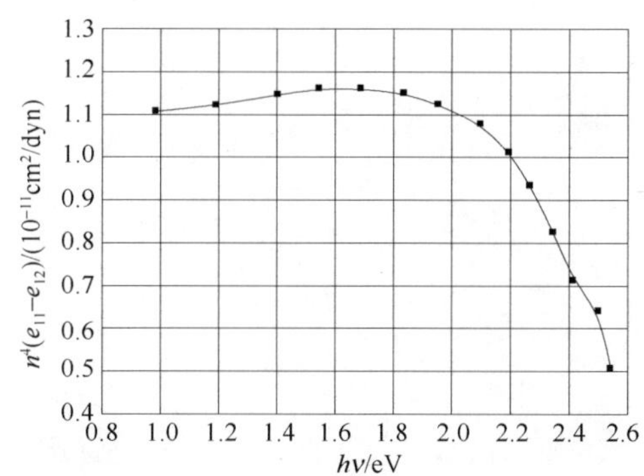

图表 732　GaP 的压光系数随光子能量的变化-Ⅰ

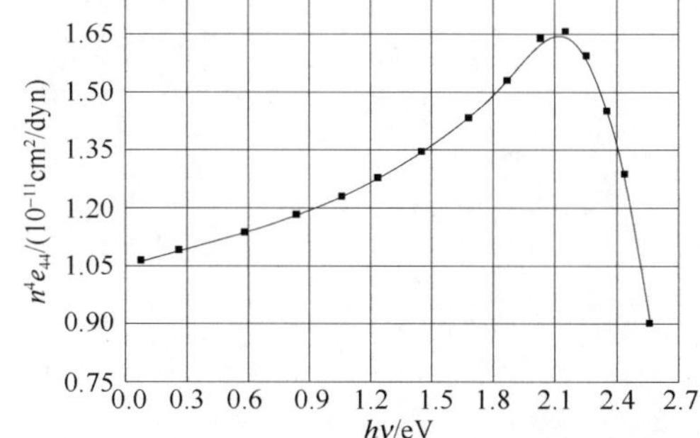

图表 733　GaP 的压光系数随光子能量的变化-Ⅱ

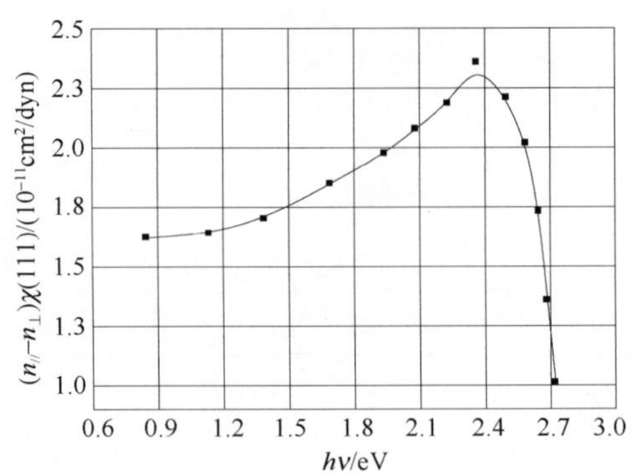

图表 734 GaP 的压光系数随光子能量的变化-Ⅲ

9. 磁学性能

9.1 霍尔系数

9.2 磁阻系数

10. 热电性能

10.1 塞贝克系数

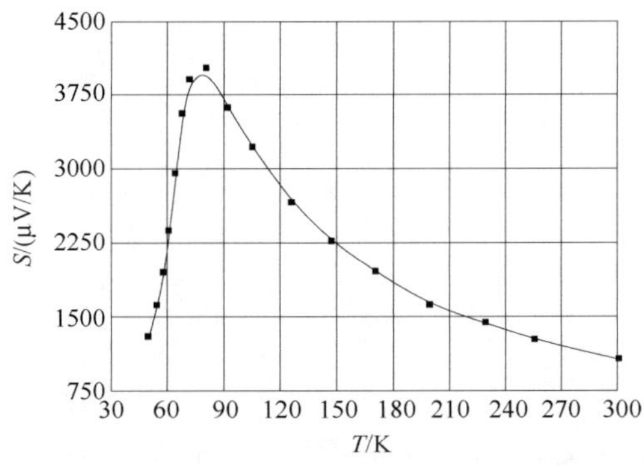

图表 735 GaP 的塞贝克系数随温度的变化

第 21 章　砷化铟(InAs)

1. 结构特性

1.1　晶体结构

闪锌矿。

1.2　空间群

$F\bar{4}3m(T_d^2)$。

1.3　晶格常数

$a=6.0583$Å。

1.4　解理面和解理能

解理面：$(\bar{1}\,\bar{1}\,\bar{1})$。

解理能：$0.728J/m^2$。

1.5　结构相变

一级相变转变压强：$P_T=7GPa$。

1.6　相图

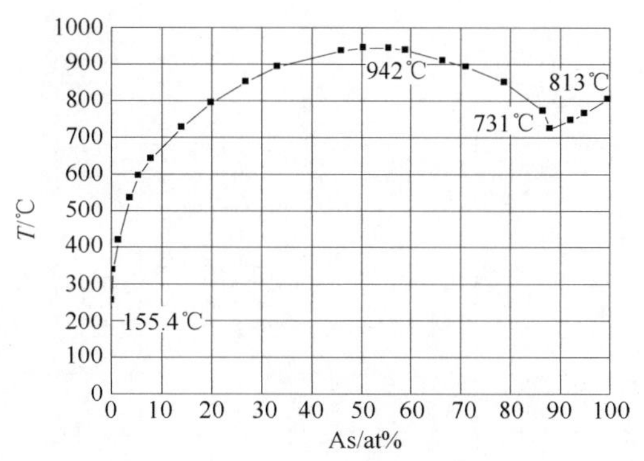

图表 736　InAs 的相图

1.7　密度

$d=5.68g/cm^3$。

2. 热学性能

2.1 熔点

T_m＝942℃。

2.2 定容比热容

C_v＝47.43J/(mol·K)。

2.3 定压比热容

C_p＝66.77J/(mol·K)。

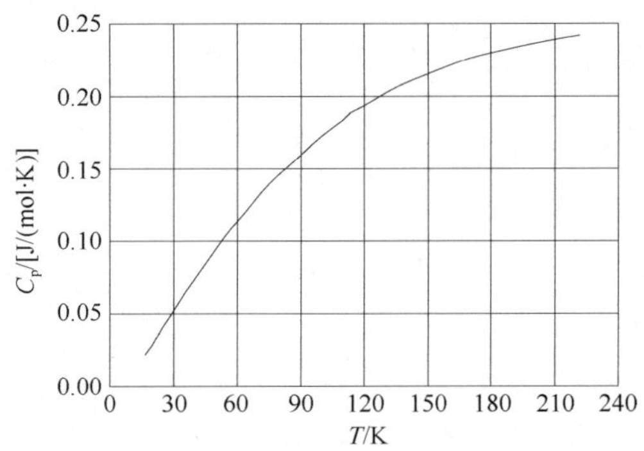

图表 737 InAs 的定压比热容随温度的变化

2.4 德拜温度

Θ_D＝280K。

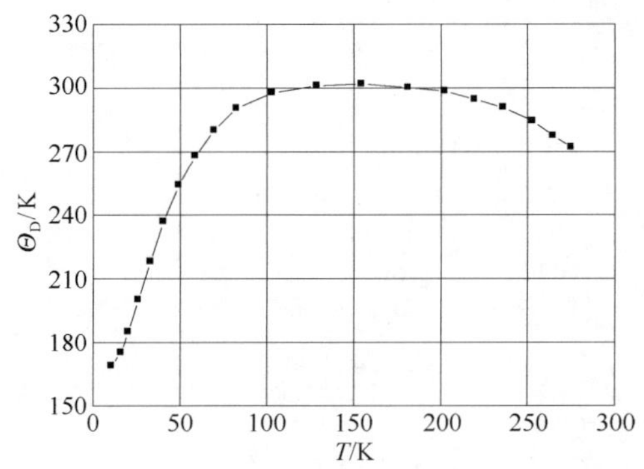

图表 738 InAs 的德拜温度随温度的变化

2.5 热膨胀系数

α＝4.52×$10^{-6}$$K^{-1}$。

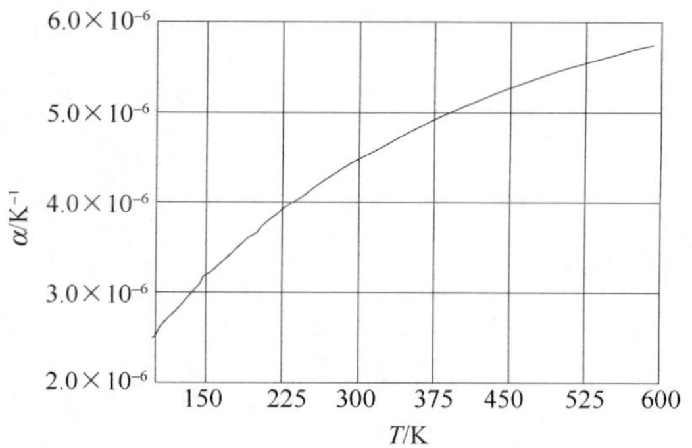

图表 739　InAs 的热膨胀系数随温度的变化

2.6　热导率

$\chi=0.27\mathrm{W/(cm\cdot K)}$。

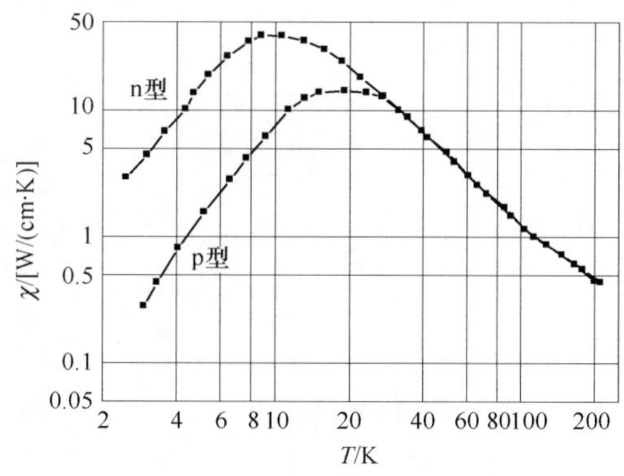

图表 740　InAs 的热导率随温度的变化-Ⅰ

(载流子浓度$=2\times10^{17}\mathrm{cm}^{-3}$)

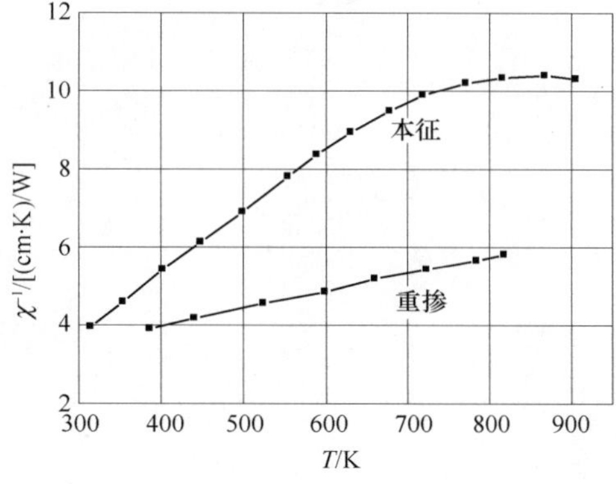

图表 741　InAs 的热导率随温度的变化-Ⅱ

2.7 热扩散系数

$D=19\text{cm}^2/\text{s}$。

3. 力学性能

3.1 弹性常数

$C_{11}=8.34\times10^{11}\text{dyn/cm}^2$。

$C_{12}=4.54\times10^{11}\text{dyn/cm}^2$。

$C_{44}=3.95\times10^{11}\text{dyn/cm}^2$。

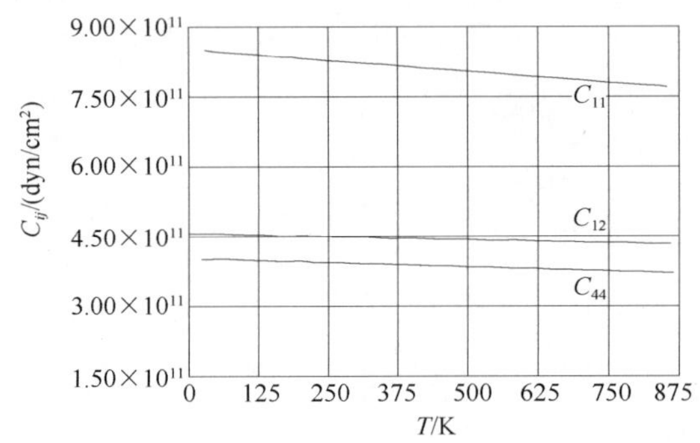

图表 742 InAs 的弹性常数随温度的变化

3.2 杨氏模量

$Y=5.14\times10^{11}\text{dyn/cm}^2$。

图表 743 InAs 的杨氏模量（单位：10^{12}dyn/cm^2）

(100)		(110)		(111)
[001]	[011]	[001]	[111]	
0.610	0.917	0.610	1.10	0.917

3.3 体模量

$B_u=5.81\times10^{11}\text{dyn/cm}^2$。

3.4 切变模量

$C_s=1.90\times10^{11}\text{dyn/cm}^2$。

3.5 显微硬度

莫氏硬度：3.8。

努氏硬度：430kg/mm^2。

4. 晶格动力学性质

4.1 声子色散关系

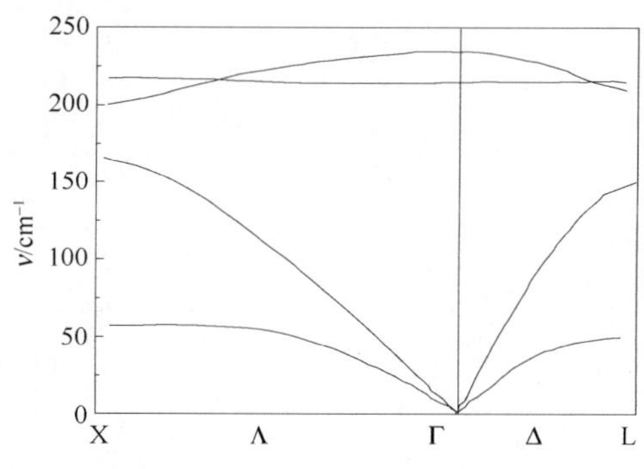

图表 744　InAs 的声子色散关系

4.2　声子态密度

4.3　声子频率

$h\nu$=0.030eV。

图表 745　InAs 不同模式的振动频率（单位：THz）

模式	频率	模式	频率
$\nu_{TO}(\Gamma)$	6.44	$\nu_{LO}(X)$	6.20
$\nu_{LO}(\Gamma)$	7.01	$\nu_{TA}(L)$	1.50
$\nu_{TA}(X)$	1.70	$\nu_{LA}(L)$	4.46
$\nu_{LA}(X)$	4.94	$\nu_{TO}(L)$	6.44
$\nu_{TO}(X)$	6.47	$\nu_{LO}(L)$	6.26

4.4　红外光谱

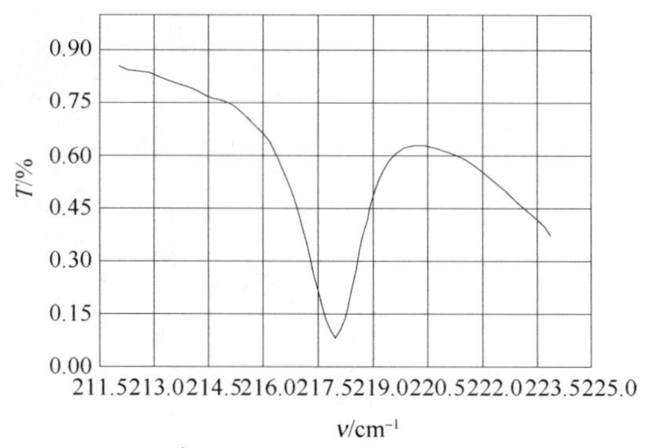

图表 746　InAs 的红外光谱

4.5　拉曼光谱

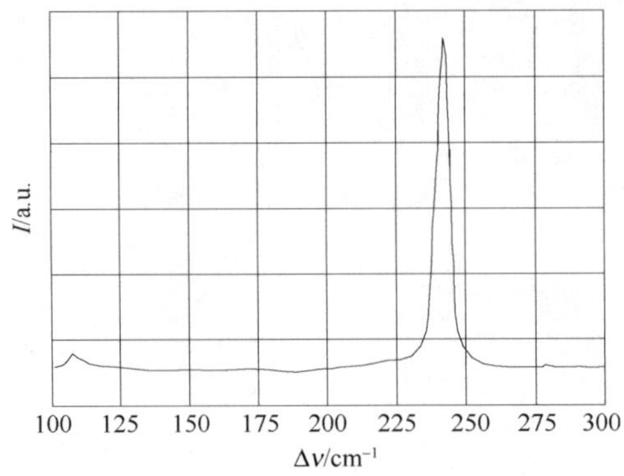

图表 747 InAs 的拉曼光谱

4.6 声速

图表 748 InAs 不同方向的声速

方向	[100]		[100]			[111]	
模式	v_L	v_T	v_l	$v_{t\parallel}$	$v_{t\perp}$	$v_{l'}$	$v_{t'}$
声速	3.83	2.64	4.28	2.64	1.83	4.41	2.13

5. 能带结构

5.1 能带图

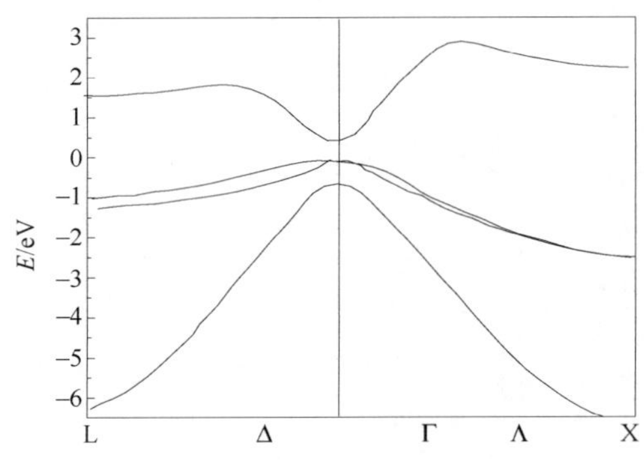

图表 749 InAs 的能带图

5.2 状态密度

有效导带状态密度：$N_C=8.7\times10^{16}\,cm^{-3}$。

有效价带状态密度：$N_V=6.6\times10^{18}\,cm^{-3}$。

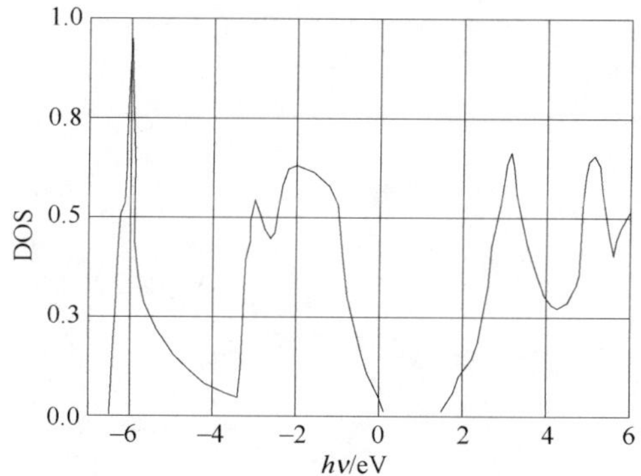

图表 750　InAs 的状态密度随光子能量的变化

5.3　禁带宽度

E_g=354meV。

自旋轨道分裂：410meV。

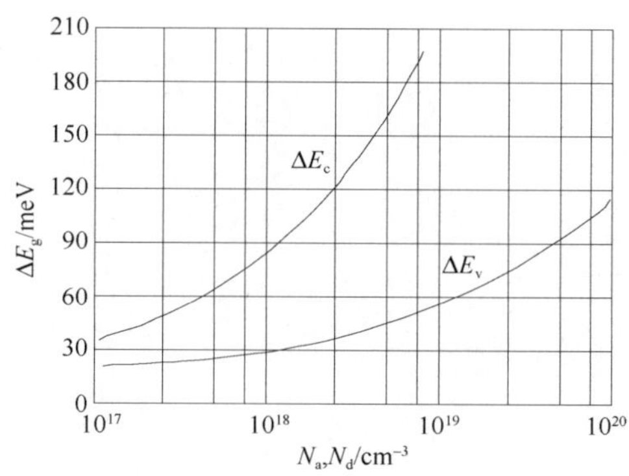

图表 751　InAs 的导带底和价带顶的禁带宽度随掺杂浓度的变化

5.4　电子亲和势

χ=4.9eV。

5.5　杂质与缺陷

浅施主：Se，S，Te，Ge，Si，Sn，Cu：≥0.001eV。

图表 752　InAs 中的浅受主

Sn	Ge	Si	Cd	Zn
0.01	0.014	0.02	0.015	0.01

5.6　电子有效质量

m_n=0.023。

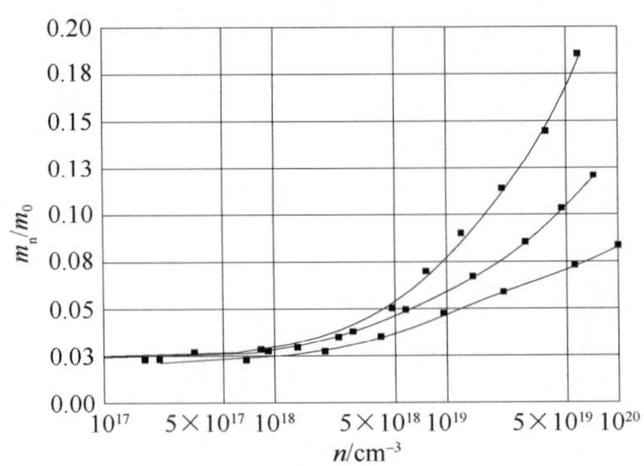

图表 753　InAs 的电子有效质量随载流子浓度的变化

5.7　空穴有效质量

m_{nh}＝0.41。

m_n＝0.026。

m_{so}＝0.016。

5.8　激子束缚能

6. 光学特性

6.1　介电常数

静态：15.15。

高频：12.3。

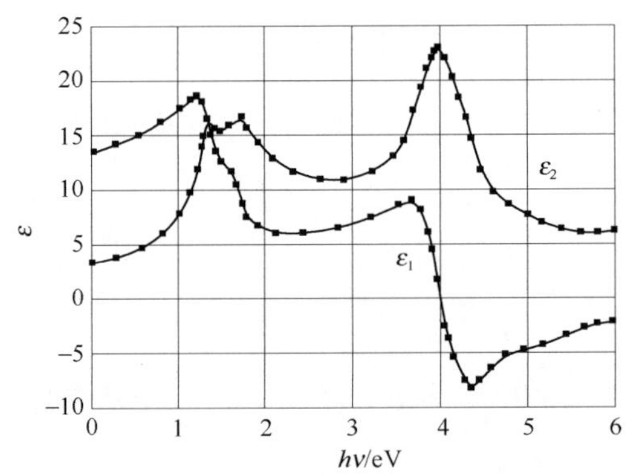

图表 754　InAs 的介电常数随光子能量的变化

6.2　吸收光谱

6.3　透射光谱

6.4　反射光谱

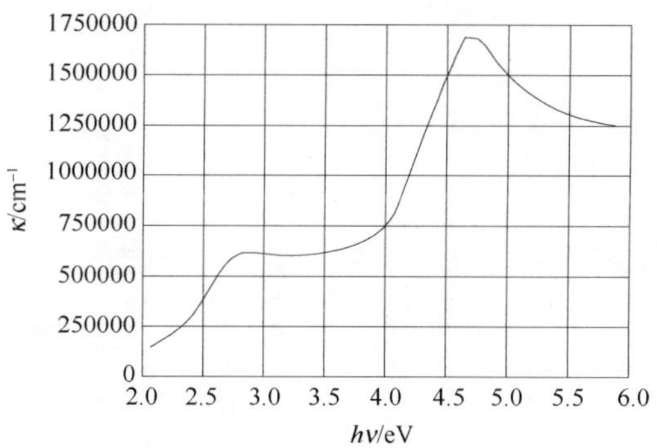

图表 755　InAs 的吸收系数随光子能量的变化

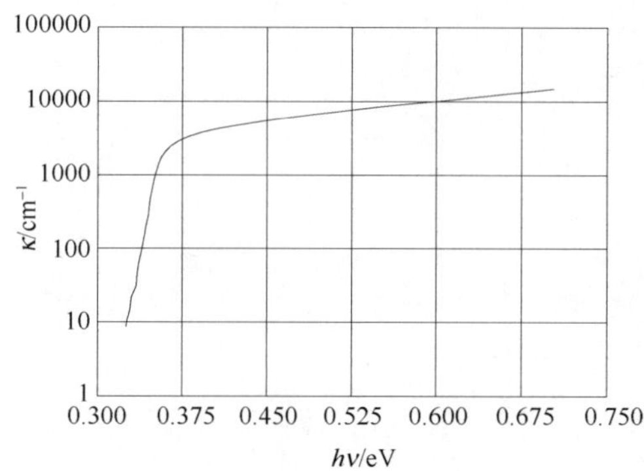

图表 756　InAs 的近边吸收系数随光子能量的变化

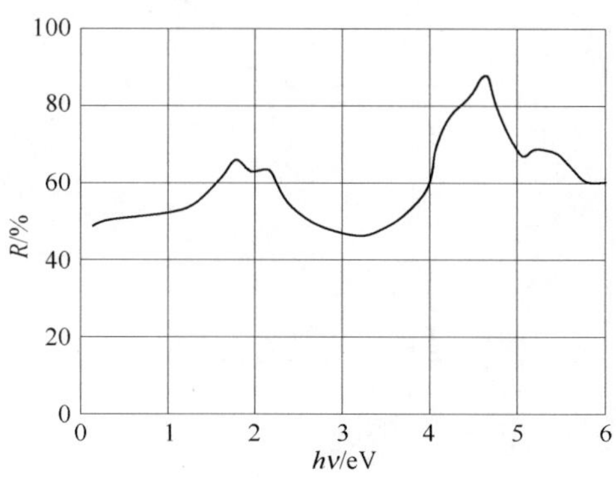

图表 757　InAs 的反射光谱

6.5　折射率和消光系数

$n=3.51$。

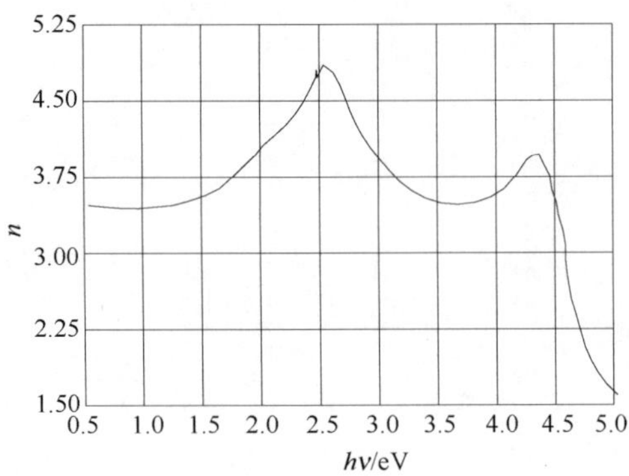

图表 758　InAs 的折射率随光子能量的变化

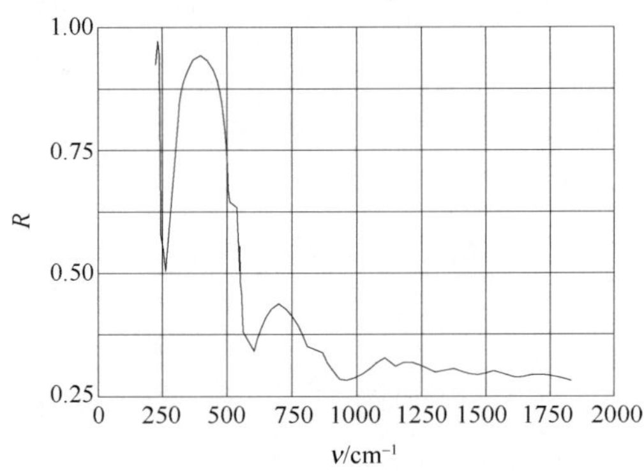

图表 759　InAs 红外波段的反射光谱

7. 载流子的输运特性

7.1　电子迁移率

$\mu_n \leqslant 4\times10^4\,cm^2/(V\cdot s)$。

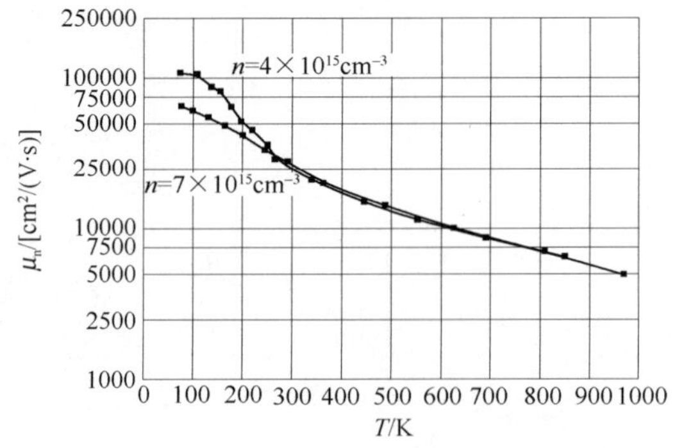

图表 760　InAs 的电子迁移率随温度的变化

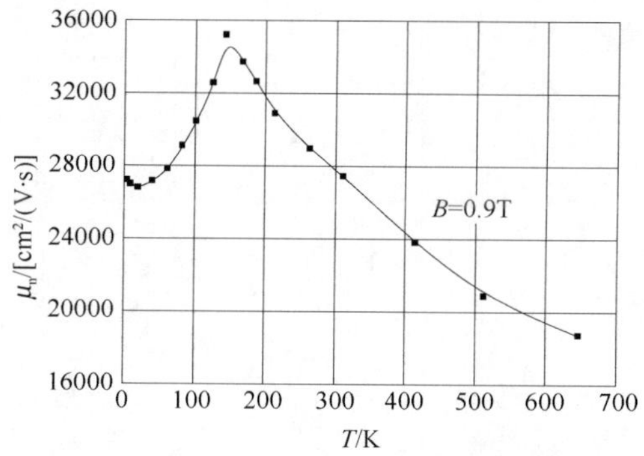

图表 761　强磁场下 InAs 的电子迁移率随温度的变化

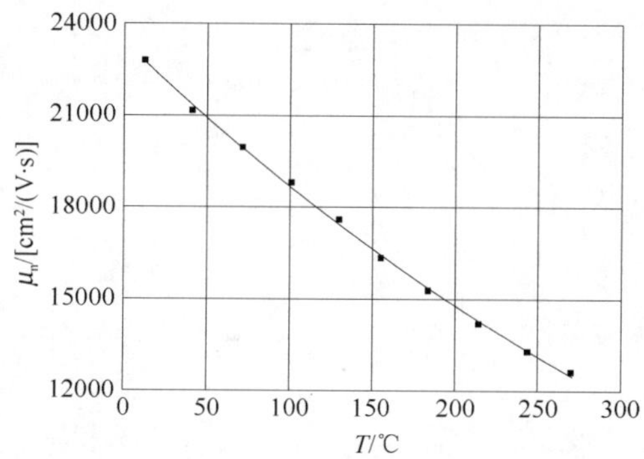

图表 762　InAs 的电子迁移率随温度的变化

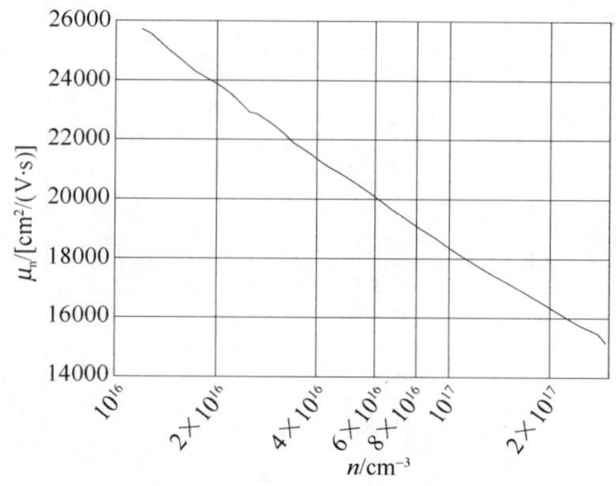

图表 763　InAs 的电子迁移率随载流子浓度的变化

7.2　电子漂移速率

7.3　空穴迁移率

7.4　空穴漂移速率

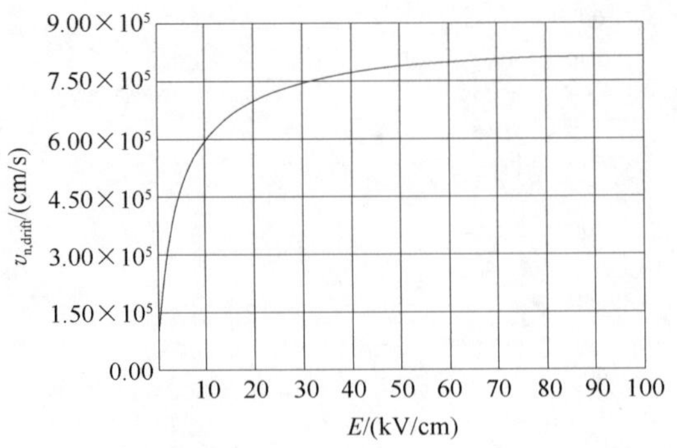

图表 764　InAs 的电子漂移速率随电场强度的变化

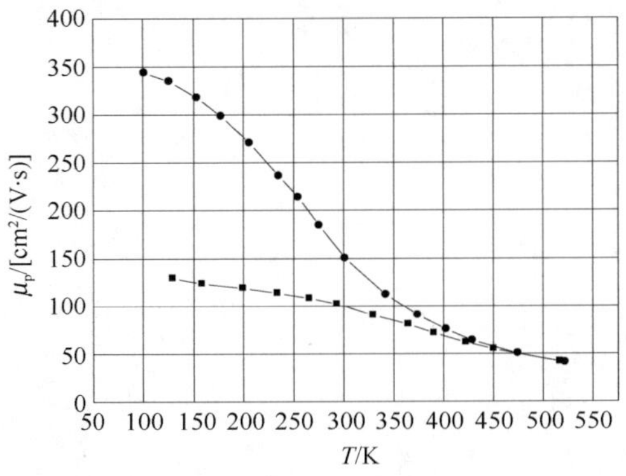

图表 765　InAs 的空穴迁移率随温度的变化

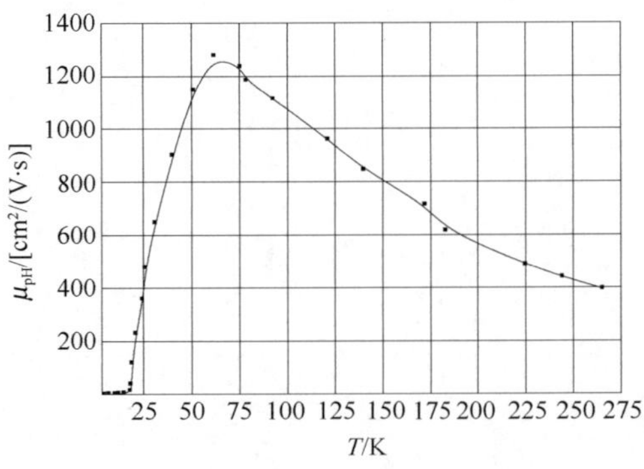

图表 766　InAs 的空穴霍尔迁移率随温度的变化

7.5　本征载流子浓度

$n_i = 1 \times 10^{15}\,\text{cm}^{-3}$。

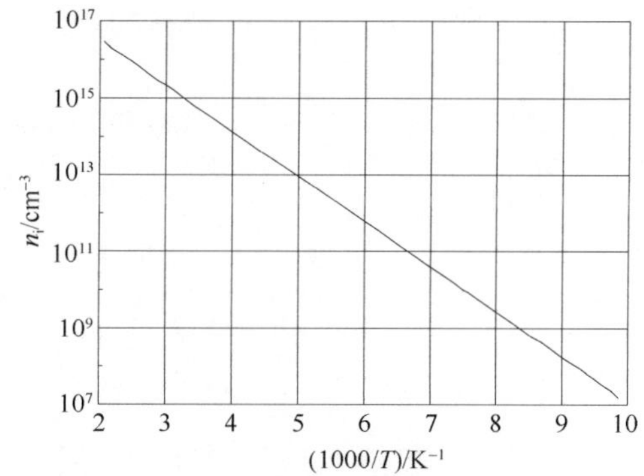

图表 767　InAs 的本征载流子浓度随温度的变化

7.6　本征电阻率

$\rho_i = 0.16\Omega \cdot cm$。

7.7　压阻特性

7.8　击穿电场

$E_{BR} \approx 4 \times 10^4 V/cm$。

8. 压电性能

$e_{14} = -4.5 \times 10^{-2} C/m^2$。

9. 磁学性能

9.1　霍尔系数

9.2　磁阻系数

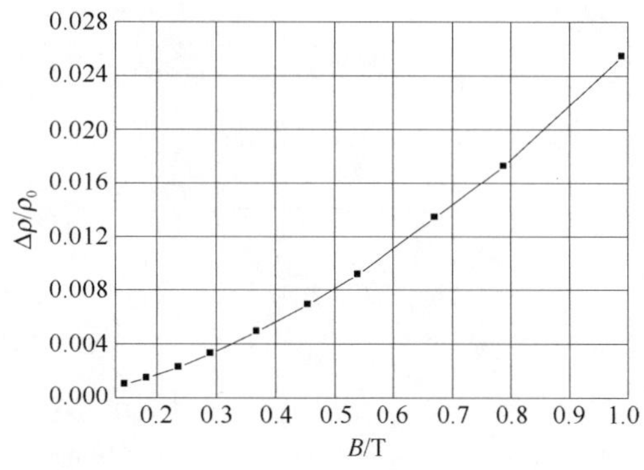

图表 768　InAs 的磁阻系数随磁场强度的变化

10. 热电性能

10.1　塞贝克系数

10.2　能斯特系数

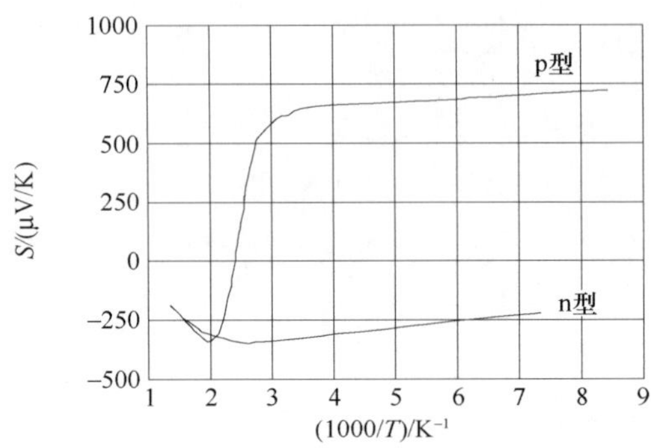

图表 769　InAs 的塞贝克系数随温度的变化

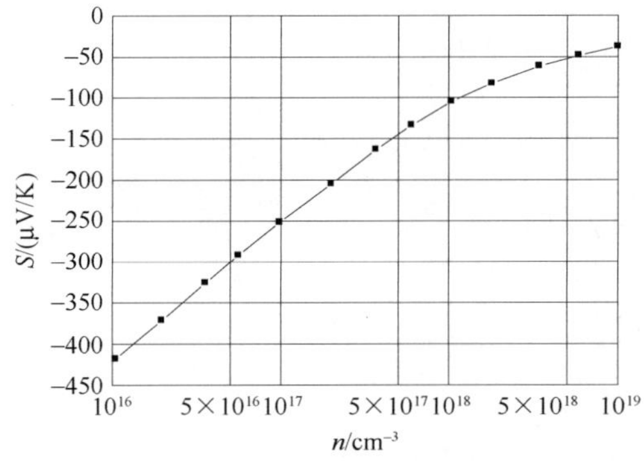

图表 770　InAs 的塞贝克系数随载流子浓度的变化

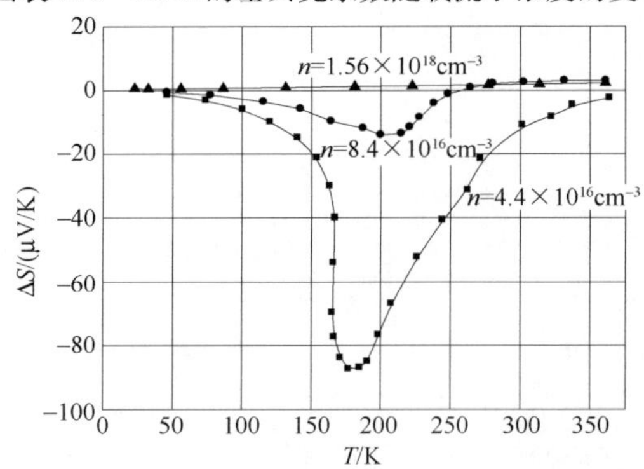

图表 771　磁场下 InAs 的塞贝克系数随温度的变化

$(\Delta S = S(0.7T) - S(0))$

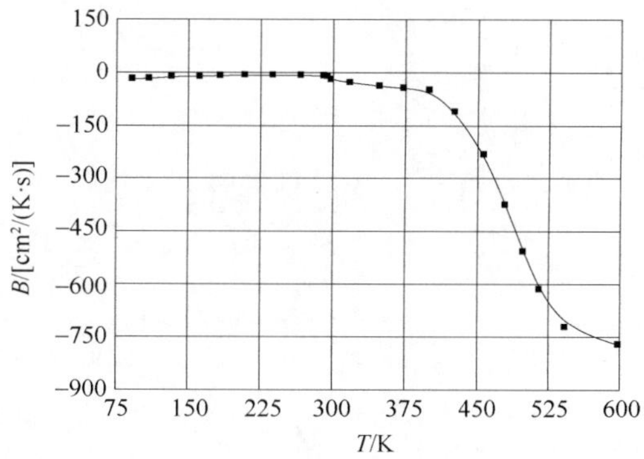

图表 772　InAs 的能斯特系数随温度的变化-Ⅰ

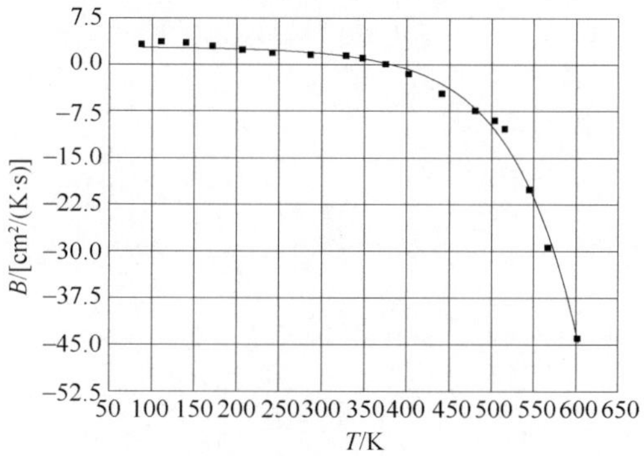

图表 773　InAs 的能斯特系数随温度的变化-Ⅱ

第 22 章　氮化铟(InN)

1. 结构特性

1.1　晶体结构

纤锌矿。

1.2　空间群

$P6_3mc(C_{6v}^4)$。

1.3　晶格常数

a=3.533Å，c=5.693Å。

1.4　解理面和解理能

1.5　结构相变

一级相变转变压强：P_T=12.1～23.0GPa。

1.6　相图

1.7　密度

d=6.81g/cm^3。

2. 热学性能

2.1　熔点

T_m=1373K。

2.2　定容比热容

2.3　定压比热容

C_p=41.22J/(mol·K)。

2.4　德拜温度

Θ_D=660K。

2.5　热膨胀系数

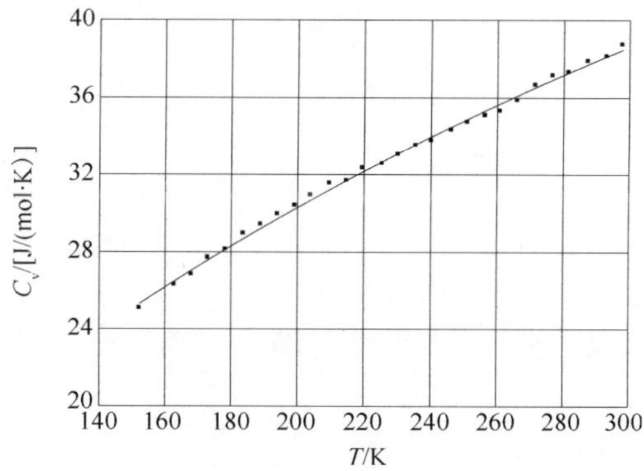

图表 774　InN 的定容比热容随温度的变化

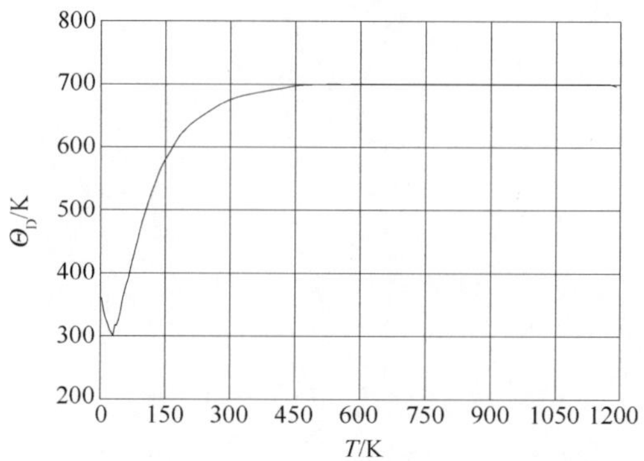

图表 775　InN 的德拜温度随温度的变化

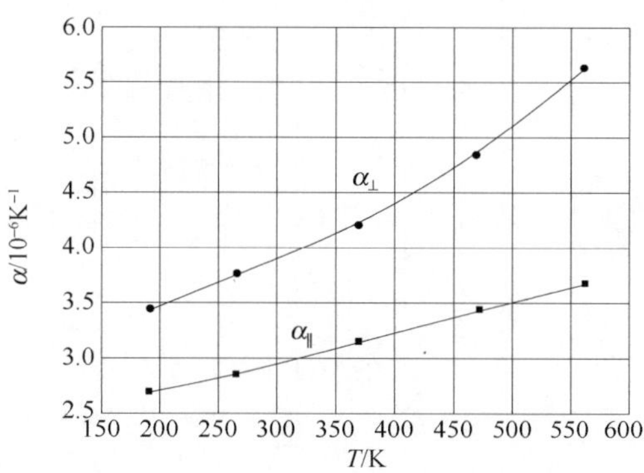

图表 776　InN 的热膨胀系数随温度的变化

2.6　热导率

实验值：0.45W/(cm・K)。

理论值：1.76W/(cm・K)。

2.7 热扩散系数

$D=0.2\text{cm}^2/\text{s}$。

3. 力学性能

3.1 弹性常数

图表 777 InN 的弹性常数（单位：GPa）

C_{11}	C_{12}	C_{13}	C_{33}	C_{44}
190±7	104±3	121±7	182±6	10±1

3.2 杨氏模量

$Y=1.04\times10^{12}\text{dyn/cm}^2$。

3.3 体模量

$B_u=140\text{GPa}$。

3.4 切变模量

3.5 显微硬度

4. 晶格动力学性质

4.1 声子色散关系

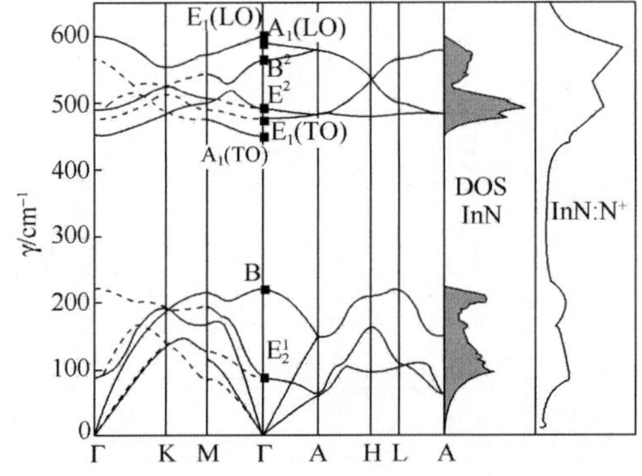

图表 778 InN 的声子色散关系

4.2 声子态密度

参见 4.1。

4.3 声子频率

$h\nu=73\text{meV}$。

图表 779　InN 的声子振动频率（单位：cm^{-1}）

A_1(LO)	A_1(TO)	E_1(LO)	E_1(TO)	E_2(low)	E_2(high)
586	447	593	476	87	488

4.4　红外光谱

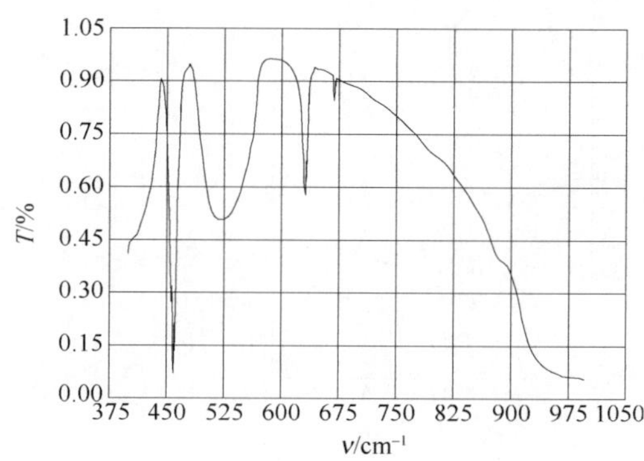

图表 780　InN 的红外反射光谱

4.5　拉曼光谱

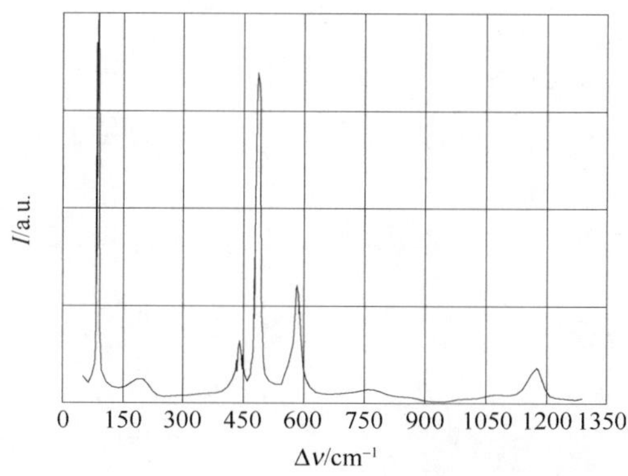

图表 781　InN 的拉曼光谱

4.6　声速

图表 782　InN 晶体中的声速

方向	模式	表达式	声速/(10^5cm/s)
[100]	v_L	$(C_{11}/\rho)^{1/2}$	5.28
	$v_{T[001]}$	$(C_{44}/\rho)^{1/2}$	1.21
	$v_{T[010]}$	$((C_{11}-C_{12})/2\rho)^{1/2}$	2.51
[001]	v_L	$(C_{33}/\rho)^{1/2}$	5.17
	v_T	$(C_{44}/\rho)^{1/2}$	1.21

5. 能带结构

5.1 能带图

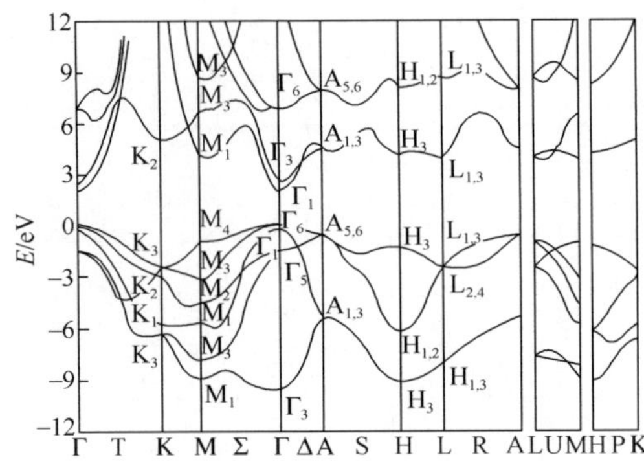

图表 783　InN 的能带图

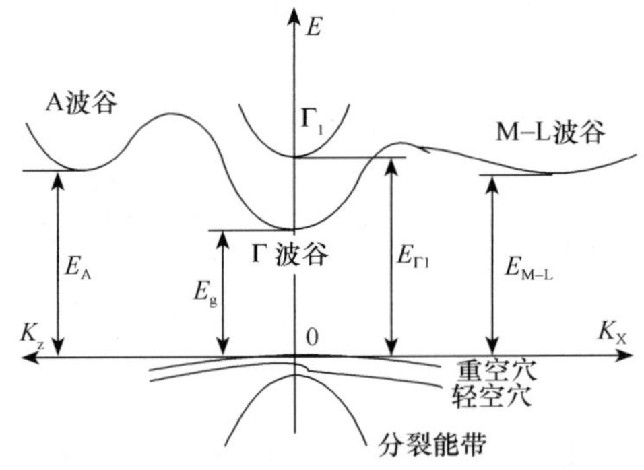

图表 784　简化的 InN 能带图

(E_g=1.97～2.05eV，E_{G1}=3.0～4.5eV，E_A=2.6～4.7eV

$E_{M\text{-}L}$=4.8～5.8eV，E_{so}=0.003eV，E_{CR}=0.017eV)

5.2 状态密度

导带有效状态密度：$N_C=9\times10^{17}\,\text{cm}^{-3}$。

价带有效状态密度：$N_V=5.3\times10^{19}\,\text{cm}^{-3}$。

5.3 禁带宽度

E_g=1.97eV。

E_{so}=0.003eV。

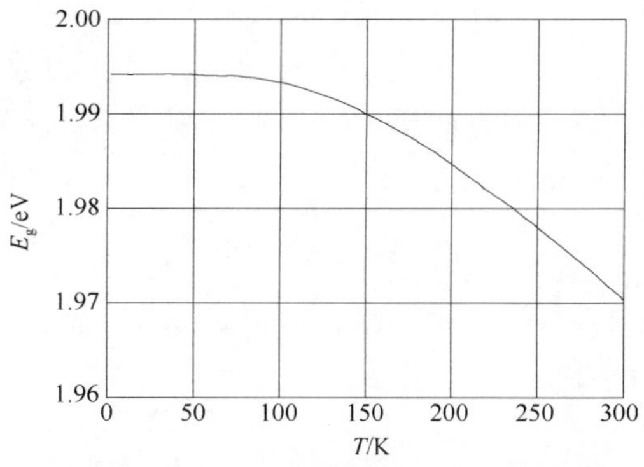

图表 785　InN 的禁带宽度随温度的变化

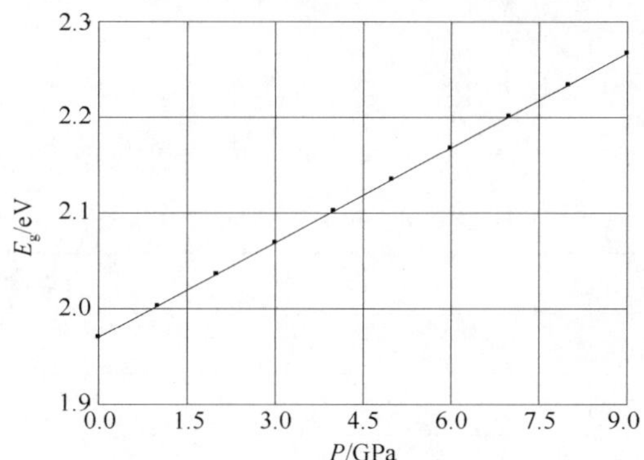

图表 786　InN 的禁带宽度随压强的变化

5.4　电子亲和势

5.5　杂质与缺陷

V_N：E_d＝0.04～0.05eV。

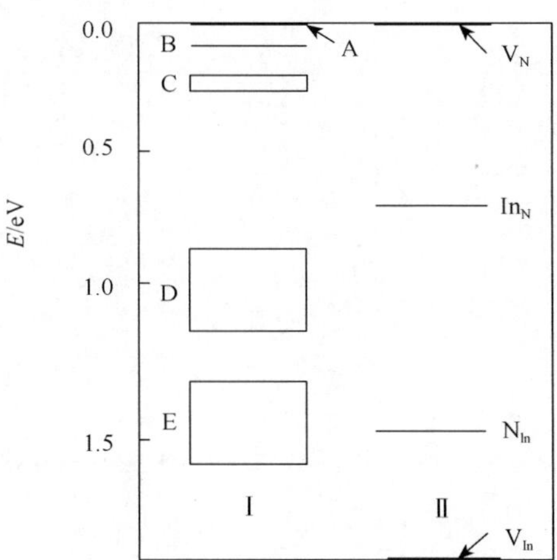

图表 787　InN 中的杂质与缺陷能级

5.6 电子有效质量

m_n=0.11。

5.7 空穴有效质量

m_{ph}=1.63。

m_{pl}=0.27，0.5（理论计算）。

自旋分裂轨道有效质量 m_{so}=0.65，0.17（理论计算）。

价带状态密度有效质量 m_v=1.63。

5.8 激子束缚能

6. 光学特性

6.1 介电常数

图表 788 InN 的介电常数

状态	介电常数
静态	15.3
静态(寻常方向)	13.1
静态(异常方向)	14.4
高频	8.4
高频(重掺)	9.3

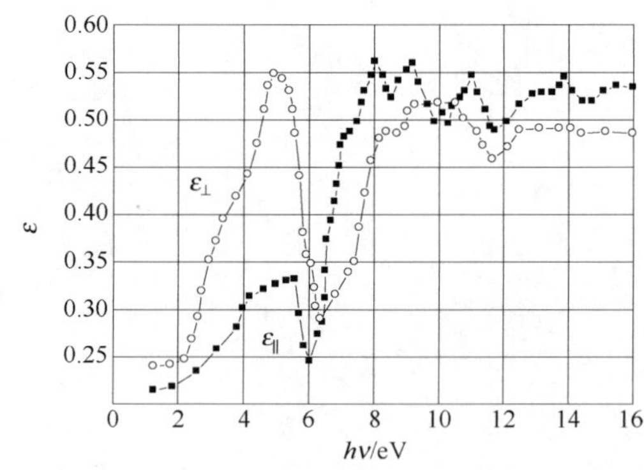

图表 789 InN 的介电常数随光子能量的变化

6.2 吸收光谱

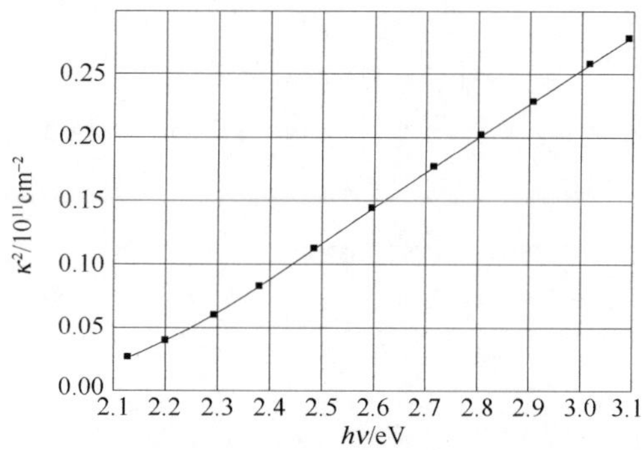

图表 790　InN 的吸收系数随光子能量的变化-Ⅰ

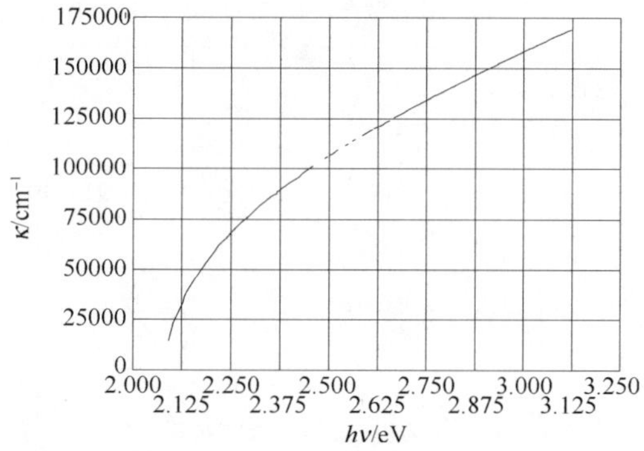

图表 791　InN 的吸收系数随光子能量的变化-Ⅱ

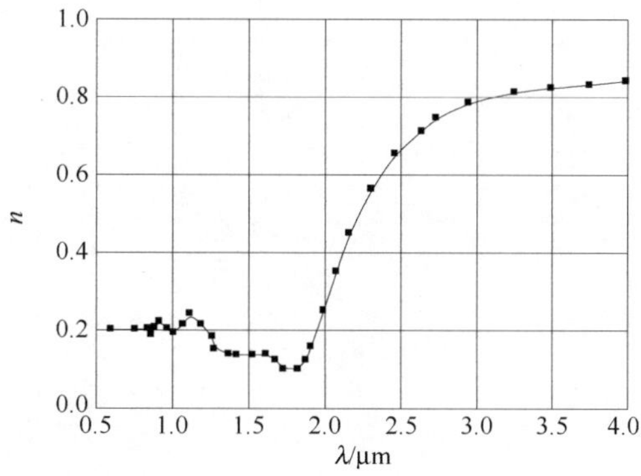

图表 792　InN 的反射光谱

6.3　透射光谱

6.4　反射光谱

6.5　折射率

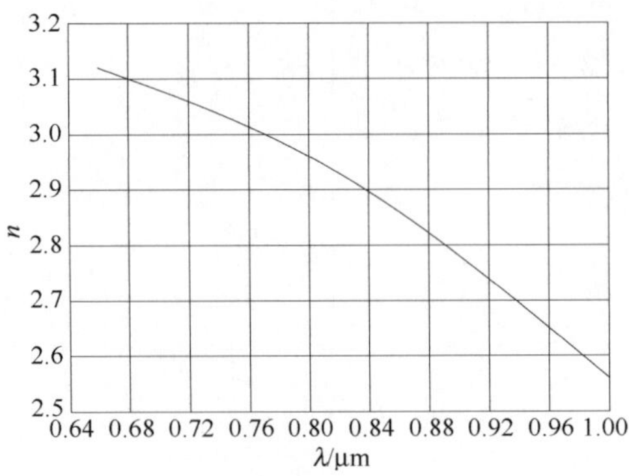

图表 793　InN 近红外波段的折射率随波长的变化

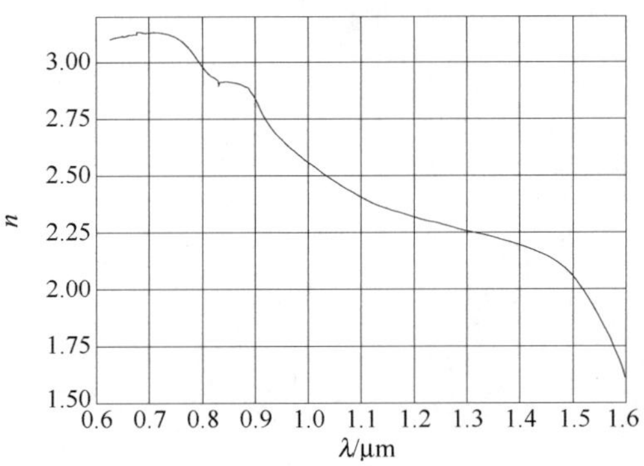

图表 794　InN 的折射率随波长的变化

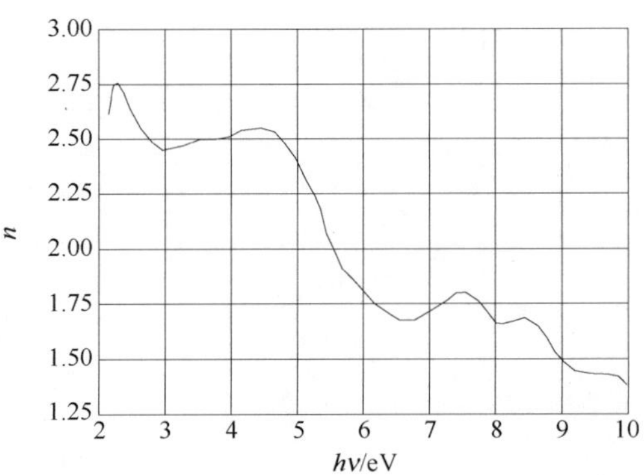

图表 795　InN 的折射率随光子能量的变化

7. 载流子的输运特性

7.1　电子迁移率

$\mu_n \leqslant 3200 cm^2/(V \cdot s)$。

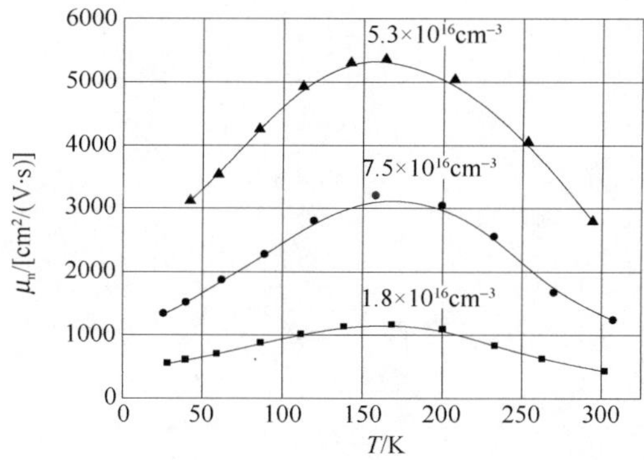

图表 796　InN 的电子迁移率随温度和载流子浓度的变化

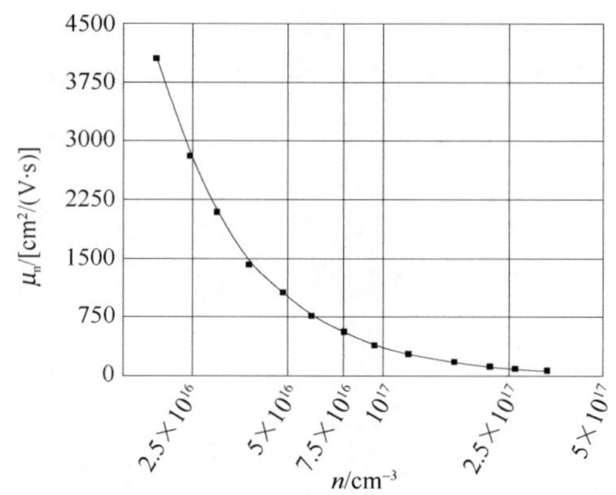

图表 797　InN 的电子迁移率随载流子浓度的变化

7.2　电子漂移速率

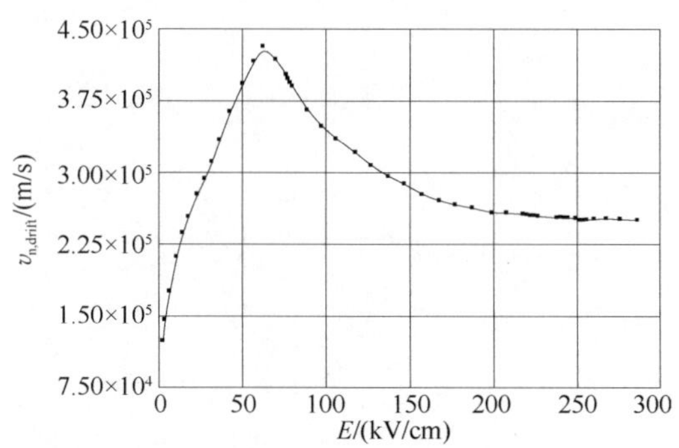

图表 798　InN 的电子漂移迁移率随电场强度的变化

7.3　空穴迁移率

$\mu_p \leqslant 3250(50)\text{cm}^2/(\text{V}\cdot\text{s})$。

7.4 空穴漂移速率

7.5 本征载流子浓度

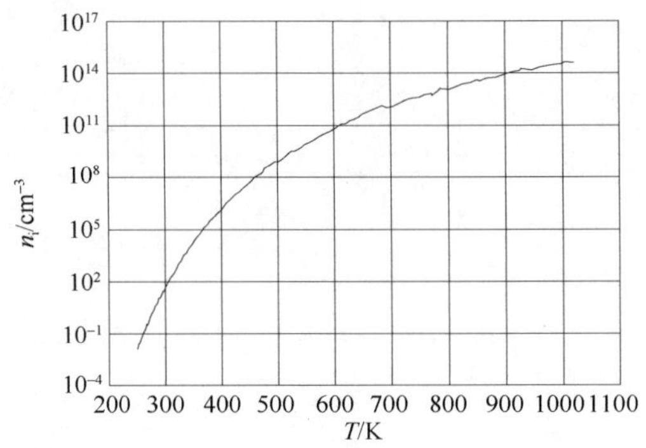

图表 799 InN 的本征载流子浓度随温度的变化

7.6 本征电阻率

$\rho_i=2\sim3\Omega\cdot cm$。

7.7 压阻特性

7.8 击穿场强

$E_{BR}=1MV/cm$。

8. 压电性能

$e_{31}=-0.57C/m^2$。

$e_{33}=0.97C/m^2$。

第 23 章　砷化铝(AlAs)

1. 结构特性

1.1　晶体结构

闪锌矿

1.2　空间群

$F\bar{4}3m(T_d)$。

1.3　晶格常数

a=5.66139Å。

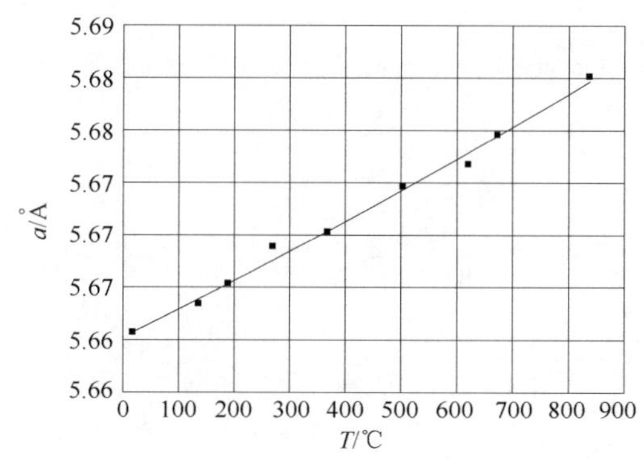

图表 800　AlAs 的晶格常数随温度的变化

1.4　解理面和解理能

解理面：$(\bar{1}\bar{1}\bar{1})$。

解理能：0.945J/m^2。

1.5　结构相变

一级相变转变压强：7～14.2GPa。

1.6　相图

1.7　密度

d=3.73016g/cm^3。

2. 热学性能

2.1　熔点

T_m＝1740K。

2.2　定容比热容

2.3　定压比热容

C_p＝10.34cal/(mol·K)。

C_p＝11.94cal/(mol·K)。

2.4　德拜温度

Θ_D＝450K。

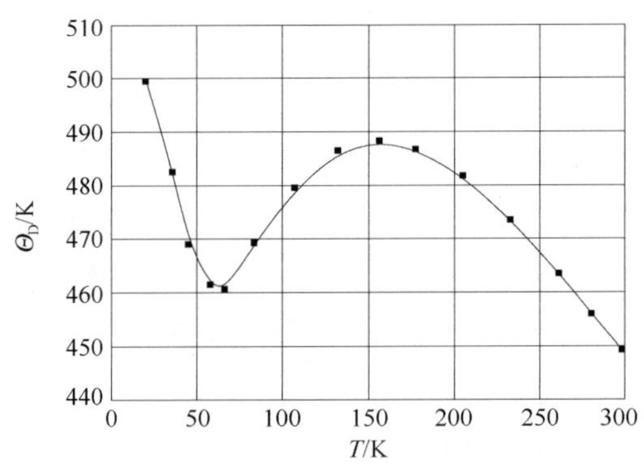

图表 801　AlAs 的德拜温度随温度的变化

2.5　热膨胀系数

α＝4.28×$10^{-6}$$K^{-1}$。

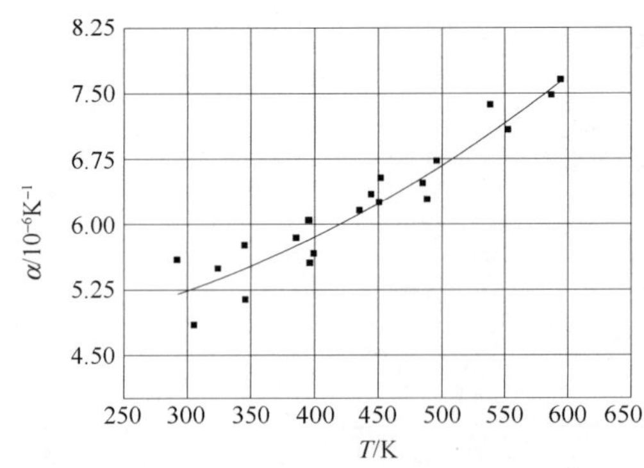

图表 802　AlAs 的热膨胀系数随温度的变化

2.6　热导率

χ=0.91W/(cm·K)。

2.7　热扩散系数

3. 力学性能

3.1　弹性常数

图表 803　AlAs 晶体的弹性常数（单位：10^{11} dyn/cm^2）

C_{11}	C_{12}	C_{14}
11.93	5.72	5.72

3.2　杨氏模量

图表 804　AlAs 晶体的杨氏模量（单位：10^{12} dyn/cm^2）

(100)		(110)		(111)
[001]	[011]	[001]	[111]	
0.822	1.179	0.822	1.379	1.179

3.3　体模量

$B_u=7.79\times10^{11}$ dyn/cm^2。

3.4　切变模量

$C_s=3.11\times10^{11}$ dyn/cm^2。

3.5　显微硬度

努氏硬度：H=5GPa。

4. 晶格动力学性质

4.1　声子色散关系

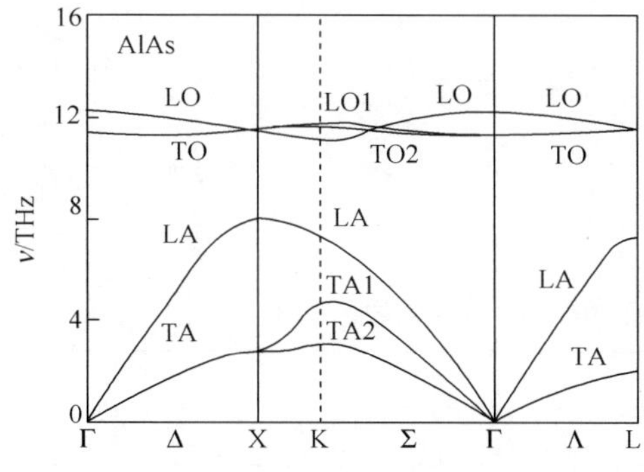

图表 805　AlAs 晶体的声子色散关系

4.2 声子态密度

4.3 声子频率

图表 806　AlAs 晶体的声子频率

LO			TO		
THz	meV	cm^{-1}	THz	meV	cm^{-1}
12.1	49.8	402	10.8	44.6	360

4.4 红外光谱

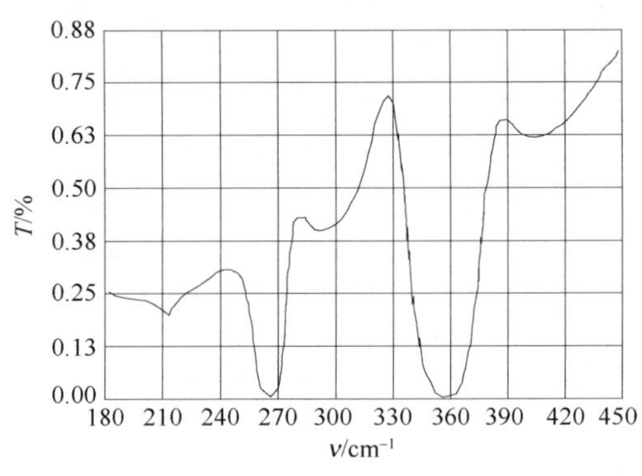

图表 807　$(GaAs)_m(AlAs)_n$超晶格的红外透射光谱

4.5 拉曼光谱

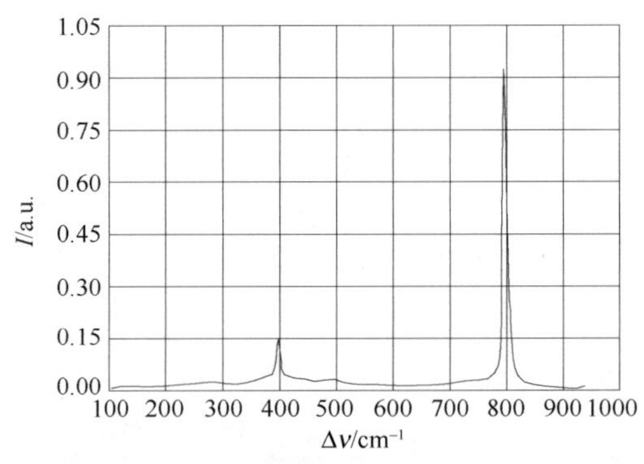

图表 808　AlAs 薄膜的共振拉曼光谱

4.6 声速

图表 809　AlAs 晶体中的声速（单位：10^3m/s）

[100]		[110]			[111]	
LA	TA1，TA2	LA	TA1	TA2	LA	TA1，TA2
5.66	3.92	6.24	2.89	3.92	6.43	3.27

5. 能带结构

5.1　能带图

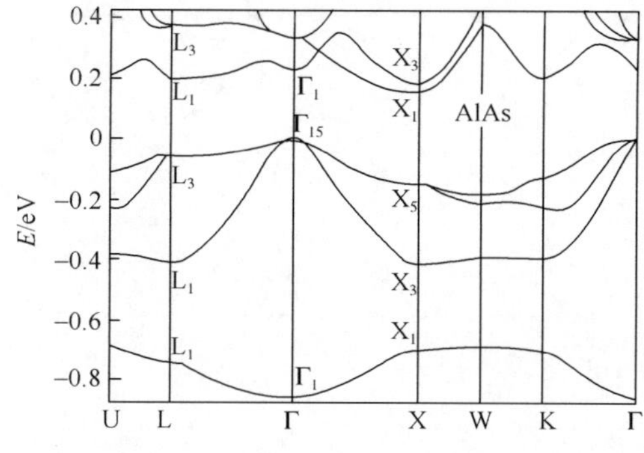

图表 810　AlAs 晶体的能带结构

5.2　状态密度

5.3　禁带宽度

带隙 2.15eV。

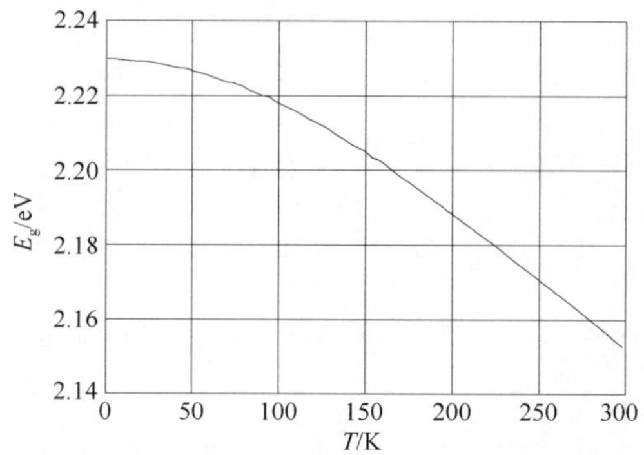

图表 811　AlAs 的禁带宽度随温度的变化

5.4　电子亲和势

χ=3.5eV。

5.5　杂质与缺陷

5.6　电子有效质量

m_n=0.124。

电子电导率有效质量：m_c=0.26。

5.7　空穴有效质量

图表 812 AlAs 晶体中的空穴有效质量

重空穴		轻空穴	
[001]	[111]	[001]	[111]
0.51	1.09	0.18	0.15

5.8 激子束缚能

$E_{ex}=18\text{meV}$。

6. 光学特性

6.1 介电常数

静态：$\varepsilon(0)=10.06$。

高频：$\varepsilon(\infty)=8.16$。

6.2 吸收光谱

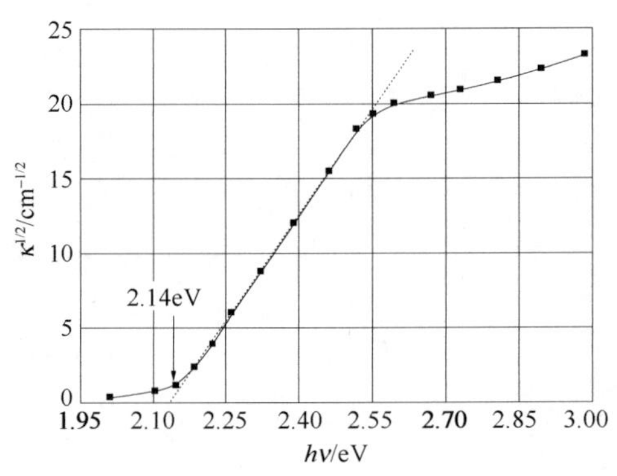

图表 813 AlAs 的间接带隙附近的吸收光谱

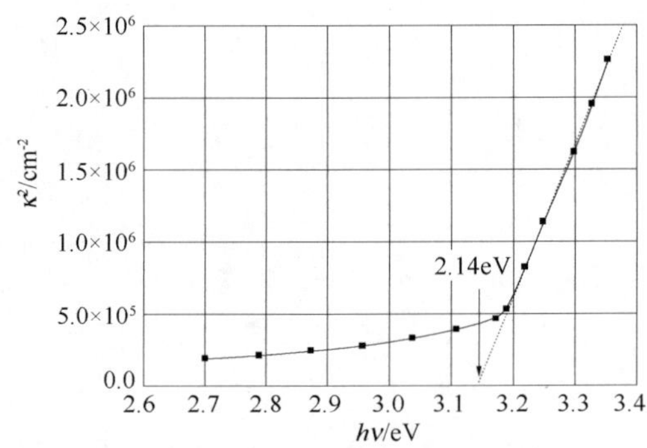

图表 814 AlAs 的直接带隙附近的吸收光谱

6.3 透射光谱

6.4 反射光谱

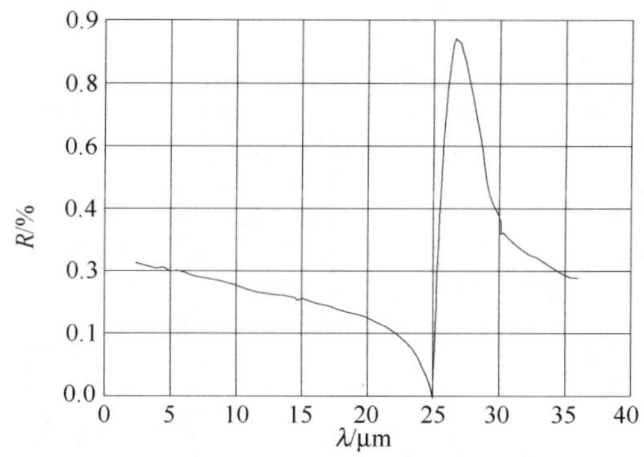

图表 815　AlAs 在红外波段的反射光谱

6.5　折射率和消光系数

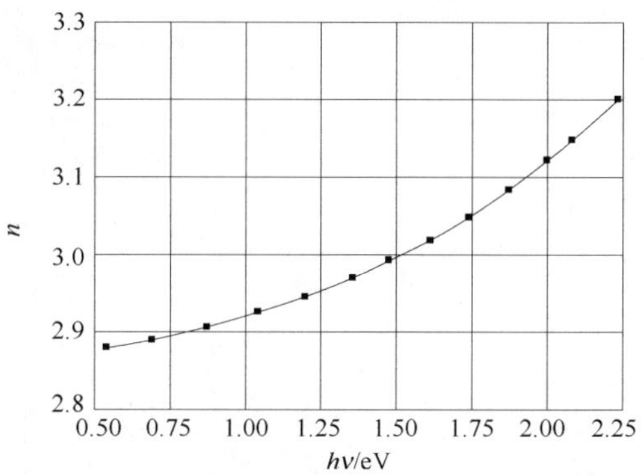

图表 816　AlAs 的折射率随光子能量的变化

7. 载流子的输运特性

7.1　电子迁移率

$\mu_n = 294 cm^2/(V \cdot s)$。

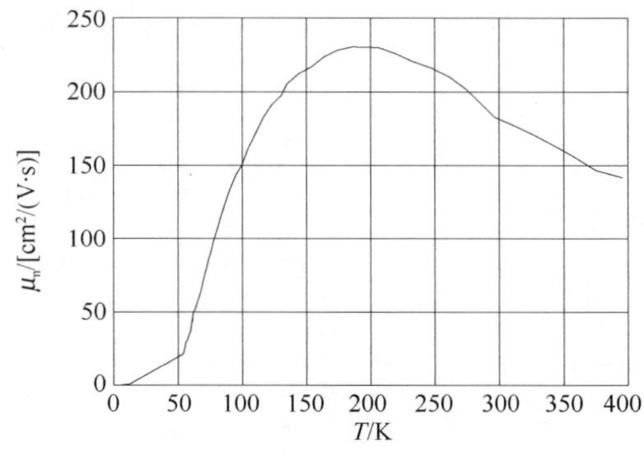

图表 817　AlAs 的电子迁移率随温度的变化

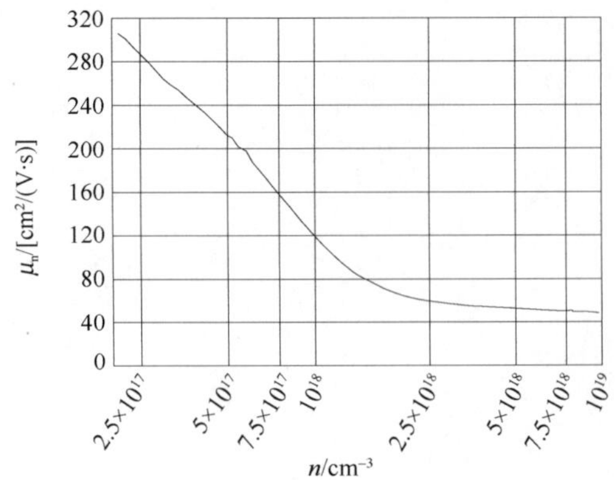

图表 818　AlAs 的电子迁移率随载流子浓度的变化

7.2　电子漂移速率

7.3　空穴迁移率

$\mu_p = 1054cm^2/(V \cdot s)$。

7.4　空穴漂移速率

7.5　本征载流子浓度

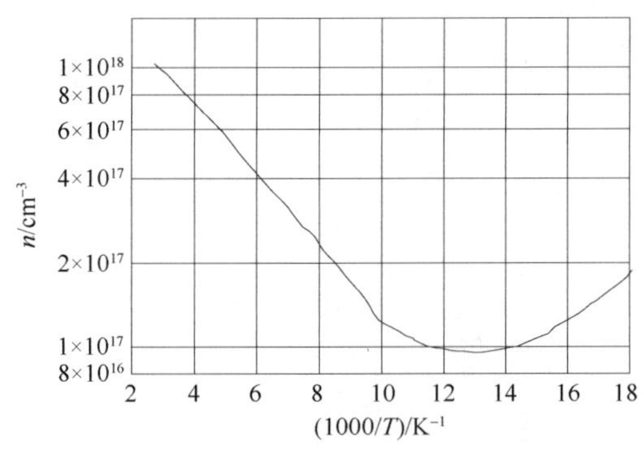

图表 819　AlAs 的载流子浓度随温度的变化

7.6　本征电阻率

7.7　压阻特性

7.8　击穿场强

$E_{BR} = 1.2MV/cm$。

8. 压电性能

$e_{14} = -0.23C/m^2$。

$d_{14} = -3.9pm/V$。

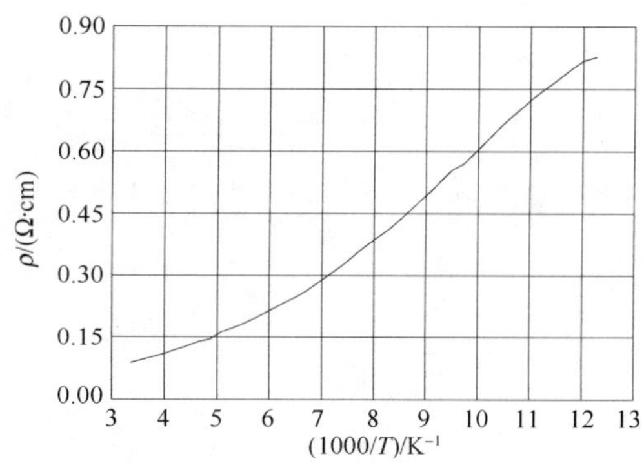

图表 820　AlAs 的电阻率随温度的变化

9. 磁学性能

9.1　霍尔系数

9.2　磁阻系数

10. 热电特性

10.1　塞贝克系数

$S=60\sim70\mu V/K$。

11. 其他性能

11.1　法拉第角

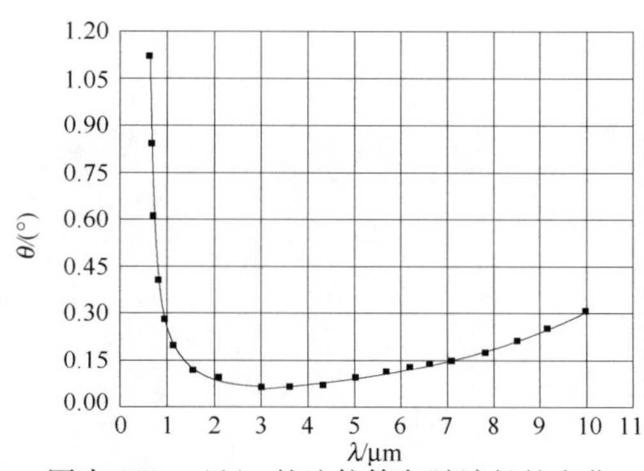

图表 821　AlAs 的法拉第角随波长的变化

(B=18kG)

第 24 章　磷化铝(AlP)

1. 结构特性

1.1　晶体结构

闪锌矿。

1.2　空间群

$F\bar{4}3m(T_d)$

1.3　晶格常数

$a=0.54635$nm。

1.4　解理面和解理能

解理面：$(\bar{1}\bar{1}\bar{1})$。

解理能：$0.956J/m^2$。

1.5　结构相变

一级相变压强：$P_T=9.5\sim17.0$GPa。

1.6　相图

1.7　密度

$d=2.3604g/cm^3$。

2. 热学性能

2.1　熔点

$T_m=2823$K。

2.2　定容比热容

2.3　定压比热容

$C_p=0.727J/(g\cdot K)$。

2.4　德拜温度

$\Theta_D=588$K。

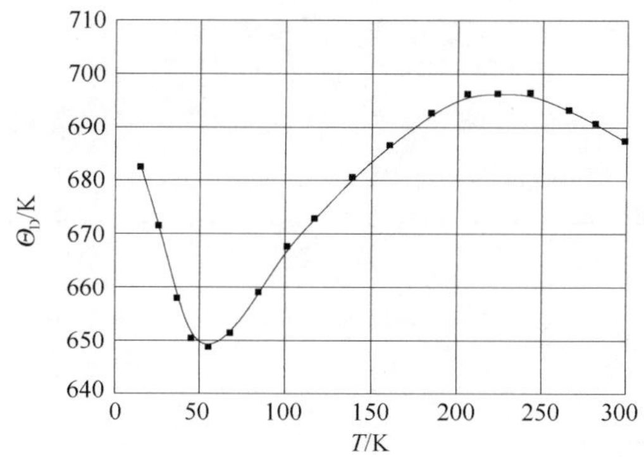

图表 822　AlP 的德拜温度随温度的变化

2.5　热膨胀系数

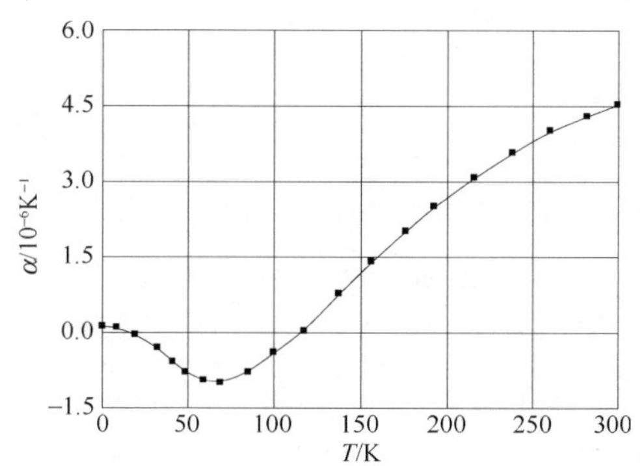

图表 823　AlP 的热膨胀系数随温度的变化

2.6　热导率

χ=0.9W/(cm·K)。

2.7　热扩散系数

3. 力学性能

3.1　弹性常数

图表 824　AlP 晶体的弹性常数（单位：10^{11} dyn/cm^2）

C_{11}	C_{12}	C_{44}
15.0	6.42	6.11

3.2　杨氏模量

图表 825　AlP 晶体的杨氏模量（10^{12} dyn/cm^2）

(100)		(110)		(111)
[001]	[011]	[001]	[111]	
1.11	1.38	1.11	1.50	1.38

3.3　体模量

$B_u=9.28\times10^{11}$ dyn/cm^2。

3.4　切变模量

$C_s=4.29\times10^{11}$ dyn/cm^2。

3.5　显微硬度

努氏硬度：$H=5.5$GPa。

4. 晶格动力学性质

4.1　声子色散关系

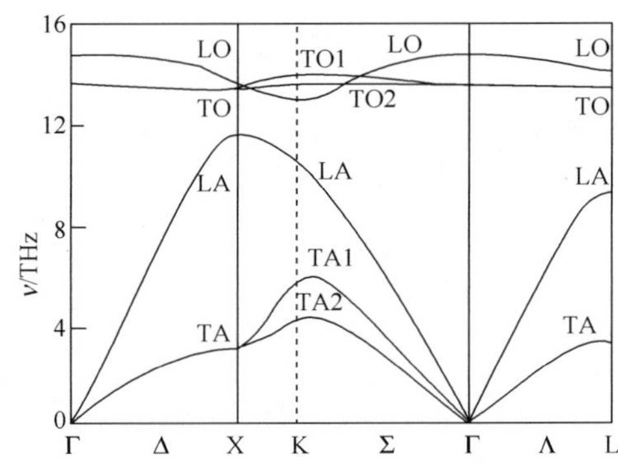

图表 826　AlP 的声子色散关系

4.2　声子态密度

4.3　声子频率

图表 827　AlP 晶体中的声子频率

LO			TO		
THz	meV	cm^{-1}	THz	meV	cm^{-1}
15.02	62.12	501.0	13.17	54.48	439.4

4.4　红外光谱

4.5　拉曼光谱

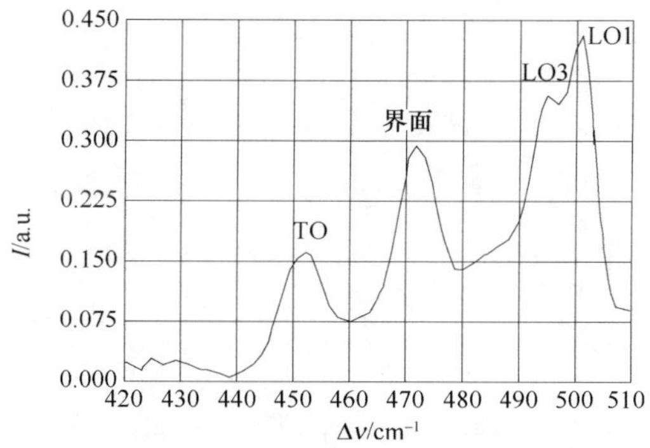

图表 828　$(GaP)_{13}(AlP)_7$超晶格的拉曼光谱(20K)

4.6　声速

图表 829　AlP 晶体中的声速（单位：10^3 m/s）

[100]		[110]			[111]	
LA	TA1，TA2	LA	TA1	TA2	LA	TA1，TA2
7.97	5.09	8.44	4.26	5.09	8.59	4.56

5. 能带结构

5.1　能带图

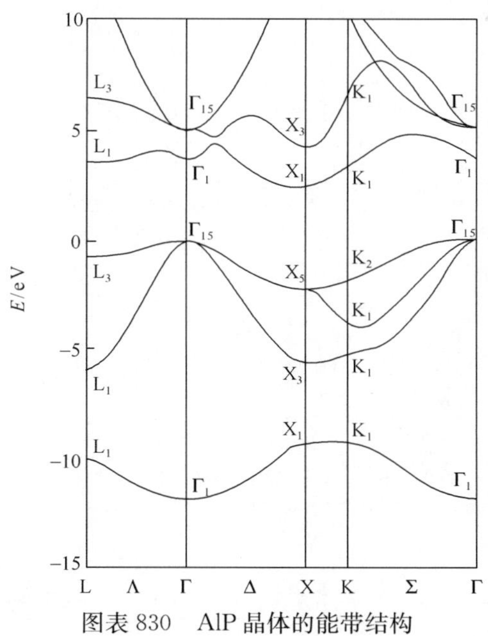

图表 830　AlP 晶体的能带结构

5.2 状态密度

5.3 禁带宽度

$E_g = 2.408\text{eV}$。

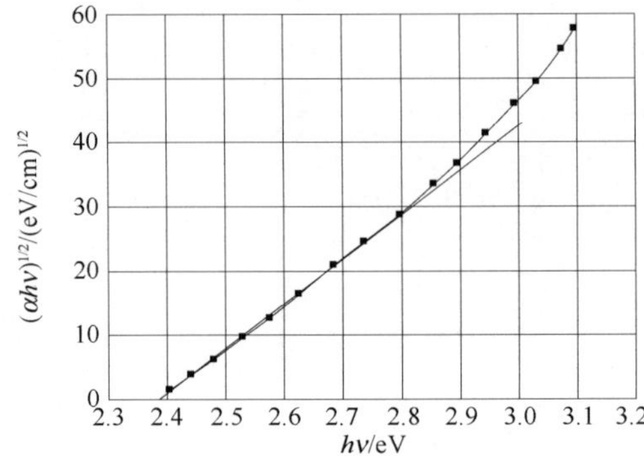

图表 831　由吸收光谱确定的 AlP 的禁带宽度随光子能量的变化

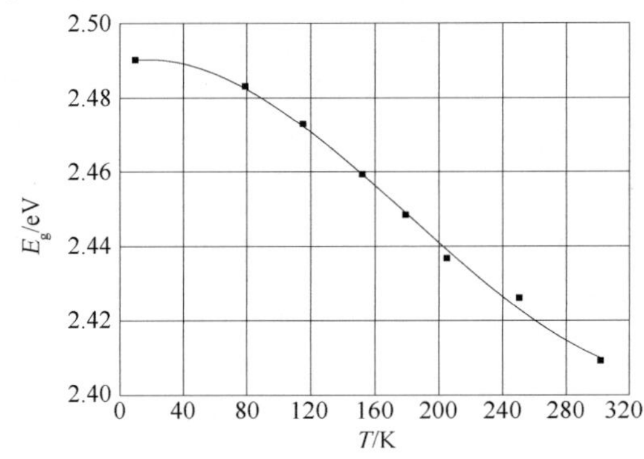

图表 832　AlP 的禁带宽度随温度的变化

5.4 电子亲和势

5.5 杂质与缺陷

5.6 电子有效质量

$m_n = 0.22$。

电导率有效质量：$m_{nc} = 0.31$。

5.7 空穴有效质量

图表 833　AlP 晶体的空穴有效质量

重空穴		轻空穴	
[001]	[111]	[001]	[111]
0.3	0.85	0.28	0.17

5.8　激子束缚能

6. 光学特性

6.1　介电常数

静态：9.6。

高频：7.4。

6.2　吸收光谱

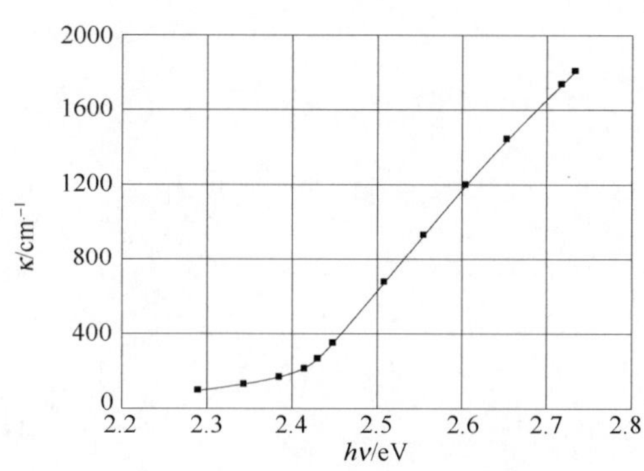

图表 834　AlP 晶体的吸收光谱

6.3　透射光谱

6.4　反射光谱

6.5　折射率和消光系数

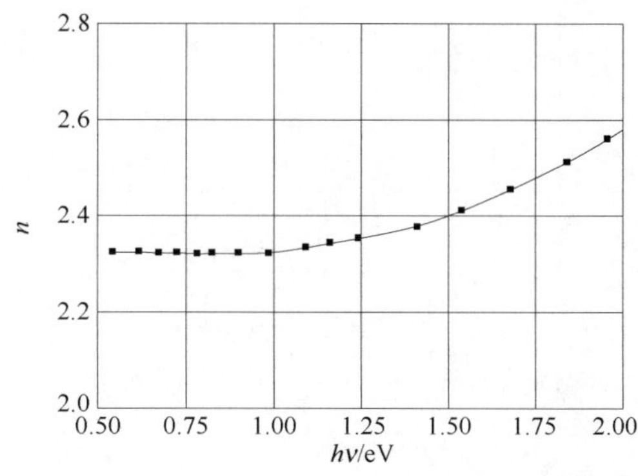

图表 835　AlP 的折射率随光子能量的变化

7. 载流子的输运特性

7.1　电子迁移率

$\mu_n = 80 cm^2/(V \cdot s)$。

7.2 电子漂移速率

7.3 空穴迁移率

$\mu_p = 450 cm^2/(V \cdot s)$。

7.4 空穴漂移速率

7.5 本征载流子浓度

7.6 本征电导率

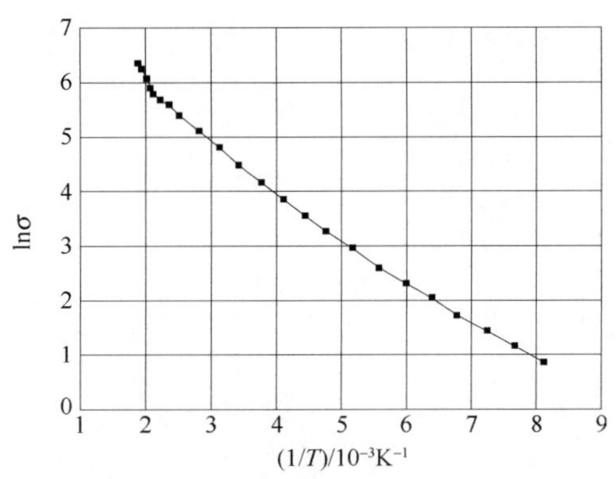

图表 836 AlP 的电导率随温度的变化

7.7 压阻特性

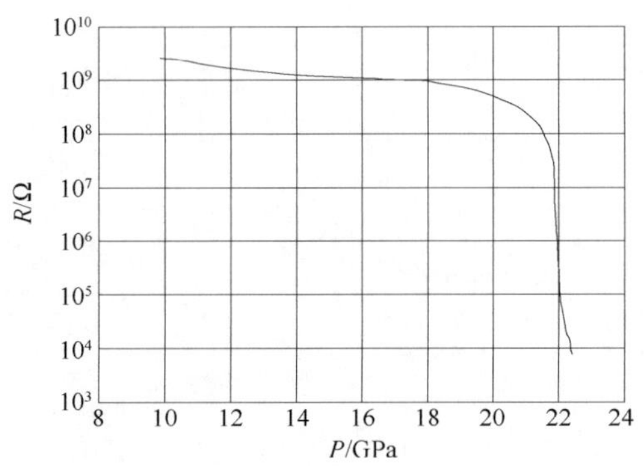

图表 837 AlP 的电阻随压强的变化

7.8 击穿场强

$E_{BR} = 1.6 MV/cm$。

8. 压电性能

$e_{14}=-0.06\mathrm{C/m^2}$。

9. 磁学性能

9.1　霍尔系数

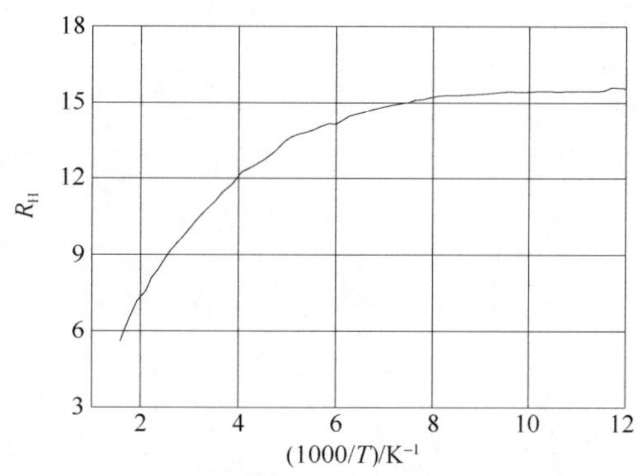

图表 838　AlP 的霍尔系数随温度的变化

第 25 章　氮化铝(AlN)

1. 结构特性

1.1　晶体结构

纤锌矿。

1.2　空间群

P63mc(C_{6v}^4)。

1.3　晶格常数

a=3.11(1)Å，3.112Å。

c=4.98(1)Å，4.982Å，4.979Å。

1.4　解理面和解理能

解理面：($\overline{111}$)。

解理能：1.12J/m^2。

1.5　结构相变

一级相变转变压强：P_T=14.22.9GPa。

1.6　相图

1.7　密度

d=3.255g/cm^3。

2. 热学性能

2.1　熔点

T_m=3273K。

2.2　定容比热容

C_v=0.6J/(g·℃)。

2.3　定压比热容

2.4　德拜温度

Θ_D=1150K。

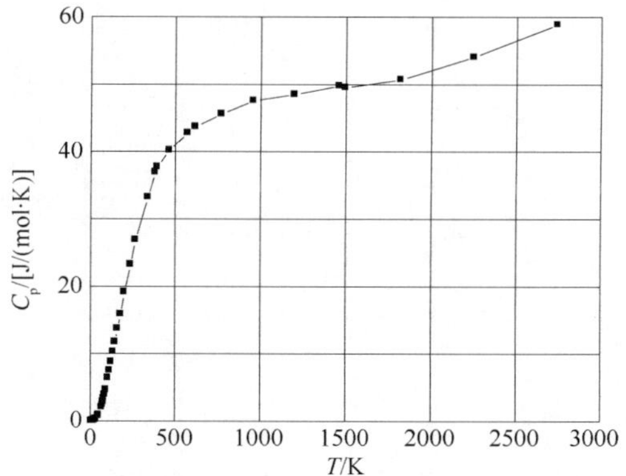

图表 839　AlN 的定压比热容随温度的变化

2.5　热膨胀系数

$\alpha_c = 5.27 \times 10^{-6} K^{-1}$。

$\alpha_a = 4.15 \times 10^{-6} K^{-1}$。

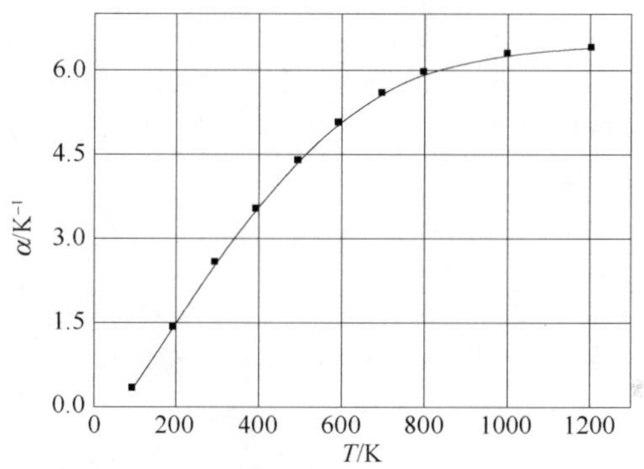

图表 840　AlN 的热膨胀系数随温度的变化

($\alpha = 1/3(\Delta c/c + 2\Delta a/a)$)

2.6　热导率

$\chi = 2.85$W/(cm·℃)。

2.7　热扩散系数

$D = 1.47 cm^2/s$。

3. 力学性能

3.1　弹性常数

3.2　杨氏模量

$Y = 308$GPa。

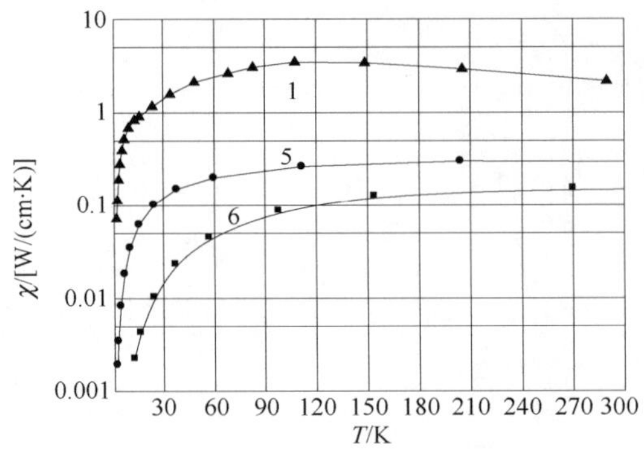

图表 841　AlN 的热导率随温度的变化

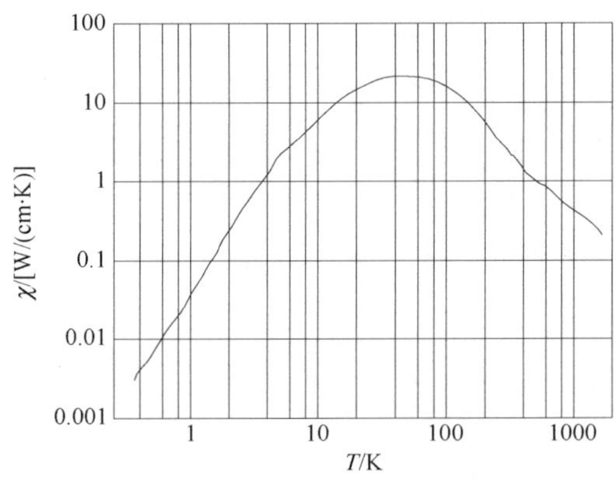

图表 842　高纯 AlN 的热导率随温度的变化

图表 843　AlN 的弹性模量

纵向 C_l	334GPa
切向 C_s	131GPa

图表 844　AlN 的弹性常数（单位：GPa）

C_{11}	C_{12}	C_{13}	C_{33}	C_{44}
410±10	149±10	99±4	389±10	125±5

图表 845　*c*-AlN 的弹性常数（单位：10^{11} dyn/cm^2）

C_{11}	C_{12}	C_{44}
31.5	15.0	18.5

图表 846　*c*-AlN 的杨氏模量（单位：10^{12} dyn/cm^2）

(100)		(110)		(111)
[001]	[011]	[001]	[111]	
2.18	3.45	2.18	4.27	3.45

3.3　体模量

$B_u=21\times10^{11}dyn/cm^2$。

$B_u=210GPa$。

3.4　切变模量

$C_s=8.25\times10^{11}dyn/cm^2$。

3.5　显微硬度

w-AlN：$H=12GPa$。

4. 晶格动力学性质

4.1　声子色散关系

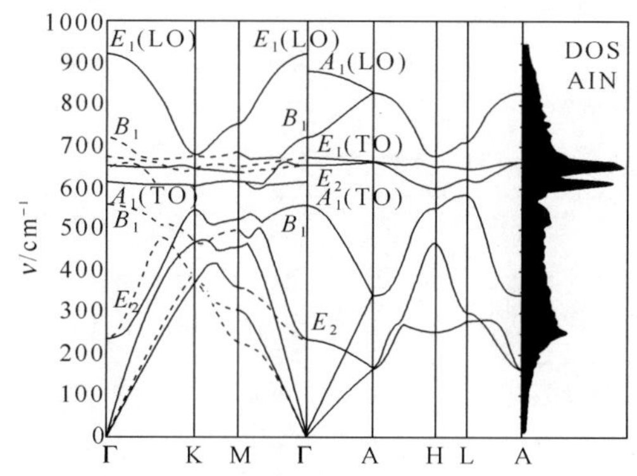

图表 847　AlN 的声子色散关系和状态密度

4.2　声子态密度

参见 4.1。

4.3　声子频率

$h\nu=99.2meV$。

图表 848　AlN 的振动频率（单位：cm^{-1}）

$\nu_{TO}(E_1)$	$\nu_{LO}(E_1)$	$\nu_{TO}(A_1)$	$\nu_{LO}(A_1)$	$\nu(E_2)$
895(2)	671.6(8)	888(2)	659.3(6)	303
$\nu(E_2)$	$\nu_{TO}(A_1)$	$\nu_{TO}(E_1)$	$\nu_{LO}(A_1)$	$\nu_{LO}(E_1)$
426	514	614	663	821

图表 849　c-AlN 的振动模式

LO			TO		
THz	meV	cm^{-1}	THz	meV	cm^{-1}
19.5	80.8	652	27.3	113	909

4.4 红外光谱

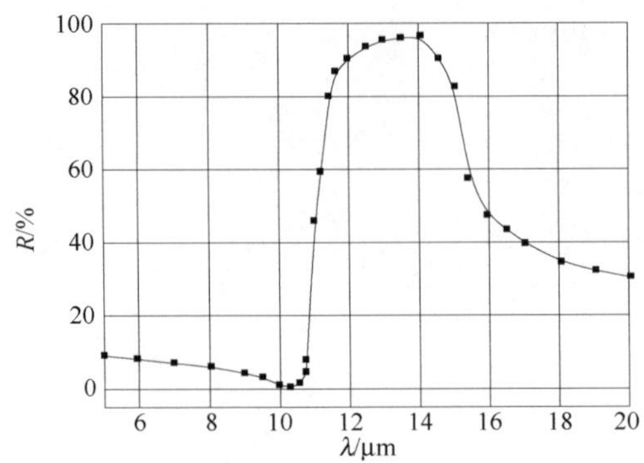

图表 850　AlN 的红外反射谱

4.5 拉曼光谱

4.6 声速

图表 851　AlN 的声速（单位：m/s）

纵向：v_l	10127
切向：v_s	6333

图表 852　不同传播方向 AlN 的声速（单位：10^3 m/s）

传播方向	振动模式	表达式	声速
[100]	v_L	$(C_{11}/\rho)^{1/2}$	11.27
	$v_{T[001]}$	$(C_{44}/\rho)^{1/2}$	6.22
	$v_{T[010]}$	$((C_{11}-C_{12})/2\rho)^{1/2}$	6.36
[001]	v_L	$(C_{33}/\rho)^{1/2}$	10.97
	v_T	$(C_{44}/\rho)^{1/2}$	6.22

图表 853　*c*-AlN 的声速（单位：10^3 m/s）

[100]		[110]			[111]	
LA	TA1，TA2	LA	TA1	TA2	LA	TA1，TA2
9.86	7.56	11.4	5.05	7.56	11.8	6.00

5. 能带结构

5.1 能带图

5.2 状态密度

$N_C=6.3\times10^{18}\,cm^{-3}$。

$N_V=4.8\times10^{20}\,cm^{-3}$。

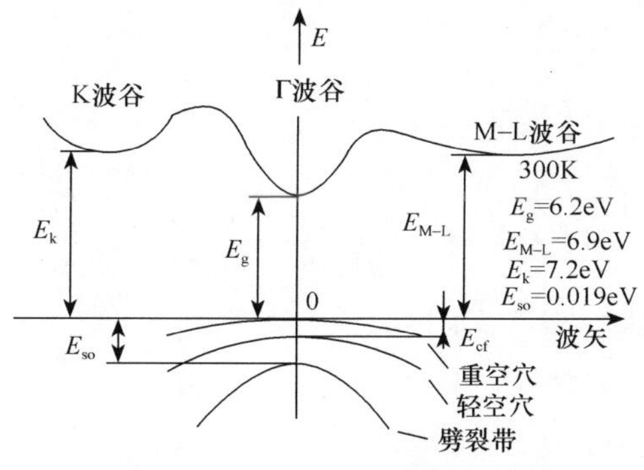

图表 854　AlN 的简化能带图

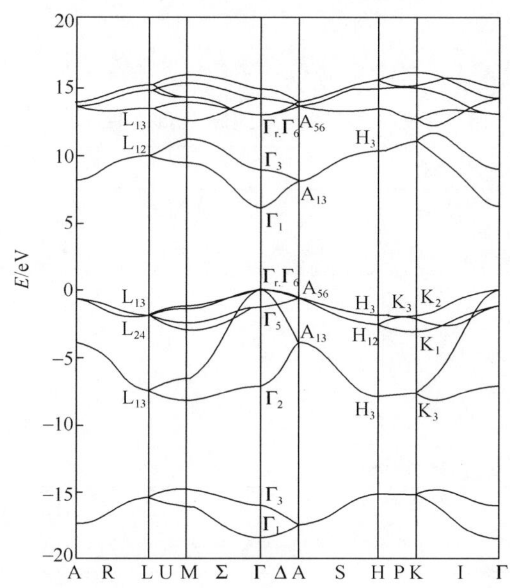

图表 855　利用半经验紧束缚法计算获得的 AlN 的能带图

5.3　禁带宽度

E_g＝6.026eV，6.2eV。

价带自旋轨道分裂：E_{so}＝0.019eV。

5.4　电子亲和势

5.5　杂质与缺陷

5.6　电子有效质量

m_n＝0.4。

5.7　空穴有效质量

价带状态密度有效质量 $m_v=7.26$。

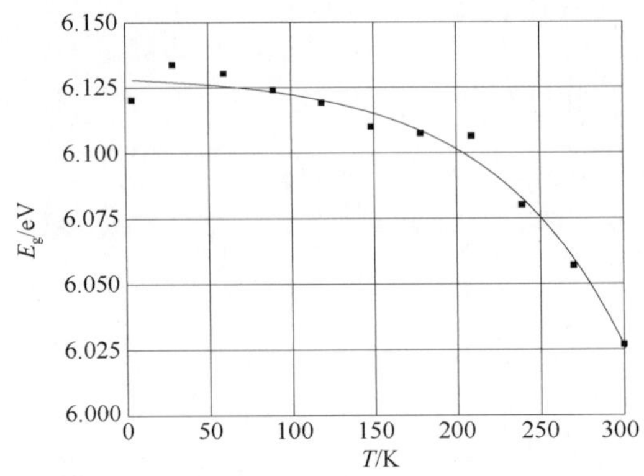

图表 856　AlN 的禁带宽度随温度的变化

图表 857　AlN 中的施主和受主

施主	电离能/eV	受主	电离能/eV
Si，Mg	$E_i\approx 1$	V_{Al}	0.5
$D_1(V_N)$	0.17	C_N	0.4
$D_2(V_N)$	0.5	Zn_{Al}	0.2
$D_3(V_N)$	0.8～1.0	Mg_{Al}	0.1
C_{Al}	0.2	Hg	
N_{Al}	1.4～1.85		
Al_N	3.4～4.5		

图表 858　AlN 的空穴有效质量

方向	重空穴	轻空穴	轨道分裂 m_{so}
kz 方向	$3.53m_0$	$3.53m_0$	$0.25m_0$
kx 方向	$10.42m_0$	$0.24m_0$	$3.81m_0$

5.8　激子束缚能

6. 光学特性

6.1　介电常数

静态：9.14，8.5。

高频：4.84，4.6，4.77。

6.2　吸收光谱

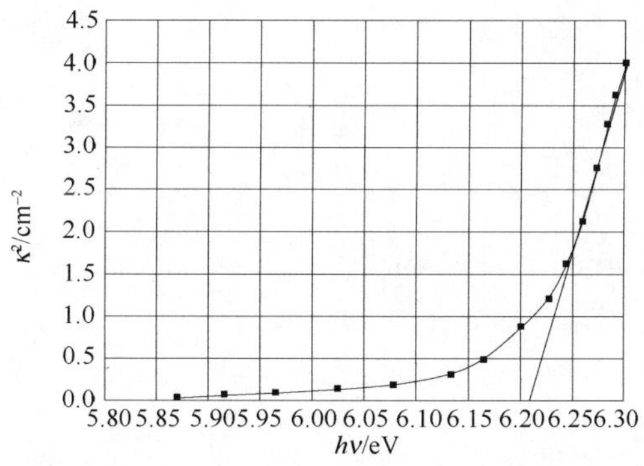

图表 859　AlN 的消光系数随光子能量的变化

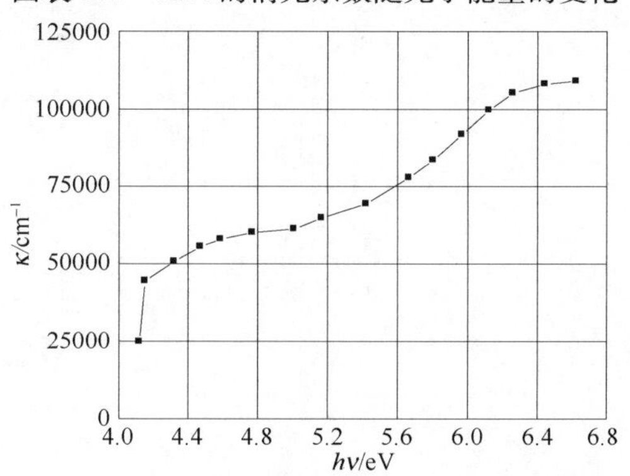

图表 860　AlN 的吸收系数随光子能量的变化

6.3　透射光谱

6.4　反射光谱

6.5　折射率和消光系数

外延膜：2.1～2.2。

多晶膜：1.9～2.1。

非晶膜：1.8～1.9。

7. 载流子的输运特性

7.1　电子迁移率

$\mu_n = 300\mathrm{cm}^2/(\mathrm{V \cdot s})$。

7.2　电子漂移速率

7.3　空穴迁移率

$\mu_p = 14\mathrm{cm}^2/(\mathrm{V \cdot s})$。

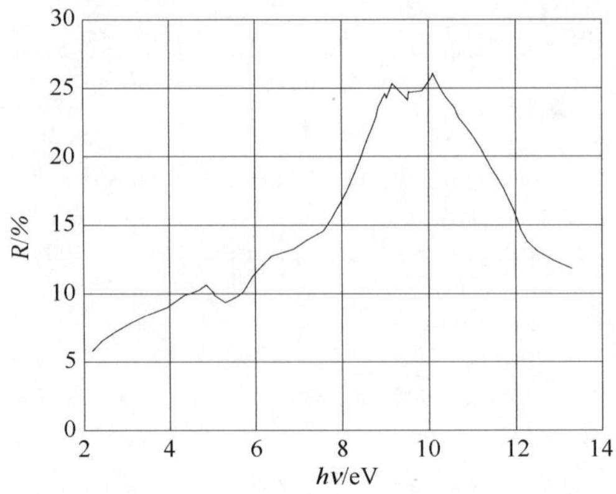

图表 861　AlN 在可见-紫外波段的反射光谱

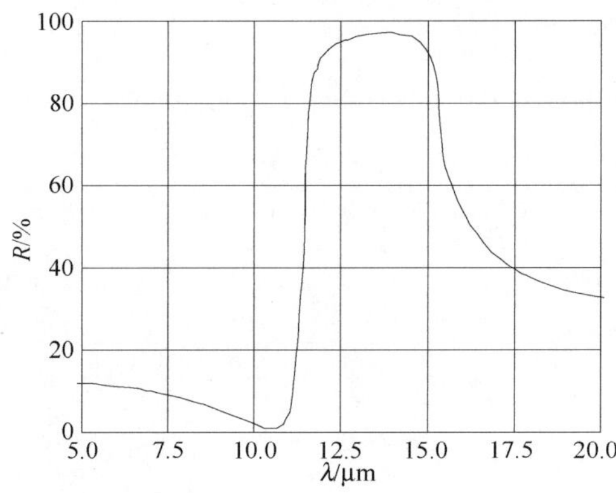

图表 862　AlN 在红外波段的反射光谱

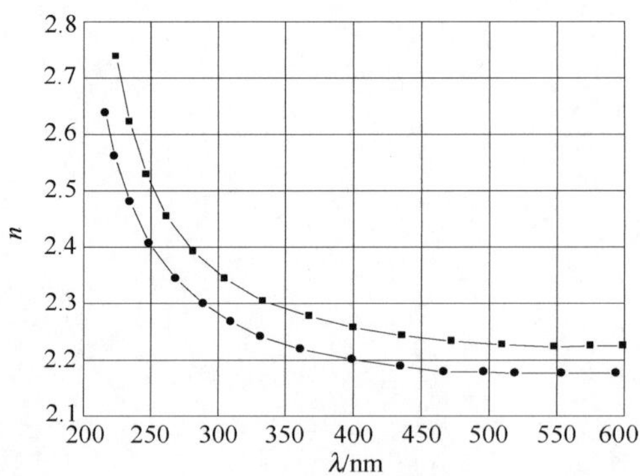

图表 863　AlN 的折射率随波长的变化

7.4　空穴漂移速率

7.5　本征载流子浓度

7.6　本征电导率

p 型：$\sigma=10^{-3}\sim10^{-5}(\Omega\cdot cm)^{-1}$。

未掺杂：$\sigma=10^{-11}\sim10^{-13}(\Omega\cdot cm)^{-1}$。

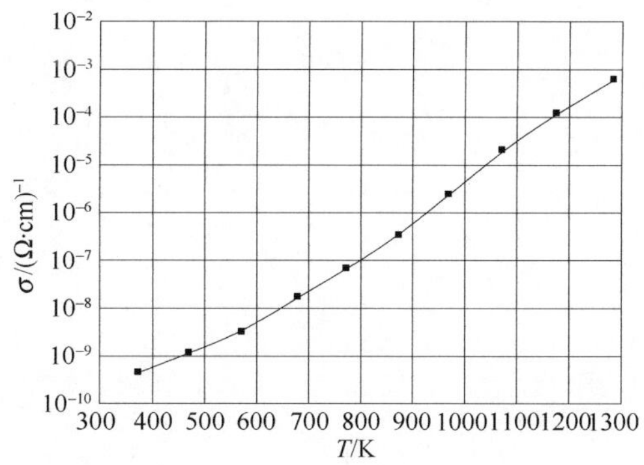

图表 864　AlN 的电导率随温度的变化-Ⅰ

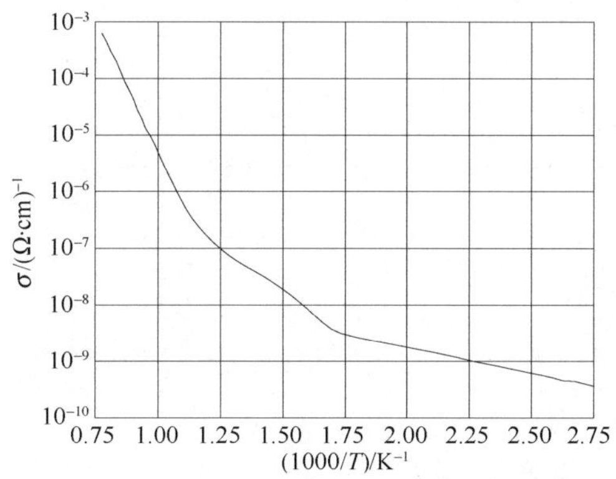

图表 865　AlN 的电导率随温度的变化-Ⅱ

7.7　压阻特性

7.8　击穿场强

$E_{BR}=(1.2\sim1.8)\times10^{6}$ V/cm。

8. 压电性能

e_{15}：-0.48C/m^2。

e_{31}：-0.58C/m^2。

e_{33}：1.55C/m^2。

$d_{14}=9.7\times10$pm/V。

第 26 章　铝镓砷($Al_xGa_{1-x}As$)

1. 结构特性

1.1　晶体结构

闪锌矿。

1.2　空间群

$F\bar{4}3m(T_d^2)$。

1.3　晶格常数

$a=5.5633+0.0078x$(Å)。

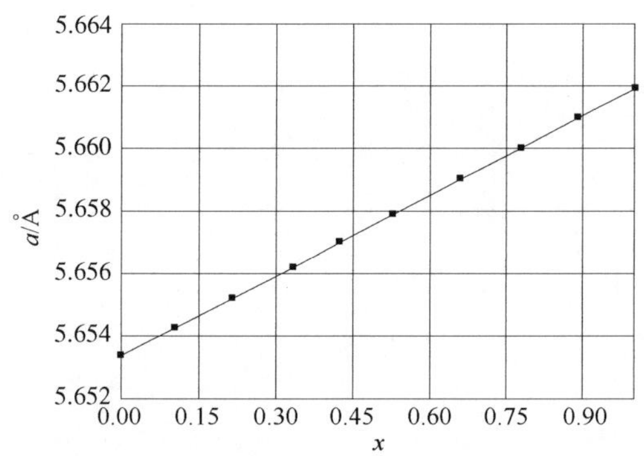

图表 866　$Al_xGa_{1-x}As$ 的晶格常数 a 随 x 的变化

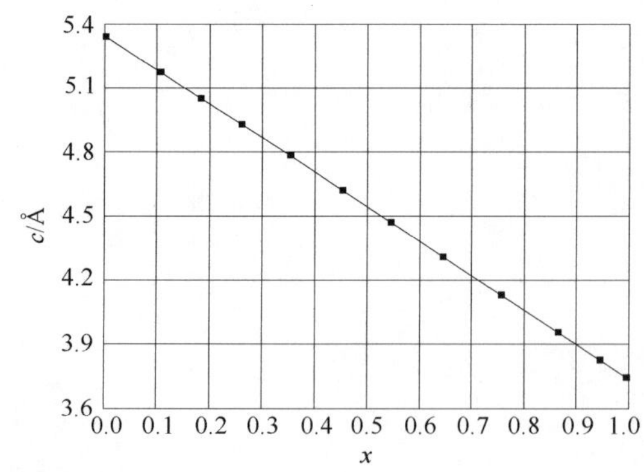

图表 867　$Al_xGa_{1-x}As$ 的晶格常数 c 随 x 的变化

1.4　解理面和界面能

解理面：(110)。

1.5　结构相变

1.6　相图

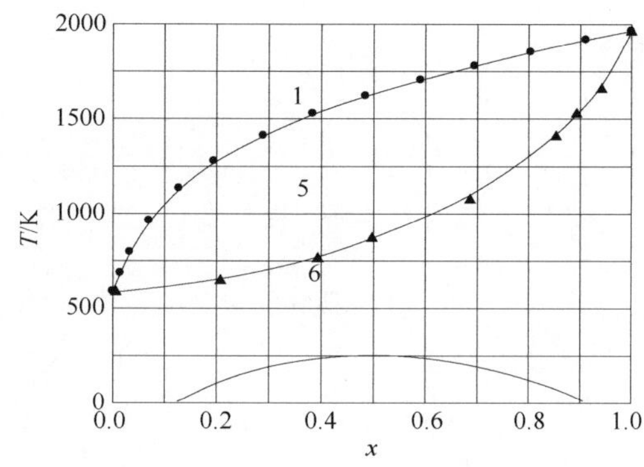

图表 868　$Al_xGa_{1-x}As$ 的相图

1.7　密度

$d=5.32-1.56x(g/cm^3)$。

2. 热学性能

2.1　熔点

$T_m=1240-58x+558x^2$ (℃)(固相线)。

$T_m=1240+1082x+558x^2$ (℃)(液相线)。

2.2　定容比热容

2.3　定压比热容

$C_v=0.33+0.12x$[J/(g・℃)]。

2.4　德拜温度

$\Theta_D=370+54x+22x^2$(K)。

2.5　热膨胀系数

$\alpha=(5.73-0.53x)(10^{-6}℃^{-1})$。

2.6　热导率

2.7　热扩散系数

$D=0.31-1.23x+1.46x^2(\mathrm{cm^2/s})$。

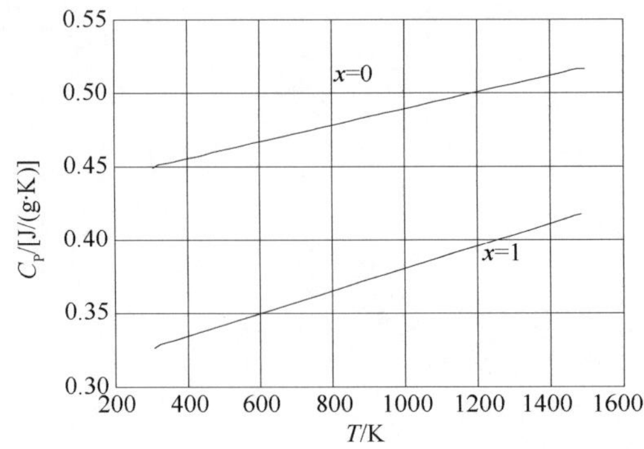

图表 869　$Al_xGa_{1-x}As$ 的定压比热容随温度的变化

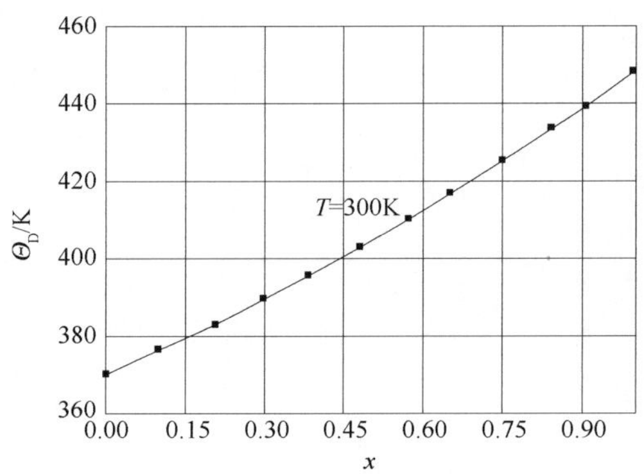

图表 870　$Al_xGa_{1-x}As$ 的德拜温度随 x 的变化

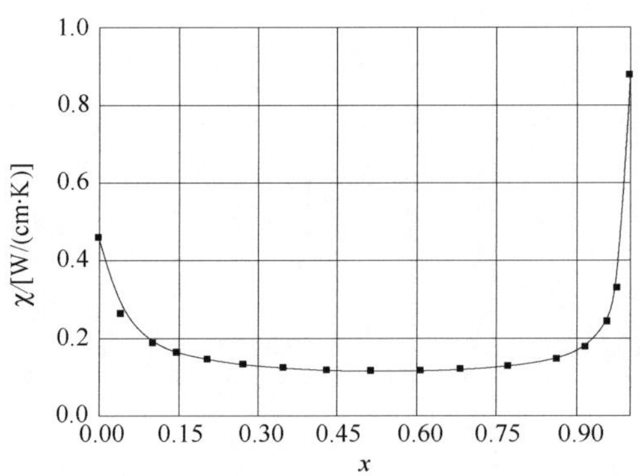

图表 871　$Al_xGa_{1-x}As$ 的热导率随 x 的变化

3. 力学性能

3.1　弹性常数

$C_{11}=(11.88+0.14x)(10^{11}\,dyn/cm^2)$。

$C_{12}=(5.38+0.32x)(10^{11}\,dyn/cm^2)$。

$C_{44}=(5.94-0.05x)(10^{11}\,dyn/cm^2)$。

3.2　杨氏模量

$Y=(8.53-0.18x)(10^{11}\,dyn/cm^2)$。

3.3　体模量

$B_u=(7.55+0.26x)(10^{11}\,dyn/cm^2)$。

3.4　切变模量

$C_s=(3.25-0.09x)(10^{11}\,dyn/cm^2)$。

3.5　显微硬度

莫氏硬度：5。

4. 晶格动力学性质

4.1　声子色散关系

4.2　声子态密度

4.3　声子频率

$h\nu=36.25+1.83x+17.12x^2-5.11x^3$(meV)。

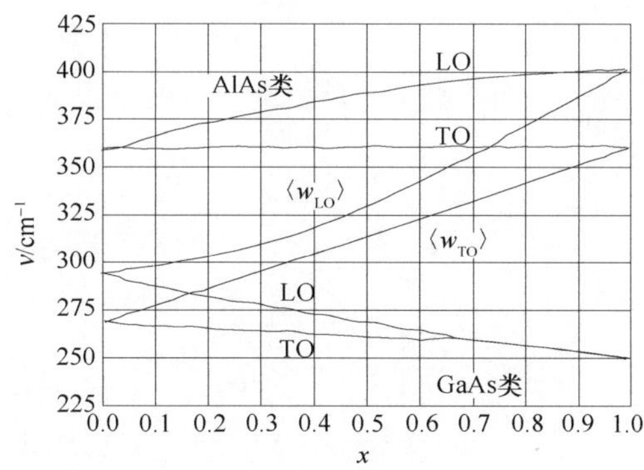

图表 872　$Al_xGa_{1-x}As$ 的声子波数随 x 的变化

4.4　红外光谱

4.5　拉曼光谱

4.6　声速

图表 873 $Al_xGa_{1-x}As$ 的声速（单位：10^5 cm/s）

方向	振动模式	表达式	波速
[100]	v_L	$(C_{11}/\rho)^{1/2}$	$4.73+0.68x+0.24x^2$
	v_T	$(C_{44}/\rho)^{1/2}$	$3.34+0.46x+0.16x^2$
[110]	v_l	$((C_{11}+C_{12}+2C_{44})/2\rho)^{1/2}$	$5.24+0.78x+0.24x^2$
	$v_{t\parallel}$	$(C_{44}/\rho)^{1/2}$	$3.34+0.46x+0.16x^2$
	$v_{t\perp}$	$((C_{11}-C_{12})/2\rho)^{1/2}$	$2.47+0.33x+0.10x^2$
[111]	$v_{l'}$	$((C_{11}+2C_{12}+4C_{44})/3\rho)^{1/2}$	$5.40+0.79x+0.26x^2$
	$v_{t'}$	$((C_{11}-C_{12}+C_{44})/3\rho)^{1/2}$	$2.79+0.38x+0.12x^2$

5. 能带结构

5.1 能带图

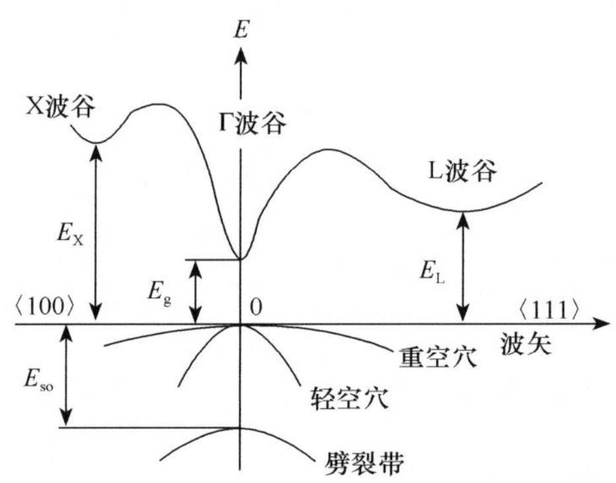

图表 874 $Al_xGa_{1-x}As$ 的简化能带图($x<0.41$)

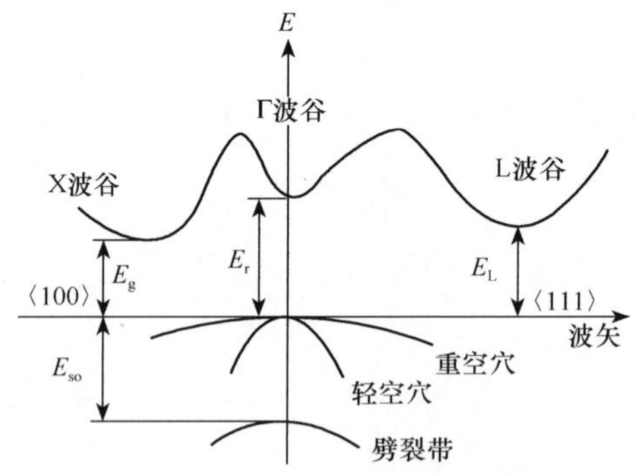

图表 875 $Al_xGa_{1-x}As$ 的简化能带图($x>0.45$)

5.2 状态密度

图表 876　$Al_xGa_{1-x}As$ 的导带和价带密度

N_C/cm^{-3}	$2.5\times10^{19}\times(0.063+0.083x)^{3/2}$	$x<0.41$
	$2.5\times10^{19}\times(0.85-0.14x)^{3/2}$	$x>0.45$
N_V/cm^{-3}	$2.5\times10^{19}\times(0.51+0.25x)^{3/2}$	

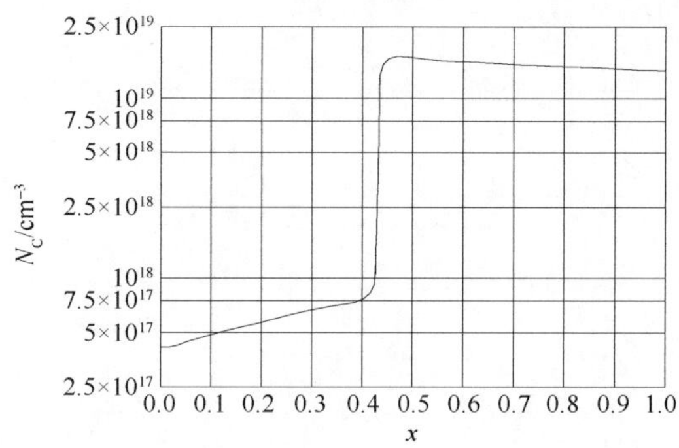

图表 877　$Al_xGa_{1-x}As$ 的导带密度随 x 的变化

5.3　禁带宽度

$x<0.45$：$E_g=1.424+1.247x$(eV)。

$x>0.45$：$E_g=1.9+0.125x+0.143x^2$(eV)。

价带自旋轨道分裂：$E_{so}=0.34-0.04x$(eV)。

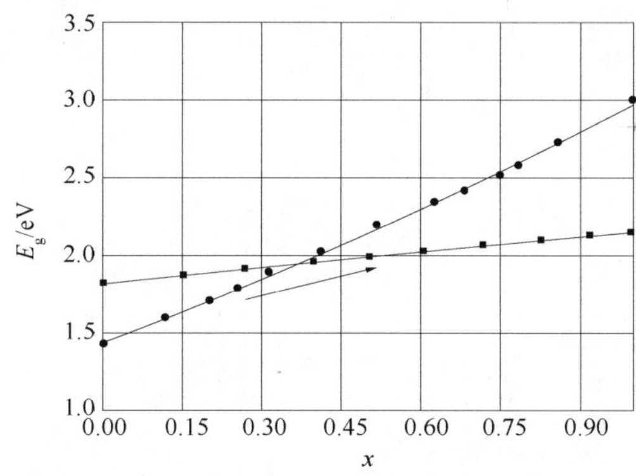

图表 878　$Al_xGa_{1-x}As$ 的禁带宽度随 x 的变化

5.4　电子亲和势

$x<0.45$：$\chi=4.07-1.1x$(eV)。

$x>0.45$：$\chi=3.64-0.14x$(eV)。

5.5　杂质与缺陷

5.6　电子有效质量

图表 879　$Al_xGa_{1-x}As$ 的电子和空穴的有效质量

电子有效质量	m_n/m_0	$0.063+0.083x(x<0.45)$
状态密度有效质量	m_{cd}/m_0	$0.85-0.14x(x>0.45)$
电导率有效质量	m_{cc}/m_0	$0.26(x>0.45)$
重空穴有效质量	m_h/m_0	$0.51+0.25x$
轻空穴	m_{lp}/m_0	$0.082+0.068x$

5.7　空穴有效质量

5.8　激子束缚能

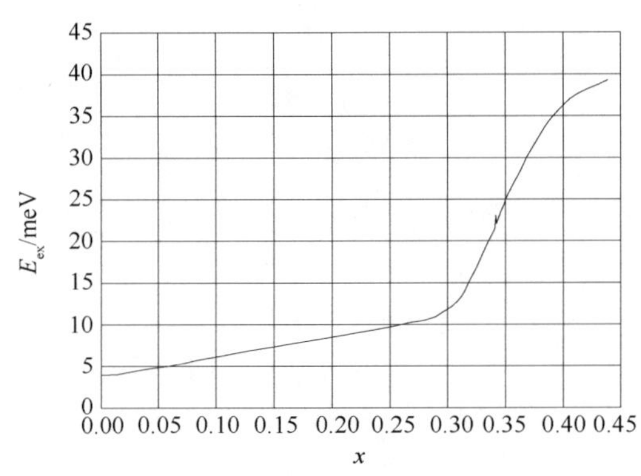

图表 880　$Al_xGa_{1-x}As$ 的激子束缚能随 x 的变化

6. 光学特性

6.1　介电常数

静态：$12.90-2.84x$。

高频：$10.89-2.73x$。

6.2　吸收光谱

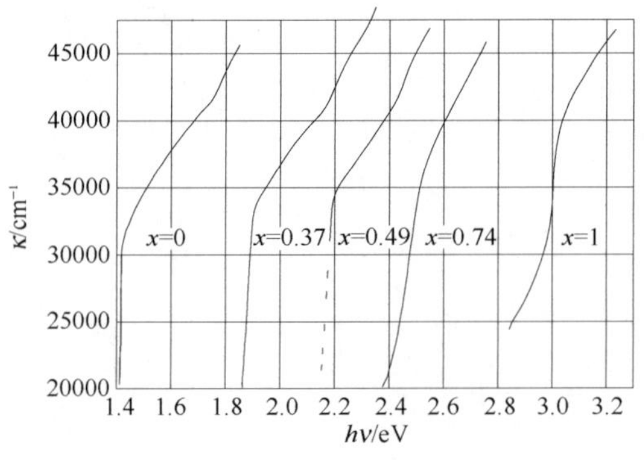

图表 881　$Al_xGa_{1-x}As$ 的近边吸收谱

6.3　透射光谱

6.4　反射光谱

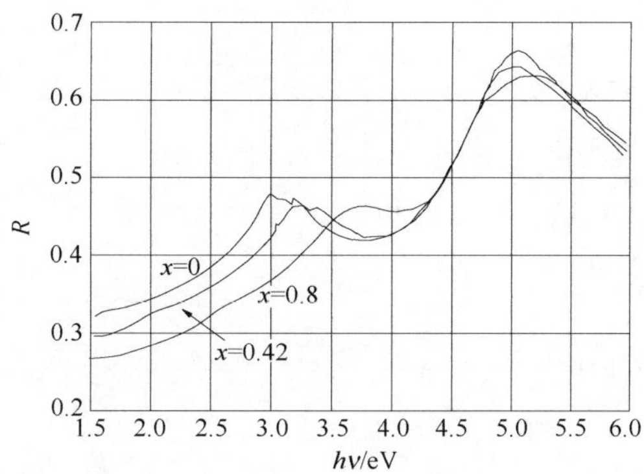

图表 882　$Al_xGa_{1-x}As$ 的反射光谱

6.5　折射率和消光系数

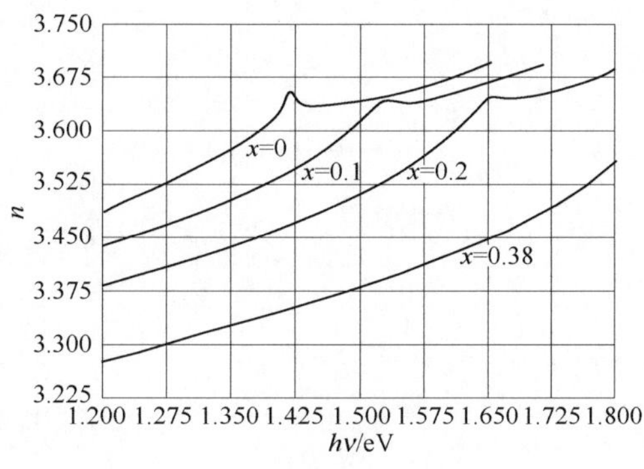

图表 883　$Al_xGa_{1-x}As$ 的折射率随光子能量的变化-Ⅰ

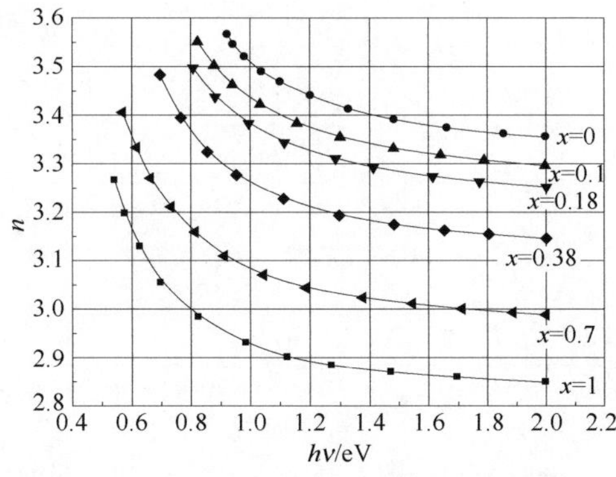

图表 884　$Al_xGa_{1-x}As$ 的折射率随光子能量的变化-Ⅱ

7. 载流子的输运特性

7.1 电子迁移率

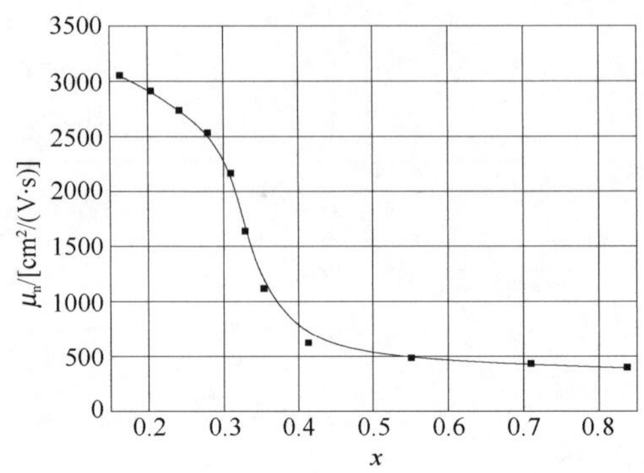

图表 885 $Al_xGa_{1-x}As$ 的电子迁移率随 x 的变化-Ⅰ

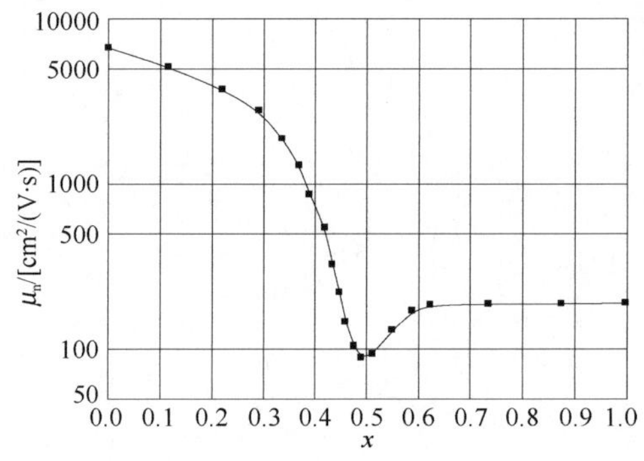

图表 886 $Al_xGa_{1-x}As$ 的电子迁移率随 x 的变化-Ⅱ

(n= (5～10)×10^{15} cm^{-3})

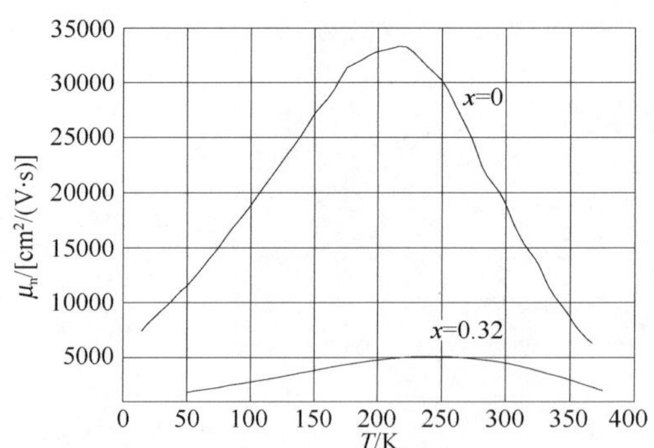

图表 887 $Al_xGa_{1-x}As$ 的电子迁移率随温度的变化

7.2 电子漂移速率

7.3 空穴迁移率

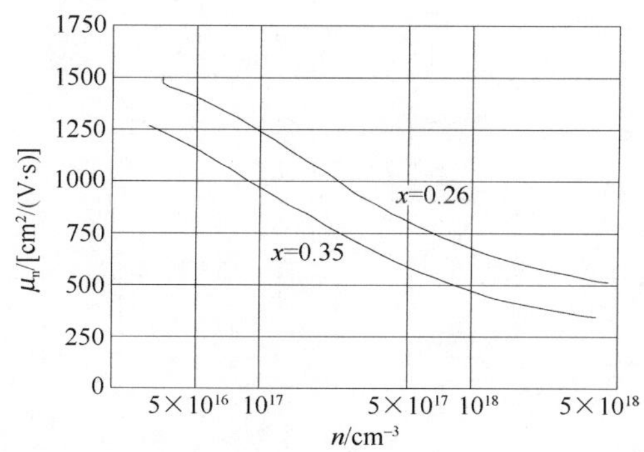

图表 888　$Al_xGa_{1-x}As$ 的电子迁移率随载流子浓度的变化

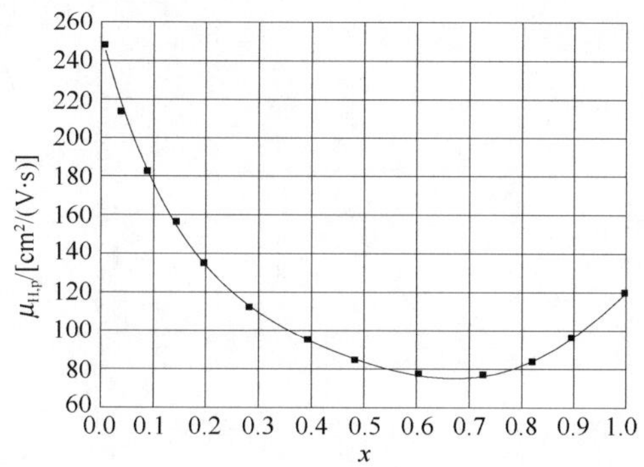

图表 889　$Al_xGa_{1-x}As$ 的空穴霍尔迁移率随 x 的变化

($N_a < 5\times10^{17}\,cm^{-3}$)

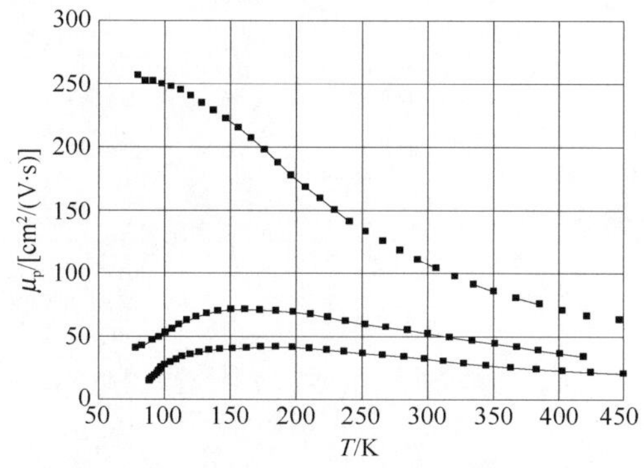

图表 890　$Al_xGa_{1-x}As$ 的空穴迁移率随温度的变化

7.4　空穴漂移速率

7.5　本征载流子浓度

7.6　本征电导率

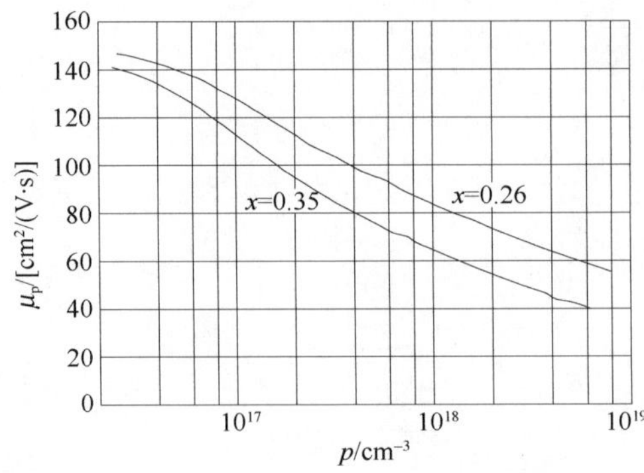

图表 891　$Al_xGa_{1-x}As$ 的空穴迁移率随空穴浓度的变化

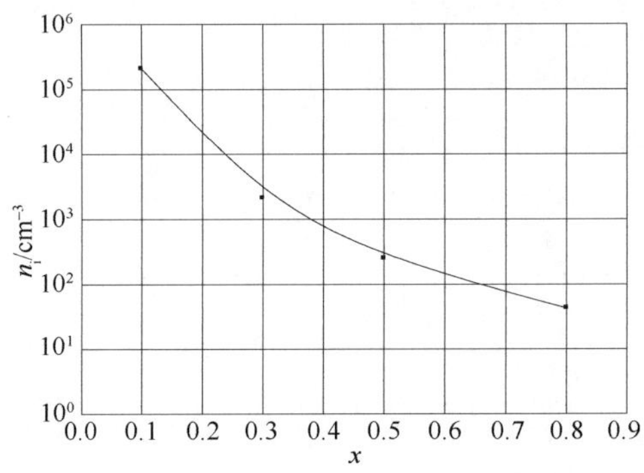

图表 892　$Al_xGa_{1-x}As$ 的本征载流子浓度随 x 的变化

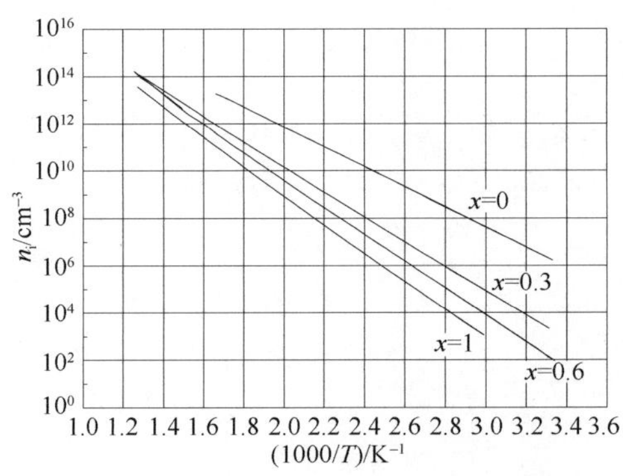

图表 893　$Al_xGa_{1-x}As$ 的本征载流子浓度随温度的变化

8. 压电性能

9. 磁学性能

9.1　霍尔系数

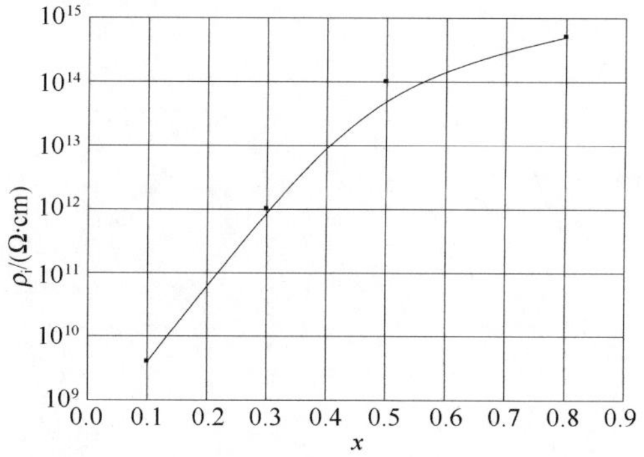

图表 894 $Al_xGa_{1-x}As$ 的本征电阻率随 x 的变化

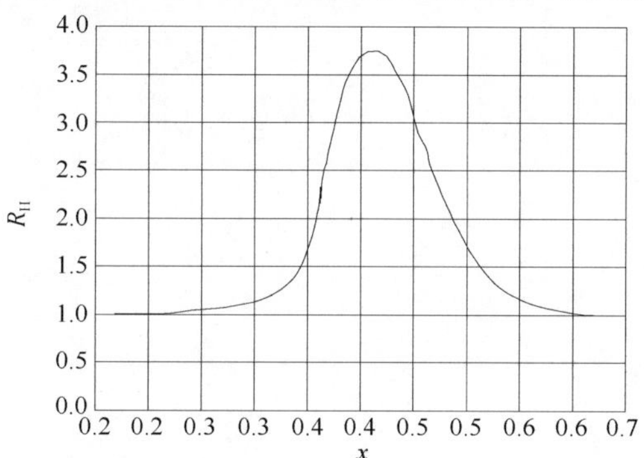

图表 895 n 型 $Al_xGa_{1-x}As$ 的霍尔因子随 x 的变化

($n=(5\sim10)\times10^{15}cm^{-3}$)

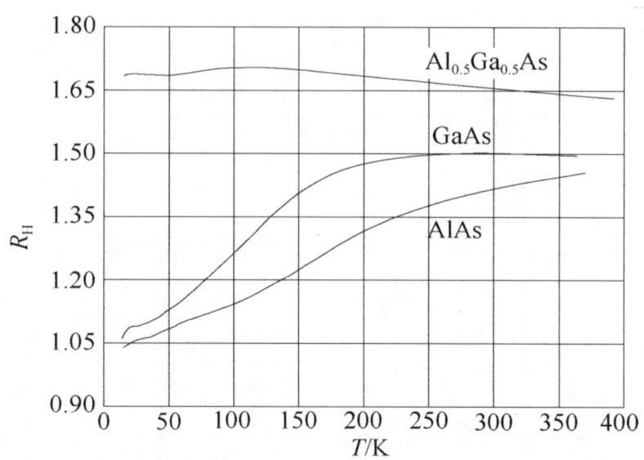

图表 896 p 型 $Al_xGa_{1-x}As$ 的霍尔因子随温度的变化

($N_a\approx6.5\times10^{13}cm^{-3}$)

第 27 章　二氧化锡(SnO_2)

1. 结构特性

1.1　晶体结构

金红石。

1.2　空间群

P42/mnm(D4h14)。

1.3　晶格常数

a=4.737Å。

c=3.186Å。

1.4　解理面和解理能

解理面：(110)。

解理能：1.2J/m^2。

1.5　结构相变

1.6　相图

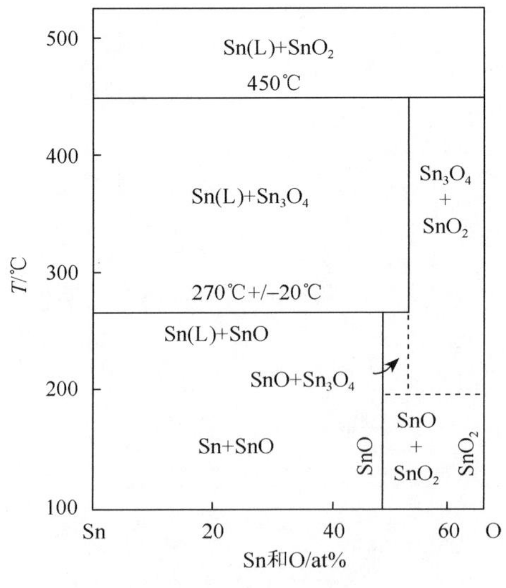

图表 897　SnO_2的相图

1.7　密度

$d=6.99g/cm^3$。

2. 热学性能

2.1　熔点

$T_m>1900℃$。

2.2　定容比热容

2.3　定压比热容

2.4　德拜温度

$\Theta_D=563K$。

2.5　热膨胀系数

$\alpha_{//c}=3.7\times10^{-6}K^{-1}$。

$\alpha_{\perp c}=4.0\times10^{-6}K^{-1}$。

2.6　热导率

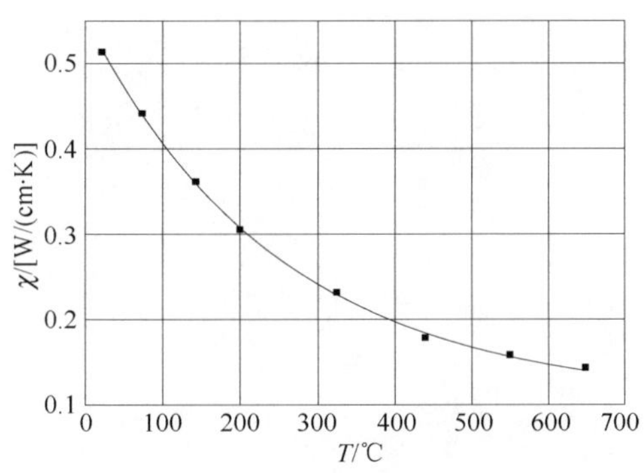

图表 898　SnO_2的热导率随温度的变化

2.7　热扩散系数

3. 力学性能

3.1　弹性常数

图表 899　SnO_2的弹性常数（单位：GPa）

	C_{11}	C_{33}	C_{44}	C_{66}	C_{12}	C_{13}
实验	261.3	472.1	108.5	223.7	180.3	149.9
理论	261.7	449.6	103.7	207.4	177.2	155.5

3.2　杨氏模量

3.3　体模量

B_u＝212.3GPa。

3.4　切变模量

C_s＝101.8GPa。

3.5　显微硬度

莫氏硬度：7～8。

4. 晶格动力学性质

4.1　声子色散关系

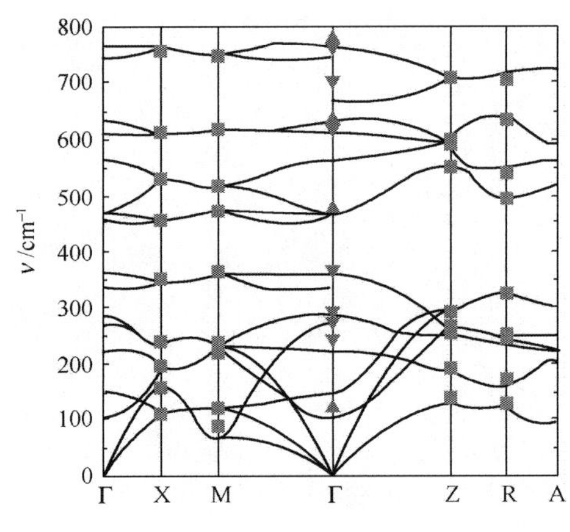

图表 900　SnO_2的声子色散关系

4.2　声子态密度

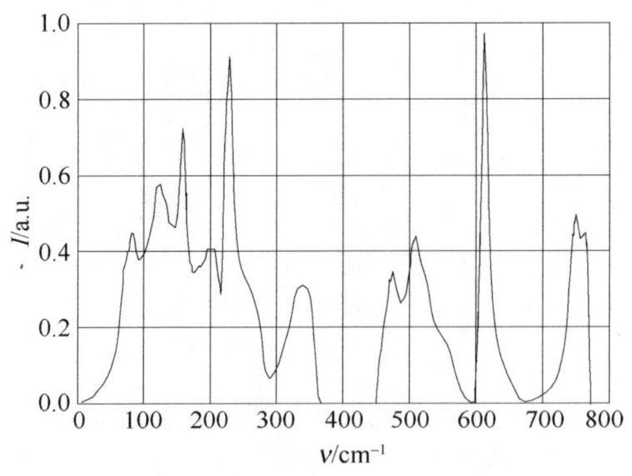

图表 901　SnO_2的声子态密度

4.3　声子频率

图表 902　SnO_2晶体的声子频率（单位：cm^{-1}）

A_{1g}	B_{2g}	B_{1g}	A_{2g}	E_g	A_{2u}(TO)	A_{2u}(LO)	B_{1u}	E_u(TO)	E_u(LO)
638	782	100	398	476	477	705	140	244	276
							505	293	366
								618	710

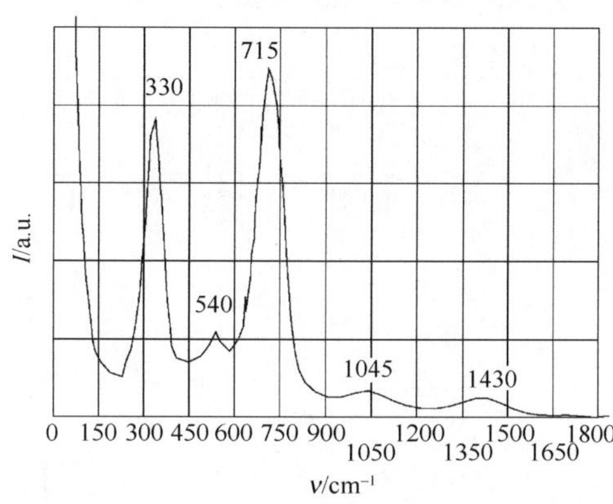

图表 903　(101)晶向 SnO_2的声子频率

（由高分辨电子能量损失谱确定的）

4.4　红外光谱

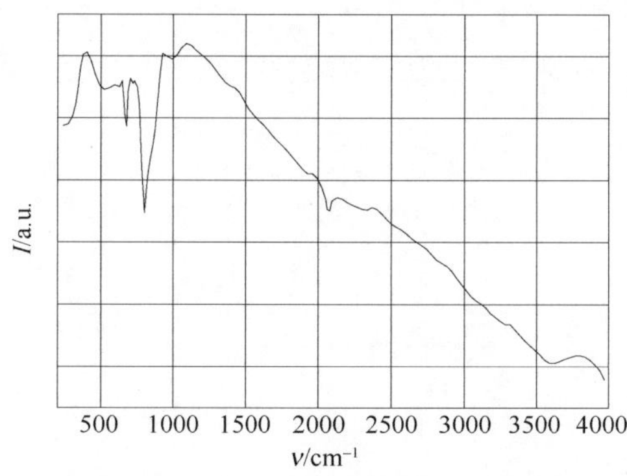

图表 904　SnO_2薄膜的红外光谱

4.5　拉曼光谱

4.6　声速

v_p=7.02km/s。

v_s=3.84km/s。

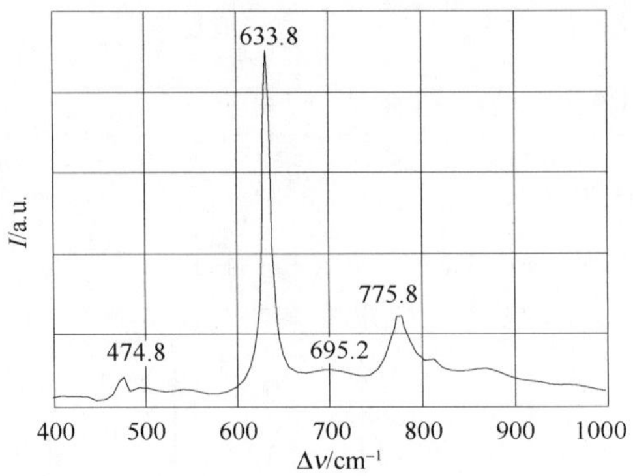

图表 905　SnO_2体材料的拉曼光谱

5. 能带结构

5.1　能带图

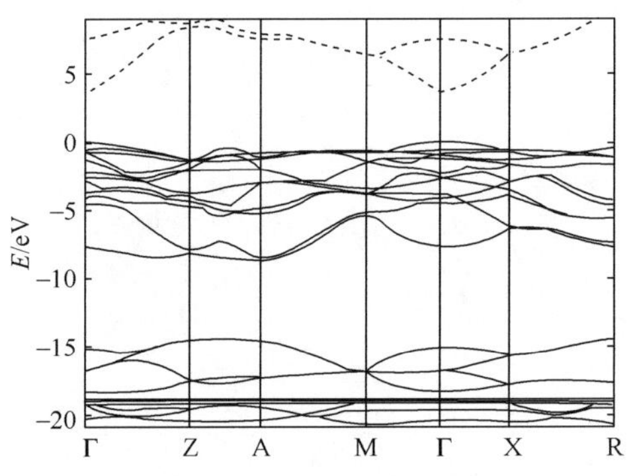

图表 906　理论计算得到的 SnO_2 的能带图

5.2　状态密度

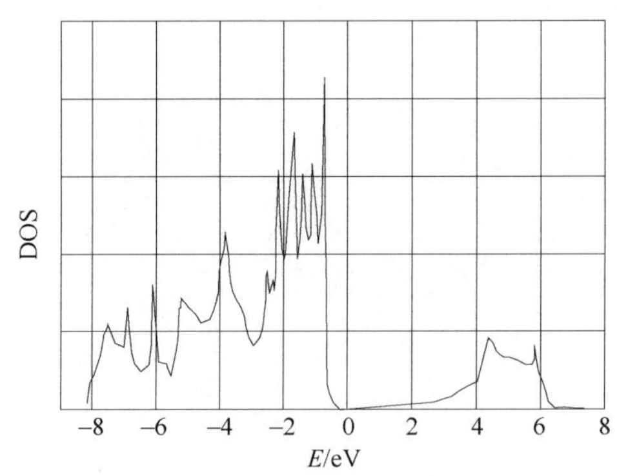

图表 907　理论计算得到的 SnO_2的状态密度

5.3　禁带宽度

E_g=3.6eV。

5.4　电子亲和势

5.5　杂质与缺陷

V_O：距导带底 114meV。

Sn_I：距导带底 203meV。

5.6　电子有效质量

实验值：$m_n // c=0.23$，$m_n \perp c=0.3$。

计算值：$m_n // c=0.20$，$m_n \perp c=0.26$。

5.7　空穴有效质量

5.8　激子束缚能

6. 光学特性

6.1　介电常数

$\varepsilon // c=9.6$。

$\varepsilon \perp c=13.5$。

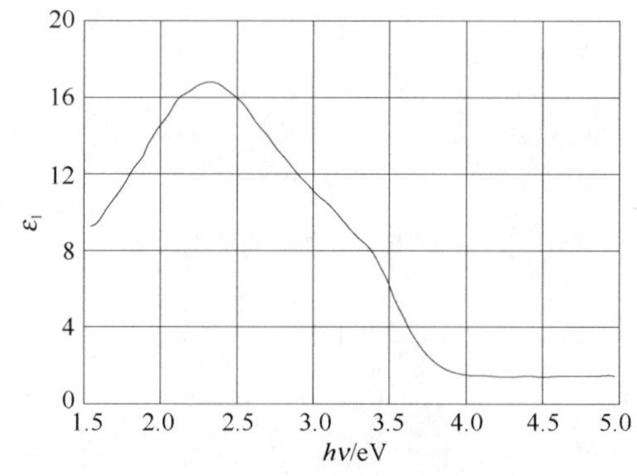

图表 908　SnO_2 介电常数的实部随光子能量的变化

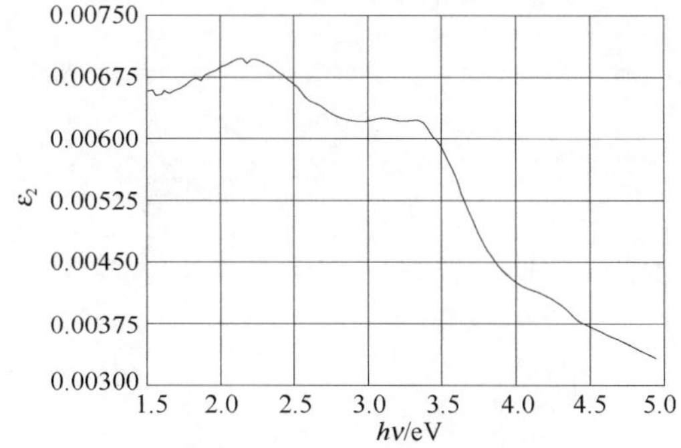

表 909　SnO_2 介电常数的虚部随光子能量的变化

6.2　吸收光谱

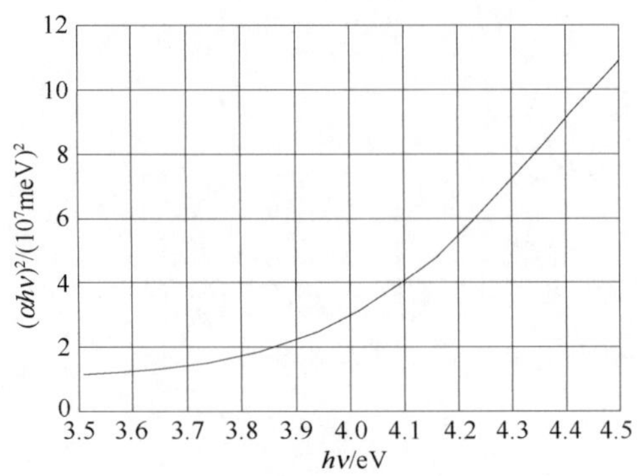

图表 910　SnO_2薄膜的吸收系数随光子能量的变化

6.3　透射光谱

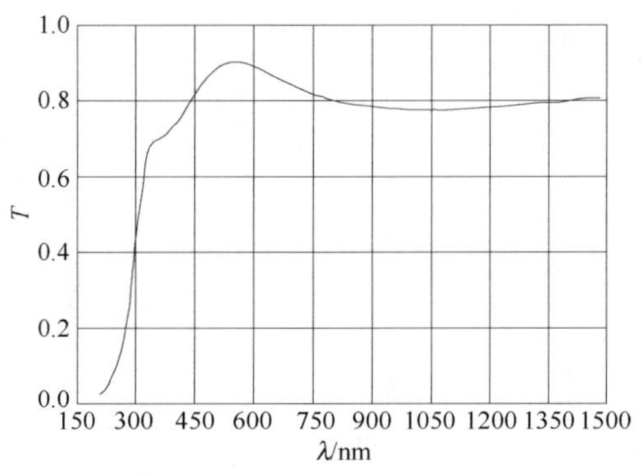

图表 911　SnO_2薄膜的透射光谱

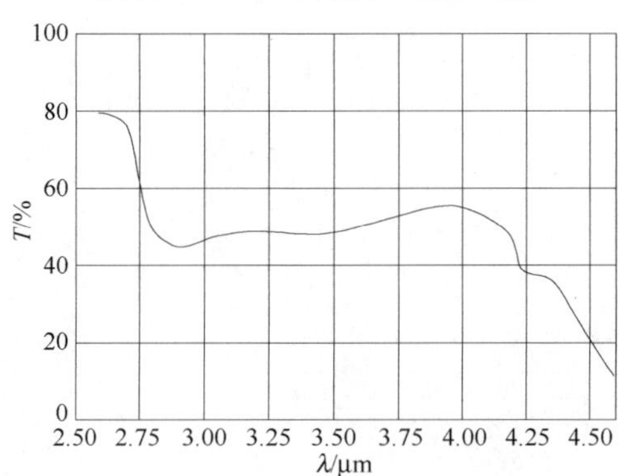

图表 912　未掺杂SnO_2薄膜红外波段的透射光谱

6.4　反射光谱

6.5　折射率和消光系数

n=2.03～1.77(550nm)。

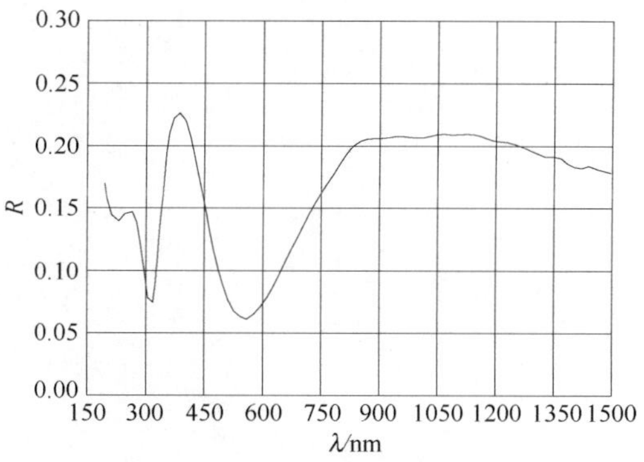

图表 913　SnO_2薄膜的反射光谱

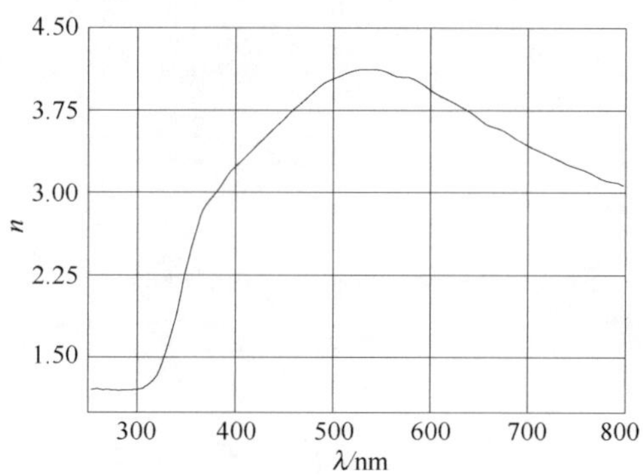

图表 914　SnO_2的折射率随波长的变化

7. 载流子的输运特性

7.1　电子迁移率

$\mu_n \sim 10\mathrm{cm}^2/(\mathrm{V \cdot s})$。

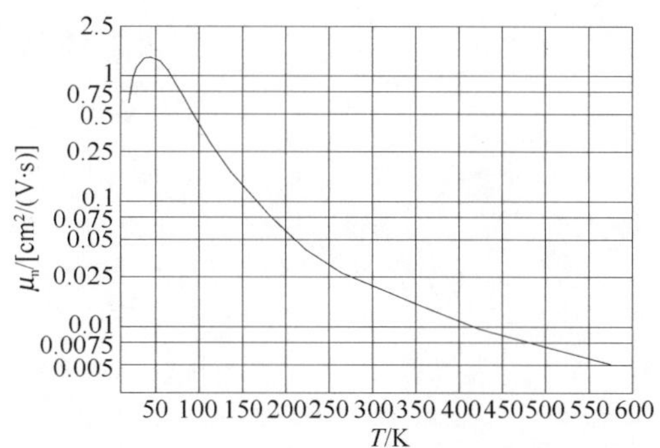

图表 915　SnO_2的电子迁移率随温度的变化

($n=8.5\times10^{15}\mathrm{cm}^{-3}$)

7.2 电子漂移速率

7.3 空穴迁移率

7.4 空穴漂移速率

7.5 本征电导率

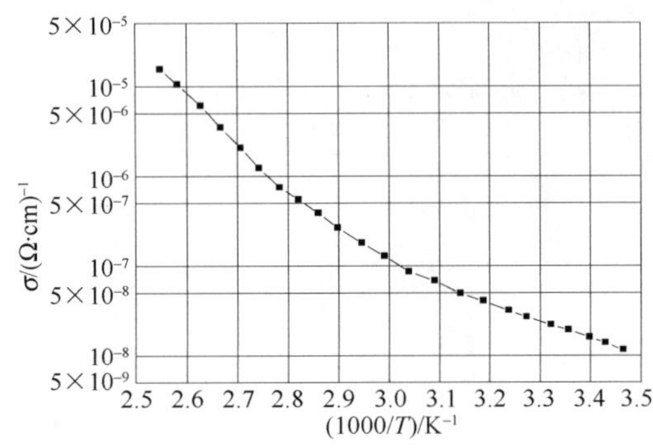

图表 916 SnO_2的电导率随温度的变化

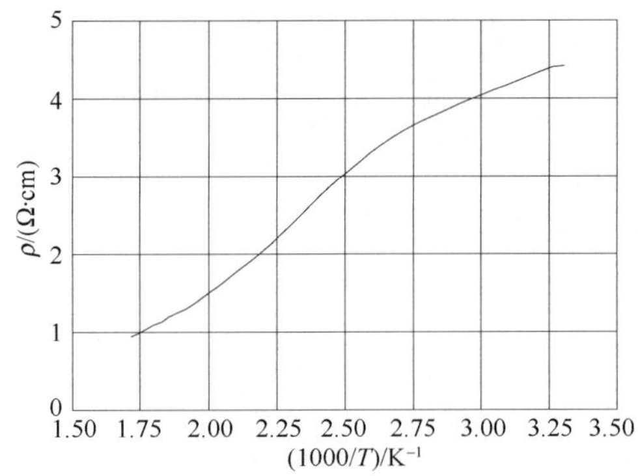

图表 917 喷涂法沉积 SnO_2薄膜的电阻率随温度的变化

8. 压电性能

9. 磁学性能

10. 热电性能

10.1 塞贝克系数

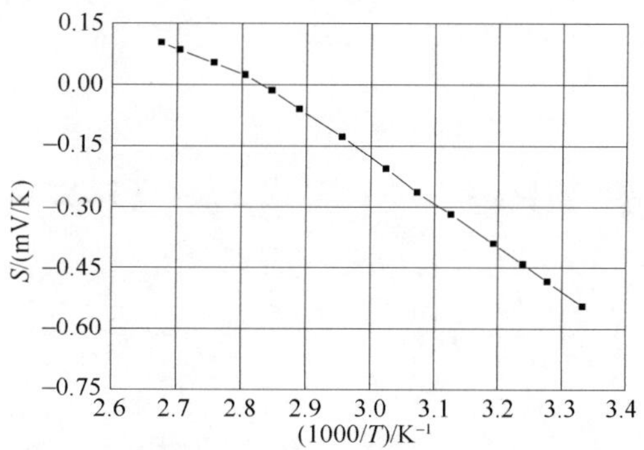

图表 918　SnO_2的塞贝克系数随温度的变化

第 28 章　二氧化钛(TiO_2)

1. 结构特性

1.1　晶体结构

锐钛矿结构、金红石结构、板钛矿结构。

1.2　空间群

锐钛矿：I4(1)/amd。

金红石：P4(2)/mnm。

1.3　晶格常数

锐钛矿：a=3.782Å，c=9.502Å。

金红石：a=4.584Å，c=2.953Å。

1.4　解理面和界面能

锐钛矿：

(101)面：0.49J/m^2。

(100)面：0.58J/m^2。

(001)面：0.98J/m^2。

(110)面：1.15J/m^2。

金红石：

(110)面：0.35J/m^2。

1.5　结构相变

T_T≈600℃。

1.6　相图

1.7　密度

锐钛矿：d=3.8～3.9g/cm^3，具体数值与形成或制造过程有关。

金红石：d=4.2～4.3g/cm^3，具体数值与形成或制造过程有关。

2. 热学性能

2.1　熔点

金红石：T_m=1850℃。

T_m=2090K。

2.2　定容比热容

2.3　定压比热容

C_p=0.17cal/(g·K)。

2.4　德拜温度

Θ_D=760K。

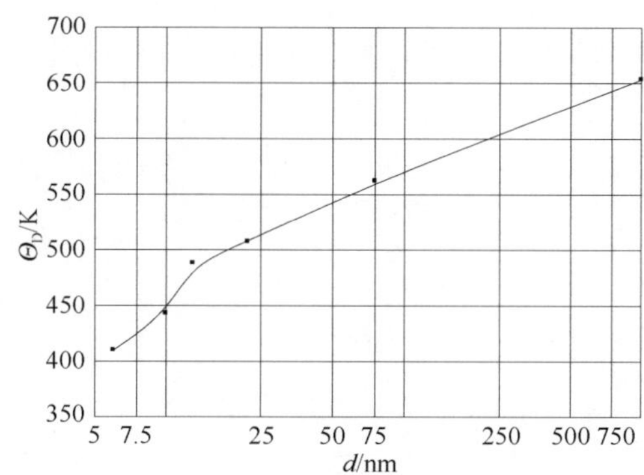

图表 919　纳米 TiO_2 的德拜温度随颗粒尺寸的变化

2.5　热膨胀系数

平行方向(313K)：$\alpha=9.2\times10^{-6}K^{-1}$。

垂直方向(313K)：$\alpha=7.1\times10^{-6}K^{-1}$。

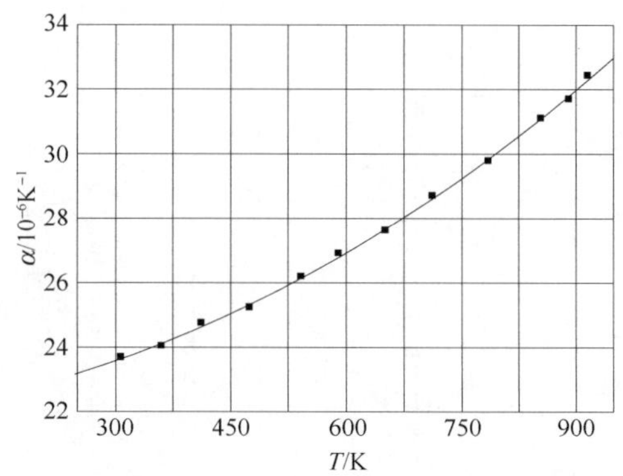

图表 920　金红石 TiO_2 的热膨胀系数随温度的变化

2.6　热导率

平行方向：χ=13.0W/(m·K)。

垂直方向：χ=9.0W/(m·K)。

2.7　热扩散系数

3. 力学性能

3.1　弹性常数

图表 921　锐钛矿 TiO_2 的弹性模量（单位：GPa）

C_{11}	C_{12}	C_{13}	C_{33}	C_{44}	C_{66}
320	151	143	190	54	60

3.2　杨氏模量

Y=159.5GPa。

3.3　体模量

B_u=15.02GPa。

B_u=204.44GPa。

3.4　切变模量

C_s=64.71GPa。

3.5　显微硬度

努氏硬度：H=879kg/mm^2。

4. 晶格动力学性质

4.1　声子色散关系

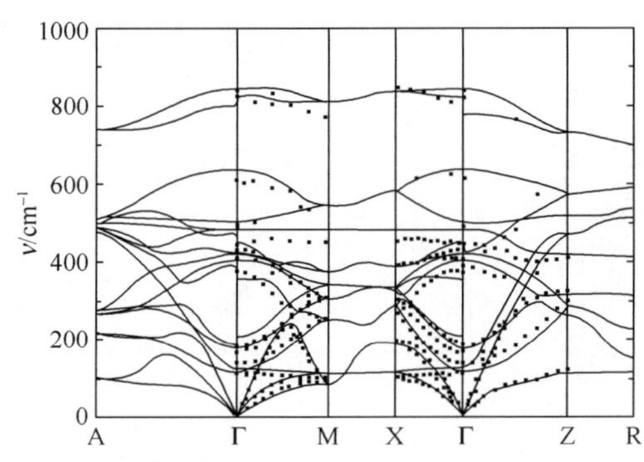

图表 922　金红石结构 TiO_2 的声子色散关系

4.2　声子态密度

4.3　声子频率

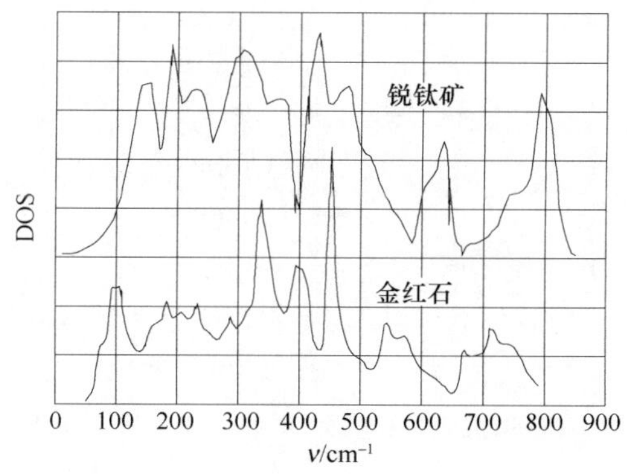

图表 923　TiO_2的声子态密度

4.4　红外光谱

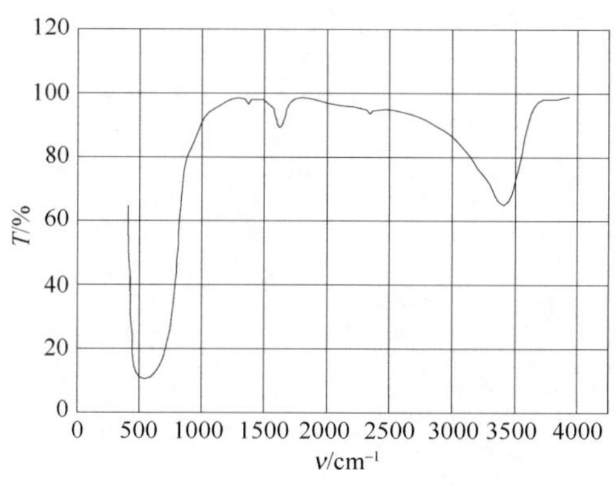

图表 924　锐钛矿 TiO_2的红外透射光谱

4.5　拉曼光谱

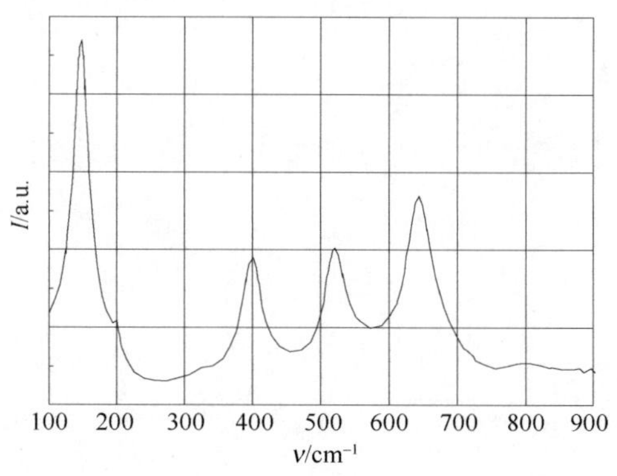

图表 925　锐钛矿 TiO_2纳米棒的拉曼光谱

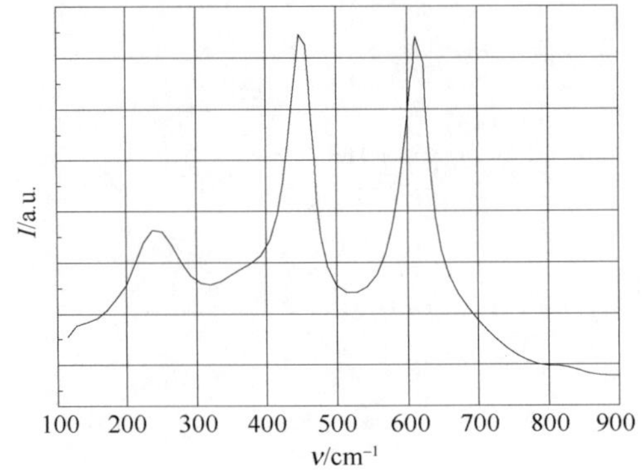

图表 926　金红石 TiO_2 的拉曼光谱

5. 能带结构

5.1　能带图

5.2　状态密度

参见 5.1。

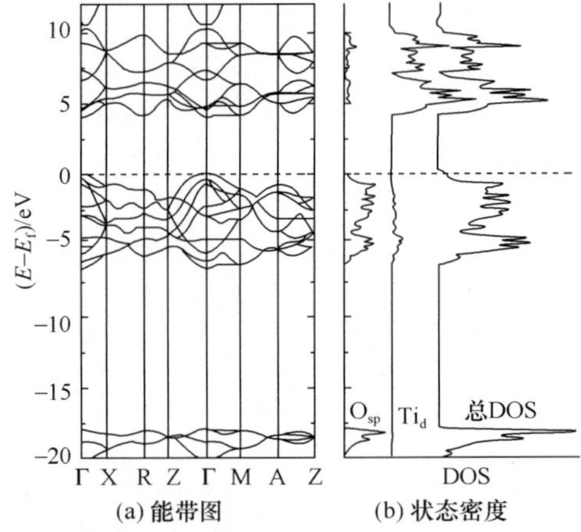

图表 927　利用泛函密度计算得到的锐钛矿 TiO_2 的能带结构和状态密度

5.3　禁带宽度

锐钛矿：3.2eV。

金红石：3.3eV。

5.4　电子亲和势

5.5　杂质与缺陷

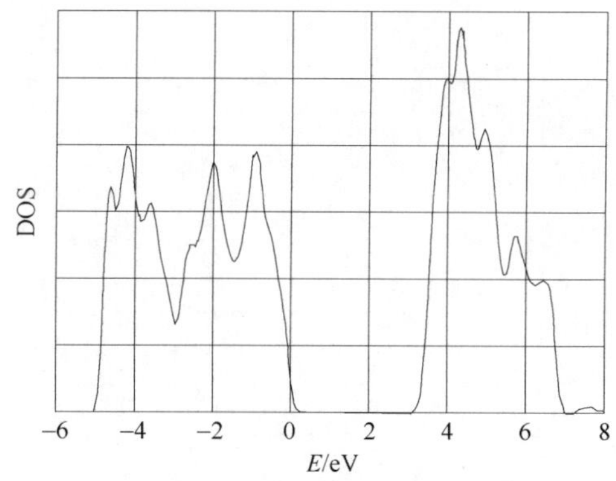

图表 928　锐钛矿 TiO_2 的状态密度

5.6　电子有效质量

5.7　空穴有效质量

5.8　激子束缚能

6. 光学特性

6.1　介电常数

锐钛矿：$\varepsilon_r=48$。

金红石：$\varepsilon_r=114$。

6.2　吸收光谱

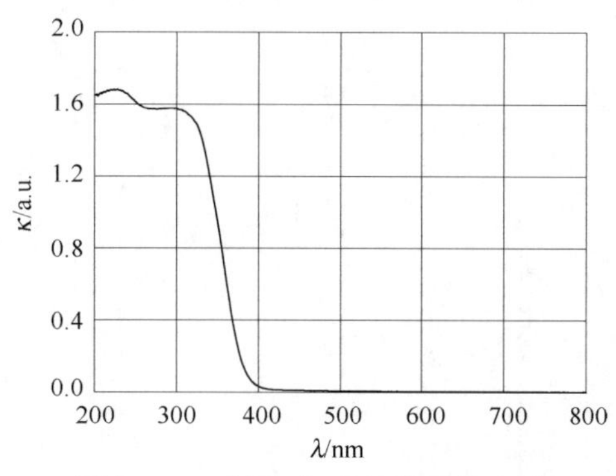

图表 929　锐钛矿 TiO_2 的吸收光谱

6.3　透射光谱

6.4　反射光谱

6.5　折射率和消光系数

$n=2.76\sim2.55$。

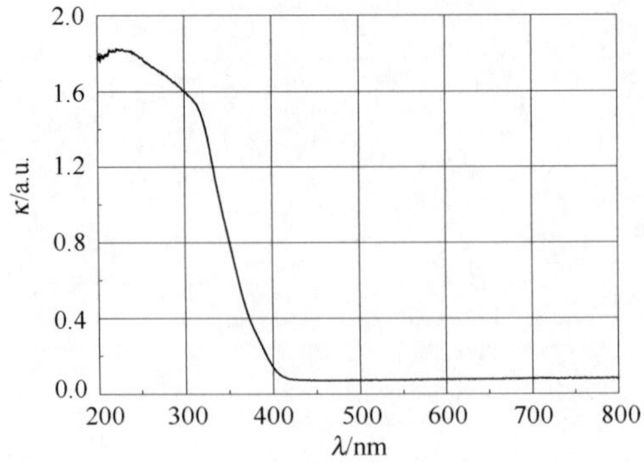

图表 930　金红石 TiO_2 的吸收光谱

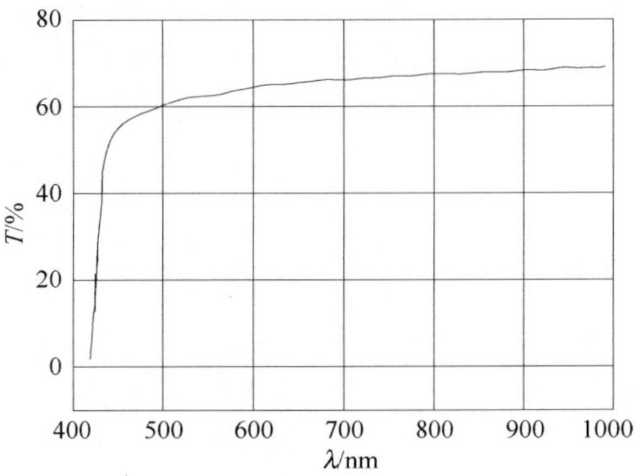

图表 931　TiO_2 薄膜的透射光谱-Ⅰ

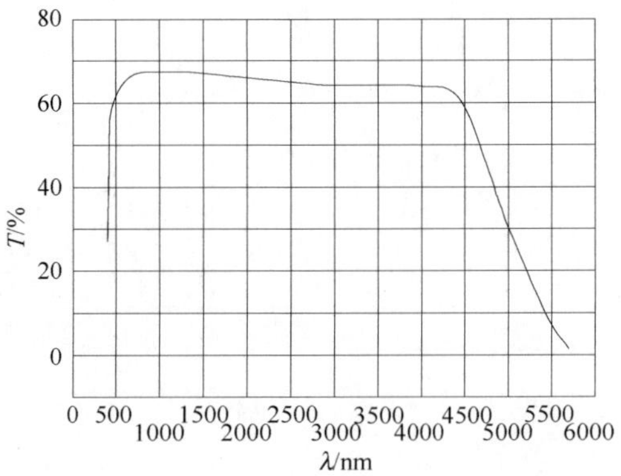

图表 932　TiO_2 薄膜的透射光谱-Ⅱ

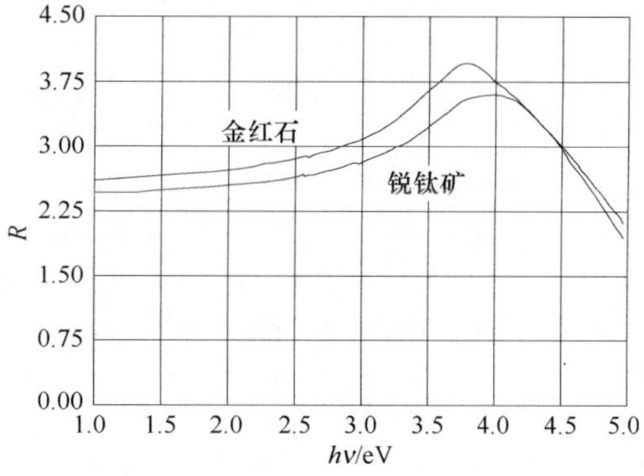

图表 933　TiO_2 的反射率随光子能量的变化

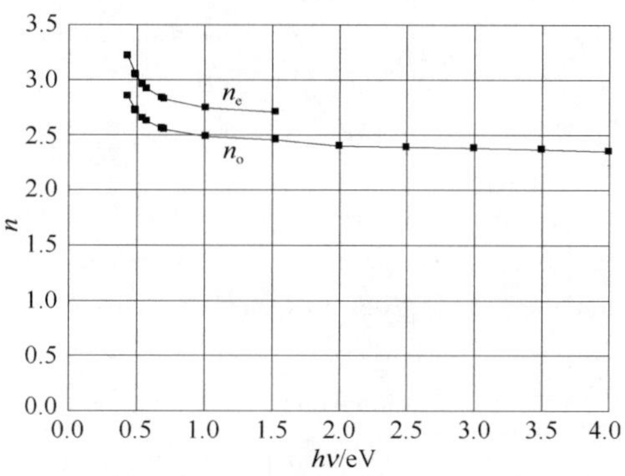

图表 934　TiO_2 的折射率随光子能量的变化

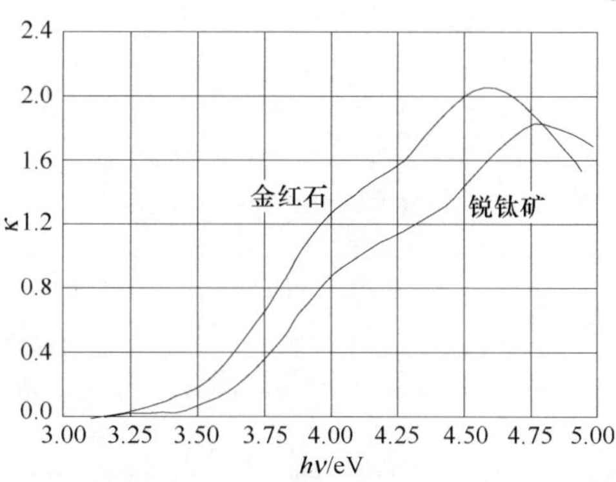

图表 935　金红石 TiO_2的消光系数随光子能量的变化

参考文献

Adachi S. 2009. IV 族、III-V 族和 II-VI 族半导体材料的特性. 季振国等译. 北京：科学出版社.

Amirtharaj P M，Pollak F H. 1984. Raman scattering study of the properties and removal of excess Te on CdTe surfaces. Appl. Phys. Lett.，45：789.

Aoki K，Anastassakis E，Cardona M，et al. 1984. Dependence of Raman frequencies and scattering intensities on pressure in Gasb，InAs，and Insb semiconductors. Phys. Rev.，30(2)：681-687.

Arnold M S，Avouris P，Pan Z W，et al. 2003. Field-effect transistors based on single semiconducting oxide nanobelts. J. Phys. Chem. B，107：659.

Asahi H，Asami K，Watanabe T，et al. 1991. Gas source molecular beam epitaxy growth of short period GaP/AlP (001) superlattices. Appl. Phys. Lett.，58：1407.

Asami K，Asahi H，Watanabe T，et al. 1993. Optical properties of GaP/AlP shortperiod superlattices grown by gas source molecular beam epitaxy. Appl. Phys. Lett.，62：81.

Ashrafi A，Jagadish C. 2007. Review of zincblende ZnO：Stability of metastable ZnO phases. J. Appl. Phys.，102：071101.

Aziz M，Abbas S S，et al. 2012. Structure of SnO_2 nanoparticles by sol-gel method. Materials Letters，74：62-64.

Barker A S，Merz Jr J L，Gossard A C. 1978. Study of xone-foldiug effects on yhonons in alternating monolayers of GaAs-AlAs. Physi. Rev. B，17(8)：3181-3196.

Batzill M，Diebold U. 2005. The surface and materials science of tin oxide. Progress in Surface Science，79：47-154.

Bhagwat M，Shah P，Ramaswamy V. 2003. Synthesis of nanocrystalline SnO_2 powder by morphous citrate route. Materials Letters，57：1604-1611.

Boo J H，Ustin S A，Ho W. 1998. Growth of hexagonal GaN thin Tlms on Si (111) with cubic SiC buffer layers. Journal of Crystal Growth，189/190：183-188.

Brodsky M H，Lurio A. 1974. Infrared vibrational spectra of amorphous Si and Ge. Physical Review B，9(4).

Bueno P R，Varela J A，Longo E. 2008. SnO_2，ZnO and related polycrystalline compound semiconductors：An overview and review on the voltage-dependent resistance (non-ohmic) feature. Journal of the European Ceramic Society，28：505-529.

Bugar M，Belas E，Prochazka J，et al. 2011. IR transmittance of CdTe after high-temperature annealing. Nuclear Instruments and Methods in Physics Research A，633：S83-S85.

Butt F K，Cao C B，et al. 2013. Electrical and optical properties of single zigzag SnO_2 nanobelts. Cryst. Eng. Comm.，15：2106-2112.

Button K J，Fonstad D G，Dreybradt W. 1971. Determination of the electron masses in stannic oxide by submillimeter cyclotron resonance. Phys. Rev. B，4：4539.

Camachol J，Cantarero A. 1999. Lattice dynamics in wurtzite semiconductors：The bond charge model of CdS. Phys. Stat. Sol. B，215：181.

Chen Q L，Li B，Zheng G，et al. 2011. First-principles calculations on electronic structures of Fe-vacancy-codoped TiO_2 anatase (101) surface. Physica B，406：3841-3846.

Chen Z W，Dua J，et al. 2009. Exploring the microstructural and electrical properties of SnO_2 nanorods prepared by a widely applicable route. Acta Materialia，57(15)：4632-4637.

Chen Z W, Jiao Z, et al. 2009. Bulk-quantity synthesis and electrical properties of SnO_2 nanowires prepared by pulsed delivery. Materials Chemistry and Physics, 115: 660-663.

Chetri P, Choudhury A. 2013. Investigation of optical properties of SnO_2 nanoparticles. Physica E: Low-dimensional Systems and Nanostructures, 47: 257-263.

Chuu D S, Dai C M, Hsieh W F, et al. 1991. Raman investigations of the surface modes of the crystallites in CdS thin films grown by pulsed laser and thermal evaporation. J. Appl. Phys., 69: 8402.

Cox D F, Fryberger T B, Semancik S. 1998. Oxygen vacancies and defect electronic states on the SnO_2 (110) -1 * 1 surface. Physical Review B, 38(3): 2072-2083.

da Silva S W, Pusep Yu A, Galzerani J C, et al. 1996. Optical phonon spectra of GaSb/AlSb superlattices: Influence of strain and interface roughnesses. J. Appl. Phys., 80: 597.

Dafia J M, Herrero J. 1994. Process and film characterization of chemical-bath-deposited ZnS thin films. J. Electrochem. Soc., 141(1): 205-209.

Davydov V Yu, Emtsev V V, Goncharuk I N, et al. 1999. Experimental and theoretical studies of phonons in hexagonal InN. Appl. Phys. Lett., 75: 3297.

de Abreu L, López-Castillo A. 2012. Theoretical characterization of the BN and BP coronenes by IR, Raman and UV-VIS spectra. J. Chem. Phys., 137: 044309.

Debernardi A, Pyka N M, Giibel A, et al. 1997. Lattice dynamics of wurtzite CdS: Neutron scattering and ab-initio calculations. Solid State Communications, 103(5): 297-301.

Deligoz E, Colakoglu K, Ciftci Y. 2006. Elastic, electronic, and lattice dynamical properties of CdS, CdSe, and CdTe. Physica B, 373: 124-130.

el Mekki M B, Djouadi M A, Guiot E, et al. 1999. Structure investigation of BN films grown by ion-beam-assisted deposition by means of polarised IR and Raman spectroscopy. Surface and Coatings Technology, 116-119: 93-99.

Geraldoa V, et al. 2006. Drude's model calculation rule on electrical transport in Sb-doped SnO_2 thin films, deposited via sol-gel. Journal of Physics and Chemistry of Solids, 67: 1410-1415.

Giannozzi P, de Gironcoli S. 1991. Ab initio calcaulaytion of phonon dispersions in semiconductors. Phys. Rev. B, 43(9): 7231-7242.

Gordon R G. 2000. Criteria for choosing transparent conductors. MRS Bull, 25: 52.

Gorley P M, Khomyak V V, Bilichuk S V, et al. 2005. SnO_2 films: Formation, electrical and optical properties. Materials Science and Engineering B, 118: 160-163.

Greene R G, Luo H, Ruoff A L. 1994. High pressure study of AlP: Transformation to a metallic NiAs phase. J. Appl. Phys., 76: 7296.

Hellwege K H. 1982. Numerical data and functional relationships in science and technology, new series//Madlung O, Schulz M, Weiss H. Group III: Crystal and Solid State Physics, Vol. 17, Semiconductors. Berlin: Springer-verlag.

http://www.dmphotonics.com/Rutile-Refractive-Index/Rutile% 20TiO_2% 20Titanium% 20Dioxide% 20properties.htm.

http://www.ioffe.rssi.ru/SVA/NSM/Semicond/.

Huh M S, Yang B S, Lee J, et al. 2009. Improved electrical properties of tin-oxide films by using ultralow-pressure sputtering process. Thin Solid Films, 518: 1170-1173.

Inushima T, Fukui K, Lu H, et al. 2008. Phonon polariton of InN observed by infrared synchrotron radiation. Appl. Phys. Lett., 92: 171905.

Inushima T, Higashiwaki M, Matsui T, 2003. Optical properties of Si-doped InN grown on sapphire. 0001. Physical Review B, 68: 235204.

Iuga M, Steinle-Neumann G, Meinhardt J. 2007. Ab-initio simulation of elastic constants for some ceramic materials. Eur. Phys. J. B, 58: 127-133.

Jivani A R, Jani A R. 2012. Phase diagrams of $Si_{1-x}Ge_x$ solid solutien: A theoretical approach. Semiconductor Physics, Quantum Electronics & Optoelectronics, 15(1): 17-20.

Ju S, Chen P, Zhou C, et al. 2008. 1/f noise of SnO_2 nanowire transistors. Appl. Phys. Lett., 92: 243120.

Karunakaran C, Raadha S S, Gomathisankar P. 2013. Microstructures and optical, electrical and photocatalytic properties of sonochemically and hydrothermally synthesized SnO_2 nanoparticles. Journal of Alloys and Compounds, 549: 269-275.

Katsidis C C, Ajagunna A O, Georgakilas A. 2013. Layers using Fourier transform infrared spectroscopy and a 2×2 transfermatrix Algebra. J. Appl. Phys., 113: 073502.

Kilic C, Zunger A. 2002. Origins of coexistence of conductivity and transparency in SnO_2. Phys. Rev. Lett., 88: 095501.

Kim H, Lee B K, An K S, et al. 2012. Direct growth of oxide nanowires on CuO_x thin film. Nanotechnology, 23: 045604.

Kim S G, Asahi H, Seta M, et al. 1993. Raman scattering study on the effects of Ga ion implantation and subsequent thermal annealing for AlSb grown by molecularbeam epitaxy. J. Appl. Phys., 74, 2300.

Kroemer H. 2004. The 6: 1-A family (InAs, GaSb, AlSb) and its heterostructures: A selective review. Physica E, 20: 196-203.

Kurimoto E, Harima H, Hashimoto A, et al. 2001. MOCVD growth of high-quality InN films and Raman characterization of residual stress effects. Phys. Stat. Sol. B, 228(1): 1-4.

Kykyneshi R, Zeng J, Cann D P. 2011. Transparent Conducting Oxide Based on Tin Oxide. Handbook of Transparent Conductors. Berlin: Springer.

Kylner A, Undgren J, Stolt L. 1996. Impurities in chemical bath deposited CdS films for Cu(In, Ga) 5e2 solar cells and their stability. J. Electrochem., 143(8).

Labat F, Baranek P, Domain C, et al. 2007. Density functional theory analysis of the structural and electronic properties of TiO_2 rutile and anatase polytypes: Performances of different exchangecorrelation functionals. J. Chem. Phys., 126: 154703.

Lazzeri M, Vittadini A, Selloni A. 2001. Structure and energetics of stoichiometric TiO_2 anatase surfaces. Physi. Rev. B, 63: 155409.

Lazzeri M, Vittadini A. Selloni A. 2001. Structure and energetics of stoichiometric TiO_2 anatase surfaces. Physical Review B, 63: 155409.

Lever L, Ikonić Z, Valavanis A, et al. 2012. Optical absorption in highly strained Ge/SiGe quantum wells: The role of $\Gamma\rightarrow\Delta$ scattering. J. Appl. Phys., 112: 123105.

Li J P, Steckl A J, Golecki I, et al. 1993. Structural characterization of nanometer SiC films grown on Si. Appl. Phys. Lett., 62(24): 14.

Li Z J, Qin Z, Zhou Z H, et al. 2009. SnO_2 nanowire arrays and electrical properties synthesized by fast heating a mixture of SnO_2 and CNTs waste soot. Nanoscale Res. Lett., 4: 1434.

Liu Z, Zhang D, Han S, et al. 2003. Laser ablation sgnthesis and electron transport studies of tin-oxide nanowires. Adv. Mater., 15: 1754.

Luka-cevi I, Gupta S K, Jha P K, et al. 2012. Lattice dynamics and Raman spectrum of rutile TiO_2: The role of soft phonon modes in pressure induced phase transition. Materials Chemistry and Physics, 137: 282-289.

Madlang O. 1987. Numerical data and functional relationships in science and technology, new series//Madlung O, Schlz M, Weiss H. Group III: Crystal and Solid State Physics, Vol. 22, Semiconductors, Supplements and Extentions to Vol. III/17. Berlin: Springer-Verlag.

Maleki M, Rozati S M. 2012. Structural, electrical and optical properties of transparent conducting SnO_2 films: Effect of the oxygen flow rate. Phys. Scr., 86: 015801.

Maleki M, Rozati S M. 2013. An economic CVD technique for pure SnO_2 thin films deposition: Temperature effects. Bull. Mater. Sci., 36(2): 217-221.

Mashreghi A. 2012. Determining the volume thermal expansion coefficient of TiO_2 nanoparticle by molecular dynamics simulation. Computational Materials Science, 62: 60-64.

Menéndez J, Pinczuk A, Valladares J P, et al. 1987. Resonance Raman scattering in CdTeZnTe superlattices. Appl. Phys. Lett., 50: 1101.

Merz J L, Barker A S, Gossard A C. 1977. Raman scattering and zonefolding effects for alternating monolayers of GaAs/AlAs. Appl. Phys. Lett., 31: 117.

Mi Y, Odaka H, Iwata S. 1999. Electronic structures and optical properties of ZnO, SnO_2 and In_2O_3. Jpn. J. Appl. Phys., 38: 3453.

Miao L, Jin P, Kaneko K, et al. 2003. Preparation and characterization of polycrystalline anatasenand rutile TiO_2 thin films by rf magnetron sputtering. Applied Surface Science, 212-213: 255-263.

Miao L, Tanemura S, Toh S, et al. 2004. Fabrication characterization and Raman study of anatase-TiO_2 nanorods by a heating-sol-gel template process. Journal of Crystal Growth, 264: 246-252.

Mun J, Kim S W, Kato R, et al. 2007. Measurement of the thermal conductivity of TiO_2 thin films by using the thermo-reflectance method. Thermochimica Acta, 455: 55-59.

Muthukumaran S, Muthusamy M. 2012. Structural, optical, FTIR and photoluminescence studies of $CdS12_xSe_x$ thin films by chemical bath deposition method. J. Mater. Sci.: Mater Electron, 23: 1647-1656.

Nabi Z, Kellou A, et al. 2003. Opto-electronic properties of rutile SnO_2 and orthorhombic SnS and SnSe compounds. Materials Science and Engineering, 1398: 104-115.

Napo K, Allah F K, et al. 2003. Improvement of the properties of commercial SnO by Cd treatment. Thin Solid Films, 427: 386-390.

Nasu T. 1986. Polyacrylic acid-metal adhesive bond joint characterization by X-ray photoelctron spectroscopy. Journal of Biomedical Materials Research, 20: 347-362.

Nilsen W G. 1969. Raman spectrum of Cubic Zns. Physi. Rev., 182(3): 838-850.

Nipko J C, Loong C K, Balkas C M, et al. 1998. Phonon density of states of bulk gallium nitride. Appl. Phys. Lett., 73(1): 34-36.

Oishi Y, Nagano M, Ohnuma T. 2001. Epitaxial growth and structural characterization of AlAs/AlP superlattices. Journal of Crystal Growth, 227-228: 271-274.

Oprea A, Moretton E, Bârsan N, et al. 2006. Conduction model of SnO_2 thin films based on conductance and Hall effect measurements. J. Appl. Phys., 100: 033716.

Patil P S, Kawar R K, Seth T, et al. 2003. Effect of substrate temperature on structural, electrical and optical properties of sprayed tin oxide (SnO_2) thin films. Ceramics International, 29: 725-734.

Patila P S, Kawar R K, Seth T, et al. 2003. Effect of substrate temperature on structural, electrical and optical properties of sprayed tin oxide (SnO_2) thin films. Ceramics International, 29 : 725-734.

Perlin P, Camassel J, Knap W, et al. 1995. Investigation of longitudinaloptical phononplasmon coupled modes in highly conducting bulk GaN. Appl. Phys. Lett. , 67: 2524.

Rantalaa T T, Rantala T S, Lantto V. 2000. Electronic structure of SnO_2 (110) surface. Materials Science in Semiconductor Processing, 3: 103-107.

Richter W K, Cardona M. 1975. Second-order Raman scattering in InSb. Physi. Rev. B, 12(6): 2346-2354.

Rolo A G, Vasilevskiy M I, Gaponik N P, et al. 2002. Confined optical vibrations in CdTe quantum dots and clusters. Phys. Stat. Sol. B, 229(1): 433-437.

Rossetti R, Nakahara S, Brus L E. 1983. Quantum size effects in the redox potentials, resonance Raman spectra and electronic spectra of CdS crystallites in aqueous solution. J. Chem. Phys. , 79: 1086.

Saipriya S, Sultan M, Singh R. 2011. Effect of environment and heat treatment on the optical properties of RF-sputtered SnO_2 thin films. Physica B, 406: 812-817.

Saipriya S, Sultan M, Singh R. 2011. Effect of environment and heat treatment on the optical properties of RF-sputtered SnO_2 thin films. Physica B, 406: 812-817.

Santos P V, Sood A K, Cardona M, et al. 1988. Raman scattering from GaSb/AlSb superlattices: Acoustic, optical, and interface vibrational modes. Physi. Rev. B, 37(11): 6381-6392.

Schmitt J O, Edgar L J H, Liu L, et al. 2005. Close-spaced crystal growth and characterization of BP crystals. Phys. Stat. Sol. , 2(3): 1077- 1080.

Schneidert J, Kirbyt R D. 1972. Raman scattering from ZnS polytypes. Physi. Rev. B, 64(4): 1290-1294.

Serrano J, Romero A H, Manjo'n F J, et al. 2004. Pressure dependence of the lattice dynamics of ZnO: An ab initio approach. Physi. Rev. B, 69: 094306.

Sonia R K, Tripathya S, Asahi H. 2004. Optical transitions and interface structure in $(GaP)_m=(AlP)_n$ modulated period superlattices. Physica E, 21: 131-142.

Strossner K, Yes S, Kim S K, et al. 1986. Dependence of the direct and indirect gap of Alsb on hydrostatic pressure. Physi. Rev. B, 33(6): 4044-4053.

Sun S H, Meng G W, et al. 2003. Large-scale synthesis of SnO_2 nanobelts. Appl. Phys. A, 76: 287-289.

Sun W H, Chen K M, Yang Z J, et al. 1999. Using Fourier transform infrared grazing incidence reflectivity to study local vibrational modes in GaN. J. Appl. Phys. , 85: 6430.

Tan P H, Brunner K, Bougeard D, et al. 2003. Raman characterization of strain and composition in small-sized self-assembled SiōGe dots. Physical Review B, 68: 125302.

Teh C K, Weichman F L. 1989. EL2 and gallium antisite defects in GaAs: Si. Can. J. Phys. , 67: 375-378.

Theodorou G, Tsegas G. 2000. Theory of electronic and optical properties of bulk AlSb and InAs and InAsō AlSb superlattices. Physi. Rev. B, 61(16): 10782-10791.

Thiel B, Helbig R. 1976. Growth of SnO_2 single crystals by a vapour phase reaction method. J. Cryst. Growth, 32: 259.

Trommer R, Cardona M. 1978. Resonant Raman scattering in GaAs. Physical Review B, 17(4).

Variano B F, Schlotter N E, Hwang D M, et al. 1988. Investigation of finite size effects in a first order phase transition: Highpressure Raman study of CdS microcrystallites. Citation: J. Chem. Phys. , 88: 2848.

Venkatachalam T, Velumani S, Ganesan S, et al. 2008. Band structure and optical properties CdTe and Cd-Sn3Te4 thin films. AIP Conf. Proc. , 1004: 273.

Venkatasubramanian R, Timmons M L, Mantini M, et al. 1991. Heteroepitaxy and characterization of

Gerich SiGe alloys on GaAs. J. Appl. Phys. , 69：8164.

Vishwakarma S R，Tripathi R S N，Verma A K，et al. 2012. Study of *n*-type InSb thin films grown on glass substrate by electron beam evaporation technique. Proc. Natl. Acad. Sci. , 82(3)：245-249.

Wagner J，Fischer A，Braun W，et al. 1994. Resonance effects in first-and second-order Raman scattering from A1As. Physi. Rev. B，49(11)：7295-7298.

Yakuphanoglu F. 2009. Electrical conductivity，seebeck coef ficient and optical properties of SnO_2 film deposited on ITO by dip coating. Journal of Alloys and Compounds，470：55-59.

Yeo I G，Lee T W，Lee W J，et al. 2010. The quality investigation of 6H-SiC crystals grown by a conventional PVT method with various SiC powders. Trans. Electr. Electron. Mater. , 11(2)：61.

Zadsar M，Fallah H R，et al. 2010. Substrate temperature effect on structural，optical and electrical properties of vacuum evaporated SnO_2 thin films. Materials Science in Semiconductor Processing，15(4)：432-437.

Zaoui A，Kacimi S，Yakoubi A，et al. 2005. Optical properties of BP，BAs and BSb compounds under hydrostatic pressure. Physica B，367：195-204.

Zhang X H，Unelinda P，Klevermana M，et al. 1998. Optical and electrical characterization of SiGe layers for vertical sub-100nm MOS transistors. Thin Solid Films，336：323-325.

Zhukov V P，Chulkov E V. 2010. Ab initio approach to the excited electron dynamics in rutile and anatase TiO_2. J. Phys. : Condens. Matter，22：435-502.

Zollner S，Lin C T，Schönherr E，et al. 1989. The dielectric function of AlSb from 1. 4 to 5. 8 eV determined by spectroscopic ellipsometry. J. Appl. Phys. , 66：383.

Zollner S，Lin C，Schönherr E. 1989. The dielectric function of AlSb from 1. 4 to 5. 8eV determined by spectroscopic ellipsometry. J. Appl. Phys. , 66：383.